高等学校“十三五”规划教材

大学化学实验（Ⅰ）

——无机化学实验

姚思童　刘利　张进　主编

化学工业出版社

·北京·

《大学化学实验（Ⅰ）——无机化学实验》共七章，包括绪论、化学实验基本知识、化学实验基本操作、化学实验常用仪器的使用、基本原理与性质实验、基本测定实验和综合设计实验七部分内容。本书在实验项目的选择和内容的编排上突出实用性、典型性的特点，精选了具有代表性的无机化学基本实验及综合设计实验共计37个实验项目，既有利于实施实验教学基本要求、训练学生实验基本技能，又有利于拓宽学生知识面，培养其综合应用能力。

《大学化学实验（Ⅰ）——无机化学实验》可作为高等院校化学、化工类及相关专业的无机化学实验课教材，同时也可以作为有关专业技术人员的参考书籍。

图书在版编目（CIP）数据

大学化学实验Ⅰ无机化学实验/姚思童，刘利，张进主编.—北京：化学工业出版社，2018.7（2023.8重印）

高等学校“十三五”规划教材

ISBN 978-7-122-32297-5

Ⅰ.①大… Ⅱ.①姚… ②刘… ③张… Ⅲ.①化学实验-高等学校-教材②无机化学-化学实验-高等学校-教材 Ⅳ.①O6-3

中国版本图书馆CIP数据核字（2018）第108411号

责任编辑：褚红喜　宋林青

责任校对：王　静　　　　装帧设计：关　飞

出版发行：化学工业出版社（北京市东城区青年湖南街13号　邮政编码100011）

印　　装：北京科印技术咨询服务有限公司数码印刷分部

787mm×1092mm　1/16　印张16　字数403千字　2023年8月北京第1版第4次印刷

购书咨询：010-64518888　　售后服务：010-64518899

网　　址：http://www.cip.com.cn

凡购买本书，如有缺损质量问题，本社销售中心负责调换。

定　　价：38.00元

《大学化学实验（Ⅰ）——无机化学实验》

编写组

主　编　姚思童　刘　利　张　进

副主编　王　鹏　张　欣　何　鑫　周　丽

编　者　（以姓氏笔画为序）

马　睿　王　鹏　刘　利　刘春玲

刘双双　刘思佳　何　鑫　张　进

张　欣　周　丽　胡楠楠　姚思童

前言

化学作为一门实践性很强的学科，目前已经渗透到科学研究的各个领域，而实验是化学及相关领域科学研究的重要手段和方法。化学实验技能是科学研究者必备的素质之一。

根据现代化学的发展趋势，科学地设置大学化学的实验内容，旨在对学生进行系统化知识传授的同时，培养其扎实的化学实验技能和对科学探索的创新意识，让学生接受系统的实验方法训练是深化大学化学实验教学改革的核心内容，是提高教学质量的重要举措。因此我们在原有实验教材的基础上，遵循每本教材既有其独立性，又相互合理衔接的原则，组织实施编写“大学化学实验系列教材”。科学、合理、优化整合实验内容，尽可能避免交叉重复，满足实验教学时间、空间、资源的有效利用，以适应化学实验教学改革的需要。

《无机化学实验》是“大学化学实验系列教材”的第一册，是针对教学内容和教学对象，面向大一低年级学生编写的。该教材有如下特点：

(1) 教材是在原有《基础化学实验》基础上完成的，对全书内容进行了大幅度的调整、修改和充实。既注重与理论教材的配合与互补，又注重实验教材本身的系统性和独立性。将基本理论、基本知识和实验技能有机结合，以加强实验技能的综合训练和素质能力培养为主线，从相关专业的培养目标实际出发，突出重点，夯实基础。

(2) 教材的编写宗旨是让学生重点掌握化学实验基本知识、基本操作技能、基本实验方法，以培养其分析和解决基本化学问题的能力，形成基本的化学研究素质、良好的实验作风和严谨的科学态度。

(3) 依据循序渐进的原则，教材内容的编写遵循“基本操作—基本原理与性质—基本测定—综合设计”四个环节，逐步对学生进行技能训练与培养。阶梯式攀升的实验过程可以让学生稳固掌握实验知识和技能，学会科学的思维方法，进而不断获取知识和培养创新思维的能力。

(4) 实验内容的编排注重启发式，突出应用研究。每个实验项目中都编写了“预习思考”，旨在引导学生通过预习思考的内容，按照“自学查阅、深入思考”的方式来完成实验的预习过程，并带着问题进入实验室去寻找和验证答案。实验中的“预习思考”及“注意事项”等内容能达到激发学生学习兴趣、明确学习目的、拓展知识层面的目的，同时确保学生正确、安全、有效获取实验知识和技能。

(5) 教材中实验项目的选择突出了经典、实用的特点。除选取了重要的经典实验外，还有与工业生产、人类生活等密切相关的内容，在培养学生化学基本实验技能的同时还注重了知识内容的应用性和趣味性。综合设计实验需要综合已学知识，结合实践，运用综合技能完成，给学生独立思考和创新空间，尽力达到提高学生素质和实践能力的目的，旨在培养学生的创新意识和综合能力。

参加本书编写工作的有沈阳工业大学姚思童（第二、三章，实验二～五、二十三、二十四、三十二、三十五、三十七）、刘利（第四章，实验十八、二十六、二十七、二十九、三十、三十一、三十三、三十四、三十六，附录）、张进（第一章，实验十一、十三、十四、十六、十七、二十一）、北京建筑大学王鹏（实验十五、十九、二十、二十二、二十八）、沈阳理工大学张欣（实验六～九）、沈阳科技学院何鑫（实验十、十二）、辽宁中医药大学杏林学院周丽（实验二十五）、四川建筑职业技术学院胡楠楠（实验一）。参加本书校对工作的有沈阳工业大学张进（第五～七章），沈阳理工大学马睿（第四章），刘春玲（第三章），刘双双、刘思佳（第一章、第二章）。全书的策划、统编、定稿由沈阳工业大学的姚思童、刘利、张进老师完成。

在本书的编写过程中，史发年、于锦、徐炳辉、吕丹、孙雅茹、吴晓艺、司秀丽等老师都给予了无私的帮助并提出了宝贵意见，谨此表示诚挚的谢意。

本书是沈阳工业大学、北京建筑大学、沈阳理工大学、沈阳科技学院、辽宁中医药大学杏林学院、四川建筑职业技术学院的多位教师辛勤耕耘的结晶。教材内容涉及多方面的知识，限于编者的学识水平，不妥和疏漏之处在所难免，恳请同行专家和读者批评指正，我们将不胜感谢。

编者

2018 年 4 月

目录

第四章 化学实验常用仪器的使用 / 51

第五章 基本原理与性质实验 / 73

第六章 基本测定实验 / 113

第七章 综合设计实验 / 150

附录 / 202

参考文献 / 246

第一章 绪论

第一节 化学实验的目的

大学化学实验是高等理工科院校化工、材料、环境工程、生化制药等专业的重要基础课，是化学教学不可缺少的重要组成部分，是全面实施素质教育的最有效形式。大学化学实验教学在化学教学方面起着课堂理论教学不能替代的特殊作用。

通过实验教学能够达到以下几个方面的目的。

(1) 了解实验室工作的内涵及相关知识，如实验室试剂与仪器的管理、实验过程中可能发生的一般事故及处理、实验室废液的处理方法等。

(2) 熟悉化学实验的基本技能，学会正确使用基本仪器测量实验数据的方法，培养细致观察和正确记录实验过程中的现象以及合理处理数据、综合分析归纳、用文字准确表达实验结果的能力和方法。

(3) 了解物质变化的感性知识，熟悉重要化合物的性质、制备、分离和表征方法，加深对基本原理和基本知识的理解，培养学生掌握用实验方法获取新知识的能力。

(4) 通过综合性、设计性实验，培养学生一定的独立设计实验方案、独立思考进行实验、科学研究和创新的能力。

(5) 培养学生养成整洁、安全的实验室工作习惯，实事求是、准确、细致等良好的科学态度以及科学的思维方法。

(6) 培养一丝不苟和团队协作的工作精神，为学生继续学好后继课程及今后参加实际工作和开展科学研究打下良好的基础。

第二节 实验课程的学习方法和基本要求

为达到化学实验的教学目的，真正实现实验教学的预期目标，必须有正确的学习态度和学习方法。

一、重视并充分做好预习

（1）认真钻研并熟悉实验教材和教科书中的相关内容。

（2）明确实验目的，清楚实验需要解决的问题，理解实验原理，掌握实验方法。

（3）了解实验内容、实验步骤，熟悉基本操作、仪器使用和实验注意事项。

（4）查阅有关教材、参考书、手册，获得实验所需的相关化学反应方程式、常数等。

（5）写出预习报告（包括实验目的、实验原理、反应方程式、相关计算）。对于综合设计性实验，需要根据相关知识和原理写出实验的基本方案，以保证实验顺利完成。

实践证明，预习环节是否充分决定了实验结果的成功与否以及仪器的损坏程度。因此，一定要坚持做好化学实验前的预习工作，确保实验安全，提高实验效率，圆满完成实验教学任务，达到预期的实验目的。

二、认真并安全完成实验

（1）实验开始之前，对所需使用的玻璃仪器进行必要的清洗，配制必要的实验试剂。

（2）按照实验教材上规定的方法、步骤、试剂用量和操作规程科学进行实验。

（3）实验过程中认真操作、仔细观察，并将实验现象和实验数据及时、如实地记录在报告册相应位置，确保实验结果的真实准确。

（4）实验过程中要保持注意力高度集中，积极思考，在规定的时间内完成规定的实验内容，达到实验教学要求。

（5）遇到问题首先要善于独立思考分析，力求自己解决，如果自己解决不了，可请教指导老师。

（6）实验过程中要注意培养自己严谨的科学态度和实事求是的科学作风，决不能弄虚作假，随意修改数据。

（7）严格遵守实验室的各项规则。

① 实验过程中严禁打闹，严格遵守实验教学纪律，保持肃静。

② 实验操作必须规范，正确使用仪器和设备，节约药品、水、电和煤气。

③ 保持实验室整洁、卫生和安全。实验后要认真清扫地面，玻璃仪器清洗干净，整理台面，关闭水、电、煤气、门窗，经指导教师允许后再离开实验室。

三、独立撰写实验报告

在实验室内做完化学实验，只是完成实验教学的一部分，余下更为重要的是分析实验现象，整理实验数据，将直接的感性认识提高到理性思维阶段，最终给出实验后获得的结论和收获的知识。

实验报告是每次实验的记录、概括和总结，也是对实验者综合能力的考核。每个学生在做完实验后必须及时、独立、认真地完成实验报告。根据原始记录，认真处理数据，对实验中的结果进行充分的分析和讨论。对实验中产生的化学现象最好用化学反应方程式解释，必要时可另加文字简要叙述。

实验结果与讨论是实验报告的核心及重要组成部分，是学生实验能力的综合体现，是学生善于观察、勤于思考、正确判断的真实反映。因此，在内容上要包括分析并解释观察到的实验现象；可以得到什么结论；实验结果的可靠程度与合理性评价；分析实验可能的误差来源和解决措施以及对实验改进的建议等。

实验报告在一定意义上反映了一个学生的学习态度、实际的理论知识水平与综合能力。实验报告必须做到言简意赅、条理清晰，数据记录清楚、文字工整，图表清晰、形式规范。实验结论必须要精炼、完整，数据处理要有依据，计算要正确。

第三节　实验室规则与学生守则

实验室规则是保证正常工作秩序、保持良好实验环境、防止意外事故发生、杜绝违规操作、确保实验教学安全顺利完成的重要前提和保障，每一位实验工作者都必须做到严格遵守，不得有任何侥幸心理。

(1) 提前进入实验室做好实验前的准备工作。首先签到、穿好实验服，然后检查实验所需的药品、仪器是否齐全，在指定位置进行实验。

(2) 实验前，先清点所有的玻璃器皿与仪器，如发现破损，立即向指导教师声明补领，如在实验过程中损坏玻璃器皿与仪器，必须及时登记补领，并按照规定进行赔偿。

(3) 实验中必须遵守教学纪律，不迟到，不早退，不大声喧哗，不到处乱走，不允许影响他人实验，严禁打闹。

(4) 实验台上的药品、仪器应整齐排列，实验中注意保持实验台面的清洁卫生。每人准备一个杂物杯，将实验中产生的废物、试纸、滤纸、火柴梗、碎玻璃等随时放入杯中，实验结束后倒入垃圾箱。实验中产生的酸性溶液倒入废液缸，严禁倒入水槽，以防腐蚀下水管道，碱性溶液及其他废液倒入专用的废液回收容器中，统一回收处理。

(5) 按规定的用量取用药品，取完药品后，必须及时盖好原瓶盖，放在指定地方的药品不得擅自拿走。

(6) 实验时要集中精神，认真正确地进行操作，避免实验事故的发生。仔细观察实验现象，实事求是做好实验原始记录，认真思考实验中出现的问题。

(7) 爱护仪器和实验室设备，树立浪费可耻的意识，实验中注意节约水、电、药品等。

(8) 使用精密仪器时，必须严格按照操作规程进行，如发现仪器有故障，应立即停止使用并报告指导老师，待仪器故障排除后方可再使用。

(9) 使用煤气时要严防泄漏，火源要与其他物品保持一定的距离，用后要及时关闭煤气。

(10) 实验后，要将所用仪器清洗干净并放回原处，有序存放。实验台面擦净，检查水、电、煤气是否安全关闭，指导教师检查后方可离开实验室。

(11) 如果实验中发生意外事故，不要惊慌失措，报告指导教师进行及时处理。

(12) 使用药品时应注意下列几点。

① 药品必须按照教学实验内容中的规定量取用，如果教材中未规定用量，应根据实验内容注意节约，尽量少用。

② 取用固体药品时，注意勿使其撒落在实验台上。

③ 药品自瓶中取出后，就不能再倒回原试剂瓶中，以免带入杂质而引起原试剂瓶中药品污染变质，影响后续实验。

④ 从试剂瓶取用药品结束后，应立即盖上盖子，并将试剂瓶放回原处，以免不同试剂瓶的盖子搞错，瓶中混入杂质（尤其带有胶头滴管的试剂瓶）。

⑤ 胶头滴管在未洗净时，不可以用来从试剂瓶中吸取溶液。

⑥ 实验教学中规定在实验过程后要回收的药品，都应倒入指定的回收瓶中。

第四节　实验中良好学风的培养及科学素养的形成

化学实验教学是通过学生亲身体验实践获取知识，激发学生创造欲的过程。在这一过程中不仅要让学生“学会”，更重要的是要让学生“会学”，能够自己去发现问题并解决问题，从而优化实验过程。

德国教育学家第斯多惠曾说：“教学的艺术不在于传授本领，而在于激励、唤醒和鼓舞。”在化学实验教学过程中，教师的职责不在于传授了多少知识，教师更多是以一个激励思考的引导者、一个交换意见的参加者、一个组织协调的服务者的角色出现在教学中。

基本操作实验可由学生自学与教师指导相结合的教学方式来完成，给学生一个广阔的掌握科学学习方法的空间。化学实验课教学必须重视课堂讨论，学生与教师、学生与学生之间平等地讨论问题，营造浓厚的学习气氛，在讨论中发现问题、解决问题，提高学生对知识点的理解以及分析问题和综合应用的能力。

在化学实验教学中，教师应注意引导学生认真观察每一个实验现象，启发学生积极思考，使学生学会把实验事实与已知理论联系起来，激发学生的求知欲望和做化学实验的兴趣。对于学生在实验过程中遇到的异常现象或问题，教师应积极启发学生自己去思考，引导他们找出问题存在的原因及解决问题的方法。

化学实验教学过程中，学生必须懂得基本操作训练和操作技能培养的重要性，任何一个实验不仅要明确原理，而且基本操作要严格规范化，任何操作都必须按照要求一丝不苟地完成，只有勤学苦练，实验操作技能才可能熟练掌握。

化学实验教学过程就是要让学生清楚化学实验是必须亲自动手完成的一个学习过程，“脏”和“累”是这个学习过程中必须经历的环节，打消其“不劳而获，拿来主义”的依赖意识，使其明确实验技能是必须通过实验过程中的动手操作才能培养和提高的。只有亲自操作才能发现问题，从而找到解决问题的方法。而且还需要让学生明确开设化学实验的目的是让他们既动手又动脑，培养他们发现问题、分析问题和解决问题的能力。实验结果不准确或实验现象不对的情况在学习过程中是在所难免的，纠正某些学生担心实验出现问题会影响实验成绩的片面认识。通过化学实验让学生树立“输不丢人，怕才丢人”的实事求是的意识，实验过程中不怕挫折，正确面对出现的问题，纠其问题产生的原因，吃一堑长一智。通过实验使学生明白实验教学注重的是实验过程和过程中所培养的能力，而不是最终的实验成绩，成绩只能说明一些问题而不是能力的全部。

化学实验对学生的锻炼和培养是多方面的，学生应注意从各方面严格要求自己。如对实验方法、步骤的理解和掌握，对实验现象的观察和分析，就是在培养学生的科学思维和工作方法；实验台面保持整洁、仪器摆放规整有序、废弃杂物按规定处理，就是培养学生从事科学实验的良好习惯和作风。通过实验使学生树立再小的事都应认真对待、认真完成的意识，人的各种能力是在日常点滴的锤炼中形成的。

第二章　化学实验基本知识

第一节　实验室的安全守则及事故处理

一、实验室安全守则

化学实验操作过程中，常常会用到易燃、易爆、有腐蚀性和有毒性的化学药品，因此在进行化学实验之前一定要了解实验室的安全注意事项，遵守实验室的安全守则，以避免实验事故的发生。

(1) 一切易燃、易爆药品的实验操作都必须远离火源。

(2) 一切有毒或有刺激性药品的实验操作都必须在通风橱内进行。

(3) 乙醚、乙醇和苯等有机易燃药品，安放和使用时必须远离明火，取用完毕后立即盖紧瓶塞和瓶盖放回原处。

(4) 嗅闻气体时，鼻子不能直接对着瓶口，应用手轻拂气体，使少量气体扇向自己再嗅。

(5) 浓酸、浓碱具有很强的腐蚀性，切勿溅在衣服、皮肤上，特别是勿溅在眼睛上。在稀释浓硫酸时，必须将浓硫酸慢慢注入水中，并且不断搅拌，切勿将水注入浓硫酸中。

(6) 在不知反应机理，没有相关知识储备时，不得随意混合各种化学药品，以免发生意外事故。

(7) 加热试管时，不要将试管口对着自己和别人，不要俯视正在加热的液体药品，以免液体溅出，受到伤害。

(8) 禁止在实验室内饮食、抽烟和打闹，防止有毒药品（氰化物、砷化物、汞化物、高价铬盐、钡盐和铅盐等）进入口内或接触伤口。

(9) 不要用湿的手、物接触电源。点燃的火柴用后应立即熄灭，不得乱扔。

(10) 实验过程中使用有毒药品更应特别注意，有毒废液必须进行统一回收，不得倒入水槽，以免与水槽中的残酸作用而产生有毒气体。防止污染环境，增强自身的环境保护意识。

(11) 实验进行过程中，不得擅自离开所在岗位。水、电、煤气、酒精灯等一经使用完毕后要立即关闭。实验结束后，实验者、值日生和最后离开实验室的人员应再一次检查它们是否被关好。

（12）实验结束后，应洗净双手方可离开实验室。

二、意外事故的处理

（1）割伤　伤口不能用手抚摸，伤口内如果有异物，必须把异物挑出，然后涂上碘酒或贴上“创可贴”包扎，必要时送医院治疗。

（2）烫伤　当被烫伤时，不要用冷水洗涤伤处。伤处皮肤未破时，可涂擦烫伤膏；如果伤处皮肤已破，可涂些紫药水或1%高锰酸钾溶液。

（3）受强酸腐蚀　受强酸腐蚀时，立即用大量水冲洗，再用饱和碳酸氢钠溶液（或稀氨水、肥皂水）冲洗。

（4）受浓碱腐蚀　立即用大量水冲洗，再用3%～5%醋酸或硼酸饱和溶液冲洗，最后再用水冲洗。

（5）酸（或碱）溅入眼内　应立即用大量水冲洗，再用3%～5%碳酸氢钠溶液（或3%硼酸溶液）冲洗，然后立即到医院治疗。

（6）溴烧伤　用乙醇或10% $Na_2S_2O_3$ 溶液洗涤伤口，再用水冲洗干净，并涂敷甘油。

（7）苯酚灼伤皮肤　先用大量水冲洗，然后用乙醇（70%）：氯化铁（$1mol \cdot L^{-1}$）为4∶1（V/V）的混合溶液洗涤。

（8）汞洒落　使用汞时应避免泼洒在实验台或地面上，使用后的汞应收集在专用的回收容器中，切不可倒入下水道或污物箱内。万一发生少量汞洒落，应尽量收集干净，然后在可能洒落的地区洒一些硫黄粉，最后清扫干净，并集中做固体废物处理。

（9）吸入刺激性或有毒气体　如吸入氯气、氯化氢时，可吸入少量乙醚和乙醚的混合蒸气解毒。因吸入硫化氢气体感到不适（头晕、胸闷、恶心欲吐）时，应立即到室外呼吸新鲜空气。

（10）毒物进入口内　可内服一杯5～10mL稀硫酸铜溶液的温水，再用手指伸入喉咙处，促使呕吐，然后立即送医院治疗。

（11）若被磷火烧伤　应立即用纱布浸泡5%硫酸铜溶液敷在伤处30min，清除磷的毒害后，再按一般烧伤的处理方法处置即可。

（12）触电　首先切断电源，然后在必要时进行人工呼吸，找医生救治。

（13）火灾　若遇火灾，首先要判明起火原因，然后采取相应措施防止火势进一步蔓延。根据起火的原因选择如下合适的方法灭火。

① 一般着火　小火用湿布、砂子覆盖燃烧物即可灭火；大火可以根据火灾的性质使用水、泡沫灭火器、二氧化碳灭火器灭火。

② 活泼金属（如钠、钾、镁）等引起的着火　只能用砂土、干粉灭火器灭火，不能用水、泡沫灭火器、二氧化碳灭火器灭火。

③ 有机溶剂着火　应该用二氧化碳灭火器、专用防火布、砂土、干粉灭火器等灭火。

④ 电器着火　首先必须切断电源，再用防火布、砂土、干粉等灭火，不可以用水、泡沫灭火器灭火，以免触电。

⑤ 身上衣服着火　切勿惊慌失措，应立即脱下衣服或用专用防火布覆盖着火处，或就地卧倒打滚。

第二节　气体钢瓶的使用及注意事项

为了便于运输、贮藏和使用，通常将气体压缩成压缩气体（如氢气、氮气和氧气等）或液化气体（如液氨和液氯等），灌入耐压钢瓶内，当钢瓶受到撞击或遇高温会有发生爆炸的危险。另外，有一些压缩气体或液化气体有剧毒，一旦泄漏，将造成严重后果。因此必须了解钢瓶性能，正确和安全地使用各种压缩气体或液化气体钢瓶是十分重要的。

使用钢瓶时，必须注意下列事项。

(1) 在气体钢瓶使用前，要按照钢瓶外表油漆颜色、字样等正确识别气体种类，切勿误用以免造成事故。

根据 GB/T 7144—2016 规定，各种钢瓶必须按照下述规定油漆颜色，标注气体名称和涂刷横条，其具体事项与规范见表 2-1。

表 2-1　气体钢瓶的种类及标志

钢瓶名称	外表颜色	字样	字样颜色
氧气瓶	淡(酞)蓝	氧	黑
氢气瓶	淡绿	氢	大红
氮气瓶	黑	氮	白
纯氩气瓶	银灰	氩	深绿
二氧化碳气瓶	白	液化二氧化碳	黑
氨气瓶	淡黄	氨	黑
氯气瓶	深绿	液氯	白
氟氯烷瓶	铝白	液化氟氯烷	黑

注意：如果钢瓶因使用日久后色标脱落，应及时按以上规定进行漆色、标注气体名称和涂刷横条。

(2) 气体钢瓶在运输、贮存和使用时，注意一定勿使气体钢瓶与其他坚硬物体撞击，或曝晒在烈日下，或靠近高温处，以免引起钢瓶爆炸。钢瓶应定期进行安全检查，如进行水压试验和壁厚测定等。

(3) 严禁油脂等有机物沾污氧气钢瓶，因为油脂遇到逸出的氧气就可能燃烧，一旦发现氧气钢瓶有油脂沾污，则应立即用四氯化碳洗净。氢气、氧气或可燃气体的钢瓶严禁靠近明火。

(4) 存放氢气钢瓶或其他可燃性气体钢瓶的实验室或库房等工作间必须注意通风，以免漏出的氢气或可燃性气体与空气混合后遇到火种发生爆炸。室内的照明设备及电气通风装置均应具备防爆功能。

(5) 原则上有毒气体（如液氯等）钢瓶应单独存放，严防有毒气体逸出，注意室内通风。最好在存放有毒气体钢瓶的室内设置毒气鉴定装置。

(6) 若两种钢瓶中的气体接触后可能引起燃烧或爆炸，则这两种钢瓶不能存放在一起。

如氢气瓶和氧气瓶、氢气瓶和氯气瓶等是不可共存的。氧气、液氯、压缩空气等助燃气体钢瓶严禁与易燃物品放置在一起。

（7）气体钢瓶存放或使用时要固定好，防止滚动或跌倒。为确保安全，最好在钢瓶外面装置橡胶防震圈。液化气体钢瓶使用时一定要直立放置，禁止倒置使用。

（8）使用钢瓶时，应缓缓打开钢瓶上端的阀门，不能猛开阀门，也不能将钢瓶内的气体全部用完，要留下一些气体，以防止外界空气进入气体钢瓶。

第三节　灭火方法及灭火器材的使用

一、灭火的方法

要掌握灭火的方法，必须清楚物质为何燃烧。

燃烧必须同时具备可燃物质、助燃物质和火源才能发生，缺少其中任何一个条件，燃烧就不能发生。有时在一定的范围内，虽然三个条件同时具备，但由于它们之间没有相互结合，相互作用，燃烧现象也不会发生。只有清楚燃烧的三个条件，才能有助于预防火灾和了解灭火的基本原理。

一切防火的措施都是为了防止燃烧条件的相互结合和相互作用，破坏已经产生的燃烧条件。灭火的基本方法如下。

1. 冷却法

（1）将灭火剂直接喷射到燃烧物质上，降低燃烧物质的温度，使其低于物质的燃点，迫使燃烧停止。

（2）将水浇在火源附近的物体上，夺取燃烧物质的热量，使其不受火焰辐射的威胁而形成新的火点。

2. 隔离法

隔离法就是将火源处或周围的可燃物质进行隔离，或者转移到离火源较远的地方，使燃烧因缺少可燃物质而停止，不使火灾蔓延。

可采用的方法具体如下。

（1）为了防止燃烧的物体与其他易燃、可燃物质接触，应该迅速将其移开。

（2）移走火源附近的可燃、易燃、易爆和助燃的物品。

（3）拆除与火源及燃烧区域接连的易燃设备，预测火势蔓延的路线，阻止火势进一步的蔓延。

（4）关闭可燃气体、液体管道的阀门，减少和阻止可燃物进入燃烧区。

（5）用强大水流截阻火势。

3. 窒息法

阻止空气流入燃烧区或用不燃物质冲淡空气，燃烧物会因为得不到足够的氧气而熄灭。例如用不燃或难以燃烧的物质覆盖在燃烧物上，封闭起火设备的孔洞等。

4. 抑制法

抑制法也叫化学中断法，是一种新型的灭火方法。灭火原理是把灭火剂参与到燃烧反应的过程中去，使燃烧过程中产生的游离基消失，而形成稳定分子或低活性的游离基，使燃烧反应终止。目前投入使用的卤代烷灭火剂1202、1211均属于这类灭火剂。

二、灭火器材的使用

1. 泡沫灭火器

大多使用的是10L标准型泡沫灭火器，它是一个内装碳酸氢钠与发沫剂的混合溶液、玻璃瓶胆（或塑料胆）内装硫酸铝水溶液的铁制容器。使用时将桶身倒转过来，两种溶液混合发生反应，产生含有二氧化碳气体的浓泡沫，体积膨胀7～10倍，一般能喷射10m左右。泡沫的密度一般在0.1～0.2g·mL^{-1}之间，由于泡沫密度小，所以能覆盖在易燃液体的表面上。一方面使液体表面降温，液体蒸发速度降低；另一方面液体完全被泡沫覆盖以后，形成一个隔离层，隔离氧气与液面，火就扑灭了。由此可见，泡沫灭火器对于扑灭油类火灾是比较好的。

2. 二氧化碳灭火器

二氧化碳是一种惰性气体，298.15K时密度为1.80g·L^{-1}，较空气重，以液态灌入钢瓶中。液态的二氧化碳从灭火器口喷出后，迅速蒸发，变成固体雪花状的二氧化碳，又称为干冰，其温度为195K。当二氧化碳喷射到燃烧物体上，受热迅速变成气体，其浓度达到30%～35%时，物质燃烧就会停止。所以二氧化碳灭火器的使用是为了冷却燃烧物和冲淡燃烧区空气中氧的含量，使燃烧停止。

二氧化碳灭火器有两种：一种是鸭嘴式开关，使用时先拔掉保险销子，一手握住喇叭口木柄，对准着火物，另一手把鸭舌往下压，二氧化碳立即从喇叭口喷出；另一种是轮式开关，使用时一手拿喇叭口对准着火物，另一手拧开梅花轮即可。

二氧化碳是电的不良导体，适用于扑救带电（10kV以下）设备的火灾。二氧化碳无腐蚀性，可以扑救重要文件档案、珍贵仪器设备的火灾，对扑救油类火灾也有较好的效果。

二氧化碳灭火器不怕冻，但怕高温，不要放在火源附近。使用时不要用手摸金属导管，也不要将喷嘴对向任何人，以防止冻伤。

3. 四氯化碳灭火器

四氯化碳灭火器筒内装四氯化碳液体，使用时将喷嘴对准着火物，拧开梅花轮，四氯化碳液体因受到筒内气压作用就会从喷嘴喷出，一般能喷射7m左右。

四氯化碳落入火区就会迅速蒸发，1L四氯化碳可以形成145L蒸气，其密度约为空气的5.5倍，蒸气覆盖在燃烧物上能阻隔空气，当空气中有10%四氯化碳蒸气时即可阻止燃烧。

四氯化碳不导电，适于扑救电器设备，其他物质的火灾也可以扑救。四氯化碳有毒，在使用时为了防止中毒，不要站在下风向，要站在上风向或较高的地方。

4. 干粉灭火器

它是一种细微粉末与二氧化碳的联合装置，靠二氧化碳气体作为推动力，将粉末喷出而扑灭火灾，是一种效能较好的灭火器。

干粉（主要是碳酸氢钠等物质）是一种轻而细的粉末，所以能覆盖在燃烧物上，使之与空气隔绝而灭火。这种灭火剂有毒、无腐蚀，适用于扑救燃烧液体、档案资料和珍贵仪器的火灾，灭火效果较好。干粉不导电，可扑灭带电设备的火灾。使用时一手握住喷嘴胶管，另一手握住提把，拉起提环，粉雾即可喷出，覆盖燃烧面，达到灭火的目的。干粉灭火器应放置在干燥通风的地方，防止受潮和日光曝晒。

5. 1211灭火器

这是一种新型高效能液化气体灭火器，也是一种成本较高的灭火器。瓶体由薄钢板制成，瓶内装有压缩液化的1211灭火剂，瓶内以氮气为喷射动力。使用时将喷嘴对准着火点，拔掉铅封和安全销，用力紧压把手，启开阀门，瓶内1211液体在氮气压力下由喷嘴喷出。一般能喷射3m左右。

1211灭火剂的灭火原理：1211即二氟一氯一溴甲烷。当其气体与燃烧物接触后，受热产生的溴离子与燃烧中产生的氢游离基化合，使燃烧连锁反应迅速中止，使火熄灭（此法称为化学中断法或抑制法），同时该灭火剂也有一定的冷却和窒息作用。

1211灭火剂特别适用于扑灭易燃液体、气体、精密仪器、文物档案、电器等火灾，灭火效果比二氧化碳高4倍多，灭火后不留任何痕迹。

6. 高效环保型灭火器

（1）高效水系灭火器　这是一种采用洁净水和添加剂的环保型水系灭火剂，灭火时无毒、无味、无粉尘等残留物，不会对环境造成次生污染，不破坏大气臭氧层，是一种环保型灭火剂。

灭火原理：采用雾化喷头技术，灭火装置喷出的水雾雾滴极细，比表面积大，雾滴蒸发产生大量的水蒸气并吸收大量的热量，使火场周围环境温度迅速降低。水雾蒸发产生大量的蒸汽，体积迅速膨胀，降低火场周围氧气浓度，起到隔绝氧气的作用。同时，水雾蒸汽进入火场稀释了易燃蒸气，阻断燃烧继续进行。水雾包围保护区域中其他燃料，阻挡辐射热向邻近燃烧物的辐射。

在灭火过程中喷射出的水雾能见度高，能够降低火场中烟气的含量和毒性。灭火器所使用的雾化技术，电绝缘性能达到36kV，能够保证灭火器使用者在灭电器设备或潜在电器设备发生火灾时的安全。

（2）高效阻燃灭火器　灭火器内装有预混型水成膜阻燃灭火剂，并以有压氮气为驱动力，灭火剂通过灭火器的泡沫喷嘴喷出，形成泡沫流进行灭火。在灭火时，泡沫会迅速释放出一种水膜在燃烧的油面上形成阻隔水膜层，并和泡沫层将整个油面封闭。阻隔水膜层和泡沫层还具有自愈合的性能，即使水膜层和泡沫层遭到破坏，水膜也会快速愈合，防止复燃。

此外，该灭火剂还具备阻燃、渗透和增稠三大特点。在灭火时，可迅速向燃烧物内部渗透，并黏附在燃烧物表面，增强抗复燃的能力，提高灭火效果。

上述两种灭火器不含有对人体有害的物质，且无毒、无味、无腐蚀、无粉尘等残留物，不会对环境造成次生污染，对皮肤、眼睛无刺激，是环保型的高效灭火器。

第四节　实验室“三废”的处理

一、废气的处理

有毒气体的排放，根据实际情况做如下处理。

（1）做少量有毒气体产生的实验，应在通风橱中进行，通过排风设备把有毒废气排到室外，利用室外的大量空气来稀释有毒废气。

（2）如果实验产生大量有毒气体，应该安装气体吸收装置来吸收这些气体。例如，产生的二氧化硫气体可以用氢氧化钠水溶液吸收后再排放。

二、废渣的处理

实验室产生的有害固体废渣虽然不多，但是绝不能将其与生活垃圾混倒。固体废弃物经回收、提取有害物质后，其残渣可以进行土地掩埋，要求被埋的废弃物应是惰性物质或能被微生物分解的物质。填埋应远离水源，场地底土不透水，不能渗入到地下水层。

三、废液的处理

（1）废酸液　废酸缸中的废酸液可用耐酸塑料网纱或玻璃纤维过滤，加碱调节 pH 至 6～8 后就可排出，少量滤渣埋于地下。

（2）废铬酸洗液　大量的废洗液可用高锰酸钾氧化法使其再生，继续使用。少量的废洗液可加入废碱液或石灰使其生成氢氧化铬（Ⅲ）沉淀，将此废渣埋入地下。

氧化再生方法：先在 110～130℃下不断搅拌加热浓缩，除去水分后，冷却至室温，然后缓慢加入高锰酸钾粉末。加入量为每 1000mL 加 10g 左右，直至溶液呈深褐色或微紫色，边加边搅拌。然后直接加热至刚有三氧化铬出现，停止加热。稍冷，通过玻璃砂芯漏斗过滤，除去沉淀，冷却后析出红色三氧化铬沉淀，再加适量硫酸使其溶解即可使用。

（3）含氰废液　氰化物属于剧毒物质，含氰废液必须经过认真处理后才能排放。少量的含氰废液可先加氢氧化钠调至 $pH>10$，再加入几克高锰酸钾使 CN^- 氧化分解。大量的含氰废液可用碱性氯化法处理。

碱性氯化法：先用碱调至 $pH>10$，再加入次氯酸钠（或漂白粉）使 CN^- 氧化成氰酸盐，并进一步分解为二氧化碳和氮气。

（4）含汞废液　先调 pH 至 8～10 后，加适当过量的硫化钠使之生成硫化汞沉淀，并加硫酸亚铁使过量的 S^{2-} 生成硫化亚铁沉淀，从而吸附硫化汞共沉淀下来（清液含汞量可降至 $0.02mL \cdot L^{-1}$ 以下）。静置并让沉淀物充分沉降后，清液排放，少量沉渣埋于地下，若有大量沉渣可用焙烧法回收汞，但注意必须要在通风橱中进行。

（5）含重金属离子的废液　最有效和最经济的处理方法是加碱或加硫化钠把重金属离子变为难溶性的氢氧化物或硫化物沉淀，过滤分离，清液排放，将残渣进行掩埋。

第五节　化学试剂的规格、存放和取用

一、化学试剂的规格

根据国家标准（GB）及部颁标准，化学试剂按其纯度和杂质含量的高低分为四种等级，每种级别的试剂均有对应的标签颜色（见表 2-2）。

表 2-2 化学试剂的级别

试剂级别	优级纯试剂 GR	分析纯试剂 AR	化学纯试剂 CP	实验试剂 LR
	一级	二级	三级	四级
标签颜色	绿色	红色	蓝色	棕色或黄色
适用范围	最精密分析和研究工作	精密分析和研究工作	一般工业分析	普通实验及制备实验

（1）优级纯（一级）试剂　优级纯试剂又称保证试剂，杂质含量最低，纯度最高，适用于精密的分析及研究工作。

（2）分析纯（二级）及化学纯（三级）试剂　分析纯及化学纯试剂适用于一般的分析研究及教学工作。

（3）实验试剂（四级）　实验试剂只能用于一般性的化学实验及教学工作。

除了上述四种级别的试剂外，还有某一方面需要的特殊规格试剂，如“基准试剂”“色谱纯试剂”“生化试剂”等。另外还有“高纯试剂”，该试剂又细分为高纯、超纯、光谱纯试剂等。

（4）基准试剂　基准试剂主要用于定量分析中标定间接方法配制的标准溶液。

（5）色谱纯试剂　色谱纯试剂为色谱分析的基准物质。

（6）生化试剂　生化试剂专门用于各种生物化学实验中。

（7）光谱纯试剂　光谱纯试剂为光谱分析中的标准物质。

此外，还有工业生产中大量使用的化学工业品（也分为一级品、二级品）以及可供食用的食品级产品等。

不同级别的试剂及工业品，因纯度不同价格相差很大。因此，在满足实验要求的前提下，为了降低实验成本，应尽量选用较低级别的试剂。

二、化学试剂的存放

常根据试剂的性质及方便取用原则来存放试剂。

（1）固体试剂一般存放在易于取用的广口瓶内。

（2）液体试剂则可存放在细口的试剂瓶中。

（3）一些用量少而使用频繁的试剂，如指示剂、定性分析试剂等可盛装在滴瓶中。

（4）那些见光易分解的试剂（如 $AgNO_3$、$KMnO_4$、饱和氯水等），应装在棕色瓶中。虽然 H_2O_2 也是一种见光易分解的物质，但不能贮存在棕色的玻璃瓶中，其原因是棕色的玻璃瓶中含有使 H_2O_2 催化分解的重金属氧化物。因此，通常将 H_2O_2 存放在不透明的塑料瓶中，并存放于阴凉暗处（临时使用的 3% H_2O_2 溶液可用棕色滴瓶盛装）。

（5）试剂瓶的瓶塞一般是磨口的，密封性好，可使长时间保存的试剂不变质。但这种试剂瓶不能用来盛装强碱性试剂（如 NaOH、KOH）及 Na_2SiO_3 溶液，主要是因为磨口的玻璃塞因长期放置这些物质时会产生互相粘连现象，为了避免此现象的发生，可将玻璃塞换成橡皮塞。

（6）易腐蚀玻璃的试剂（氟化物等）应保存在塑料瓶中。

（7）对于易燃、易爆、强氧化性及剧毒品的存放应特别加以注意，一般需要分类单独存放，如强氧化剂要与易爆、可爆物分开隔离存放。

（8）低沸点的易燃液体要放在阴凉通风的地方，并与其他可燃物和易产生火花的器物隔离放置，更要远离明火。

(9) 盛装试剂的试剂瓶都应贴上标签，并写明试剂的名称、纯度、浓度和配制日期，标签外面应涂蜡或用透明胶带等保护。

三、化学试剂的取用

1. 化学试剂总的取用原则

(1) 不能用手接触试剂，更不能试尝试剂味道，以免危害健康和污染试剂（大多数试剂是有毒的或是有腐蚀性）。

(2) 打开试剂瓶后，必须将瓶塞反放在实验台上。如果瓶塞上端不是平顶而是扁平的，可以用食指和中指将瓶塞夹住（或放在清洁的表面皿上），绝不可将它横置桌上，以免沾污。取完试剂后应立即盖好瓶塞并放回原处，标签朝外，并保持实验台整洁干净，不要弄错瓶塞或瓶盖。

(3) 实验中必须按规定用量取用试剂。如果教材上没有注明用量，应尽可能少取，这样在取得良好的实验结果的同时还能节约试剂。万一多取，可将多余的试剂放在指定的容器中，或分给其他需要的同学使用，不要倒回原试剂瓶中，以免污染原试剂。

(4) 取用易挥发的试剂，如浓 HNO_3、浓 HCl、溴等，必须在通风橱中进行操作，防止污染室内空气。取用剧毒及强腐蚀性药品要注意安全，注意防护，不要碰到手或皮肤上，以免发生事故。

2. 固体试剂的取用原则

取用固体试剂可用牛角匙、不锈钢药匙、塑料匙。使用时要专匙专用，可根据采用试剂的量选用不同大小的试剂匙。

(1) 固体试剂要用干净的药匙取用。最好每种试剂专用一个药匙，用过的药匙必须洗净和擦干后才能再次使用，以免沾污试剂。药匙的两端有大小不同的两个匙，分别用于取大量固体和少量固体。

(2) 取用固体试剂前，要看清标签。取用试剂后立即盖紧瓶盖，防止试剂与空气中的氧气等起反应。

(3) 称量固体试剂时，必须注意不要取多，取多的药品，不能倒回原试剂瓶。因为取出后已经接触空气，有可能已经受到污染，再倒回去容易污染瓶里的剩余药剂。

(4) 一般的固体试剂可以放在干净的纸或表面皿上称量。具有腐蚀性、强氧化性或易潮解的固体试剂不能在纸上称量，应放在玻璃容器内称量。如氢氧化钠有腐蚀性，又易潮解，最好放在烧杯中称取，否则容易腐蚀天平。

(5) 往试管（特别是湿的试管）中加入固体试剂时，可用药匙或将取出的试剂放在对折的纸片上，伸进试管的 2/3 处。如固体颗粒较大，应放在干燥洁净的研钵中研碎。研钵中的固体试剂量不应超过研钵容量的 1/3。

(6) 取用有毒固体试剂时要做好防护措施，如戴好口罩、手套等。最好在教师指导下进行。

3. 液体试剂的取用原则

(1) 从细口试剂瓶中取用试剂的方法　取下瓶塞，左手拿住容器（如试管、量筒等），右手握住试剂瓶（试剂瓶的标签应向着手心），倒出所需量的试剂，如图 2-1 所示。倒完试剂后应将瓶口在容器内壁上靠一下，再使瓶子竖直，这样可避免瓶口上的液滴沿试剂瓶外壁流下。

将液体从试剂瓶中倒入烧杯时，可使用玻璃棒引流。引流方法是：用右手握试剂瓶，左手拿玻璃棒，使玻璃棒的下端斜靠在烧杯中，将瓶口靠在玻璃棒上，使液体沿着玻璃棒往下流，如图 2-2 所示。

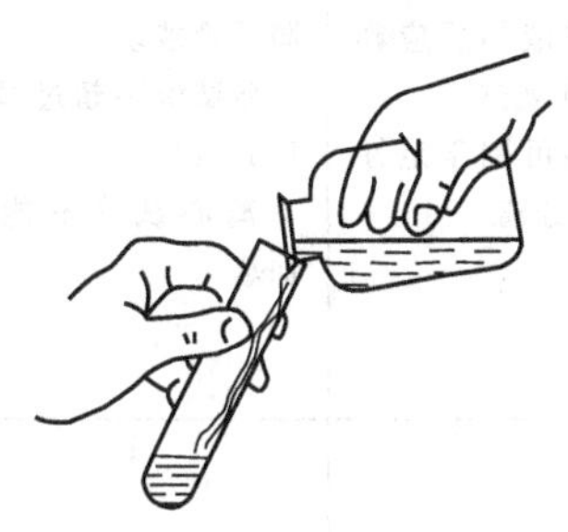

图 2-1　往试管倒取试剂

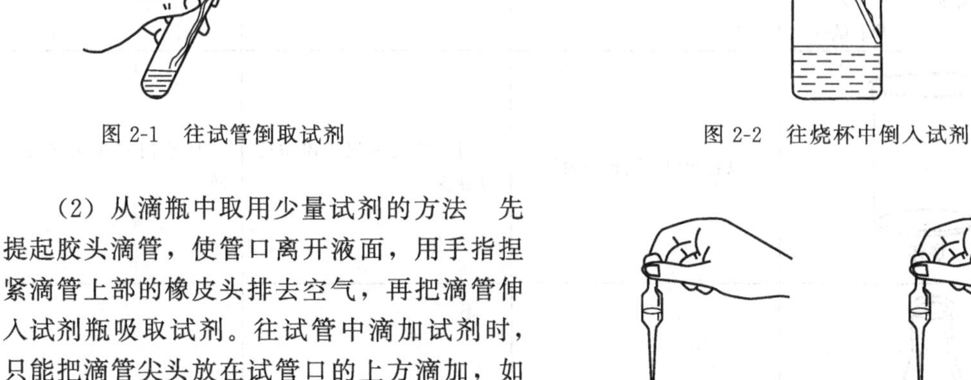

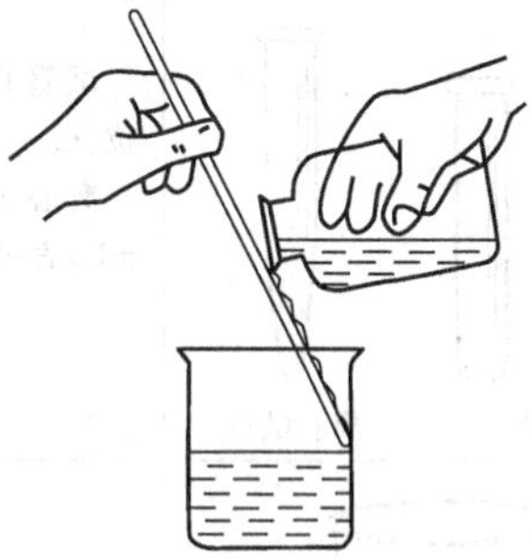

图 2-2　往烧杯中倒入试剂

（2）从滴瓶中取用少量试剂的方法　先提起胶头滴管，使管口离开液面，用手指捏紧滴管上部的橡皮头排去空气，再把滴管伸入试剂瓶吸取试剂。往试管中滴加试剂时，只能把滴管尖头放在试管口的上方滴加，如图 2-3 所示。严禁将滴管伸入试管内，以免滴管尖头接触试管壁上的其他试剂而污染试剂瓶中的试剂。一个滴瓶上的滴管不能用来移取其他试剂瓶中的试剂，也不能随便拿别的滴管伸入试剂瓶中吸取试剂，以免污染试剂。长时间不使用的滴瓶，滴管有时与试剂瓶口粘连，不能直接提起滴管，这时可在瓶口处滴上 2 滴蒸馏水，让其润湿后再轻摇几下就可提起滴管。

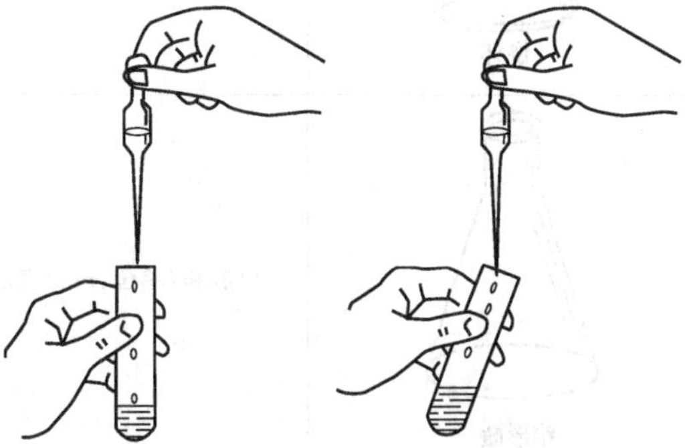

正确　　不正确

图 2-3　往试管滴加液体

需定量取用液体试剂时，可根据要求选用合适量程的量筒或移液管等。

在取用试剂前，要注意核对标签，确认准确无误后才能取用。各种试剂的瓶塞取下后不能随意乱放，一般应倒立仰放在实验台上。取用试剂后要及时盖好瓶塞，注意不要盖错（特别是滴瓶的滴管不要放错）。用完后应及时将试剂瓶放回原处，以免影响他人使用。

第六节　化学实验常用器皿

玻璃具有良好的化学稳定性，而且透明便于观察反应的实验现象，因此在化学实验中大量使用玻璃仪器。玻璃分为硬质和软质两种。硬质玻璃的耐热性、抗腐蚀性和耐冲击性都较好，常用于烧杯、试管、烧瓶等。而软质玻璃颜色偏绿色，玻璃的透明度好，但硬度、耐热性和抗腐蚀性较差，所以只能用于非加热的仪器，如量筒、试剂瓶等。常用基本仪器见表 2-3。

表 2-3 常用基本仪器

仪器	规格	用途	注意事项
试管 离心试管	试管以外径×长度(单位:mm×mm)表示 离心试管以容积(单位:mL)表示	用作少量试液的反应容器,便于操作和观察 离心试管还可用于定性分析中的沉淀分离	加热后不能骤冷,以防试管破裂 盛试液不超过试管的1/3～1/2 离心试管不能直接加热
烧杯	以容积(单位:mL)表示	用于盛放试剂或用作反应容器	加热时应放在石棉网上
锥形瓶	以容积(单位:mL)表示	反应容器;振荡方便,常用于滴定操作	加热时应放在石棉网上
滴瓶	以容积(单位:mL)表示	用于盛放试液或溶液	滴管不能互换,不能长期盛放浓碱液
量筒	以容积(单位:mL)表示	用于量取一定体积的溶液	不能受热

续表

仪器	规格	用途	注意事项
 称量瓶	以外径×高(单位:mm×mm)表示	用于准确称取固体	不能受热,瓶塞不能互换
 表面皿	以口径(单位:mm)表示	盖在烧杯上	不得用火加热
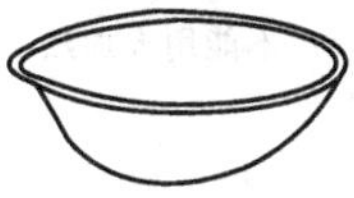 蒸发皿	以口径(单位:mm)或容积(单位:mL)表示	用于蒸发液体或溶液	瓷制蒸发皿加热后不能骤冷
 坩埚	以容积(单位:mL)表示 材质有瓷、石英、铁、镍、铂等	用于灼烧试剂	瓷制坩埚加热后不能骤冷。视试样性质选不同材质的坩埚
 容量瓶	以容积(单位:mL)表示	用于配制准确浓度的溶液	不能受热
 移液管  吸量管	以容积(单位:mL)表示	用于准确移取一定体积的液体	不能受热

续表

仪器	规格	用途	注意事项
 研钵	以口径(单位:mm)表示 材质有瓷、玻璃、玛瑙等	用于研磨固体试剂	不能用火加热，视固体性质选用不同材质的研钵
 布氏漏斗与抽滤瓶	布氏漏斗为瓷质，以口径(单位:mm)或容量(单位:mL)表示 抽滤瓶以容积(单位:mL)表示	用于减压过滤	不能用火加热
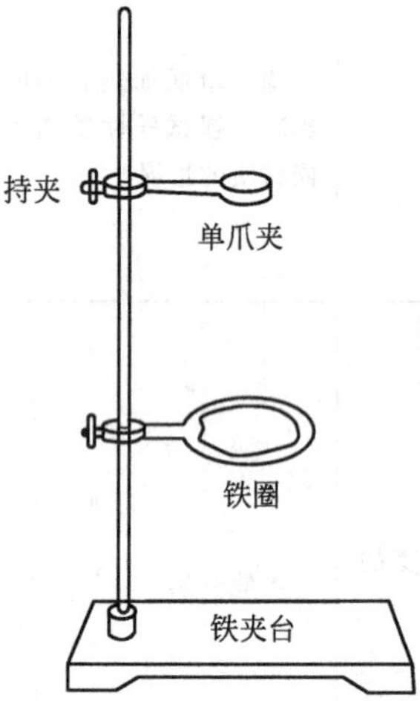 持夹 单爪夹 铁圈 铁夹台		用于固定或放置容器	
 毛刷		洗刷仪器	谨防刷子顶端的铁丝撞坏玻璃仪器
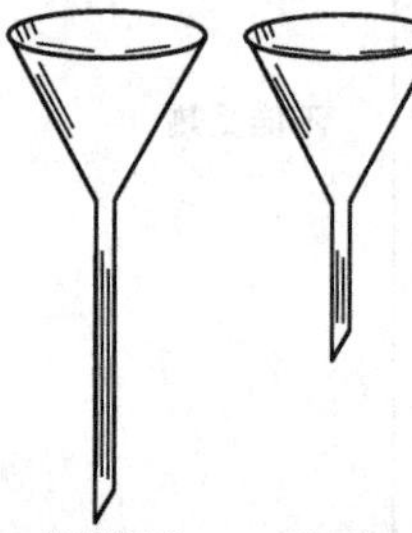 长颈漏斗 漏斗	以口径(单位:mm)表示	用于过滤	不能用火加热

续表

仪器	规格	用途	注意事项
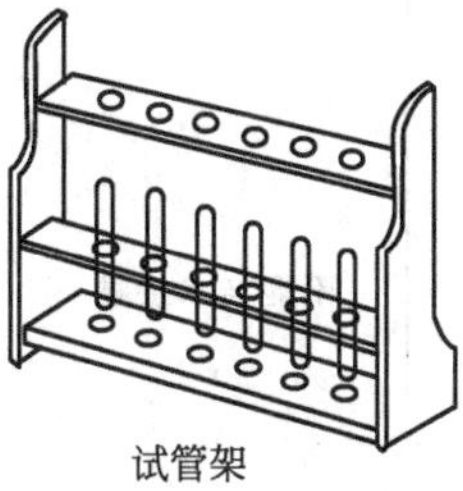 试管架	有木质、铝质等	用于存放试管	
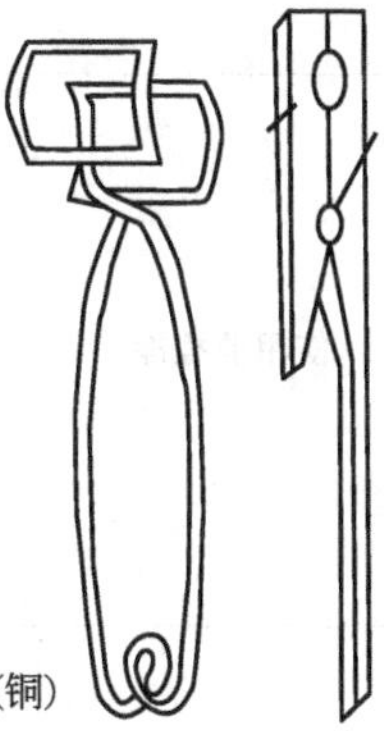 (铜) (木) 试管夹	竹制、钢丝制等	用于夹、拿试管	
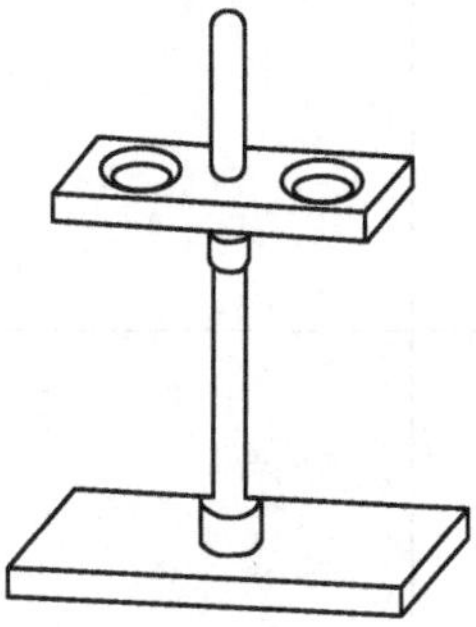 漏斗架	木制品	过滤时放漏斗用	
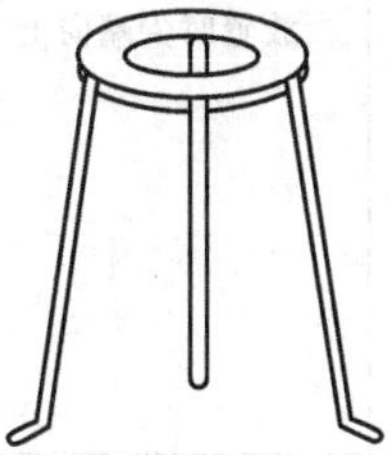 三角架	铁制品	支承较大或较重的加热容器	
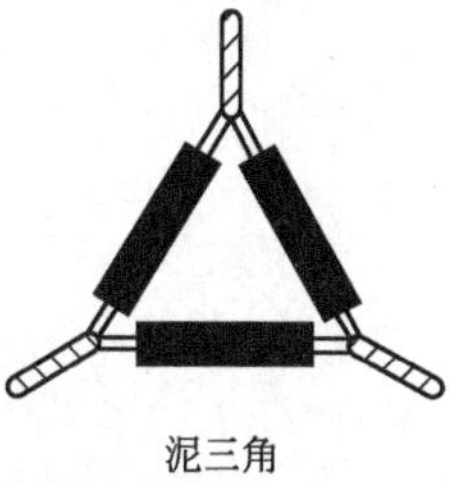 泥三角	有大小之分	支承灼烧坩埚	

续表

仪器	规格	用途	注意事项
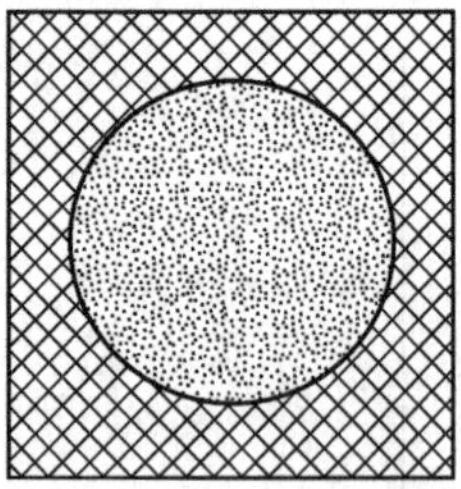 石棉网	有大小之分	支承受热器皿	不能与水接触
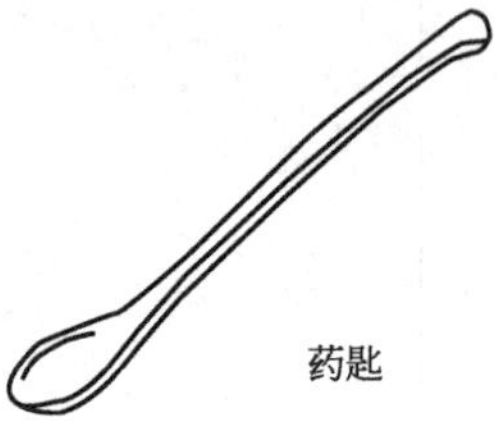 药匙	牛角、瓷质、塑料或不锈钢等	取固体试剂	使用前擦净
 水浴锅	铜质或铝质	用于水浴加热	
坩埚钳 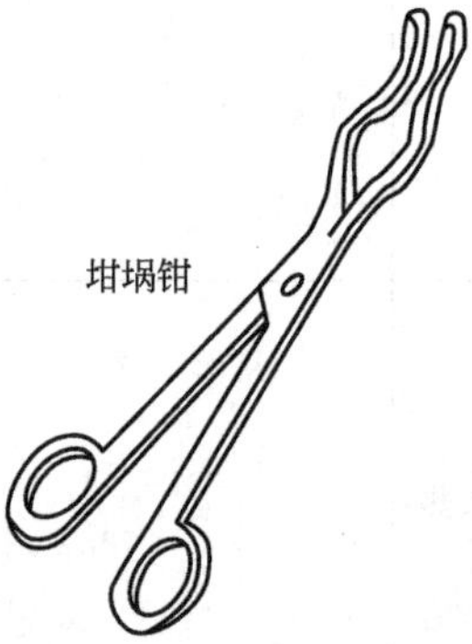	铁制品	夹持坩埚加热	放置时尖端向上

第三章　化学实验基本操作

第一节　玻璃仪器的洗涤与干燥

一、玻璃仪器的洗涤

化学实验中使用的玻璃仪器必须清洁、干燥（根据实验具体情况而定），否则会影响实验结果的准确性。

清洗玻璃仪器的方法很多，主要根据实验的要求、污物的性质和沾污的程度来选用不同的方法。附着在仪器上的污物一般分为三类：尘土和其他不溶性物质，可溶性物质，油污和其他有机物质。针对这些情况可分别用下列方法清洗。

1. 自来水刷洗

一般可溶性物质、尘土和其他不溶性物质可采用这种方法清洗，但对于油污和其他有机物质就很难洗去。

2. 去污粉或合成洗涤剂刷洗

先用自来水将仪器润湿，然后用试管刷蘸上去污粉或合成洗涤剂，刷洗润湿的器壁，直至玻璃表面的污物除去为止，最后再用自来水清洗干净。如果油污和有机物质用此法仍洗不干净，可用热的碱液清洗。

3. 复杂情况的清洗

若用以上常规方法仍清洗不干净，可视污物的性质采用适当的方法清洗。

（1）黏附的固体残留物可用不锈钢勺刮掉。

（2）酸性残留物可用5%～10%碳酸钠溶液中和洗涤。

（3）碱性残留物可用5%～10%盐酸溶液洗涤。

（4）氧化物可用还原性溶液洗涤，如二氧化锰褐色斑迹，可用1%～5%草酸溶液洗涤。

（5）有机残留物可根据“相似相溶”原则，选择适当的有机溶剂进行清洗。另外，使用过的有机溶剂必须进行回收处理，以免污染环境。

4. 铬酸洗液清洗

在进行精确的定量实验时，对仪器的洗净程度要求很高，所用仪器形状也比较特殊。例如，口径较小、管细的仪器不易刷洗，这时需要用洗液清洗。洗液是重铬酸钾在浓硫酸中的饱和溶液（50g粗重铬酸钾加到1L浓 H_2SO_4 中加热溶解而得）。洗液具有很强的氧化性、强酸性，能将仪器清洗干净。

清洗方法：往仪器内小心加入少量洗液，然后将仪器倾斜，慢慢转动，使仪器内壁全部为洗液所润湿。再小心转动仪器，使洗液在仪器内壁多流动几次，将洗液倒回原来的容器中，最后用自来水洗去残留的洗液。

使用铬酸洗液进行洗涤时应注意以下方面。

(1) 被清洗的器皿不宜有水，以免稀释而失效。

(2) 洗液具有很强的腐蚀性，会灼伤皮肤和损坏衣服，使用时要特别小心，尤其不要溅到眼睛内。使用时最好戴橡胶手套和防护眼镜，万一不慎将洗液溅到皮肤或衣服上，要立即用大量水冲洗。

(3) 洗液为深棕色，某些还原性污物能使洗液中Cr(Ⅵ)还原为绿色的Cr(Ⅲ)。所以已变成绿色的洗液因失效就不能使用了，未变色的洗液倒回原瓶可继续使用。

(4) 用洗液洗涤仪器应遵守少量多次的原则，这样既节约又可提高洗涤效率。

(5) 用洗液洗涤后的仪器，应先用自来水冲洗，再用蒸馏水淋洗2～3次。洗净的仪器倒置使器壁上留有均匀的水膜，水在器壁上会无阻力的流动。

对于比较精密的仪器如容量瓶、移液管、滴定管等不宜用碱液、去污粉洗，也不能用毛刷洗。

5. 特殊污物的洗涤方法

对于某些污物，用通常的方法不能洗涤除去，则可通过化学反应将黏附在器壁上的物质转化为水溶性物质。

(1) 铁盐引起的黄色污物加入稀盐酸或稀硝酸浸泡片刻即可除去。

(2) 接触、盛放高锰酸钾后的容器可用草酸溶液淌洗（沾在手上的高锰酸钾也可同样清洗）。

(3) 沾在器壁上的二氧化锰可用浓盐酸处理，使之溶解。

(4) 沾有碘时，可用碘化钾溶液浸泡片刻，或加入稀的氢氧化钠溶液温热之，用硫代硫酸钠溶液也可除去。

(5) 银镜反应后黏附的银或有铜附着时，可加入稀硝酸，必要时可稍微加热，以促进溶解。

二、玻璃仪器的干燥

实验室使用的仪器除了要求洗净外，还要根据实验具体情况对仪器进行干燥，不附有水膜。玻璃仪器常用的干燥方法如下。

1. 晾干

将洗净的仪器倒置在实验柜内或仪器晾晒架上，让水分自然挥发而干燥，但这种方法的缺点是耗时长，如果是不急用仪器的干燥可采用此法。

2. 烘干

将洗净的仪器尽量倒干水后放进烘箱内加热烘干，温度一般控制在105℃左右（如果刚用乙醇或丙酮淋洗过的仪器，不能放进烘箱中，以免发生爆炸）。仪器放进烘箱时应该将口朝下，并在烘箱的最下层放一瓷盘，承接从仪器上滴下的水，以免水滴在电热丝上造成电热丝受损。木塞或橡皮塞不能与仪器一同放在烘箱里干燥，玻璃塞虽然可以同时干燥，但也应该从仪器上取下，以免烘干后卡住，拿不下来。

3. 烤干

烧杯、蒸发皿等可放在石棉网上，用小火烤干。试管可用试管夹夹住后，在火焰上来回移动，直至烤干，但试管口必须低于管底，以免水珠倒流到受热部位，引起试管炸裂，待烤到不见水珠后，将管口朝上赶尽水汽。

4. 有机溶剂干燥

加一些易挥发的有机溶剂（常用乙醇和丙酮）于干净的仪器中，将仪器淋洗一下，然后将淋洗液倒出，用吹风机按冷风→热风→冷风的顺序吹干或直接放在气流干燥器中进行干燥。

第二节　基本玻璃加工技术

一、玻璃管的截断

根据需要选择干净、粗细合适的玻璃管平放于实验桌面上，一手捏紧玻璃管，另一只手持锉刀，用锉刀的棱，沿着拇指指甲在需截断处用力向前挫出一道凹痕（注意不允许来回锉，应向一个方向锉）。为使折断后的玻璃管的截面是平整的，锉出来的凹痕应与玻璃管垂直。然后双手持玻璃管（凹痕向外），拇指在划痕的背后向前推压，同时食指向后拉，即可截断玻璃管，如图 3-1 所示。

如果玻璃管较粗，用上述方法截断较困难，可采用下列方法进行：将一根末端拉细的玻璃管在灯焰上加热至白炽，使之成熔球，立即触及用水滴湿的粗玻璃管的锉痕处，锉痕会骤然受强热而断裂。

玻璃管的截断面很锋利，容易将手划破，而且难以插入塞子的圆孔内，因此需将其断面在煤气灯温度最高的氧化焰处熔烧光滑。操作时可将截面斜插入氧化焰中，同时缓慢地转动玻璃管使之熔烧均匀，直至光滑为止。为了防止管口收缩，熔烧的时间不可太长，灼烧后的玻璃管应放于石棉网上自然冷却，切不可放于桌面上或用手去触摸。

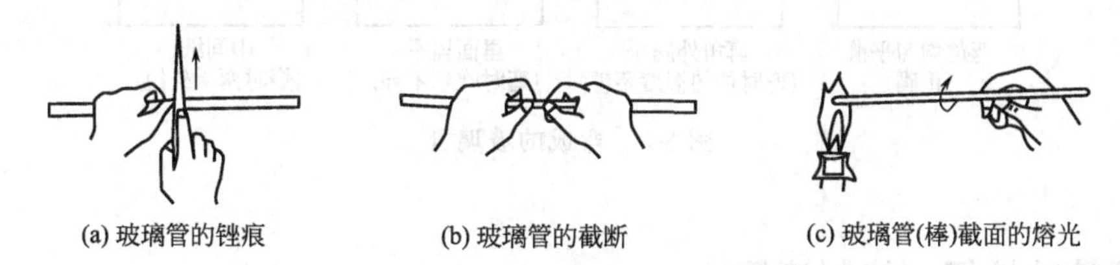

(a) 玻璃管的锉痕　(b) 玻璃管的截断　(c) 玻璃管(棒)截面的熔光

图 3-1　玻璃管的切割和熔光

二、玻璃管的弯曲

先用布把玻璃管擦净，再将玻璃管放于氧化焰中左右移动预热，以除去管中的水汽。然后将欲弯曲的部位放在氧化焰中加热，并不断慢慢转动玻璃管，使之受热均匀（受热部分约为 5cm）。弯玻璃管时，两手手心向上，用拇指、食指和中指夹住玻璃管，一手用力转动玻璃管，另一手随之转动，以保证玻璃管始终在一条轴线上转动。当玻璃管加热到适当软化但又不会自动变形时（玻璃管颜色变黄），迅速离开火焰，然后轻轻地顺势弯曲至所需角度。若欲将玻璃管弯成很小的角度，可分几次弯曲，玻璃管的弯曲部分、厚度和粗细必须保持均匀，如图 3-2 所示。

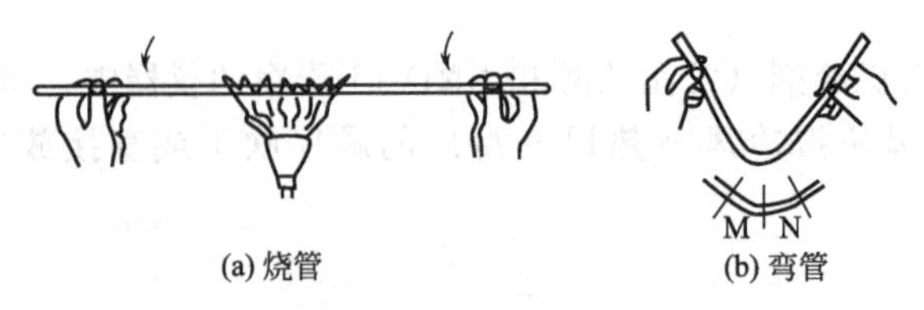

图 3-2 玻璃管的弯曲

玻璃管弯曲的具体操作如下。

(1) 在一端套乳胶头（或塞软纸），两手持玻璃管，在 2/3（或 1/2）处灼烧并平稳转动（使之受热均匀，注意双手要保持固定的距离，以防玻璃管软化时扭曲、拉长或缩短），待玻璃管刚软化后固定加热某一处（使之过火），待玻璃管加热至发黄变软时取出。

(2) 左手持短处并压紧乳胶头，而右手持长端，并用嘴轻轻吹玻璃管，边吹边弯曲（过火一头朝外），弯曲要求：内侧不瘪、两侧不鼓、角度正确、不偏不歪，而且弯曲后的玻璃管要在同一平面上（不能有扭曲现象），弯曲时不能过猛过快。如果一次没有符合要求，可将弯曲的玻璃管再进行熔烧，直到弯至要求为止（70°或 90°）。

在加热和弯曲玻璃管时，不要扭曲，如果弯管不在同一平面内，此时可再对弯管处进行加热并加以修正，使弯管两侧在同一平面内。若遇到弯管内侧凹陷时，可将凹进去的部位在火焰中烧软，用手或塞子封住弯管的一端，用嘴向管内吹气，直至凹进去的部位变得平滑为止。

弯好的玻璃管应在同一平面上，合格弯管与不合格弯管如图 3-3 所示。

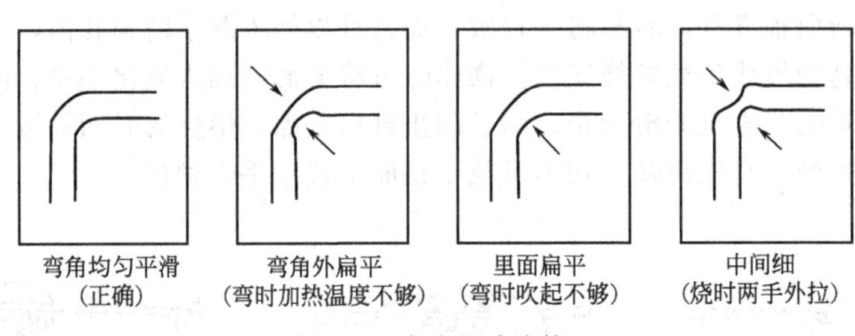

图 3-3 弯成的玻璃管

三、玻璃管的拉细（拉制滴管）

拉细玻璃管与弯曲玻璃管的加热方法相同，只不过加热时间要长一些。选取粗细、长度适当的干净玻璃管，两手持玻璃管的两端，将中间部位放于火焰中加热，边加热（受热面积比弯曲玻璃管要窄些）边向一个方向转动，待玻璃管足够软（烧成红黄色或放开右手立刻下垂的程度，即比弯曲玻璃管要软），从火焰中取出。待 2s 后，左右手以同样速度将管子向两侧拉伸，拉伸时先慢拉，后用力拉，将拉制好的玻璃管放于石棉网上冷却。冷却后，从拉细的中间部位切断再将拉制好的滴管口置于氧化焰中灼熔（去掉其锋利的断口）至发红即可

（边灼烧边旋转），最后在滴管口上套上乳胶头，如图 3-4 所示。

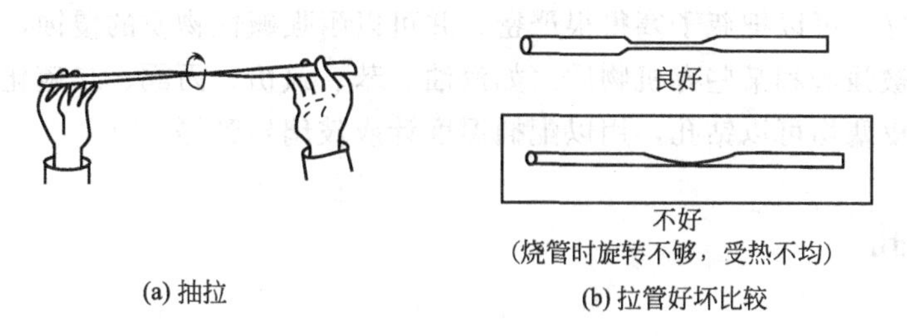

(a) 抽拉　　(b) 拉管好坏比较

图 3-4　玻璃管的拉细

拉成的滴管与原管应在同一轴线上，而且尖嘴要拉得匀正，尖嘴的坡度不要太陡。注意：拉伸时绝对不允许使玻璃管上、下移动（这样制得的滴管不是圆形、不对称且不均匀）。玻璃管拉好后不要马上松手，仍要慢慢转动，直至拉伸部位变硬为止。

四、玻璃棒熔烧和拉制毛细管

1. 玻璃棒熔烧方法

将切割好的玻璃棒的一头置于氧化焰处熔烧，边旋转边熔烧，直至将玻璃棒头熔烧为圆形或椭圆形即可。按同样方式熔烧另一头，将熔烧后的玻璃棒置于石棉网上冷却。注意：必须用氧化焰的火焰熔烧玻璃棒，因其他火焰燃烧不完全，使烧制的玻璃棒头发黑。

2. 拉制毛细管方法

选取粗细、长度适当的干净玻璃管，两手持玻璃管的两端，将中间部位放于火焰中加热，边加热边向一个方向转动，待玻璃足够软（烧成红黄色或放开右手立刻下垂的程度，即比弯曲玻璃管要软），从火焰中取出，左右手以较快的速度将管子向两侧拉伸。再将拉制好的毛细管用锉刀小心地切割到适当长度，将一端管口置于氧化焰中灼熔封闭，另一端用小火熔光，勿使之封闭。

第三节　塞子的钻孔

一、塞子的种类

实验室常用的塞子有玻璃塞、软木塞和橡皮塞等，由于材质不同，因此用途也不完全一样。

1. 玻璃塞

玻璃塞上有磨口，能与带有磨口的瓶子很好的密合，但要注意这种带玻璃塞的瓶子不能盛装碱性物质。

2. 软木塞

软木塞质地松软，严密性较差，能用压塞机压缩，不易与有机物质作用，但易被酸碱侵蚀，因此常用于与有机物接触的场合。

3. 橡皮塞

橡皮塞弹性好，可以把瓶子塞得很严密，并可以耐强碱性物质的侵蚀，因此在化学中比较常用。但它易被强酸和某些有机物质（如汽油、苯、氯仿、丙酮、二硫化碳等）所侵蚀。

软木塞、橡皮塞均可以钻孔，用以配插温度计或玻璃导管等。

二、塞子的钻孔

1. 钻孔器

当需要在塞子内插入玻璃管或温度计时，必须在塞子上钻孔。塞子的大小应与仪器的口径相适合，一般以能塞进瓶颈或管颈部分是塞子本身高度的 1/3～2/3 为宜；使用新的软木塞时只要能塞入 1/3～1/2 即可。塞子插入过多或过少均不合适。选好塞子后，还得选口径大小合适的钻孔器打孔。

钻孔器由一组直径不同的金属管组成，一端有柄，另一端的管口很锋利可用于钻孔。另外，每组还配有一个带柄的细铁棒，用于捅出钻孔时进入钻孔器内的橡皮或软木，如图 3-5 所示。

钻孔前，根据所要插入塞子的管子直径大小来选择钻孔器。由于橡皮塞具有弹性，应选比欲插管子外径稍大的钻孔器。而对弹性小的软木塞，应选比欲插管子外径稍小的钻孔器，这样可以保证导管插入塞子后能很好地密封。

2. 钻孔方法

用笔在塞子的两面画出中心（即画十字线），将塞子的小端朝上并平放于下面垫有木板的桌面上。左手持塞子，右手握钻孔器的柄，同时在钻孔器的管口处涂点水或甘油，将钻孔器按在选定的位置上，按顺时针方向，边旋转边用力向下压，以便把钻孔器钻入预定的位置，如图 3-6 所示。注意：钻孔器必须垂直于塞子的端面，不能左右摆动，更不能倾斜，以免将孔钻斜。钻至塞子的一半时，以逆时针方向边旋转边用力向外拔出钻孔器。

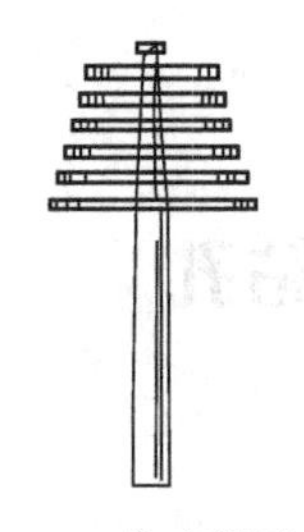
图 3-5　整套钻孔器

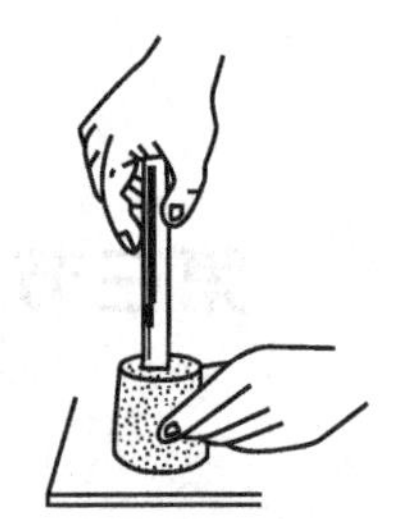
图 3-6　钻孔操作

按同样方式从塞子大的一端钻孔，并注意应在塞子的中心向下钻，直至两端的圆孔贯穿为止。然后逆时针拔出钻孔器并用细铁棒将钻孔器中的橡皮捅出。

塞子孔钻好后，应立即检查孔道是否合适，若玻璃管毫不费力地插入塞子，说明塞子孔径太大，不能密封。这时应重新选一新塞子，换小一点的钻孔器再钻孔。若塞孔稍小或孔道不光滑，可用圆锉修整，直至符合要求为止。

3. 玻璃管插入塞子的操作

（1）用甘油或水将玻璃管的前端湿润，先用布包住玻璃管，右手握玻璃管的前半部，左手拿塞子的侧面。

(2) 将玻璃管插入塞孔并慢慢旋入塞孔内至合适位置。

(3) 在旋入时，不要用力过猛或右手离塞子太远，否则会把玻璃管折断并刺伤手。如有钻床设备的学校，可以选用不同规格的钻头进行钻孔，更加快捷、方便。

第四节　试管的操作

试管可用作少量试剂的反应容器，便于操作和实验现象的观察，因而是无机化学实验中用得最多的玻璃仪器。要求熟练掌握，操作自如。

一、试管的振荡

用拇指、食指和中指持住试管的中上部，试管略倾斜，手腕用力振荡试管。这样试管中的液体就不会被振荡出来。如采用五个指头握住试管，上下或左右振荡，既观察不到实验现象，也容易将试管中的液体振荡出来，影响实验效果。如果试液量过多或者属于多相反应难以振荡时，必须使用玻璃棒搅拌使其混合均匀。在离心试管内的反应，必须用玻璃棒搅拌。

二、试管中液体的加热

试管中的液体一般可直接放在火焰中加热。加热时，不要用手拿，应该用试管夹夹住试管的中上部，使试管与实验台倾斜一定的角度。试管口不能对着别人或自己的脸部，以免发生意外。应使液体各部分均匀受热，先加热液体的中上部，再慢慢向下移动，然后不时地上下移动或振荡试管。不要在某一部位集中加热，这样做容易引起液体的暴沸，使液体冲出管外，引起烫伤，如图 3-7 所示。

三、试管中固体的加热

将固体试剂装入试管底部，铺平，管口略向下倾斜，以免管口冷凝的水珠倒流到灼热的试管底部而引起试管炸裂。应该先用火焰来回加热试管进行预热，待试管受热均匀后，再在有固体物质的部位加强热，如图 3-8 所示。

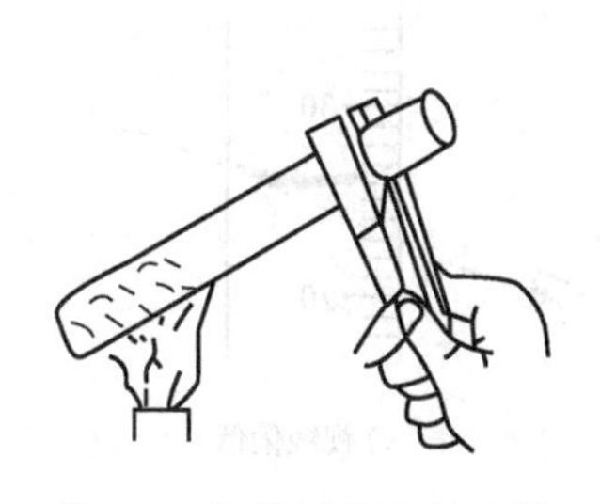

图 3-7　加热试管中的液体

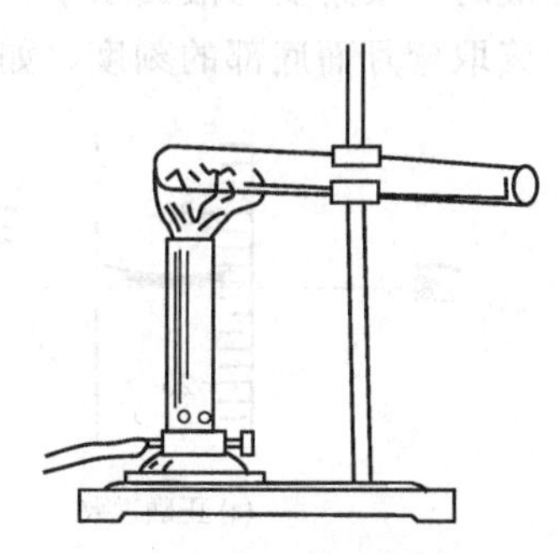

图 3-8　加热试管中的固体

第五节　容量器皿的使用

实验室中玻璃量器是度量液体体积的仪器，有标有分刻度的量筒、量杯、吸量管、滴定管以及标有单刻度的移液管、容量瓶等。其规格是以最大容量为标志的，常标有使用温度，不能加热，更不能用作反应容器。读取容量时，视线应与容器（竖直）凹液面的最低点保持水平。

一、量筒与量杯

量筒和量杯都是外壁有容积刻度的准确度不高的玻璃容器。量筒分为量出式和量入式两种，如图 3-9 所示。量出式量筒在化学实验中普遍使用。量入式量筒有磨口塞子，其用途和用法与容量瓶相似，其精度介于容量瓶和量出式量筒之间，在实验中用得不多。量杯为圆锥形，如图 3-10 所示，其精度不及量筒。量筒和量杯都不能用作精密测量，只能用来测量液体的大致体积，也可用来配制大量溶液。

(a) 量出式量筒　(b) 量入式量筒

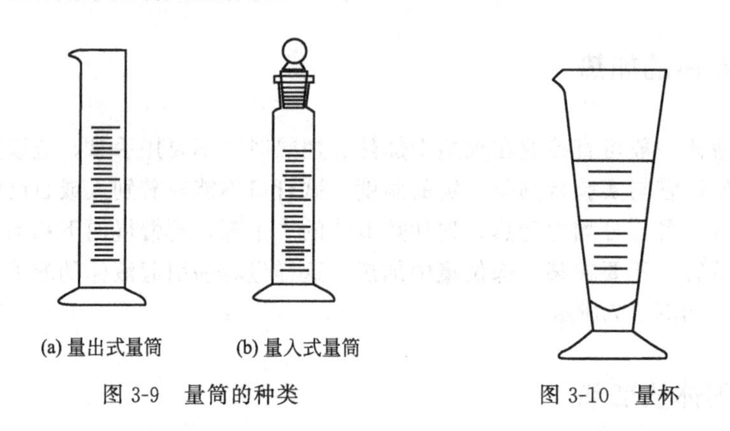

图 3-9　量筒的种类

图 3-10　量杯

市售量筒（量杯）有 5mL、10mL、25mL、50mL、100mL、500mL、1000mL、2000mL 等，可根据需要来选用。

量取溶液时，眼睛要与液面取平，即眼睛置于液面最凹处（弯月面底部）同一水平面上进行观察，读取弯月面底部的刻度，如图 3-11 所示。

(a) 正确读数　(b) 视线偏高　(c) 视线偏低

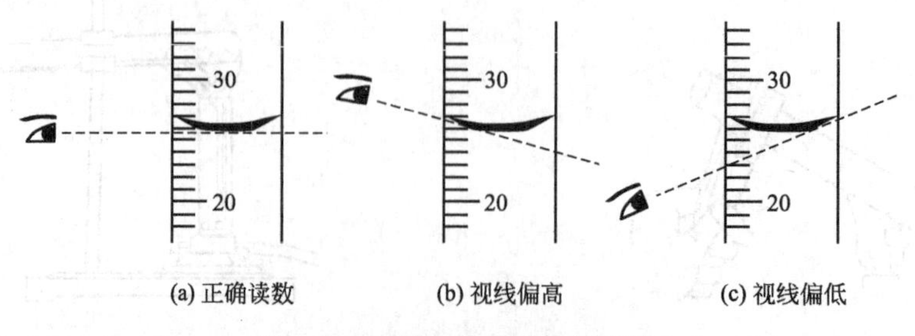

图 3-11　观看量筒内液体的容积

量筒（量杯）内不能放入高温液体，也不能用来稀释浓硫酸或溶解氢氧化钠（或氢氧化钾）。

用量筒量取不润湿玻璃的液体（如水银）时，应读取液面最高部位。

量筒易倾倒而损坏，用时应放在桌面当中，用后应放在平稳之处。

二、容量瓶

容量瓶常用来配制一定体积的、准确浓度的标准溶液。它是一种细颈梨形的平底玻璃瓶，瓶口配有磨口玻璃塞，颈部刻有标线。其容积一般表示在20℃时，液体充至标线时的体积。容量瓶除了有无色的，还有棕色的，供制备要求避光的溶液使用。

容量瓶的规格有：5mL、10mL、25mL、50mL、100mL、200mL、500mL、1000mL、2000mL，可以根据配制溶液量的大小来选用。

容量瓶的使用方法及用途如下。

（1）容量瓶的洗涤和检查　容量瓶应依次用洗液、自来水、蒸馏水洗净，使内壁不挂水珠。使用前应先检查是否漏水。即在瓶内加水至标线，塞好瓶塞，左手按住塞子，右手拿住瓶底，将瓶倒立片刻（约10s），观察瓶塞周围有无漏水现象。如不漏，把塞子旋转180°，再检查一次是否漏水。如果不漏水，方可使用。容量瓶的塞子是磨口的，为了防止打破或者张冠李戴，一般用橡皮筋将它系在瓶颈上。

（2）容量瓶配制标准溶液的方法　如果用固体物质配制溶液，应先将称好的固体物质放入干净的烧杯中用少量的蒸馏水溶解，然后再将烧杯中的溶液沿玻璃棒小心地转移到洗净的容量瓶中，用少量的蒸馏水洗涤烧杯和玻璃棒2～3次，并将每次的洗涤液都转移到容量瓶中，然后一边加蒸馏水一边摇动容量瓶，使溶液逐渐稀释。当稀释的溶液面接近标线时，应等待1～2min，使附在瓶颈内壁的蒸馏水流下，并待液面的小气泡消失后，再逐渐滴加蒸馏水至标线，即溶液弯月面最低处与标线相切。塞好瓶塞，用一只手的食指顶住瓶塞，中指和拇指夹住瓶颈，用另一只手握住瓶底，将瓶子倒转，并摇动，使气泡上升到顶部，让溶液充分混合均匀，如图3-12所示。

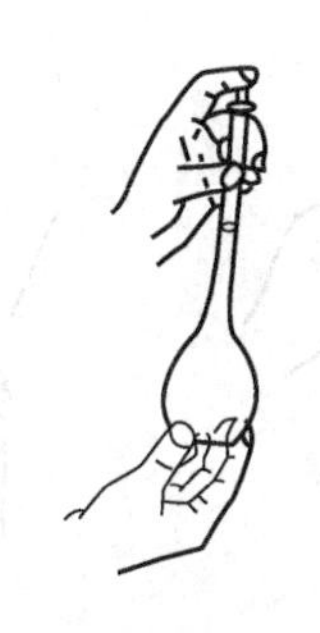

(a) 容量瓶的拿法

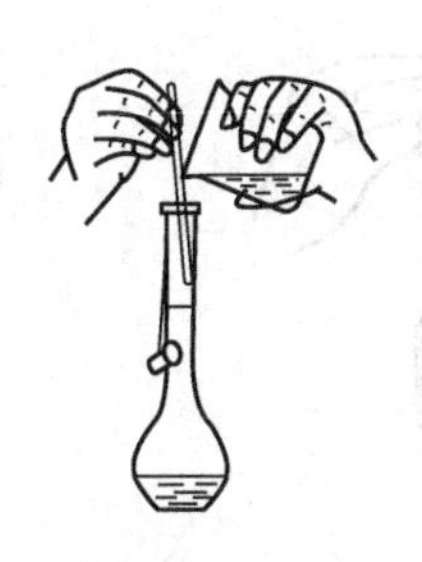

(b) 溶液转移入容量瓶

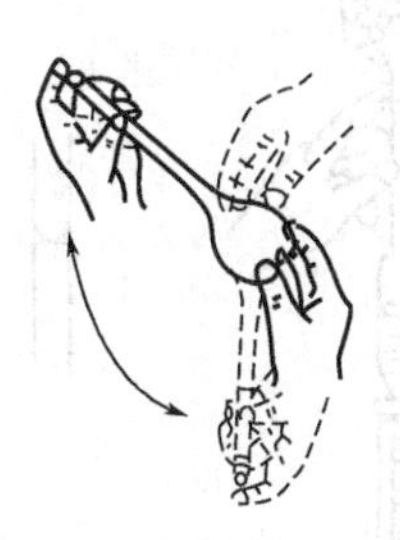

(c) 振荡容量瓶

图3-12　容量瓶的使用

（3）用浓溶液配制稀溶液时，为防止稀释放热使溶液溅出，一般应在烧杯中加入少量的蒸馏水，将一定体积的浓溶液沿着玻璃棒分数次慢慢注入水中，同时不断搅拌，待溶液冷却后，再转移到容量瓶中。将每次的洗涤液也转移到容量瓶中，最后加蒸馏水至标线并摇匀。如果溶液未冷却至室温就注入容量瓶中，溶液的体积可能会有误差。

（4）必要时，容量瓶的体积需要进行校正。

三、移液管和吸量管

1. 分类

移液管是用来准确移取一定量液体的量器。常用的移液管有 10mL 和 25mL 带刻度的直形移液管，或者 20mL、25mL 和 50mL 的移液管中间为一个膨大的球部，上下均为较细的管颈，管上刻有一根环形标线，如图 3-13 所示。每支移液管都标有它的容量和适用温度，在一定的温度下，移液管的标线至下端出口间的容量是一定的。

吸量管是具有分刻度的玻璃管，如图 3-14 所示，用以吸取所需不同体积的液体。常用的吸量管有 1mL、2mL、5mL、10mL 等规格。

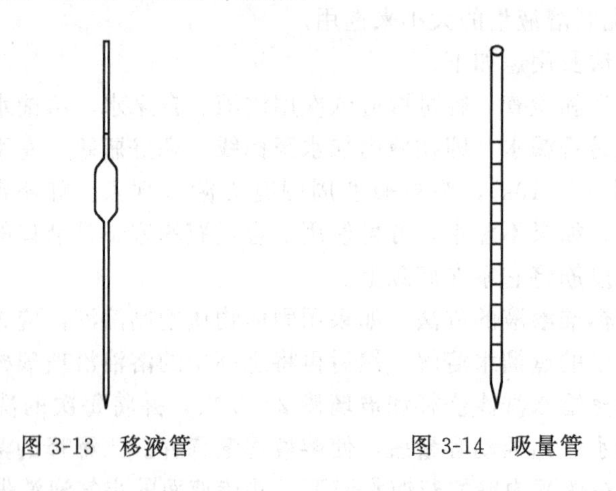

图 3-13　移液管　　图 3-14　吸量管

要求准确地移取一定体积的液体时，可用各种不同容量的移液管或吸量管。

2. 移液管的使用

移液管的使用方法如图 3-15 所示。

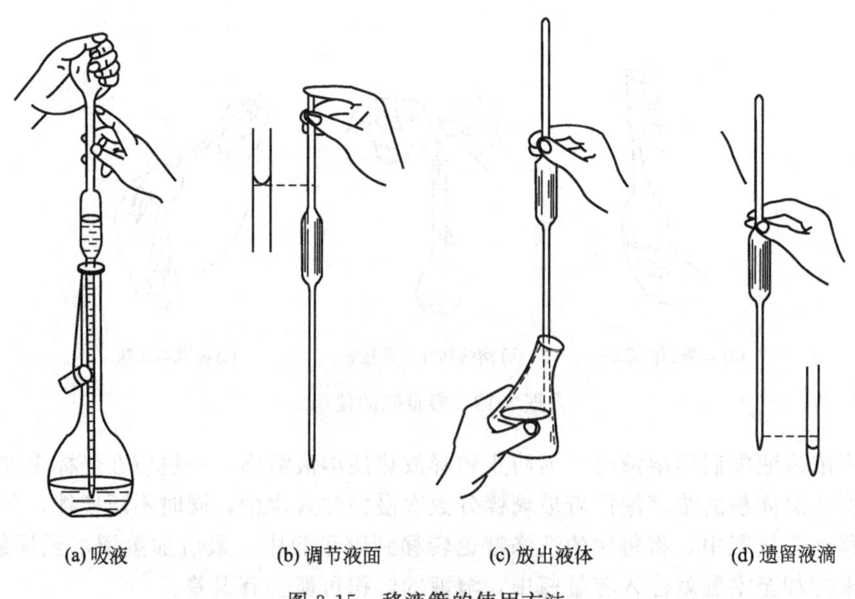

图 3-15　移液管的使用方法

（1）使用前，依次用洗液（洗涤精或肥皂水）、自来水、蒸馏水洗涤移液管（可用洗耳球将洗液等吸入移液管内进行洗涤），洗净的移液管内壁应不挂水珠。用蒸馏水洗净后，要用滤纸将移液管下端内外的水吸去，然后用被移取的液体润洗三次（每次用量不必太多，所吸液体刚进球部即可），以免被移取的液体被残留在移液管内壁的蒸馏水所稀释。

（2）移取液体时，右手中指和拇指拿住管颈标线以上的部位。使移液管下端伸入溶液液面下 1～2cm 处，左手拿洗耳球，捏瘪并将其下端尖嘴插入移液管上端口内，然后慢慢放松洗耳球使溶液轻轻上吸，眼睛注视液体上升。当液体上升到标线以上时，迅速拿走洗耳球，以右手的食指按住管口，将移液管从液面下取出，然后微微放松食指或拇指与中指轻轻转动移液管，使液面缓慢、平稳地下降，直到液体凹液面与标线相切，立即紧按食指，使液体不再流出。

（3）把移液管的尖端靠在接收容器的内壁上，放松食指，待液体自由流出。这时应使容器倾斜 45°，而使移液管直立。等液体不再流出时，还要稍等片刻，再把移液管拿开。最后，移液管的尖端还会剩余少量液体，不要用外力把这点液体吹入接收容器内，这是因为在标定移液管的体积时，并未把这部分液体计算在内。

（4）用以上操作，从移液管中自由流出的液体正好是移液管上标明的体积。如果实验要求的准确度较高，还需要对移液管进行校正。

3. 吸量管的使用

吸量管的用法与移液管基本相同。使用吸量管时，通常是使液面从它的最高刻度降至另一刻度，两刻度之间的体积恰为所需的体积。在同一实验中应尽可能使用同一吸量管的同一部位，且尽可能用上面部分。如果吸量管的分刻度一直刻到管尖，而且又要用到末端收缩部分时，则要把残留在管尖的溶液吹出。若用非吹入式的吸量管，则不能吹出管尖的残留液。

移液管和吸量管用毕，应立即用水洗净，放在管架上。

第六节　密度计（比重计）的使用

密度计是用来测定溶液密度的仪器。它是一支中空的玻璃浮柱，上部有标线，下部为一个重锤，内装铅粒。根据溶液密度的不同而选用相适应的密度计。通常密度计分为两种：一种是测量相对密度大于 1 的液体，称为重表；另一种是测量相对密度小于 1 的液体，称为轻表。

测定时，将待测液体注入大量筒中，然后将清洁干燥的密度计慢慢放入液体中。先用手扶住密度计的上端，并让它浮在液面上，等它平稳地浮在液面上时，才能放开手。当密度计在液面上不再摇动且不与容器壁相碰时，方可读数。读数时视线要与凹液面最低处相切。用完后要用水洗净，擦干，放回原盒内。密度计和液体相对密度的测定如图 3-16 和图 3-17 所示。

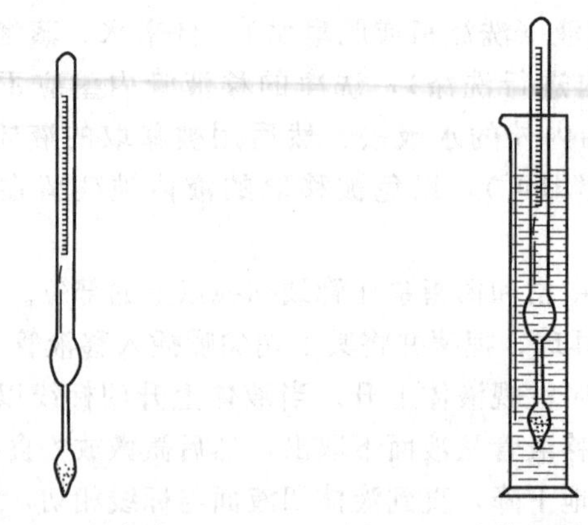

图 3-16 密度计　　　　图 3-17 液体相对密度的测定

第七节 溶液的配制

一、一般溶液的配制

配制一般溶液常用以下三种方法。

1. 直接水溶法

对易溶于水而不发生水解的固体试剂，例如 NaOH、$H_2C_2O_4$、KNO_3、NaCl 等，配制其溶液时，可用台秤称取一定量的固体于烧杯中，加入少量蒸馏水，搅拌溶解后稀释至所需体积，再转移入试剂瓶中待用。

2. 介质水溶法

对易水解的固体试剂，例如 $FeCl_3$、$SbCl_3$、$BiCl_3$ 等，配制其溶液时，称取一定量的固体，加入适量一定浓度的酸（或碱）使之溶解，再以蒸馏水稀释，摇匀后转入试剂瓶中待用。在水中溶解度较小的固体试剂，在选用合适的溶剂溶解后，稀释，摇匀转入试剂瓶。例如固体 I_2，可先用 KI 水溶液溶解后再稀释。

3. 稀释法

对于液态试剂，如 HCl、H_2SO_4、HNO_3、HAc 等，配制其稀溶液时，先用量筒量取所需量的浓溶液，然后用适量的蒸馏水稀释。

这里需要特别提醒的是，由浓 H_2SO_4 配制其他不同浓度的 H_2SO_4 溶液时，需特别注意，必须在不断搅拌下将浓 H_2SO_4 缓慢地倒入盛水的容器中，切不可将操作顺序倒过来。

一些见光容易分解或易发生氧化还原反应的溶液，要防止在保存期间失效。如 Sn^{2+} 及 Fe^{2+} 溶液应分别放入一些锡粒和铁屑；$AgNO_3$、$KMnO_4$、KI 等溶液应储存于干净的棕色瓶中。容易发生化学腐蚀的溶液应储存于合适的容器中，如氢氟酸必须储存于塑料材质的试剂瓶中。

二、标准溶液的配制

已知准确浓度的溶液称为标准溶液。配制标准溶液的方法有两种。

1. 直接法

用电子分析天平准确称取一定量的基准试剂于烧杯中，加入适量的蒸馏水溶解后，转入容量瓶中，再用蒸馏水少量多次淋洗烧杯，淋洗后的溶液均转移到容量瓶中，最后用蒸馏水稀释至容量瓶瓶颈刻度，摇匀。其准确浓度可以由所称量的基准试剂的质量以及容量瓶的体积计算求得。

2. 标定法（间接法）

不符合基准试剂条件的物质，不能用直接法配制标准溶液，但可先配成近似于所需浓度的溶液，然后用基准试剂或已知准确浓度的标准溶液标定它的浓度。

当需要通过稀释法配制标准溶液时，可用移液管准确吸取其浓溶液至适当的容量瓶中，再加入蒸馏水至容量瓶瓶颈刻度线配制。

在配制溶液时，除注意准确度外，还要考虑试剂在水中的溶解度、热稳定性、挥发性、水解性等因素的影响。

三、配制溶液时的注意事项

（1）溶液应用蒸馏水配制，容器应用蒸馏水洗涤三次以上。

① 配制后的溶液要用带塞子的试剂瓶盛装。

② 见光易分解的溶液要装在棕色瓶内。

③ 挥发性试剂瓶塞要严密，见空气易变质且有腐蚀性气体的溶液塞子也要严密。

④ 浓碱液要用塑料瓶盛装，如盛装在玻璃瓶中，要用橡皮塞塞紧。

（2）试剂瓶上必须贴上试剂的名称、浓度、规格和配制时间的标签。

（3）溶液储存时可能有以下原因会使溶液发生变质。

① 玻璃与水和试剂作用或多或少会被侵蚀（特别是碱液），使溶液中含有钠、钙、硅酸盐等杂质。某些离子被吸附于玻璃表面，这对于低浓度的离子标准液不可忽略。故低于 $1mg \cdot mL^{-1}$ 的离子溶液不能长期储存。

② 由于试剂瓶密封不好，空气中的 CO_2、O_2、NH_3 或酸雾侵入使溶液发生变化。如氨水吸收 CO_2 生成 NH_4HCO_3；KI 溶液见光易被空气中的氧气氧化生成 I_2 而变为黄色；$SnCl_2$、$FeSO_4$、Na_2SO_3 等还原剂溶液易被氧化。

③ 某些溶液见光易分解（如硝酸银、汞盐等）；有些溶液放置时间较长后逐渐水解（如铋盐、锑盐等）；$Na_2S_2O_3$ 还能受微生物作用使浓度降低。

④ 某些配位滴定中使用的金属指示剂，当指示剂溶液放置时间较长后会发生聚合和氧化反应等，不能敏锐指示终点（如铬黑 T、二甲酚橙等）。

⑤ 由于易挥发组分的挥发，使浓度降低，导致实验出现异常现象。

（4）特殊试剂配制时的注意事项

① 配制硫酸、磷酸、硝酸、盐酸等溶液时，都应把酸倒入水中。不可以在试剂瓶中直接配制溶液，尤其对于溶解时能够大量放热的试剂，绝对不可以在试剂瓶中配制，以免发生炸裂。配制硫酸时，必须应将浓硫酸沿烧杯壁慢慢注入水中，边加入边搅拌，必要时可用冷水冷却烧杯外壁。

② 如果用有机溶剂配制溶液（如配制指示剂溶液），有时有机物溶解较慢，应不时搅拌，可以在热水浴中加热溶液，但不可直接加热。易燃溶剂使用时要远离明火。几乎所有的有机溶剂都有毒，应在通风橱内进行操作。为了避免有机溶剂的蒸发，加热过程中可以用表

面皿将烧杯盖上。

③ 要熟悉一些常用特殊溶液的配制方法。如碘溶液的配制，先将固体 I_2 用碘化钾水溶液溶解，然后才可用蒸馏水稀释；如易水解盐类的配制，应先将该盐加酸溶解后，再以一定浓度的稀酸稀释（如配制 $SnCl_2$ 溶液）。如果操作不当已经发生水解，就是再加大量的酸仍很难溶解沉淀。

④ 不能用手接触腐蚀性以及有剧毒的溶液，实验过程中必须采取防护措施。剧毒废液必须回收做统一解毒处理，不可直接倒入下水道，污染环境。

第八节　沉淀的分离和洗涤

沉淀分离的目的是分离沉淀与溶液，以及沉淀的洗涤。常用方法有倾析法、过滤法和离心分离法三种。

一、沉淀的分离

1. 倾析法

倾析法操作简单，分离速度快，适用于相对密度较大或结晶的颗粒较大的沉淀与溶液的分离。

将沉淀混合溶液静置，待沉淀物晶体沉降至容器底部，然后将沉淀上部的澄清溶液倾入另一容器中。为除去沉淀中残留溶液，可在倾出上部清液后的沉淀中再加入少量蒸馏水，充分搅拌后静置沉降，再次倾去上部清液。如此重复操作三遍以上，即可将沉淀洗净，达到沉淀和溶液分离的目的，如图 3-18 所示。

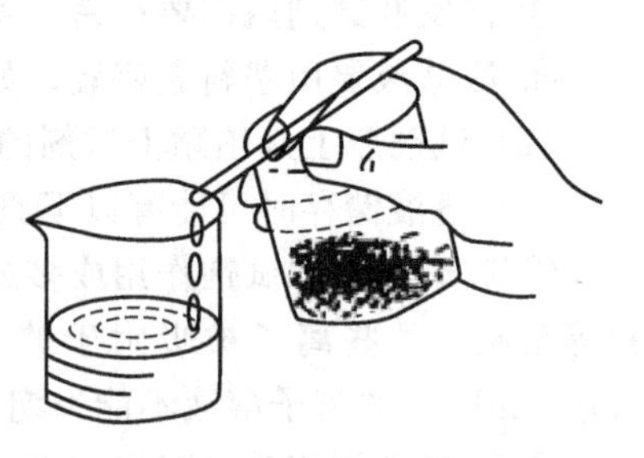

图 3-18　倾析法分离沉淀

2. 过滤法

过滤法是通过过滤器，实现沉淀和溶液分离的方法。过滤法分为常压过滤、减压过滤、常温过滤和热过滤等。过滤器中的滤纸或微孔滤芯可将沉淀留在过滤器上方，而溶液则通过过滤器进入下方的盛接容器中。在沉淀分离中，过滤法分离得最为彻底。

(1) 常温常压过滤　常温常压过滤采用玻璃漏斗和滤纸来进行，是最常见的过滤方法。

过滤前将准备好的圆形滤纸对折两次，然后一边三层，一边一层展开呈圆锥体，放入玻璃漏斗中，过滤用漏斗锥体角度应为 60°，这样对折后打开的滤纸与漏斗的内壁才能完全贴合。如果漏斗锥体角度不是 60°，两次对折后得到的滤纸圆锥体与漏斗将不密合，此时须改变滤纸第二次折叠的角度，直到能与漏斗密合，再将滤纸折死，使其形状固定。

放入漏斗的滤纸上沿应低于漏斗上沿 5～10mm。把滤纸折叠成三层一侧的外面两层撕去一角，可使滤纸三层的一边能更好紧贴漏斗。用手指按住滤纸中三层的一边，以少量的水润湿滤纸，使滤纸完全紧贴在漏斗壁上。轻压滤纸，赶走气泡。加水至滤纸边缘，使漏斗内形成水柱，利用水柱的压力能够加快过滤速度，如图 3-19 所示。备好的漏斗安放在漏斗架上，漏斗出口尖处紧贴容器的内壁上，下面放洁净盛接容器，然后开始过滤。

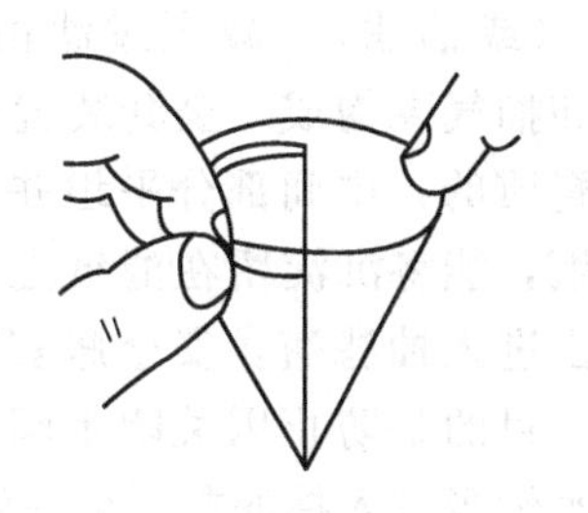
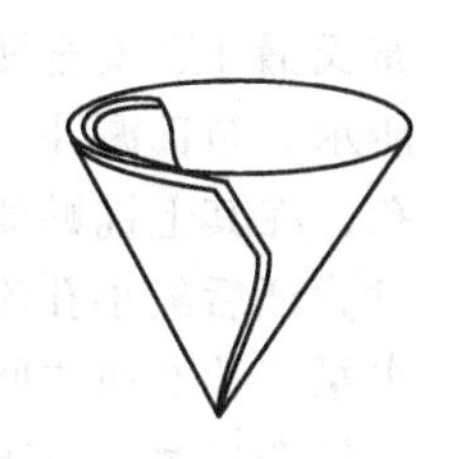
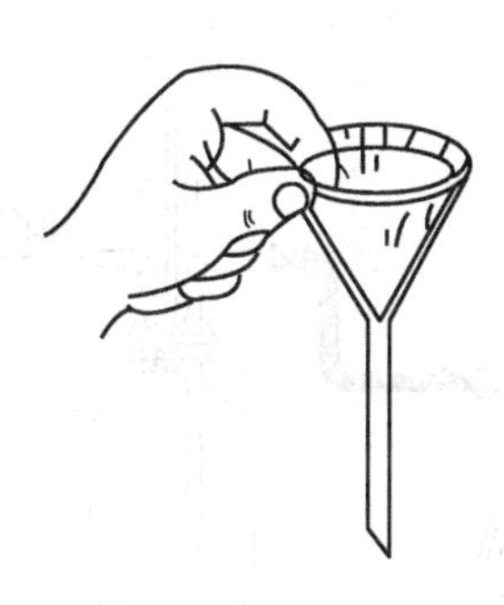

图 3-19　滤纸和漏斗的准备

过滤时，先用倾析法将澄清液转入漏斗中的滤纸上滤出，尽量使沉淀留在原烧杯中，这样可使过滤速度较快，过早将沉淀转移到滤纸上容易堵塞滤纸微孔，从而使过滤速度变得极为缓慢。操作时在漏斗上方将玻璃棒从烧杯中慢慢竖起并直立于漏斗中，下端对着三层滤纸一边并尽可能靠近，但玻璃棒一定不能接触滤纸。将上层清液沿着玻璃棒慢慢倾入漏斗，此时漏斗中的液面必须低于滤纸边缘，防止清液中部分沉淀穿透滤纸，如图 3-20(a) 所示。一般将其控制在滤纸边缘下 5～10mm。暂停倾析溶液时，将烧杯沿玻璃棒慢慢向上提起扶正，注意烧杯嘴上的液滴不能流到烧杯壁外。

上层清液完全转移后，要先对沉淀作初步洗涤：用洗瓶吹洗烧杯四周内壁，使杯壁附着的沉淀集中在烧杯底部，再用玻璃棒充分搅拌，然后静置，再用倾析法转移洗涤液至漏斗中的滤纸上，洗涤一般需要 3～4 次。完成之后再将沉淀转移到滤纸上，向烧杯中加入少量蒸馏水，搅动沉淀使之混匀，然后立即将沉淀和溶液一起通过玻璃棒转移至漏斗上。再用洗瓶挤出少量蒸馏水，吹洗原烧杯内壁和玻璃棒，如图 3-20(b) 所示，将其残留沉淀一并转入滤纸上，最后再用洗瓶挤出少量蒸馏水冲洗滤纸和沉淀，如图 3-20(c) 所示。冲洗时应从滤纸上方开始，以使沉淀尽量集中在滤纸的圆锥尖部。

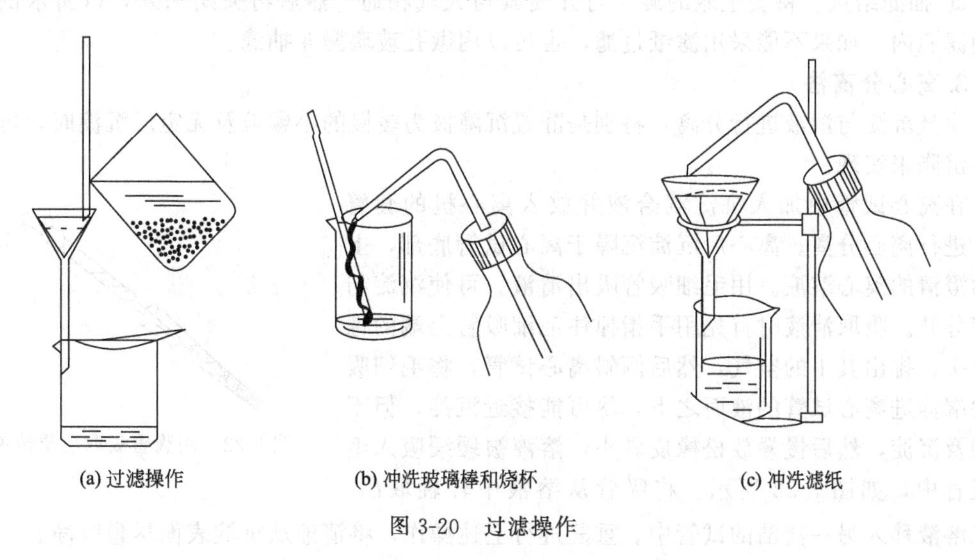

图 3-20　过滤操作

(2) 热过滤　热过滤也称常压热过滤，是将过滤用玻璃漏斗放在热过滤套中进行过滤。热过滤套一般为双层铜制，夹层中充水并在过滤过程中持续加热，以保证过滤过程中温度保持不变。因为某些物质的溶解度随温度变化很大，常温过滤时由于温度下降较快，滤液中的溶质很容易在过滤时析出结晶。为防止在过滤的过程中有溶质的结晶析出，就需要趁热过滤。热过滤的具体操作过程和要求与常温过滤基本一致。

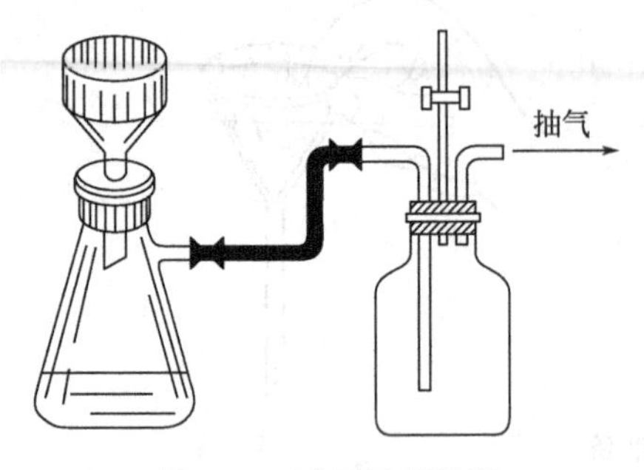

图 3-21　减压过滤装置

（3）减压过滤（或抽滤）　减压过滤由抽滤瓶、布氏漏斗、安全瓶和抽气泵构成，全套装置如图 3-21 所示。布氏漏斗为瓷质的，中间部分平坦并有许多小孔，在其上铺贴滤纸，能将沉淀留在滤纸上，滤液透过滤纸后经小孔流出进入抽滤瓶。安全瓶安装在抽气水泵与抽滤瓶之间，目的是防止因关闭水阀或水流量突然变化时，自来水倒吸进入抽滤瓶污染滤液。

减压过滤的原理是由抽气泵吸出抽滤瓶中的空气，导致抽滤瓶内压力低于环境压力，从而使布氏漏斗两侧形成压力差，以此提高过滤速度。这种过滤方法可以使大量溶液与沉淀得到较快分离，并能够降低沉淀中的水分残留。但是要求沉淀必须具有较大颗粒，如果颗粒较小，则沉淀很容易穿透滤纸进入抽滤瓶中，这样就会造成沉淀损失。减压过滤的操作应按如下步骤进行。

① 装配减压过滤装置。注意安装布氏漏斗的橡皮塞插入抽滤瓶中不能超过 1/2，布氏漏斗的下端斜口必须正对抽滤瓶的侧管以提高抽滤效率。

② 选择和剪贴滤纸。滤纸应比布氏漏斗内径略小，并且能全部覆盖漏斗所有小孔。如滤纸太大，与布氏漏斗贴合不够紧密，太小又不能完全覆盖小孔，导致过滤失败。

③ 贴合滤纸。将滤纸平铺在布氏漏斗中，盖住所有小孔，然后用蒸馏水或溶剂润湿滤纸，之后打开水泵抽滤，使滤纸紧贴于漏斗的底部。同时检查抽滤装置是否连接紧密不漏气。

④ 转移沉淀。先用倾析法将沉淀上方清液逐渐转入布氏漏斗中并及时进行抽滤。然后再将沉淀转入布氏漏斗，用少量溶剂或蒸馏水冲洗烧杯，并将洗涤液转入布氏漏斗中进行抽滤。

⑤ 抽滤结束。将安全瓶的旋塞打开使其与大气相通，然后再关闭水泵，以防水倒流进入抽滤瓶内。如果不能采用滤纸过滤，也可以用微孔玻璃漏斗抽滤。

3. 离心分离法

少量沉淀与溶液进行分离，特别是静置沉降极为缓慢的小颗粒及无定形沉淀时，可通过离心沉降来实现。

在离心试管中加入沉淀混合液并放入离心机的套管中，进行离心分离。离心后沉淀沉降于离心试管底部，上部为澄清的离心溶液。用毛细吸管吸出清液，可使沉淀与溶液分开。吸取清液时首先用手指捏住毛细吸管上端的橡皮乳头，排出其中的空气，然后倾斜离心试管，将毛细吸管尖端伸进离心试管的液面之下，尽可能接近沉淀，但不可触及沉淀，然后慢慢放松橡皮乳头，溶液被缓缓吸入毛细吸管中，如图 3-22 所示。将吸管从溶液中轻轻取出，再把溶液移入另一清洁的试管中。重复进行上述操作，将清液从沉淀表面尽量吸净。

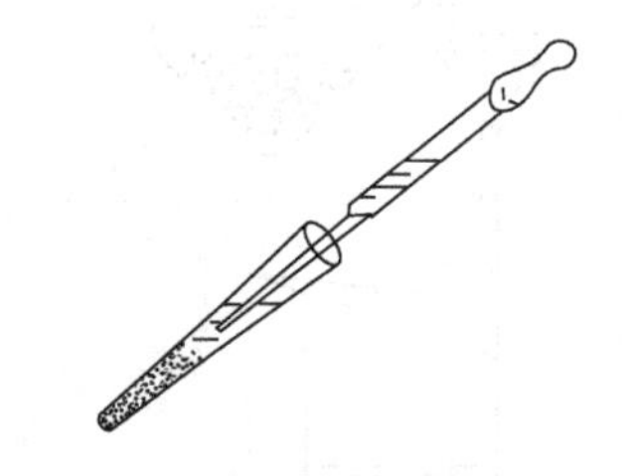
图 3-22　用滴管吸取上层清液

二、沉淀的洗涤

1. 离心试管中沉淀的洗涤

如果要除去沉淀中残留的溶液，还需要将沉淀进行洗涤。常用的洗涤剂是蒸馏水或其他洗涤溶液。

洗涤方法是用毛细吸管加数滴洗涤液，用玻璃棒搅拌后，充分振荡离心试管，使沉淀与洗涤液充分混匀，然后再次用离心机进行离心沉降，仍用上述操作方法由毛细吸管吸出洗涤液。要注意每次应尽可能把洗涤液完全吸尽。一般情况下可洗涤 2～3 次。洗涤液需并入离心液中。

2. 漏斗滤纸上的沉淀的洗涤

沉淀全部转移到滤纸上后，需洗涤沉淀。洗涤的目的在于将沉淀表面所吸附的杂质和残留的母液除去，其方法如图 3-23 所示。从洗瓶中注出细流，从滤纸边缘朝下处开始往下螺旋形移动，这样可使沉淀集中到滤纸的底部。重复这一步骤至沉淀洗净为止。

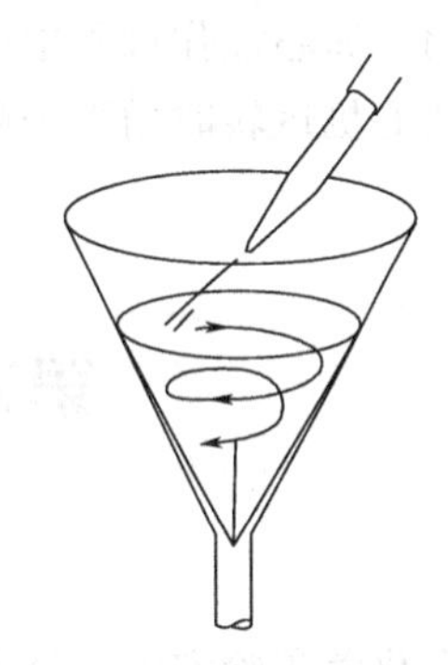

图 3-23　漏斗中沉淀的洗涤

为了提高洗涤效率应掌握洗涤方法。洗涤沉淀时，每次使用少量洗涤液，洗后尽量沥干前次的洗涤液，多洗几次，这通常称为“少量多次”原则。这样既可将沉淀洗净，又尽可能降低了沉淀的溶解损失。另外需注意的是，过滤和洗涤必须相继进行，不能间断，否则沉淀干涸了就无法洗净。

洗涤到什么程度才算洗净，这可根据沉淀性质等具体情况进行检查。例如如果试液中含 Cl^- 或 Fe^{3+} 时，则检查洗涤液中不含 Cl^- 或 Fe^{3+}，即可认为沉淀已被洗净了。为此可用一支干净的小试管在漏斗口承接 1～2mL 溶液，酸化后，用 $AgNO_3$ 或 KSCN 溶液分别检查，如果没有 AgCl 白色浑浊或 $[Fe(SCN)_6]^{3-}$ 淡红色配合物出现，说明沉淀已被洗净。否则还需要洗涤，直至滤液中检查不出 Cl^- 或 Fe^{3+} 为止。如果没有明确的规定，通常洗涤 8～10 次就认为已被洗净，对于无定形沉淀，洗涤的次数可稍多几次。

3. 沉淀洗涤剂的种类及选择

选用什么洗涤剂洗涤沉淀，应根据沉淀的具体性质而定。

（1）蒸馏水　如果沉淀溶解度很小，又不易生成胶体沉淀，可选用蒸馏水进行洗涤。

（2）冷的稀沉淀剂溶液　晶形沉淀可选用冷的稀沉淀剂溶液作洗涤液，因为这时存在同离子效应，故能减少沉淀溶解的量。但是如果沉淀剂为不挥发的物质，就不能作洗涤液。

（3）热的电解质溶液　无定形沉淀可选用热的电解质溶液作洗涤剂，为防止产生胶溶现象，大多采用易挥发的铵盐作洗涤剂。

（4）沉淀剂加有机溶剂　对于溶解度较大的沉淀或易水解的沉淀，一般采用沉淀剂加有机溶剂作为洗涤剂来洗涤沉淀，这样可降低其溶解度。

三、离心机使用时的注意事项

使用离心机操作时应注意以下事项。

（1）离心机中放入离心试管后，必须保证离心机的重心与轴心重合。就是说应将质量一致的离心试管放入套管中对称位置，使离心机运转时保持平衡，否则易损坏离心机的轴，而且会造成离心机不能平稳工作。如果只有一支离心试管的沉淀需要进行分离，则在另一支离心试管中加入相同质量的水，然后把两支离心试管分别放入离心机对称位置的套管中，以确保离心机运转时平衡、稳定。

（2）顺时针打开旋钮，逐渐轻缓旋转，调节变速器，使离心机的转速逐渐增至所需速度。数分钟后再逆时针缓慢旋转旋钮到关闭的位置，离心机将缓缓地自行停止运转。

(3) 离心时间和转速可由沉淀的性质来决定。结晶形的紧密沉淀，转速每分钟1000转，1min后即可停止。无定形的疏松沉淀，沉降时间要长些，转速可提高到每分钟2000转，时间大约4min。如果4min后仍不能使其分离，则应设法（如加入电解质或加热等）促使沉淀沉降，然后再进行离心分离。

(4) 离心操作过程中要将离心机的盖子盖好，离心机没有停止运转时不能打开盖子，严禁在离心机运转时用手去阻止离心机的运转。

第九节 常用试纸和滤纸的使用

在化学实验室中，经常使用某些试纸来定性检验一些溶液的性质或某些物质的存在。试纸的特点是制作简易，使用方便，反应快速。各种试纸都应当密封保存，防止被实验室里的气体或其他物质污染而失效变质。

一、试纸的使用

1. 试纸的种类

试纸的种类繁多，用途也各不一样。常用的试纸及用途如下。

(1) 石蕊试纸 用于检验溶液的酸碱性。有红色石蕊试纸和蓝色石蕊试纸两种。

(2) pH试纸 用于检验溶液的pH，有广泛pH试纸和精密pH试纸。

广泛pH试纸：测试pH范围较宽，pH为1～14，但所测结果较粗略。

精密pH试纸：可测试较小范围的pH，如0.5～5.0，5.4～7.0，6.9～8.4，8.2～10.0，9.5～13.0等，测得的pH较精密。

(3) 自制专用试纸

① 淀粉碘化钾试纸（白色）：将3g淀粉与25mL蒸馏水搅匀，放入25mL沸水中，再加入2g KI和18g无水Na_2CO_3，用蒸馏水稀释至500mL，将滤纸浸入取出后放在无氧化性气体处晾干。

② 醋酸铅试纸：把滤纸投入到3%醋酸溶液中，取出后在没有H_2S气体处晾干。

③ 酚酞试纸：溶解18g酚酞于100mL 95%乙醇中，振荡溶液，同时加入100mL蒸馏水。将滤纸放入溶液，取出后置于无氨蒸气处晾干。

常见试纸的种类与用途，见表3-1。

表3-1 常见试纸的种类与用途

试纸	用途
红色石蕊试纸	在被pH≥8的溶液润湿时变蓝；用纯水浸湿后遇碱性蒸气（溶于水溶液pH≥8的气体如氨气）变蓝。常用于检验碱性溶液或蒸气等
蓝色石蕊试纸	被pH≤5的溶液浸湿时变红；用纯水浸湿后遇酸性蒸气或溶于水呈酸性的气体时变红。常用于检验酸性溶液或蒸气等

续表

试纸	用途
酚酞试纸(白色)	遇碱性溶液变红,用水润湿后遇碱性气体(如氨气)变红,常用于检验 pH>8.3 的稀碱溶液或氨气等
淀粉-碘化钾试纸(白色)	用于检测能氧化 I^- 的氧化剂如 Cl_2、Br_2、NO_2、O_2、HClO、H_2O_2 等,润湿的试纸遇上述氧化剂变蓝,也可以用来检测 I_2
淀粉试纸(白色)	润湿时遇 I_2 变蓝。用于检测 I_2 及其溶液
醋酸铅试纸(白色)	遇 H_2S 变黑色,用于检验痕量的 H_2S
铁氰化钾试纸(淡黄色)	遇含 Fe^{2+} 的溶液变成蓝色,用于检验溶液中的 Fe^{2+}
亚铁氰化钾试纸(淡黄色)	遇含 Fe^{3+} 的溶液呈蓝色,用于检验溶液中的 Fe^{3+}
pH 试纸	有精密和广泛 2 种,通过与比色卡比色来检测溶液的 pH

2. 试纸的使用

(1) 用 pH 试纸试验溶液的酸碱性时，将剪成小块的试纸放在表面皿或白色点滴板上，用玻璃棒蘸取待测溶液接触试纸中部，试纸即被溶液湿润而变色，将其与所附的标准色板比较，便可以粗略确定溶液的 pH。不能将试纸浸泡在待测溶液中，以免造成误差或污染溶液。

(2) 用试纸检查挥发性物质及气体时，先将试纸用蒸馏水润湿，黏附在玻璃棒上，悬空放在气体出口处，观察试纸颜色变化。

(3) 试纸要密闭保存，应该用镊子取用。

二、滤纸的使用

实验中常用的滤纸分为定量滤纸和定性滤纸两种，按过滤速度和分离性能的不同又可分为快速、中速和慢速三类。

定量滤纸的特点是灰分很低，以 Φ125mm 定量滤纸为例，每张滤纸的质量约 1g，灼烧后其灰分的质量不超过 0.1mg（小于分析天平的感量），在重量分析实验中，可以忽略不计，所以通常又称为无灰滤纸。定量滤纸中其他杂质的含量也比定性滤纸低，其价格则比定性滤纸高。

在实验工作中应根据实际需要，合理地选用滤纸。

第十节　基本加热方法和冷却方法

一、冷却方法

在化学实验的过程中，有些反应或操作需要在低温下进行，这就需要选择合适的冷却技术。降温冷却的方法通常是将装有待冷却物质的容器浸入制冷剂中，通过容器壁的传热达到冷却的目的。特殊情况下也可以将制冷剂直接加入被冷却的物质中。冷却方法操作简单，容易进行。实验室常用的冷却技术如下。

1. 自然冷却

直接将热的物质放置于空气中或干燥器中，使其自然冷却至室温。

2. 吹风冷却

当实验室需要快速冷却，可以用吹风机和冷风机吹冷风快速冷却。

3. 水冷却

将盛有被冷却物的容器放在冷水浴中，也可将容器直接用流动的自来水冷却。根据需要还可将水和碎冰做成冰水浴，能冷却至0～5℃。如果水不影响预冷却的物质或正在进行的反应，也可以直接投入干净的碎冰。

4. 冰盐浴冷却

盐浴是由容器和制冷剂（冰与无机盐或水与无机盐的混合物）组成，可冷却到0℃(273K)，常用盐浴制冷剂及对应的冷却温度见表3-2。冰盐的比例和无机盐的品种决定了冰盐浴的温度。干冰和有机溶剂混合时，可冷至更低的温度。为了保证冰盐浴的制冷效果，要选择绝热较好的容器，如杜瓦瓶等。

表3-2 常用的制冷剂及对应的冷却温度

制冷剂	T/K	制冷剂	T/K
30g NH_4Cl+100g 水	270	125g $CaCl_2 \cdot 6H_2O$+100g 碎冰	233
41g $CaCl_2 \cdot 6H_2O$+100g 碎冰	264	145g $CaCl_2 \cdot 6H_2O$+100g 碎冰	218
29g NH_4Cl+18g KNO_3+冰水	263	干冰+二氯乙烯	213
100g NH_4NO_3+100g 水	261	干冰+乙醇	201
50g $NaNO_3$+ 100g 碎冰	255	干冰+乙醚	196
30g NaCl(细)+3g 冰水	252	干冰+丙酮	187

二、加热方法

在化学实验室中，加热常用酒精灯、酒精喷灯、煤气灯、煤气喷灯、电炉、电热板、电加热套、热浴、红外灯、白炽灯、马弗炉、管式炉、烘箱及恒温水浴等。

1. 酒精灯的使用方法

(1) 酒精灯的构造如图3-24所示，是缺少煤气（或天然气）的实验室常用的加热工具。加热温度通常可以达到400～500℃。

(2) 使用方法

① 检查灯芯并修整灯芯不要过紧，最好松些，灯芯不齐或烧焦，可用剪刀剪齐或把烧焦处剪掉。

② 添加酒精用漏斗将酒精加入酒精灯壶中，加入量为壶容积的1/2～2/3。

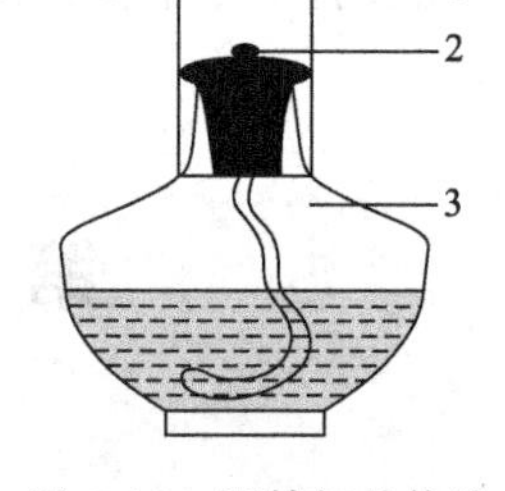

图3-24 酒精灯的构造
1—灯帽；2—灯芯；3—灯壶

③ 点燃取下灯帽，直接放在台面上，不要让其滚动，擦燃火柴，从侧面移向灯芯点燃。燃烧时火焰不发嘶嘶声，并且火焰较暗时火力较强，一般用火焰上部加热。

④ 熄灭火时不能用口吹灭，而要用灯帽从火焰侧面轻轻罩上，切不可从高处将灯帽扣下，以免损坏灯帽。灯帽和灯身是配套的，不要搞混。灯帽不合适，不但酒精会挥发，而且酒精由于吸水而变稀。因此灯口有缺损及损伤者不能用。

⑤ 加热盛液体的试管时，要用试管夹夹持试管的中上部，试管与台面成60°角倾斜，试管口不要对着他人或自己。先加热液体的中上部，再慢慢移动试管及下部，然后不时地移动或振荡试管，使液体各部受热均匀，避免试管内液体因局部沸腾而迸溅，引起烫伤。试管中被加热液体的体积不要超过试管高度1/2。烧杯、烧瓶加热一般要放在石棉网上。

(3) 注意事项

① 长时间使用或在石棉网下加热时，灯口会发热，为防止熄灭时冷的灯帽使酒精蒸气冷凝而导致灯口炸裂，熄灭后可暂将灯帽拿开，等灯口冷却以后再罩上。

② 酒精蒸气与空气混合气体的爆炸范围为3.5%～20%，夏天无论是灯内还是酒精桶中都会自然形成达到爆炸界限的混合气体。因此点燃酒精灯时，必须注意这一点。使用酒精灯时必须注意补充酒精，以免形成达到爆炸界限的酒精蒸气与空气的混合气体。

③ 燃着的酒精灯不能补添酒精，更不能用燃着的酒精灯点另一酒精灯。

④ 酒精易燃，其蒸气易燃易爆，使用时一定要按规范操作，切勿溢洒，以免引起火灾。

⑤ 酒精易溶于水，着火时可用水灭火。

2. 煤气灯的构造及使用方法

煤气灯是利用煤气或天然气为燃料气的实验室中常用的一种加热工具。煤气和天然气一般由一氧化碳（CO）、氢气（H_2）、甲烷（CH_4）和不饱和烃等组成。煤气燃烧后的产物为二氧化碳和水。煤气本身无色无臭、易燃易爆，并且有毒，不用时一定要关紧阀门，绝不可将其逸入室内。为提高人们对煤气的警觉和识别能力，通常在煤气中掺入少量有特殊臭味的三级丁硫醇，这样一旦漏气，马上可以闻到气味，便于检查和排除。煤气灯有多种样式，但构造原理是相同的。它由灯管和灯座组成，如图3-25所示。灯管下部有螺旋针与灯座相连。

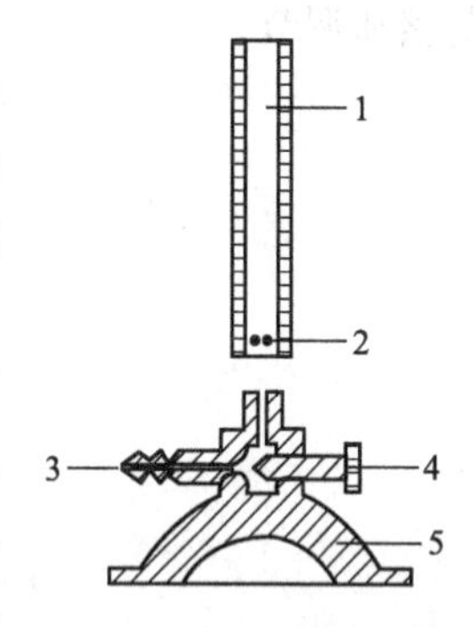

图3-25　煤气灯的构造图

1—灯管；2—空气入口；3—煤气入口；4—螺旋针；5—灯座

灯管下部还有几个分布均匀的小圆孔，为空气的入口，旋转灯管即可完全关闭或不同程度地开启圆孔，以调节空气的进入量。煤气灯构造简单，使用方便，用橡胶管将煤气灯与煤气龙头连接起来即可使用。

点燃煤气灯步骤。

① 先关闭空气入口（因空气进入量大时，灯管口气体冲力太大，不易点燃）。

② 擦燃火柴，将火柴从斜下方向移近灯管口。

③ 打开煤气阀门（龙头）。

④ 点燃煤气灯。最后调节煤气阀门或螺旋针，使火焰高度适宜（一般高度4～5cm）。这时火焰呈黄色，逆时针旋转灯管，调节空气进入量，使火焰呈淡紫色。

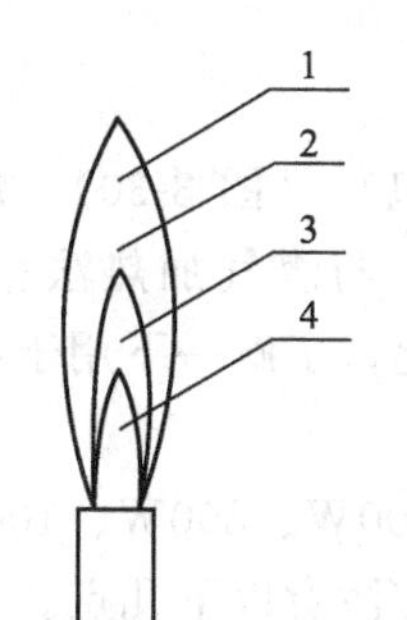

图3-26　火焰组成

1—氧化焰；2—最高温区；3—还原焰；4—焰心

煤气在空气中燃烧不完全时，部分地分解产生碳质。火焰因碳粒发光而呈黄色，黄色的火焰温度不高。煤气与适量空气混合后燃烧可完全生成二氧化碳和水，产生正常火焰。正常火焰不发光而呈近无色，它由三部分组成，如图3-26所示：内层（焰心）呈绿色，圆锥状，在这里煤气和空气仅仅混合，并未燃烧，所以温度不高（300℃左右）；中层（还原焰）呈淡蓝色，在这里，由于空气不足，煤气燃烧不完全，并部分地分解出含碳的产物，具有还原性，温度约700℃；外层（氧化焰）呈淡紫色，这里空气充足，煤气完全燃烧，具有氧化性，温度约1000℃。通常利用氧化焰来加热。在淡蓝色火焰上方与淡紫色火焰交界处为最高温度区（约1500℃）。

当煤气和空气的进入量调配不合适时，点燃时会产生不正常火焰，如图3-27中（b）、（c）。当煤气和空气进入量都很大时，由于灯管口处气压过大，容易造成以下两种后果。

a. 用火柴难以点燃。

b. 点燃时会产生临空火焰。火焰脱离灯管口，临空燃烧，如图3-27中(b)。遇到这种情况，应适当减少煤气和空气进入量。

如果空气进入量过大，则会在灯管内燃烧，这时能听到一种特殊的嘶嘶声，有时在灯管口的一侧有细长的淡紫色的火舌，形成"侵入焰"如图3-27中（c）。它将烧热灯管，一不小心就会烫伤手指。有时在煤气灯使用过程中，因某种原因煤气量会突然减小，空气量相对过剩，这时就容易产生"侵入焰"，这种现象称为"回火"。产生侵入焰时，应立即减少空气的进入量或增大煤气的进入量。当灯管已烧热时，应立即关闭煤气灯，待灯管冷却后再重新点燃和调节。

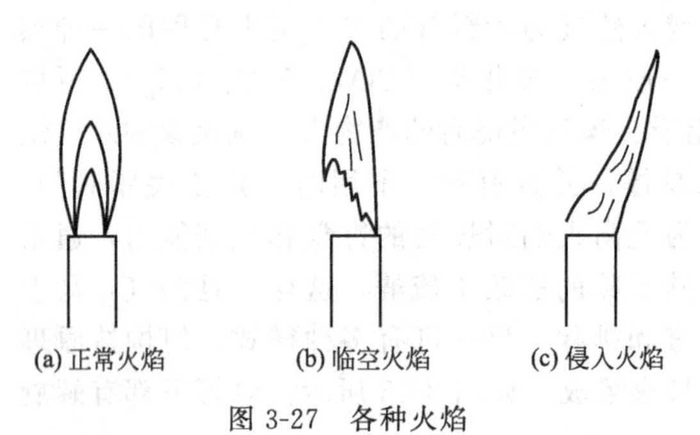

图3-27　各种火焰

煤气灯使用时的注意事项如下所述。

① 煤气中的一氧化碳有毒，且当煤气和空气混合到一定比例时，遇火源即可发生爆炸，所以不用时一定要把煤气阀门（龙头）关好；点燃时一定要先划燃火柴，再打开煤气龙头；离开实验室时，要再检查一下煤气开关是否关好。

② 点火时要先关闭空气入口，再擦燃火柴点火，因空气孔太大，管口气体冲力太大，不易点燃，且易产生"侵入焰"。

玻璃加工时，有时还用酒精喷灯或煤气喷灯。

3. 电加热方法

实验室还常用电炉（图3-28）、电热板（图3-29）、电加热套（包）（图3-30）、烘箱（图3-31）、管式炉（图3-32）和马弗炉（图3-33）等多种电器加热。与煤气加热法相比，电加热具有不产生有毒物质和蒸馏易燃物时不易发生火灾等优点。因此，了解一下用于各种不同目的的电加热方法很有必要。

（1）电炉　根据发热量的不同，电炉有不同的规格，如300W、500W、800W、1000W等，有的带有可调装置。单纯加热，可以用一般的电炉。使用电炉时应注意以下几点。

① 电源电压与电炉电压要相符。

② 加热器与电炉间要放一块石棉网，以使加热均匀。

③ 炉盘的凹槽要保持清洁，要及时清除烧焦物，以保证炉丝传热良好，延长使用寿命。

（2）电热板　电炉做成封闭式称为电热板。电热板加热是平面的，且升温较慢，多用作水浴、油浴的热源，也常用于加热烧杯、平底烧瓶、锥形瓶等平底容器。许多电磁搅拌附加可调电热板。

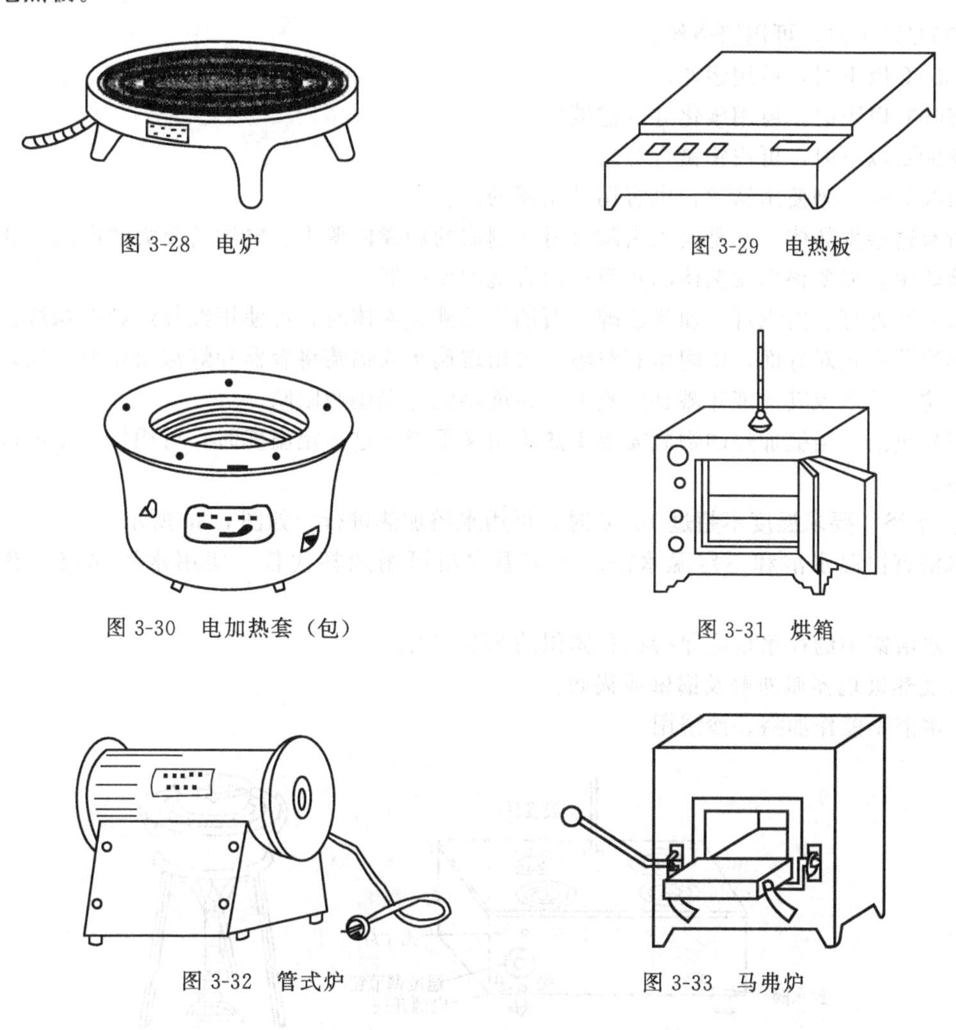

图 3-28 电炉

图 3-29 电热板

图 3-30 电加热套（包）

图 3-31 烘箱

图 3-32 管式炉

图 3-33 马弗炉

(3) 电加热套（包） 专为加热圆底容器而设计的电加热热源，特别适用于蒸馏易燃物品的蒸馏热源。有适合不同规格烧瓶的电加热套，其相当于一个均匀加热的空气浴，热效率最高。

(4) 烘箱 用于烘干玻璃仪器和固体试剂。工作温度从室温至设计最高温度。在此温度范围内可任意选择，有自动控温系统。箱内装有鼓风机，使箱内空气对流，温度均匀。工作室内设有两层网状隔板以放置被干燥物。

使用烘箱时的注意事项如下所述。

① 被烘的仪器应洗净、沥干后再放入烘箱，且使口朝下，烘箱底部放有搪瓷盘承接仪器上滴下的水，一定不要让水滴到电热丝上。

② 易燃、易挥发物不能放进烘箱，以免发生爆炸。

③ 升温时应检查控温系统是否正常，一旦失效就可能造成箱内温度过高，导致水银温度计炸裂。

④ 升温时，箱门一定要关严。

(5) 管式炉 高温下的气-固反应常用管式炉。管式炉是高温电炉的一种。

(6) 马弗炉（箱式电炉） 高温电炉发热体（电阻丝），不同的加热温度会使用不同的电阻丝。

900℃以下时，可用镍铬丝。

1300℃以下时，可用钼丝。

1600℃以下时，可用碳化硅（硅碳棒）。

1800℃以下时，可用铂铑合金丝。

2100℃时，则使用铱丝，也有用硅钼棒的。

所有这些发热体，都是嵌入由耐火材料制成的炉膛内壁中。电炉需要大的电流，通常和变压器联用。需要根据发热体的种类选用合适的变压器。

(7) 红外灯、白炽灯 加热乙醇、石油等低沸点液体时，可使用红外灯和白炽灯。使用时受热容器应正对灯面，中间留有空隙，再用玻璃布或铝箔将容器和灯泡松松地包住，既保温又能防止冷水或其他液体溅到灯泡上，还能避免灯光刺激眼睛。

(8) 热浴 当被加热的物质需要受热均匀又不能超过一定温度时，可用特定热浴进行间接加热。

① 水浴 要求温度不超过100℃时，可用水浴加热进行，如图3-34所示。

水浴有恒温水浴和不定温水浴。不定温水浴可用烧杯代替。使用水浴锅应注意以下几点。

a. 水浴锅中的存水量应保持在总体积的2/3左右。

b. 受热玻璃器皿勿触及锅壁或锅底。

c. 水浴不能作油浴、沙浴用。

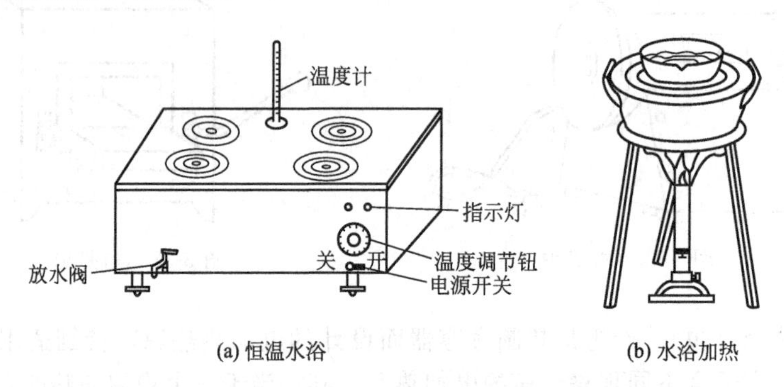

图3-34 水浴

② 油浴 油浴适用于100～200℃的加热。油浴锅一般由生铁铸成，有时也用大烧杯代替。反应物的温度一般低于油浴液温度20℃左右。常用的油浴液有以下几种。

a. 甘油：可加热到140～150℃，温度过高会分解。

b. 植物油：如菜籽油、豆油、蓖麻油和花生油。新加植物油受热到220℃时，有一部分分解而冒烟，所以加热以不超过200℃为宜，用久以后可以加热到220℃。为抗氧化常加入1%对苯二酚等抗氧化剂，温度过高会分解，达到闪点可能燃烧，所以使用时要十分小心。

c. 石蜡：固体石蜡和液状石蜡均可加热到200℃左右。温度再高，虽不易分解，但易着火燃烧。

d. 硅油：在250℃左右时仍较稳定，透明度好，但价格较贵。

使用油浴时，一定要特别注意防止着火。当油受热冒烟时，要立即停止加热；油量要适量，不可过多，以免受热膨胀溢出；油锅外不能沾油；如遇油浴着火，要立即拆除热源，用石棉布盖灭火焰，切勿用水浇。

③ 沙浴　在用生铁铸成的平底铁盘上放入约一半的细沙而成。操作时可将烧瓶或其他器皿的欲加热部位埋入沙中进行加热，如图3-35所示，加热前先将平底铁盘熔烧除去有机物。80～400℃加热可以使用沙浴。但由于沙子导热性差，升温慢，因此沙层不能太厚。另外沙中各部位温度也不尽相同，因此测量温度时，最好在受热器附近进行测量。注意受热器不能触及沙浴盘底部。

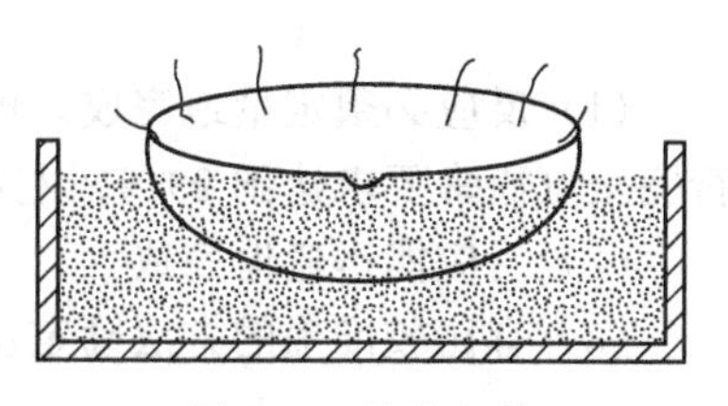

图3-35　沙浴加热

第十一节　基本滴定分析操作

滴定分析法又叫容量分析法。这种方法是将一种已知准确浓度的试剂溶液（标准溶液），滴加到被测物质的溶液中，直到所加的试剂与被测物质按化学计量定量反应为止，然后根据试剂溶液的浓度和用量，计算被测物质的含量。

这种已知准确浓度的试剂溶液叫做标准溶液（或滴定剂）。将标准溶液（或滴定剂）从滴定管加到被测物质溶液中的过程叫滴定。当加入的标准溶液与被测物质按照化学反应计量式定量反应完全时，反应即到达了理论上的化学计量点，化学计量点一般依据指示剂的变色来确定。在滴定过程中，指示剂颜色发生突变的转变点叫做滴定终点。滴定终点是实验上的点，而化学计量点是理论上的点，滴定终点与化学计量点不一定恰好符合，由此而造成的分析误差叫做终点误差。

滴定分析通常用于测定常量组分，即被测组分的含量一般在1%以上。有时也可以测定微量组分。滴定分析法比较准确，在一般情况下，测定的相对误差为0.2%左右。

滴定分析简便，快速，可用于测定很多元素，且有足够的准确度。因此，它在生产实践和科学实验中具有很大的实用价值。

一、滴定分析法的分类

根据滴定分析中发生的化学反应的不同，滴定分析法包括如下几种。

（1）酸碱滴定法；

（2）配位滴定法；

（3）氧化还原滴定法；

（4）沉淀滴定法。

这几种方法各有其优点和局限性，同一物质可以用几种不同的方法进行测定。因此，在确定分析方法时，应根据“多快好省”的原则，考虑到被测物质的性质、含量、试样的组成和对分析结果准确度的要求等，选用适当的方法。

不是所有的化学反应都能够应用在滴定分析中，适合滴定分析法的化学反应，必须具备相关条件。

二、滴定分析法对化学反应的要求

（1）反应必须定量地完成。即反应按一定的化学反应计量式进行，没有副反应，而且进行完全（通常要求达到99.9%左右）。

（2）反应能迅速地完成。

（3）有比较准确的方法确定反应的滴定终点。

三、滴定管的种类和相关事项

滴定管是可放出不固定量液体的量出式玻璃量器，主要用于滴定分析中对滴定剂体积的测量。它的管身是用细长而且内径均匀的玻璃管制成，上面刻有均匀的分度线。目前，多数具塞滴定管都是非标准活塞，即活塞不可互换，一旦活塞被打碎，则整支滴定管就报废了。

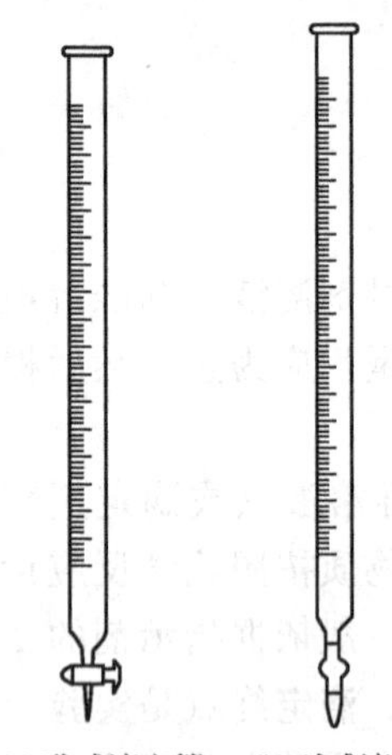

(a) 酸式滴定管　(b) 碱式滴定管

图 3-36　滴定管

滴定管分为酸式滴定管和碱式滴定管两种，如图 3-36 所示。常量分析所用的滴定管容积有 25mL 和 50mL，最小刻度为 0.1mL，读数可估计到 0.01mL。另外，还有容积为 10mL、5mL、2mL、1mL 的半微量或微量滴定管。

1. 酸式滴定管

酸式滴定管下端有玻璃活塞开关，其外形如图 3-36（a）所示，用来装酸性溶液和氧化性溶液，不宜盛碱性溶液，因为碱性溶液能腐蚀玻璃，使活塞难于转动。

使用前的准备工作：酸式滴定管使用前应检查活塞转动是否灵活，然后检查是否漏水。

（1）试漏的方法　先将活塞关闭，在滴定管内充满水，将滴定管夹在滴定管夹上，放置 2min，观察管口及活塞两端是否有水渗出。然后将活塞转动 180°，再放置 2min，看是否有水渗出。若前后两次均无水渗出，活塞转动也灵活，即可使用，否则应将活塞取出，重新涂凡士林后再使用。

（2）涂凡士林的方法　将活塞取出，用滤纸将活塞及活塞槽内的水擦干净。用手指蘸少许凡士林在活塞的两头，如图 3-37 所示，涂上薄薄一层，在活塞孔的两旁少涂一些，以免凡士林堵住活塞孔。或者分别在活塞粗的一端和塞槽细的一端内壁涂一薄层凡士林，将活塞直插入活塞槽中，如图 3-38 所示，按紧，并向同一方向转动活塞，直至活塞中油膜均匀透明。如发现转动不灵活或活塞上出现纹路，表示凡士林涂得不够。若有凡士林从活塞缝内挤

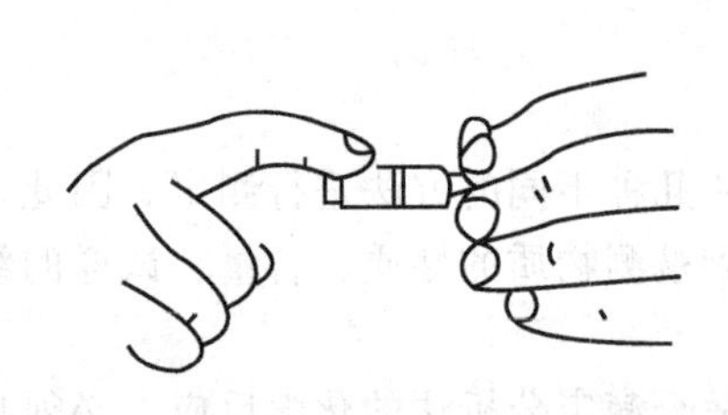

图 3-37　涂凡士林

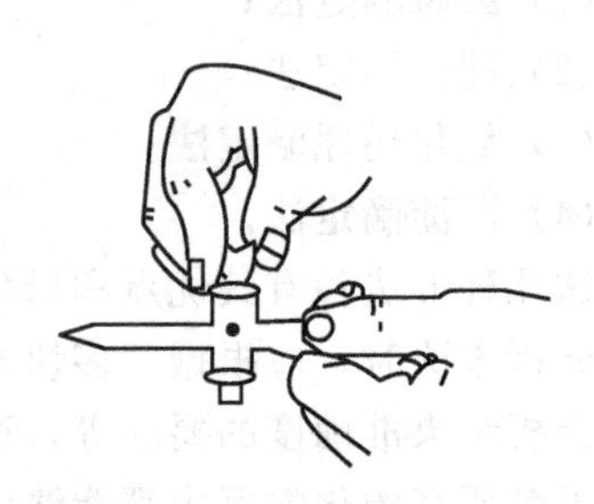

图 3-38　插入活塞

出，或活塞孔被堵，表示凡士林涂得太多。遇到这些情况，都必须把塞槽和活塞擦干净后，重新涂凡士林。涂好凡士林后，必须用橡皮圈将活塞缠好固定在滴定管上，以防活塞脱落打碎。

最后是洗涤滴定管，将灌满铬酸洗液的滴定管夹在滴定台上，几分钟以后将洗液倒回原瓶。先用自来水将洗液冲刷掉，再用蒸馏水淋洗三次，洗净的滴定管倒夹在滴定管夹上备用。

2. 碱式滴定管

碱式滴定管的下端连接乳胶管，管内有玻璃珠以控制溶液的流出，乳胶管下端再连一尖嘴玻璃管，如图 3-36(b) 所示，它可以盛碱性溶液。凡是能与乳胶管起反应的氧化性溶液（如 $KMnO_4$、I_2、$AgNO_3$ 等），不能装在碱式滴定管中。

使用前的准备工作：首先应选择大小合适的玻璃珠和乳胶管，并检查滴定管是否漏水，液滴是否能够灵活控制。如果乳胶管已经老化，应更换新的，但不可将玻璃珠和尖嘴管丢弃。然后进行洗涤，将玻璃珠向上推至与管身下端相触（以阻止洗液与乳胶管接触），然后加满铬酸洗液浸泡几分钟，将洗液倒回原瓶，再依次用自来水和蒸馏水洗净，倒夹在滴定台上备用。

3. 操作溶液的装入

操作溶液亦称滴定剂，可以是标准溶液，也可以是待标定溶液。为了避免装入后的操作溶液被稀释，应首先用待装入的此种溶液 5～10mL 淌洗滴定管 2～3 次。操作时，两手平端滴定管，慢慢转动，使操作溶液流遍全管，并使溶液从滴定管下端流净，以除去管内残留水分。在装入操作溶液时，应直接倒入，不得借用任何别的器皿（如漏斗、烧杯、滴管等），以免操作溶液浓度改变或造成污染。装好操作溶液后，注意检查滴定管尖嘴内有无气泡，否则在滴定过程中，气泡如果逸出，将影响溶液体积的准确测量。

4. 滴定管尖嘴内气泡的排出

（1）酸式滴定管　迅速转动活塞，使溶液很快冲出，将气泡带走。

（2）碱式滴定管　把橡皮管向上弯曲，挤动玻璃珠，使溶液从尖嘴处喷出，即可排除气泡，如图 3-39 所示。待滴定管排除气泡后，装入操作溶液，首先使之在“0”刻度以上，然后再调节液面在 0.00mL 刻度处，备用。如液面不在 0.00mL 处，则应记下初读数，以免忘记带来误差。

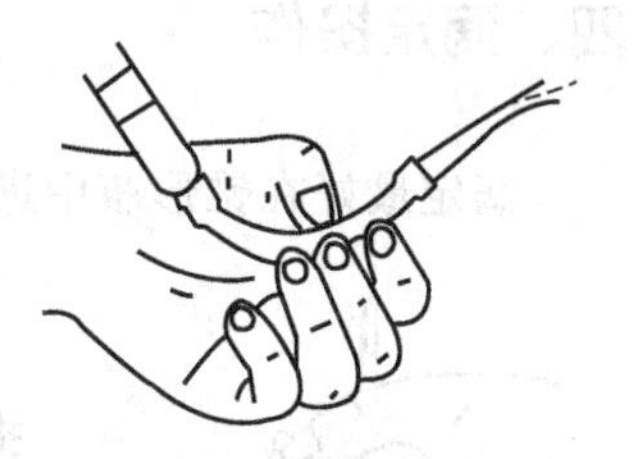

图 3-39　排除气泡

5. 滴定管的读数

由于滴定管读数不准确而引起的误差，常常是滴定分析误差的主要来源之一，因此在滴定分析实验前应进行读数练习，做到熟练掌握，避免引入人为误差。

滴定管应垂直地夹在滴定管架上，由于表面张力的作用，滴定管内的液面呈弯月形。无色溶液的弯月面比较清晰，而有色溶液的弯月面清晰度较差。因此，两种情况的读数方法稍有不同，为了正确读数，应掌握以下各种情况的读数方法。

（1）如果刚刚注入溶液或放出溶液后，为了使附着在内壁上的溶液流下来，需等 1～2min，才能读数。

（2）对于无色及浅色溶液读数时，读取与弯月面相切的刻度，如图 3-40 所示。对于有色溶液，如 $KMnO_4$、I_2 溶液等，读取视线与液面两侧的最高点呈水平处的刻度，如图 3-41 所示。

（3）使用“蓝带”滴定管（滴定管的背面有一条竖直的蓝线）时，溶液体积的读数与上述方法不同。在这种滴定管中，液面处会呈现三角交叉点，读取交叉点与刻度相交之点的读数，如图 3-42 所示。

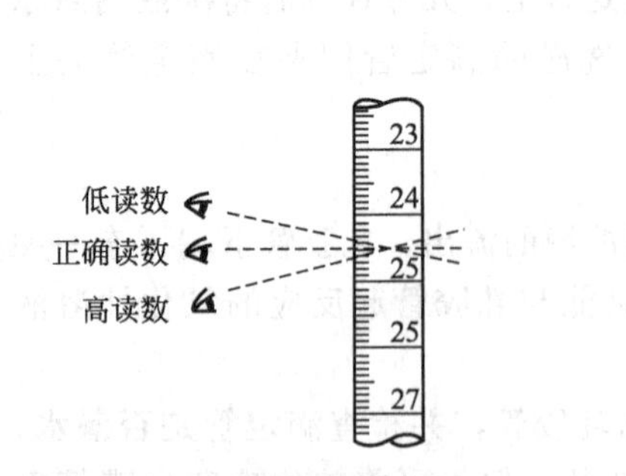

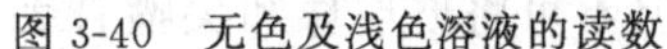
图 3-40　无色及浅色溶液的读数

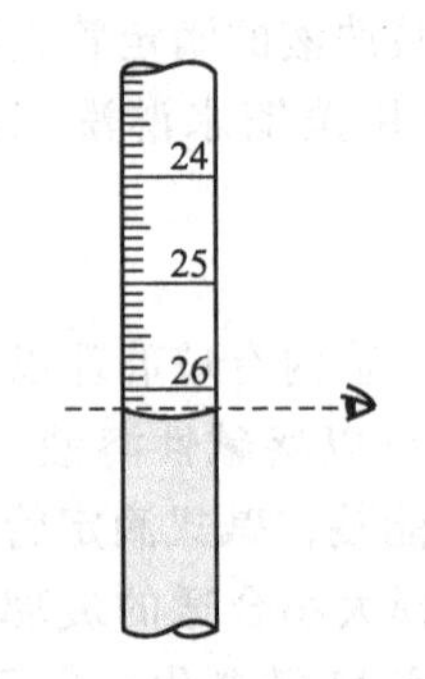

图 3-41　深色溶液的读数

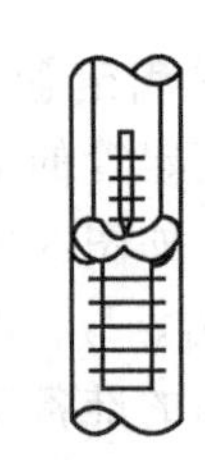
图 3-42　“蓝带”滴定管的读数

（4）每次平行滴定前都应将液面调节在刻度 0.00mL 或接近“0”稍下的位置，这样做可使滴定操作的溶液固定在某一段体积范围内滴定，以减少滴定管不同位置的体积误差。

（5）滴定管读数必须读到小数点后第二位，即读到 0.01mL，小数点后第二位的读数是估读数。

（6）为了读数准确，可采用读数卡，这种方法有助于初学者练习读数。读数卡可用黑纸或涂有墨的长方形（约 3cm×1.52cm）的白纸制成。读数时，将读数卡放在滴定管背后，使黑色部分在弯月面下的 1mm 处，此时即可看到弯月面的反射层为黑色，然后读与此黑色弯月面相切的刻度。

四、滴定操作

滴定最好在锥形瓶中进行，特殊情况时也可以在烧杯中进行。

1. 酸式滴定管的操作

如图 3-43 所示，用左手控制滴定管的活塞，大拇指在前，食指和中指在后，手指略微弯曲，轻轻向内扣住活塞，转动活塞时，要注意勿使手心顶着活塞，以防活塞被顶出，造成漏水。右手握持锥形瓶，边滴边摇动，摇动时应做同一方向的圆周运动，使瓶内溶液混合均匀，反应及时进行完全。

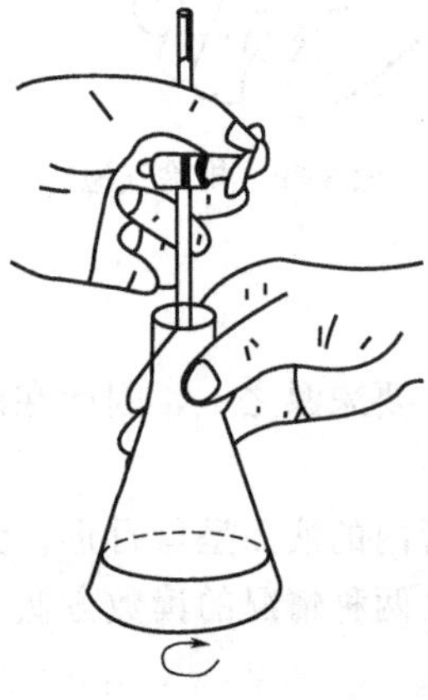

刚开始滴定时，溶液滴出的速度可以稍快些，但也不能使溶液成流水状放出。临近终点时，滴定速度要减慢，应一滴或半滴地加入，滴一滴，摇几下，并以洗瓶吹入少量蒸馏水，清洗锥形瓶内壁，使附着的溶液全部流下。然后再逐滴地慢慢加入，直到准确滴定至终点为止。

图 3-43　酸式滴定管的操作

半滴操作：将滴定管活塞稍稍转动，使有半滴溶液悬于管口，将锥形瓶内壁与管口相接触，使液滴流出，并以蒸馏水冲下。

2. 碱式滴定管的操作

左手拇指在前，食指在后，捏住乳胶管中的玻璃珠所在部位的稍上处，捏挤乳胶管如图 3-44(a)，使乳胶管和玻璃珠之间形成一条缝隙如图 3-44(b)，溶液即可流出。但注意不能捏玻璃珠下方的乳胶管，否则引起空气进入形成气泡或管内溶液溢出。

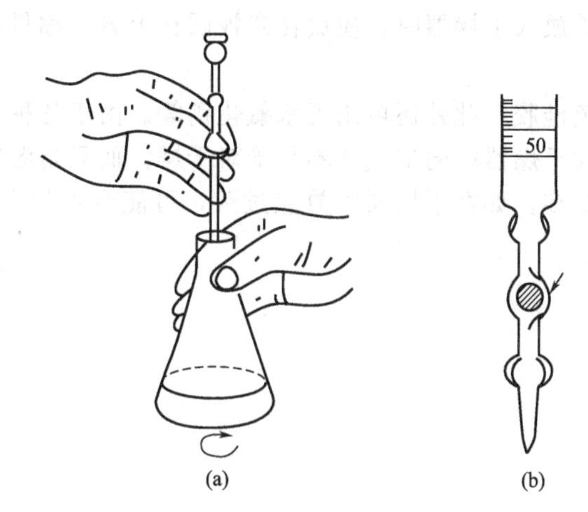

图 3-44　碱式滴定管的操作

第十二节　干燥器的使用

干燥器又称保干器，是一种具有磨口盖子的软质玻璃器皿，内有一块带孔白瓷板，用于放置需要干燥的试样及器皿，在瓷板之下放入干燥剂，可以保持试样干燥或使试样在干燥环境内冷却。使用时，先将干燥器内外擦干净，将干燥剂通过喇叭状纸筒装入干燥器的底部，如图 3-45(a) 所示，要防止干燥剂沾污干燥器及瓷板。放好瓷板，在磨口处涂一层薄而均匀的凡士林，然后平推盖上干燥器盖。

开启干燥器时，左手向内按住干燥器下部，右手按住盖的圆顶，向左前方慢慢平推，如图 3-45(b) 所示。试样放入后，应及时将其盖严。搬动干燥器时，双手拇指应同时按住干燥器盖以防滑落打碎，如图 3-45(c) 所示。

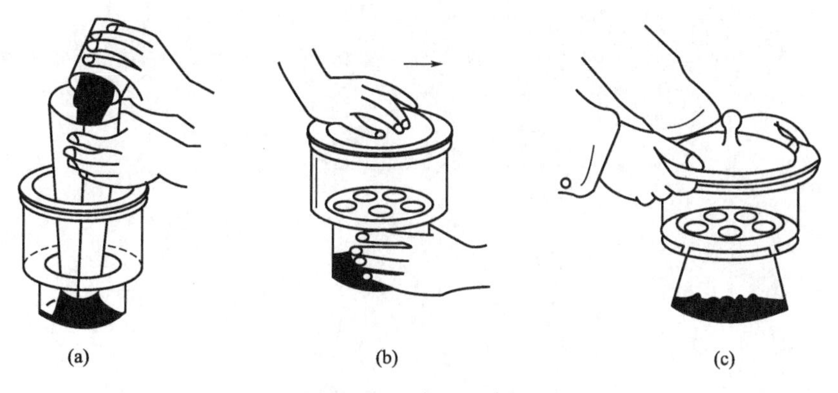

图 3-45　干燥器的使用

将热的器皿放入干燥器时，加盖时不要立即盖严，可先留一点缝隙，稍等片刻再盖严，以防干燥器内气体受热膨胀时将盖子掀翻打碎。若要把过热的容器进行干燥时，放入干燥器后，应连续推开干燥器盖 1～2 次。冷却过程中还应不时开闭干燥器 1～2 次，以保证干燥器内外气压平衡，防止干燥器内因温度降低导致压力降低而不易开启。

当将坩埚或称量瓶等放入干燥器时，应放在瓷板圆孔上方。称量瓶若比圆孔小时则应放在瓷板上。

干燥剂一般常用变色硅胶，此外还可用无水氯化钙等。由于各种干燥剂吸收水分的能力都是有一定限度的，因此干燥器中的空气并不是绝对干燥，而只是湿度相对降低而已。所以灼烧和干燥后的坩埚和沉淀，如在干燥器中放置过久，可能会吸收少量水分而使质量增加，这点须加注意。

第四章 化学实验常用仪器的使用

第一节 电子分析天平

与分析天平相比，电子分析天平可直接进行称量，全程不需要砝码，操作方便快捷。

常见电子分析天平的结构都是机电结合式的，由载荷接受与传递装置、测量与补偿装置等部件组成。电子分析天平的最基本功能有：自动校准、自动调零、自动扣除空白和自动显示称量结果。电子分析天平已逐渐进入化学实验室为学生广泛使用。

一、电子分析天平的工作原理

电子分析天平是基于电磁学原理制造的，它利用电子装置完成电磁力补偿的调节，使物体在重力场中实现力矩的平衡，或通过电磁力矩的调节使物体在重力场中实现力矩的平衡。

电磁传感器电子分析天平主要由电源、电磁传感器、键盘和显示器、控制电路等几部分组成，其中的核心部分是传感器。天平空载时，电磁传感器处于平衡状态，加载后传感器的位置检测器信号发生变化，并通过放大器反馈，使传感器线圈中的电流增大，该电流在恒定磁场中产生一个反馈力与所加载荷相平衡。同时，微处理器将使电磁传感器平衡的电流变化量转变为质量数字信号，由显示器显示出来。电子分析天平的工作原理如图 4-1 所示。

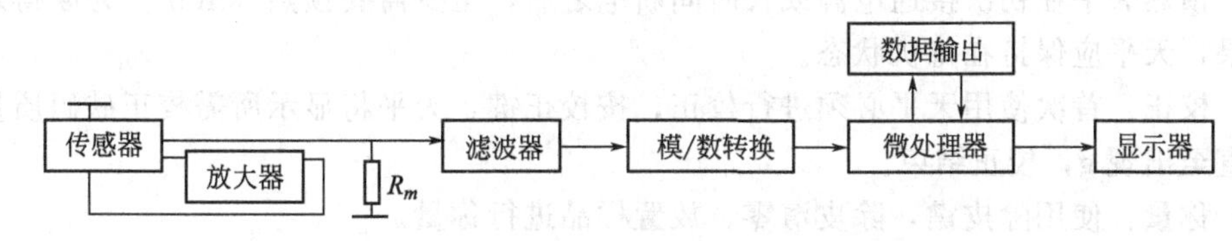

图 4-1 电子分析天平的工作原理图

电子分析天平是高精密度电子测量仪器，可以精确地测量到 0.0001g，且称量准确而迅速。电子分析天平的型号很多，下面以 BS-210S 型、岛津 AUY 系列为例介绍电子分析天平的使用。

二、 BS-210S 型电子分析天平

1. 结构

BS-210S 型电子分析天平最大称量 210g，可精确到 0.0001g，其外形结构如图 4-2 所示。

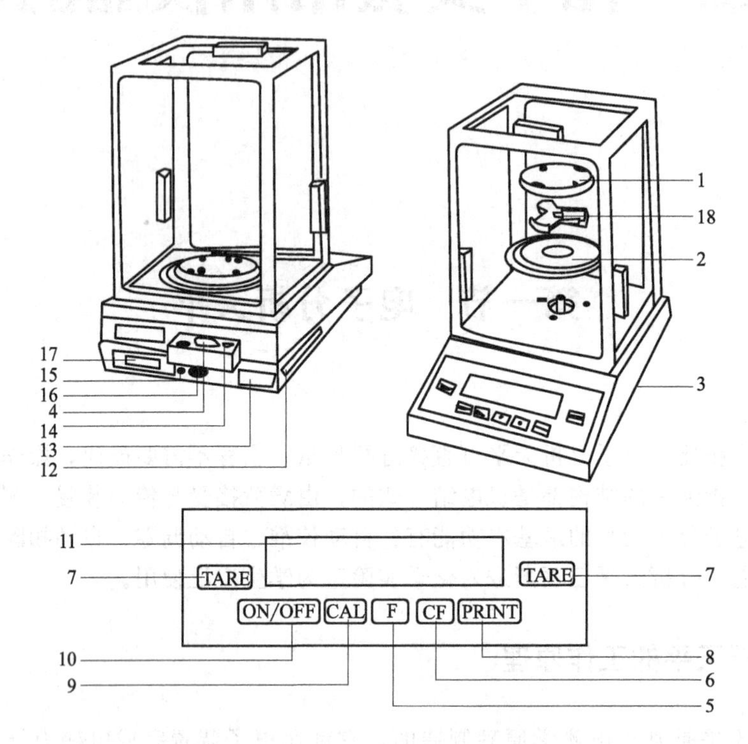

图 4-2 BS-210S 型电子分析天平

1—称量盘；2—屏蔽环；3—地脚螺栓；4—水平仪；5—功能键；6—CF 清除键；7—除皮键；8—打印键；9—调校键；10—开关键；11—显示器；12—CMC 标签；13—型号牌；14—防盗装置；15—菜单—去联锁开关；16—电源接口；17—数据接口；18—称量盘支架

2. 使用方法

BS-210S 型电子分析天平简易操作程序。

(1) 调水平调整地脚螺栓高度，使水平仪内空气气泡位于圆环中央。

(2) 开机接通电源，按开关键直至全屏自检。

(3) 预热天平在初次接通电源或长时间断电之后，至少需要预热 30min。为取得理想的测量结果，天平应保持在待机状态。

(4) 校正：首次使用天平必须进行校正，按校正键，天平将显示所需校正砝码质量，放上砝码直至出现 g，校正结束。

(5) 称量：使用除皮键，除皮清零。放置样品进行称量。

三、岛津 AUY 系列电子分析天平

1. 结构

岛津 AUY 系列电子分析天平的结构如图 4-3 所示。

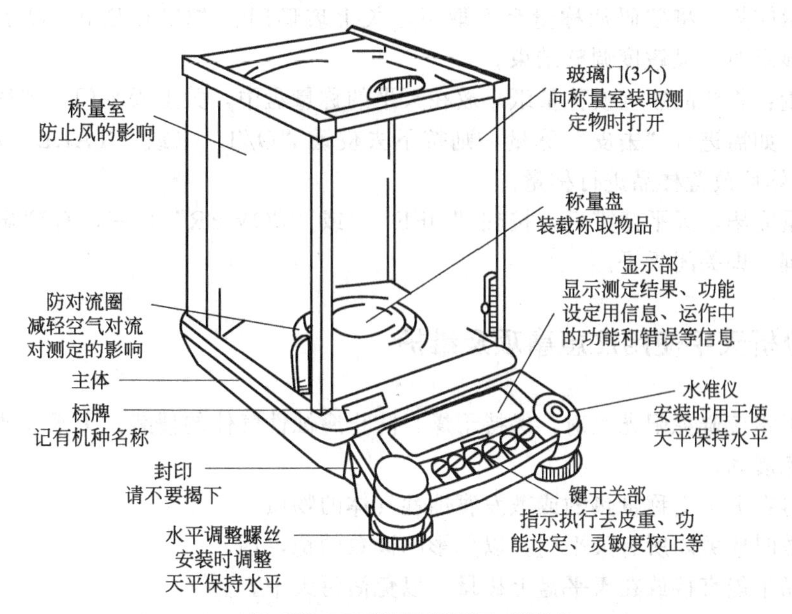

(a) 岛津AUY系列电子分析天平的结构

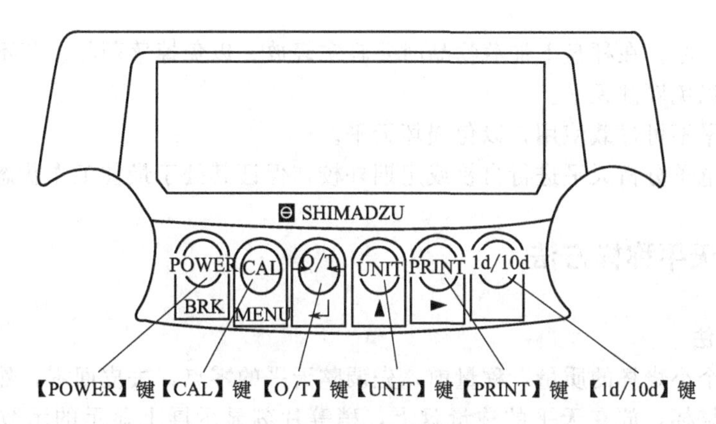

(b) 键开关的基本动能

图 4-3 岛津 AUY 系列电子分析天平

POWER—开关键；UNIT—切换测定单位键；CAL—校准/菜单设定键；
PRINT—打印键；O/T—去皮键；1d/10d—切换测定量程键

2. 使用方法

(1) 将天平置于稳定的工作台上，避免震动、气流及阳光照射。

(2) 调整天平地脚螺栓高度，使水平仪内的气泡位于中央。

(3) 接通电源，天平在初次接通电源时或长时间断电后，需预热 30min 以上。平时保持天平一直处于通电状态。

(4) 轻按开关键，天平进行自检，当显示屏上显示 0.0000g 时，就可以称量了。但首次使用天平必须进行校正。

(5) 校正：首先使其处于“g”显示，此时称量盘上应处于无物品状态。按一次校正键“CAL”，显示屏上显示“E-CAL”，按“O/T”，零点显示闪烁，约经 30s 后确定已稳定时，应装载的砝码值闪烁。打开称量室的玻璃门，装载显示出质量的砝码，关上玻璃门。稍等片刻，零点显示闪烁，将砝码从称量盘上取下，关上玻璃门。“CAL End”显示后，返回到“0.0000g”显示时，灵敏度调整结束。

（6）称量：将样品瓶（或称量纸）放在天平的称量盘中，关上天平门，待读数稳定后记录显示数据。如需进行“去皮”称量，则按下去皮键“O/T”（或“TARE”），使显示为“0.0000g”，然后放置样品进行称量。

（7）称量完毕，天平清零后，按住“OFF”（或“POWER”）键，直到显示“OFF”，然后松开该键，即关闭天平。

四、电子分析天平使用注意事项及维护

（1）天平室应避免阳光照射，保持干燥，防止腐蚀性气体的侵袭。天平应放在牢固的工作台上以避免震动。

（2）不得在天平上称量热的或散发腐蚀性气体的物质。

（3）读数时应关闭所有天平门，以免影响读数的稳定性。

（4）药品不能直接放在天平盘上称量，以免沾污天平。

（5）易挥发和具有腐蚀性的物品，要盛放在密闭的容器中，以免腐蚀和损坏电子分析天平。

（6）操作要小心，在秤盘上加载物品时要轻拿轻放，以免掉落药品。若不小心掉落，要及时清理干净，以免腐蚀天平。

（7）操作天平不可过载使用，以免损坏天平。

（8）经常对电子分析天平进行自校或定期外校，保证其处于最佳工作状态。

五、电子分析天平称样方法

1. 直接称量法

若要称量一个小烧杯的质量，称量前，先调整天平的零点，去皮回零，然后用一条干净的白纸条套住小烧杯，放在天平的称量盘上，稍等片刻显示屏上显示的示数即为小烧杯的质量。

2. 固定重量称量法

此法常用于称量不易吸水，在空气中稳定存在的物质。

称量方法如下：先将器皿放在天平上按回零，显示屏上显示零后，慢慢地往器皿中加入样品，直到显示屏显示需要称量的质量。

3. 递减称量法

此法常用于称取易吸水、易氧化或易与CO_2反应的物质。

称量方法如下：将适量样品装入称量瓶中，用干净的纸条套住称量瓶，如图4-4所示，放到称量盘上，准确称得称量瓶加样品的质量为m_1(g)。取出称量瓶，将称量瓶放在容器上方，使称量瓶倾斜，用称量瓶盖轻轻敲瓶口上部，使样品慢慢落入容器中。当倾出的样品已接近所要称的质量时，慢慢将瓶口竖起，再用称量瓶盖轻轻敲瓶口上部，使黏附在瓶口上的样品落下，如图4-5所示，然后盖好瓶盖。将称量瓶再放回称量盘上，称得质量为m_2(g)，两次质量之差即为称出样品的质量。按上述方法连续递减，可称取多份样品。

第一份样品质量$=m_1-m_2$(g)

第二份样品质量$=m_2-m_3$(g)

……

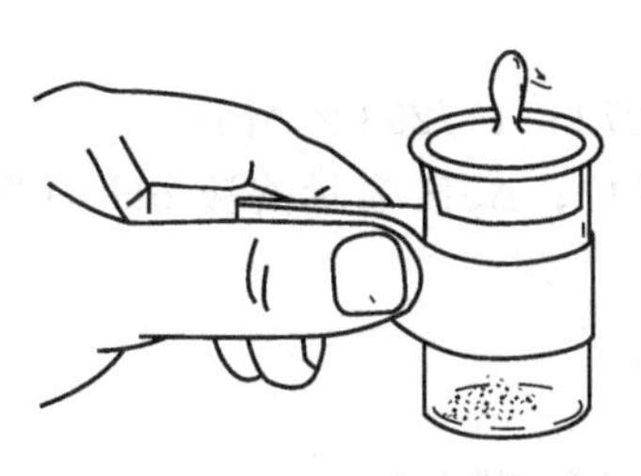

图 4-4　称量瓶的携取

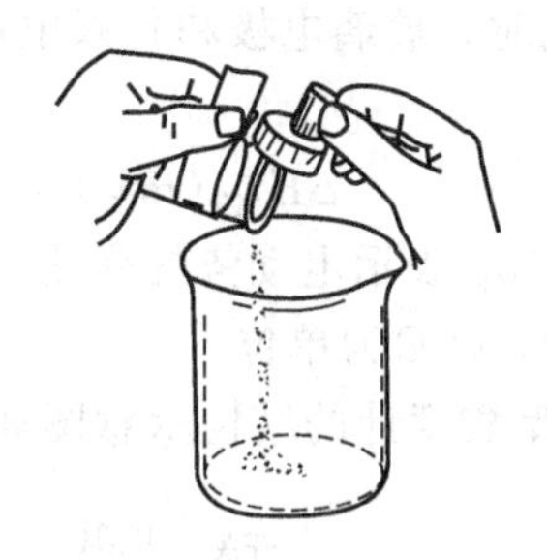

图 4-5　试样的称取

第二节　酸度计

利用测量电动势来测量水溶液 pH 的仪器，称为酸度计，也称 pH 计，它同时也可以用作测定电极电势及其他用途。

酸度计测量 pH，是在待测溶液中插入一对工作电极（一支为电极电势已知、恒定的参比电极，另一支为电极电势随待测溶液离子浓度的变化而变化的指示电极）构成原电池，并接上精密电位计，即可测得该电池的电动势。由于待测溶液的 pH 不同，所产生的电动势也不同，因此，用酸度计测量溶液的电动势，即可测得待测溶液的 pH。

为了省去将电动势换算为 pH 的计算手续，通常将测得电池的电动势，在电表盘上直接用 pH 刻度值表示出来。同时仪器还安装了定位调节器。测量时，先用 pH 标准缓冲溶液，通过定位调节器使仪器上指针恰好指在标准溶液的 pH 处。这样，在测定未知溶液时，指针就直接指示待测溶液的 pH。通常把前一步骤称为校正，后一步骤称为测量。

化学实验中酸度计类型很多，常用的酸度计有 pH-25 型（雷磁 25 型）、pHS-2 型、pHS-3C、pHS-25 型等。这些酸度计的基本原理、操作步骤大都相同，现以 pHS-25 型和 pHS-3C 型酸度计为例，说明其操作步骤及使用注意事项。

一、 pHS-25 型酸度计

pHS-25 型数显酸度计适用于研究室、工厂、矿场的化验室取样测定水溶液的酸度和测量电极电势。若配上离子选择电极，可以用来判定电位滴定的终点。

1. 构造及组成

pHS-25 型酸度计是液晶（LCD）数字显示的酸度计。

(1) pH 测量范围 0～14.00、精度≤0.1；

(2) mV 测量范围 0～±1400mV（自动极性显示）、精度≤0.5%读数±1 个字；

(3) 溶液温度补偿范围 0～60℃（手动）。

pHS-25 型数显酸度计是利用 pH 复合电极对被测溶液中不同的酸度产生的直流电位，

通过前置 pH 放大器输到 A/D 转换器，以达到 pH 数字或终点电势显示目的。

水溶液酸碱度的测量一般用玻璃电极作为指示电极，甘汞电极作为参比电极，当氢离子浓度发生变化时，玻璃电极和甘汞电极之间的电动势也随着引起变化，而电动势变化关系符合下列公式：

$$\Delta E_{MF}(\mathrm{mV}) = -58.16 \times (273 + t)/293 \times \Delta \mathrm{pH} \quad (4\text{-}1)$$

式中，ΔE_{MF} 表示电动势的变化，以 mV 为单位；ΔpH 表示溶液 pH 的变化；t 表示被测溶液的温度，以℃为单位。

pHS-25 型酸度计的结构示意图如图 4-6 所示。

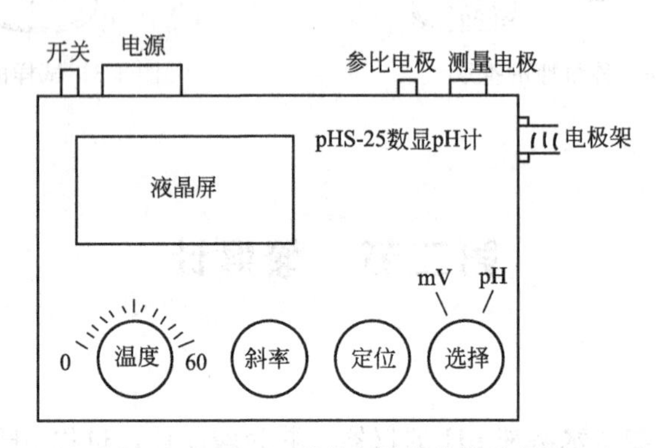

图 4-6　pHS-25 型酸度计的结构示意图

2. 仪器的操作步骤

(1) 开机前的准备

① 仪器在电极插入之前输入端必须插入 Q9 短路插头，使输入端短路以保护仪器。仪器供电电源为交流市电，把仪器的三芯插头插在 220V 交流电源上，并把电极安装在电极架上。

② 将 Q9 短路插头拔去，把复合电极插头插在仪器的电极插座上，电极下端玻璃球泡较薄，避免碰坏。电极插头在使用前应保持清洁干燥，切忌与污物接触，复合电极的参比电极在使用时应把上面的加液口橡皮套向下滑动使口外露，以保持液位压差（在不用时仍将橡皮套将加液口套住）。

(2) 选择仪器开关　置“pH”挡或“mV”挡，开启电源，仪器预热 30 min。然后进行仪器的校正。

(3) 仪器的校正　仪器在使用之前，即测量被测溶液之前，先要校正。但这不是说每次使用之前都要校正，一般来说在连续使用时，每天校正一次已能达到要求。

① 拔出测量电极插头，插入短路插头，置“mV”挡。

② 仪器读数应在±0mV±1 个字。

③ 插上电极，置“pH”挡。斜率调节器调节在 100%位置（顺时针旋到底）。

④ 先把电极用蒸馏水清洗，然后把电极插在某已知 pH 的缓冲溶液中，调节“温度”调节器使所指示的温度与溶液的温度相同，并摇动试杯使之溶液均匀。

⑤调节“定位”调节器使仪器读数为该缓冲溶液的 pH。

经校正的仪器，“定位”电位器不应再有变动。不用时电极的球泡最好浸在蒸馏水中，在一般情况下 24h 之内仪器不需再校正。

(4) 测量 pH　当被测溶液和定位溶液温度相同时：

①“定位”保持不变；

② 将电极夹向上移出，用蒸馏水清洗电极头部，并用滤纸吸干；

③ 把电极插在被测溶液之内，摇动试杯使之溶液均匀后读出该溶液的 pH。

当被测溶液和定位溶液温度不同时：

①“定位”保持不变；

② 用蒸馏水清洗电极头部，用滤纸吸干。用温度计测出被测溶液的温度；

③ 调节“温度”调节器，使指示在该温度上；

④ 把电极插在被测溶液之内，摇动试杯使之溶液均匀后读出该溶液的 pH。

(5) 测量电极电势 (mV)

① 校正

a. 拔出测量电极插头，插上短路插头，置“mV”挡。

b. 使读数在±0mV±1 个字。(温度调节器、斜率调节器在测 mV 时不起作用)。

② 测量

a. 接上各种适当的离子选择电极；

b. 用蒸馏水清洗电极，用滤纸吸干；

c. 把电极插在被测溶液内，将溶液搅拌均匀后，即可读出该离子选择电极的电极电势 (mV) 并自动显示“±”极性。

如果被测信号超出仪器的测量范围或测量端开路时，显示部分会发出超载报警。仪器有斜率调节器，因此可做两点校正定位法，以准确测定样品。

3. 注意事项

(1) 电极取下保护帽后应注意，在塑料保护内的敏感玻璃泡不能与硬物接触，任何破损和磨毛都会使电极失效。

(2) 测量完毕，不用时应将电极保护帽套上，帽内应放少量补充液，以保持电极球泡的湿润。

(3) 电极的引出端，必须保持清洁和干燥，绝对防止输出两端短路，否则将导致测量结果失准或失效。

(4) 电极应与输入阻抗较高的酸度计配套，能使电极保持良好的特性。

(5) 电极避免长期浸在蒸馏水中或蛋白质溶液和酸性氟化物溶液中，并防止和有机硅油脂接触。

二、 pHS-3C 型酸度计

1. 构造及组成

pHS-3C 型酸度计是一台四位十进制数字显示的酸度计。仪器附有电子搅拌器及电极支架，供测量时作搅拌溶液和安装电极使用。仪器有 0～10mV 的直流输出，如配上适当的记录式电子电位差计，可自动记录电极电势。

仪器的测量范围：pH 挡 0～14，mV 挡 0～±1999mV (自动极性显示)。

精度：pH 挡 0.01 pH，mV 挡±1 mV。

零点漂移：≤0.01pH/2h。

pHS-3C 型酸度计是以玻璃电极为指示电极，甘汞电极为外参比电极，与被测溶液组成如下原电池：

Ag，AgCl | 内缓冲溶液 | 内水化层 | 玻璃膜 | 外水化层 | 被测溶液 | 饱和甘汞电极

此电池的电动势的表达式为：

$$E_{MF}=E_{MF}^{\ominus}+2.303\frac{RT}{F}\times pH \tag{4-2}$$

式中，$E_{MF}^{\ominus}$ 为常数。当被测溶液的 pH 发生变化时，电池的电动势 E_{MF} 也随之而变。在一定温度范围内，pH 与 E_{MF} 呈线性关系。为了方便操作，现在 pH 计上使用的都是将以上两种电极组合而成的单支复合电极。

pHS-3C 型酸度计面板如图 4-7 所示。

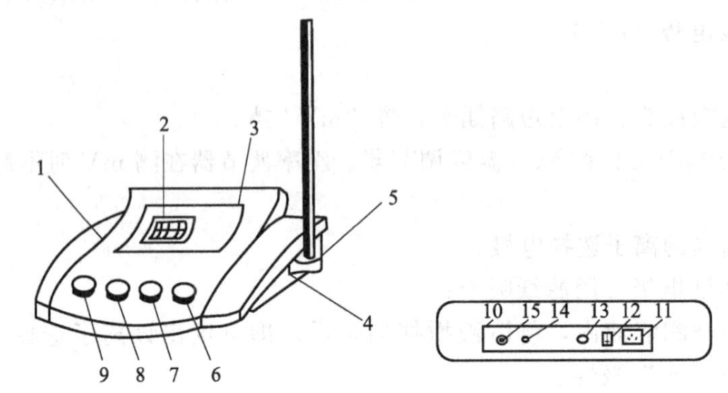

图 4-7 pHS-3C 型酸度计

1—机箱外壳；2—显示屏；3—面板；4—机箱底；5—电极杆插座；6—定位调节旋钮；7—斜率补偿调节旋钮；8—温度补偿调节旋钮；9—选择开关旋钮；10—仪器后面板；11—电源插座；12—电源开关；13—保险丝；14—参比电极接口；15—测量电极插座

2. 仪器的操作步骤

(1) 开机前的准备

① 将复合电极插入测量电极插座，调节电极夹至适当的位置。

② 小心取下复合电极前端的电极套，用蒸馏水清洗电极后用滤纸吸干。

(2) 打开电源开关，将仪器通电预热半小时以上方可使用。

(3) 仪器的校正

① 将选择开关旋钮 9 旋至 pH 挡，调节温度补偿旋钮 8，使旋钮上的白线对准溶液温度值。把斜率调节旋钮 7 顺时针旋到底（即旋到 100%位置）。

② 将清洗过的电极插入 pH=6.86 的缓冲溶液中，调节定位旋钮 6，使仪器显示读数与该缓冲溶液在当时温度下的 pH 一致。

③ 用蒸馏水清洗电极后再插入 pH=4.00（或 pH=9.18）的标准缓冲溶液中，调节斜率旋钮，使仪器的显示读数与该缓冲溶液在当时温度下的 pH 一致。

④ 重复②、③操作，直至不用再调节定位或斜率旋钮为止。

注意：仪器经以上校正后，定位和斜率调节旋钮不可再有变动。

(4) 被测溶液 pH 的测定　用蒸馏水清洗电极并用滤纸吸干，将电极浸入被测溶液中，显示屏上的稳定读数即为被测溶液的 pH。

3. 注意事项

(1) 玻璃电极的插口必须保持清洁，不使用时应将接触器插入，以防灰尘和湿气浸入。

(2) 新玻璃电极在使用前需要用蒸馏水浸泡 24h。若发现玻璃电极球泡有裂纹或老化，应更换新电极。

(3) 测量时，电极的引入导线需保持静止，否则会引起测量不稳定。

（4）用标准缓冲溶液校正仪器时，要保证缓冲溶液的可靠性，否则会导致测量结果的误差。

第三节　电导率仪

电解质溶液的电导测量除可用交流电桥法外，目前多数采用电导率仪进行测量。它的特点是测量范围广、快速直读及操作方便。如配接自动电子电势差计后，还可对电导的测量进行自动记录。电导率仪的类型很多，测量基本原理大致相同，这里仅以 DDS-11A 电导率仪为例简述其测量原理及使用方法。

一、测量原理

仪器由振荡器、放大器和指示器等部分组成。其测量原理可参见图 4-8。

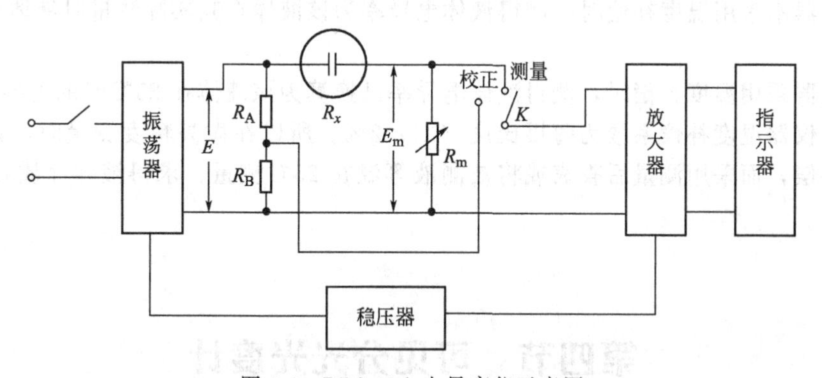

图 4-8　DDS-11A 电导率仪示意图

E—振荡器产生的标准电压；R_x—电导池的等效电阻；R_m—标准电阻器；E_m—R_m 上的交流分压

由欧姆定律及图 4-8 可得：

$$E_m = \frac{R_m}{R_m + R_x} \times E = \frac{R_m E}{R_m + \frac{1}{G}} \tag{4-3}$$

由此可见，当 R_m、E 为常数时，溶液的电导有所改变（即电阻值 R_x 发生变化时），必将引起 E_m 的相应变化，因此测量 E_m 的值就反映了电导的高低。E_m 讯号经放大检波后，由 0～10mA 电表改制成的电导表头直接指示出来。

二、 DDS-11A 电导率仪使用方法

1. 不采用温度补偿法

（1）选择电极　对电导很小的溶液用光亮电极；电导中等的用铂黑电极；电导很高的用 U 型电极。

（2）将电导电极连接在 DDS-11A 电导率仪上，接通电源，打开仪器开关，温度补偿钮置于 25℃刻度值。

(3) 电导电极插入被测溶液中。将仪器测量开关置“校正”挡，调节常数校正钮，仪器显示电导池实际常数值。

(4) 将测量开关置“测量”挡，选择适当的量程挡，将清洁电极插入被测液中，仪器显示该被测液在溶液温度下的电导率。

2. 采用温度补偿（温度补偿法）

(1) 常数校正　调节温度补偿旋钮，使其指示的温度值与溶液温度相同，将仪器测量开关设置为“校正”挡，调节常数校正钮，使仪器显示电导池实际常数值。

(2) 操作方法同第一种情况一样，这时仪器显示被测液的电导率为该液体标准温度(25℃) 时的电导率。

三、注意事项

(1) 一般情况下，所指液体电导率是指该液体介质在标准温度（25℃）时的电导率，当介质温度不在 25℃时，其液体电导率会有一个变量。为等效消除这个变量，仪器设置了温度补偿功能。

(2) 仪器不采用温度补偿时，测得液体电导率为该液体在其实际测量时液体温度下的电导率。

(3) 仪器采用温度补偿时，测得液体电导率已换算为该液体在 25℃时的电导率值。

(4) 本仪器温度补偿系数为每摄氏度（℃）2%。所以在做高精度测量时，请尽量不要采用温度补偿，而采用测量后查表或将被测液等温在 25℃测量，求得液体介质在 25℃时的电导率。

第四节　可见分光光度计

分光光度法是基于物质对不同波长的光波具有选择性吸收而建立起来的一种分析方法。分光光度计是利用分光光度法对物质进行定性和定量分析的仪器。

一、测定原理

当一束波长一定的单色光通过有色溶液时，一部分光被溶液吸收，另一部分光则透过溶液，溶液对光的吸收程度越大，透过溶液的光就越少。物质分子对可见光或紫外光的选择性吸收在一定的实验条件下符合 Lambert-Beer（朗伯-比耳）定律，即溶液中的吸光分子吸收一定波长光的吸光度 A 与溶液中该吸光分子的浓度 c 的关系为：

$$A=\lg\frac{I_0}{I_t}=\varepsilon bc \tag{4-4}$$

式中，A 为吸光度；ε 为摩尔吸收系数（与入射光的波长、吸光物质的性质、温度等有关）；b 为样品溶液的厚度，cm；c 为溶液中待测物质的物质的量浓度，$mol \cdot L^{-1}$。根据 A 与 c 的线性关系，通过测定标准溶液和试样溶液的吸光度，用图解法或计算法，可求得试样中待测物质的浓度。

二、分光光度计的分类

按工作波长范围分类，分光光度计一般可分为紫外-可见分光光度计、紫外分光光度计、可见分光光度计、红外分光光度计等。其中紫外-可见分光光度计使用得最多，主要应用于无机物和有机物含量的测定。分光光度计还分为单光束和双光束两类。目前在教学中常用的有 72 型、721 型、722 型分光光度计。虽然这些仪器的型号不同，但其工作原理是一样的。

三、分光光度计的使用

下面主要介绍 721W 型和 722 型分光光度计的性能、结构及使用方法。

1. 721W 型可见分光光度计

721W 型可见分光光度计是在可见光谱区域内使用的一种单光束型仪器，其工作波长范围是 360～800nm，以钨丝白炽灯为光源。其仪器的结构示意图及仪器光学系统图分别如图 4-9 和图 4-10 所示。

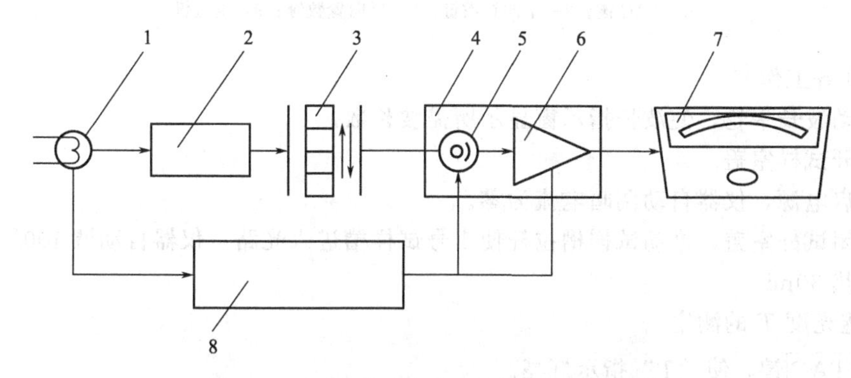

图 4-9　721W 型可见分光光度计结构示意图

1—光源；2—单色器；3—吸收池；4—光电管暗盒；5—光电管；6—放大器；7—微安表；8—稳压器

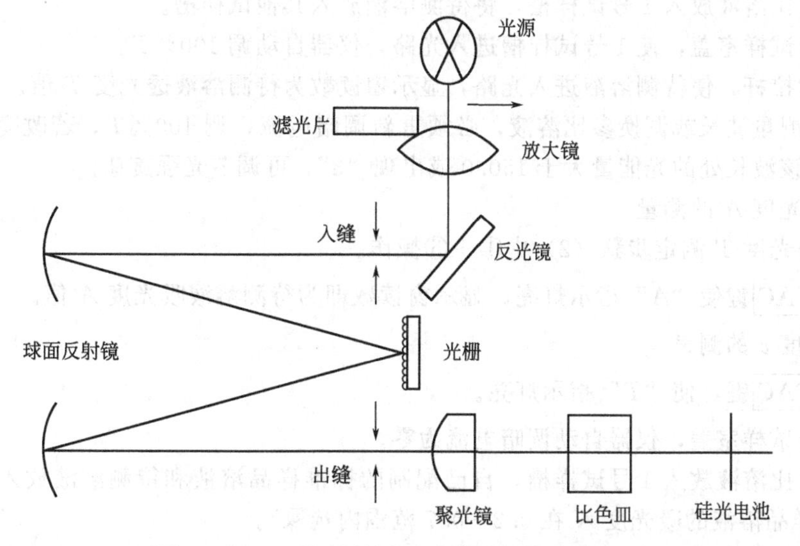

图 4-10　721W 型可见分光光度计的光学系统图

721W 型可见分光光度计外形如图 4-11 所示，其使用方法如下。

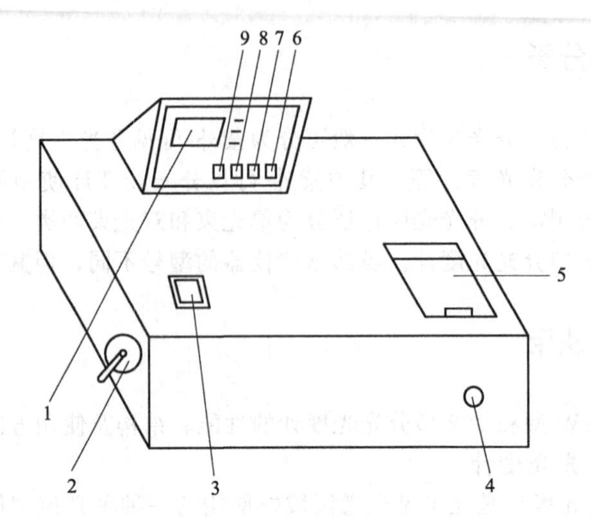

图 4-11　721W 型可见分光光度计外形图

1—数显窗；2—波长手轮；3—波长指示窗；4—试样槽拉杆；5—试样室门；
6—TAC 键；7—正向置数键；8—反向置数键；9—复位键

(1) 准备工作

① 转动波长手轮，使波长指示窗显示所需波长数。

② 打开试样室盖。

③ 开启电源，仪器自动调暗电流为零。

④ 关闭试样室盖，推动试样槽拉杆使 1 号试样槽进入光路，仪器自动调 100%T。

⑤ 预热 30min。

(2) 透光度 T 的测定

① 按 TAC 键，使 “T” 指示灯亮。

② 打开试样室盖，仪器自动调暗电流为零。

③ 将参比溶液放入 1 号试样槽，将待测溶液放入其他试样槽。

④ 关闭试样室盖，使 1 号试样槽进入光路，仪器自动调 100%T。

⑤ 拉动拉杆，使待测溶液进入光路，显示窗读数为待测溶液透光度 T 值。

若改变测量波长或调换参比溶液，必须重新调暗电流，调 100%T。若改变波长后，如发现仪器在该波长处的光能量大于 150.0 或出现 “3”，可调节光强旋钮。

(3) 吸光度 A 的测量

① 按透光度 T 测定步骤 (2) 中①～⑤操作。

② 按 TAC 键使 “A” 指示灯亮，显示窗读数即为待测溶液吸光度 A 值。

(4) 浓度 c 的测量

① 按 TAC 键，使 “T” 指示灯亮。

② 打开试样室盖，仪器自动调暗电流为零。

③ 将参比溶液放入 1 号试样槽，自己配制的标准样品溶液和待测溶液放入其他试样槽 (建议标准样品溶液的吸光度 A 在 0.2～0.7 范围内选取)。

④ 关闭试样室盖，使 1 号试样槽进入光路，仪器自动调 100%T，显示窗显示读数为

“100.0”。

⑤ 拉动拉杆使标准样品溶液进入光路，按 TAC 键，使“c”指示灯亮。

⑥ 按 + 、 − 键输入标准样品溶液浓度值，同时按此二键可改变小数点位置，再按 TAC 键。

⑦ 拉动拉杆使待测溶液进入光路，显示窗读数为待测溶液的浓度值。

2. 722 型可见分光光度计

722 型可见光分光光度计是以碘钨灯为光源、衍射光栅为色散元件的数显式可见光分光光度计。使用波长范围为 330～800 nm，波长精度为±2 nm，试样架可放置 4 个吸收池，单色光的带宽为 6nm。

本仪器由光源室、单色器、试样室、光电管暗盒、电子系统及数字显示器等部件组成。与 721W 型可见光分光光度计的结构基本相同，主要不同在于：722 型是以光栅为单色器，并用数字显示装置读数。

722 型可见分光光度计外形如图 4-12 所示，其使用方法如下。

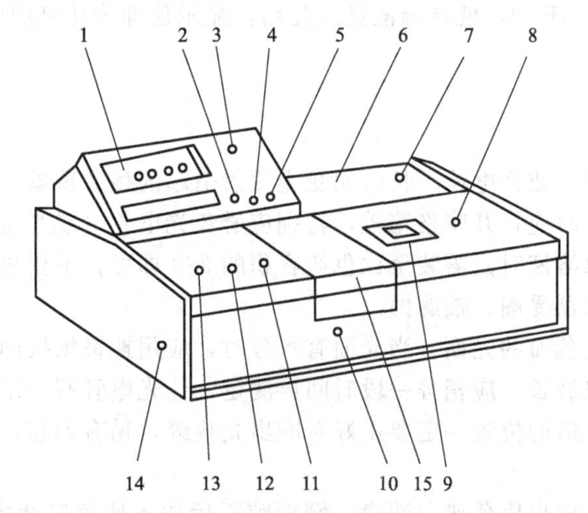

图 4-12　722 型可见分光光度计的外形图

1—数字显示器；2—吸光度调零旋钮；3—测量选择开关；4—吸光度斜率调节旋钮；5—浓度调节旋钮；6—光源室；7—电源开关；8—波长调节旋钮；9—波长刻度窗；10—比色皿架拉杆；11—100% T（透光率）调节旋钮；12—0% T（透光率）调节旋钮；13—灵敏度调节旋钮；14—干燥器；15—比色室盖

（1）准备工作

① 使用仪器前，应先了解本仪器的结构和工作原理，以及各个操作旋钮的功能。

② 在未接通电源前，应对仪器的安全性进行检查，各个调节旋钮起始位置应该正确，然后再接通电源开关。

③ 打开仪器电源开关 7，开启比色室盖 15，预热 20min。

（2）透光度 T 的测定

① 调节波长调节旋钮 8，波长调至测试用波长。

② 转动灵敏度调节旋钮 13，选择合适的灵敏度。

③ 尽可能选用低挡，即 1 挡；若步骤（3）中③～⑤不能调节透光率为 100%，可改为较高挡，如 2 挡；逐步提高，且每次改变灵敏度时，均需重复步骤（3）中②～⑤的操作。

④ 测量选择开关 3 转为“T”（透光率）。每改变一个波长，就要重新调透光率“0%”和“100%”。

(3) 吸光度 A 的测量

① 将盛有参比液与待测液的比色皿放在比色皿架上，并转入比色室（注意卡位）。

② 拉动比色皿架拉杆 10，将参比液对准光路。

③ 打开样品室盖（此时光门自动关闭），调节“0”旋钮，使数字显示为“0.000”。

④ 盖上样品室盖，调节透光率“100%”旋钮，使数字显示为“100.0”。

⑤ 此时将测量选择开关 3 转为“吸光度”，则显示器 1 上显示值应为“0.000”。

⑥ 拉动比色皿架拉杆 10，将待测液对准光路，显示器 1 上指示的数字就是待测液的吸光度。若需改变波长进行测量，则每次改变波长时，必须重复步骤 (2) 及 (3) 中①～⑤的操作。

(4) 浓度 c 的测量

① 将测量选择开关 3 置于“浓度”。

② 再将已知浓度的标准样放入光路，用浓度调节旋钮 5 调节浓度值与标样浓度值相等。

③ 拉动比色皿架拉杆 10，使待测液进入光路，显示值即为待测液的浓度值。

四、注意事项

(1) 为避免光电管（或光电池）长时间受光照射引起的疲劳现象，应尽量减少光电管受光照射的时间，不测定时应打开暗格箱盖，特别应避免光电管（或光电池）受强光照射。

(2) 用比色皿盛取溶液时只需装至比色皿容积的 2/3 即可，不要过满，避免待测溶液在拉动过程中溅出，使仪器受潮、被腐蚀。

(3) 不要用手拿比色皿的光面。当光面有水分时，应用擦镜纸按同一个方向轻轻擦拭。

(4) 若大幅度调整波长，应稍等一段时间再测定，让光电管有一定的适应时间。

(5) 测定时，比色皿的位置一定要正好对准出光狭缝，稍有偏移，测出的吸光度的值就有很大误差。

(6) 测定完毕后，取出比色皿，洗净，倒置晾干后放入比色皿盒中，关闭仪器电源后，盖上防尘罩。

第五节　磁天平

古埃磁天平的特点是结构简单，灵敏度高。用古埃磁天平测量物质的磁化率进而求得永久磁矩和未成对电子数，这对研究物质结构有着重要的意义。

一、工作原理

古埃磁天平的工作原理，如图 4-13 所示。

将圆柱形样品管（内装粉末状或液体样品），悬挂在分析天平的底盘上，使样品管底部

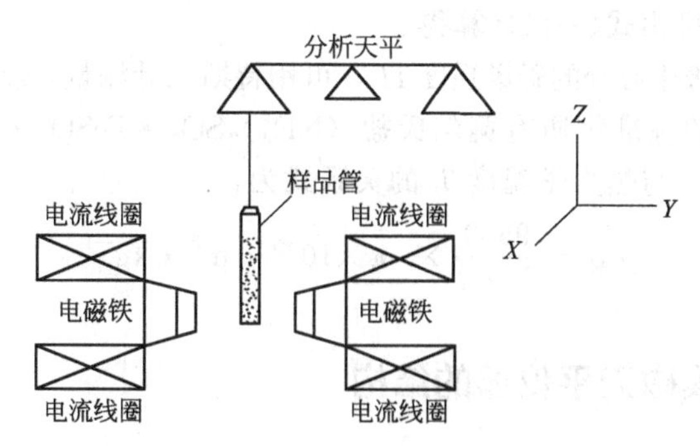

图 4-13　古埃磁天平工作原理示意图

处于电磁铁两极的中心（即处于均匀磁场区域），此处磁场强度最大。样品的顶端离磁场中心较远，磁场强度很弱，而整个样品处于一个非均匀的磁场中。但由于沿样品的轴心方向，即图示 z 方向，存在一个磁场强度 H/z，故样品沿 z 方向受到磁力的作用，它的大小为：

$$f_Z=\int_H^{H_0}(x-x_{空})\mu_0 SH\frac{\partial H}{\partial z}\mathrm{d}z \tag{4-5}$$

式中，H 为磁场中心磁场强度；H_0 为样品顶端处的磁场强度；x 为样品体积磁化率；$x_{空}$ 为空气的体积磁化率；S 为样品的截面积（位于 x、y 平面）；μ_0 为真空磁导率。通常 H_0 即为当地的地磁场强度，约为 $40\mathrm{A\cdot m^{-1}}$，一般可略去不计，则作用于样品的力为：

$$f_Z=\frac{1}{2}(x-x_{空})\mu_0 SH^2 \tag{4-6}$$

由于天平分别称装有被测样品的样品管和不装样品的空样品管在有外加磁场和无外加磁场时的质量变化，则：

$$\Delta m=m_{磁场}-m_{无磁场} \tag{4-7}$$

显然，某一不均匀磁场作用于样品的力可由下式计算：

$$f_Z=(\Delta m_{样品+空管}-\Delta m_{空管})g \tag{4-8}$$

于是有：

$$\frac{1}{2}(x-x_{空})\mu_0 H^2 S=(\Delta m_{样品+空管}-\Delta m_{空管})g \tag{4-9}$$

整理后得：

$$x=\frac{2(\Delta m_{样品+空管}-\Delta m_{空管})g}{\mu_0 H^2 S}+x_{空} \tag{4-10}$$

物质的摩尔磁化率为：　　$x_M=\frac{Mx}{\rho}$

而 $\rho=\frac{m}{hS}$，故：

$$x_M=\frac{M}{\rho}x=\frac{2(\Delta m_{样品+空管}-\Delta m_{空管})ghM}{\mu_0 mH^2}+\frac{M}{\rho}x_{空} \tag{4-11}$$

式中，h 为样品的实际高度；m 为无外加磁场时样品的质量；M 为样品的摩尔质量；ρ 为样品密度（固体样品指装填密度）。

式(4-11) 中真空磁导率 $\mu_0=4\pi\times10^{-7}\mathrm{N\cdot A^{-2}}$；空气的体积磁化率 $x_{空}=3.64\times10^{-7}$（SI 单位），但因样品管体积很小，故常予忽略。该式右边的其他各项都可通过实验测得，因此样品的摩尔磁化率可由式(4-11) 算得。

式(4-11) 中磁场两极中心处的磁场强度 H，可用特斯拉计测量，或用已知磁化率的标准物质进行间接测量。常用的标准物质有莫尔氏盐 $(NH_4)_2SO_4 \cdot FeSO_4 \cdot 6H_2O$、$CuSO_4 \cdot 5H_2O$ 等。例如莫尔氏盐的 x_M 与热力学温度 T 的关系式为：

$$x_M = \frac{9500}{T+1} \times 4\pi \times 10^{-9} \cdot m^3 \cdot kg^{-1} \qquad (4\text{-}12)$$

二、 CTP-Ⅰ型古埃磁天平仪器的结构

1. 电源结构

CTP-Ⅰ型古埃磁天平电源结构如图 4-14 所示。它是由电磁铁、稳流电源、数字式毫特斯拉计、照明等构成。

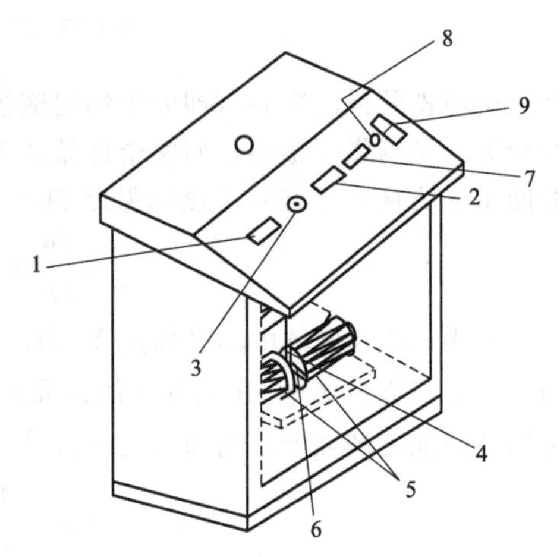

图 4-14　磁天平结构图

1—电流表；2—特斯拉计；3—励磁电流调节旋钮；4—样品管；5—电磁铁；6—霍尔探头；7—清零；8—校正；9—电源开关

2. 磁场

仪器的磁场由电磁铁构成，磁极材料用软铁，在励磁线圈中无电流时，剩磁为最小。磁极端为双截锥的圆锥体，磁极的端面须平滑均匀，使磁极中心磁场强度尽可能相同。磁极间的距离连续可调，便于实验操作。

3. 稳流电源

励磁线圈中的励磁电流由稳流电源供给。电源线路设计时，采用了电子反馈技术，可获得很高的稳定度，并能在较大幅度范围内任意调节其电流强度。

4. 分析天平（自配）

CTP-Ⅰ型古埃磁天平需自配分析天平。在做磁化率测量中，常配电子分析天平。在安装时，将电子分析天平底部中间的一螺丝拧开，里面露出一挂钩，将一根细的尼龙线一头系在挂钩上，另一头与样品管连接。

注：电子分析天平底部带挂钩。

5. 样品管（自配）

样品管由硬质玻璃管制成，内径 Φ1cm，高度 16cm，样品管底部是平底，且样品管圆而均匀。测量时，用尼龙线将样品管垂直悬挂于天平盘下。注意样品管底部应处于磁场中部。样品管为逆磁性，可按式 (4-8) 予以校正，并注意受力方向。

6. 样品（自配）

金属或合金物质可做成圆柱体直接在磁天平上测量；液体样品则装入样品管测量；固体粉末状物质要研磨后再均匀紧密地装入样品管中测量。古埃磁天平不能测量气体样品。微量的铁磁性杂质对测量结果影响很大，故制备和处理样品时要特别注意防止杂质的沾染。

三、 CTP-Ⅰ型磁天平使用

CTP-Ⅰ型特斯拉计和电流显示为数字式，同装在一块面板上，面板结构如图 4-15 所

示，其操作步骤如下。

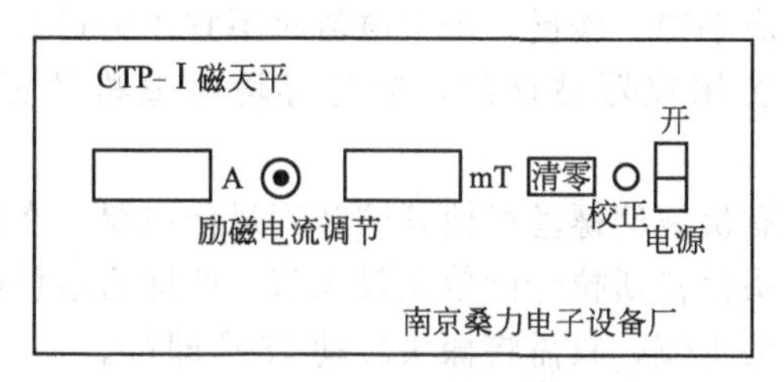

图 4-15　CTP-Ⅰ型磁天平面板结构图

(1) 用测试杆检查两磁头间隙为 20mm，将特斯拉计探头固定件固定在两磁铁中间。

(2) 将“励磁电流调节”旋钮左旋到底。

(3) 接通电源。

(4) 将特斯拉计的探头放入磁铁的中心架上，套上保护套，按“清零”键使特斯拉计的数字显示为“000.0”。

(5) 除去保护套，把探头平面垂直置于磁场两极中心，打开电源，调节“励磁电流调节”旋钮，使电流增大至特斯拉计上显示约“300” mT，调节探头上下、左右位置，观察数字显示值，把探头位置调节至显示值为最大的位置，此乃探头最佳位置，以探头灯此位置的垂直线，测定离磁铁中心高 $H_0=0_1$，这也就是样品管内应装样品的高度。关闭电源前应调节“励磁电流调节”旋钮使特斯拉计数字显示为零。

(6) 用莫尔氏盐标定磁场强度，取一支清洁的干燥的空样品管悬挂在磁天平的挂钩上，使样品管正好与磁极中心线平齐（样品管不可与磁极接触，并与探头有合适的距离）。准确称取空样品管质量（$H=0$）时，得 $m_1(H_0)$；调节“励磁电流调节”旋钮，使特斯拉计数显为“300” mT(H_1) 迅速称量，得 $m_1(H_1)$，逐渐增大电流，使特斯拉计数显为“350” mT(H_2) 称量得 $m_1(H_2)$，然后略微增大电流，接着退至“350” mT(H_2)，称量得 $m_2(H_2)$，将电流降至数显为“300” mT(H_1) 时，再称量得 $m_2(H_1)$，再缓慢降至数显为“000.0” mT(H_0)，又称取空管质量得 $m_2(H_0)$。这样调节电流由小到大，再由大到小的测定方法是为了抵消实验时磁场剩磁现象的影响。

$$\Delta m_{空管}(H_1)=[\Delta m_1(H_1)+\Delta m_2(H_1)] \tag{4-13}$$

$$\Delta m_{空管}(H_2)=[\Delta m_1(H_2)+\Delta m_2(H_2)] \tag{4-14}$$

式中，$\Delta m_1(H_1)=m_1(H_1)-m_1(H_0)$；$\Delta m_2(H_1)=m_2(H_1)-m_2(H_0)$；$\Delta m_1(H_2)=m_1(H_2)-m_1(H_0)$；$\Delta m_2(H_2)=m_2(H_2)-m_2(H_0)$。

(7) 取下样品管用小漏斗装入事先研细并干燥过的莫尔氏盐，并不断将样品管底部在软垫上轻轻碰击，使样品均匀填实，直至所要求的高度（用尺准确测量），按前述方法将装有莫尔氏盐的样品管置于磁天平称量，重复称空管时的过程，得 $m_{1空管+样品}(H_0)$，$m_{1空管+样品}(H_1)$，$m_{1空管+样品}(H_2)$，$m_{2空管+样品}(H_2)$，$m_{2空管+样品}(H_1)$，$m_{2空管+样品}(H_0)$。求出 $\Delta m_{空管+样品}(H_1)$ 和 $\Delta m_{空管+样品}(H_2)$。

(8) 同一样品管中，同法分别测定 $FeSO_4 \cdot 7H_2O$、$K_3[Fe(CN)_6]$ 和 $K_4[Fe(CN)_6] \cdot 3H_2O$ 的 $\Delta m_{空管+样品}(H_1)$ 和 $\Delta m_{空管+样品}(H_2)$。

(9) 测定后的样品均要倒回试剂瓶，可重复使用。

四、使用注意事项

(1) 磁天平总机架必须放在水平位置，分析天平应做水平调整。

(2) 吊绳和样品管必须与它物相距至少 3mm 以上。

(3) 励磁电流的变化应平稳、缓慢，调节电流时不宜用力过大。

(4) 测试样品时，应关闭仪器玻璃门，避免环境对整机的振动，否则实验数据误差较大。

(5) 霍尔探头两边的有机玻璃螺丝可使其调节到最佳位置。在某一励磁电流下，打开特斯拉计，然后稍微转动探头使特斯拉计读数在最大值，此即为最佳位置。将有机玻璃螺丝拧紧。如发现特斯拉计读数为负值，只需将探头转动 180° 即可。

(6) 在测试完毕之后，请勿必将电流调节旋钮左旋至最小（显示为 000.0)，然后方可关机。

(7) 每台磁天平均附有出厂编号，此号码与相配的传感器编号相同，使用时请核对。

第六节 万用表

万用表是一种多功能、多量程的便携式电工仪表，一般的万用表可以测量直流电流、交直流电压和电阻，有些万用表还可测量电容、功率等。万用电表的类型很多，基本原理大致相同，这里仅以 FM47 系列为例简述其使用方法。

一、技术规范

FM47 型万用表具有 26 个基本量程和电平、电容、电感等 7 个附加参考量程，是一种量限多、分挡细、灵敏度高、体形轻巧、性能稳定、过载保护可靠、读数清晰、使用方便的新型万用表。FM47 系列万用表是在 MF47 表基础上研制的更多功能、多用途、多重保护的系列产品。针对各类用户的特点，对功能也进行了优化组合，方便了用户使用，降低了用户使用的成本，提高了性价比。

学校的科研、生产、维护和维修人员都可以在 FM47 系列中选择到合适的产品。该系列万用表分为指针式和数字式两种，如图 4-16 所示。

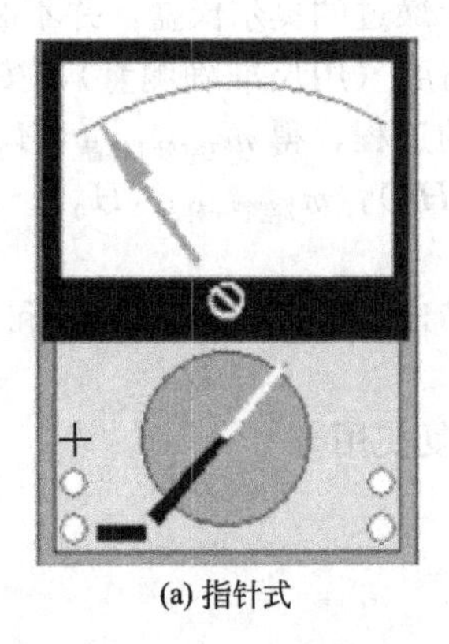

(a) 指针式

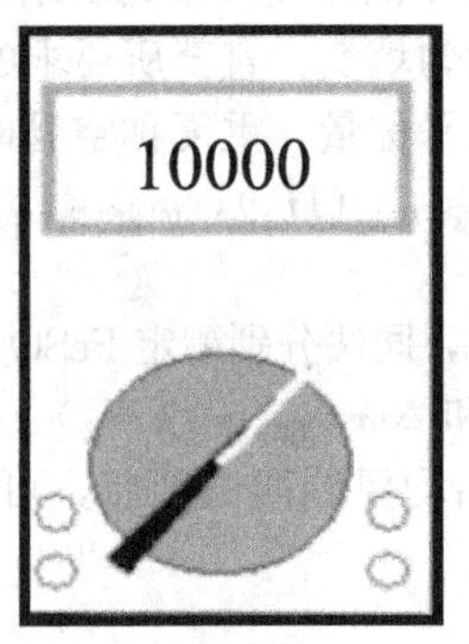

(b) 数字式

图 4-16 万用表

FM47 系列万用表的技术规范如表 4-1 所示。

表 4-1　FM47 系列万用表的技术规范

量限范围		灵敏度及电压降	精度	误差表示方法
直流电流 DCA	0～0.05mA～0.5mA －5mA～50mA～500mA	0.25V	2.5	以表示值的百分数计算
	10A		5	
直流电压 DCV	0～0.25V～1V～2.5V －10V～50V	20kΩ	2.5	
	250V～500V～1000V～2500V	9kΩ		
交流电压 ACV	0～10V～50V～250V～500V～1000V～2500V		5	
直流电阻 Ω	R×1/R×10/R×100/R×1k/R×10k/R×100k/R	中心值 16.5	10	
通路蜂鸣	R×3(参考值)　　低于 10Ω 时蜂鸣器工作			

二、使用方法

在使用前应检查指针是否在机械零位上，如不在零位，可旋转表盖上的调零器使指针指示在表的零位上。然后将测试棒红黑插头分别插入“＋”“－”插孔中，如测量交直流 2500V 或 10A 时，红插头则应分别插到标有“2500V”或“10A”的插座中。

1. 直流电流测量

测量 0.05～500mA 时，转动开关至所需的电流挡。测量 10A 时，应将红插头“＋”插入 10A 插孔内，转动开关可放在 500mA 直流电流量限上，而后将测试棒串接于被测电路中。

2. 交直流电压测量

测量交流 10～1000V 或直流 0.25～1000V 时，转动开关至所需电压挡。测量交直流 2500V 时，开关应分别旋转至交直流 1000V 位置上，而后将测试棒跨接于被测电路两端。若配以高压探头，可测量电视机≤25kV 的高压。测量时，开关应放在 50μA 位置上，高压探头的红黑插头分别插入“＋”“－”插座中，接地夹于电视机金属底板连接，而后握住探头进行测量。测量交流 10V 电压时，读数请看交流 10V 专用刻度（红色）。

3. 直流电阻测量

装上电池（R14 型 2＃1.5V 及 6F22 型 9V 各一只），转动开关至所需测量的电阻挡，将测试棒两端短接，调整欧姆旋钮，使指针对准欧姆“0”位上，然后分开测试棒进行测量。测量电路中的电阻时，应先切断电源，如电路中有电容应先行放电。当检查有极性电解电容漏电电阻时，可转动开关至 R×1k 挡，测试棒红杆必须接电容器负极，黑杆接电容器正极。注意：当 R×1 挡不能调至零位或蜂鸣器不能正常工作时，请更换 2＃（1.5V）电池。当 R×10k 挡位不能调至零位时，或者红外线检测当发光管亮度不足时，请更换 6F22（9V）层叠电池。

4. 通路蜂鸣器检测

同欧姆挡一样将仪器调零，此时蜂鸣器工作发出约 1kHz 长鸣叫声，此时不必观察表盘即可了解电路的通断情况。音量与被测线路电阻成反比例关系，此时表盘表示值约 R×3（参考值）。

三、注意事项

万用表采用过压、过流自熔断保护电路及表头过载限幅保护等多重保护，但使用时仍应遵守下列规程，避免意外损失。

（1）测量高压或大电流时，为避免烧坏开关，应在切断电源情况下，变换量限。

（2）测量未知的电压或电流，应选择最高量程，待第一次读取数值后，方可逐渐转至适当位置以取得校准读数并避免烧坏电路。

（3）如偶然发生因过载而烧断保险丝时，可打开保险丝盖板换上相同型号的备用保险丝（参见外包装盒）。（0.5V/250V，$R\leqslant 0.5\Omega$ 位置在保险丝盖板内）

（4）电阻各挡用干电池应定期检查、更换，以保证测量精度，如长期不用，应取出电池，以防止电解液溢出腐蚀而损坏其他零件。

（5）仪表应保存在室温为 0～40℃，相对湿度不超过 80%，并不含有腐蚀性气体的场所。

第七节　常用电极和盐桥

一、玻璃膜电极

玻璃膜电极是对氢离子活度有选择性响应的电极，其结构如图 4-17 所示。它的主要部分是一个玻璃泡，泡的下半部分为特殊组成的玻璃薄膜（相关组分摩尔分数约为 $x_{Na_2O}=22\%$，$x_{CaO}=6\%$，$x_{SiO_2}=72\%$）。膜厚为 30～100μm。在玻璃泡中装有 pH 一定的溶液（内参比溶液，或称为内部溶液，通常为 0.1mol·L^{-1} HCl 溶液），插入一个银-氯化银电极作为内参比电极。

使用前，干玻璃膜电极要在水中浸泡 24h，使用时将玻璃膜电极插入待测溶液中。若用已知 pH 的溶液标定有关常数，则可由测得的玻璃电极电势求得待测溶液的 pH。

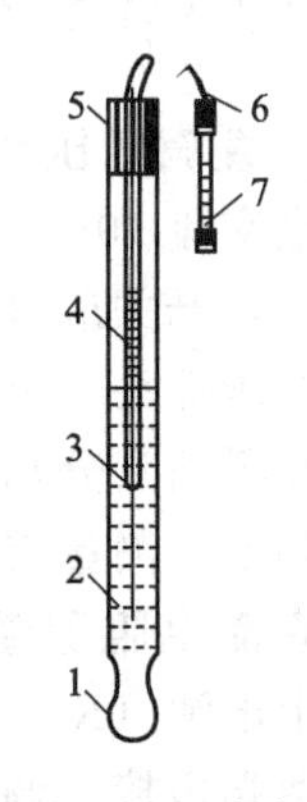

图 4-17　pH 玻璃电极
1—玻璃膜；2—玻璃外壳；3—0.1mol·L^{-1}HCl 溶液；4—银-氯化银电极；5—绝缘套；6—电极引线；7—电极插头

玻璃电极的高电阻易受到周围交流电场的干扰，如发生静电感应。为消除干扰，一般在电极引线外装以网状金属屏蔽线。玻璃电极不易中毒，不易受溶液中氧化剂、还原剂及毛细管活性物质如蛋白质的影响，可以在浊性、有色或胶体溶液中使用。缺点是易碎和高电阻。

二、甘汞电极

甘汞电极结构简单、性能比较稳定，是实验室中常用的参比电极。目前，作为商品出售的有单液接和双液接两种，它们的结构如图 4-18 所示。

甘汞电极是以甘汞（Hg_2Cl_2）与一定浓度的 KCl 溶液为电解液的汞电极，其电极反应为：

$$Hg_2Cl_2(s)+2e^- \xlongequal{} 2Hg(l)+2Cl^-(a_{Cl^-})$$

甘汞电极的电极电势随温度和氯化钾的浓度变化而变化，表 4-2 列出了不同 KCl 浓度下甘汞电极的电极电势与温度的关系。其中，在 25℃饱和 KCl 溶液中的甘汞电极是最常用的，此时的电极称为饱和甘汞电极（SCE），其尾端的烧结陶瓷塞或多孔玻璃与指示电极相连。

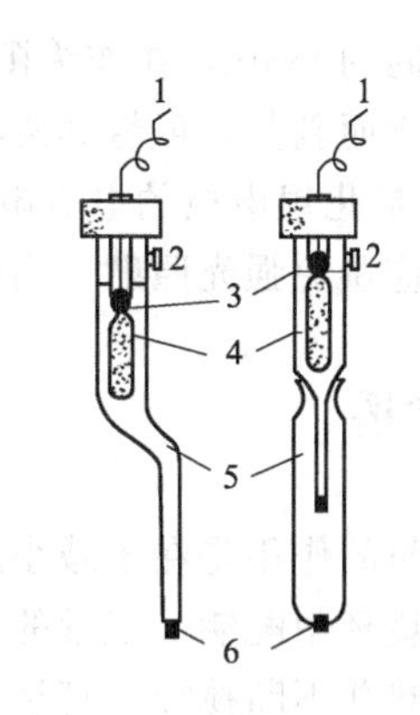

图 4-18　甘汞电极

1—导线；2—加液口；3—汞；4—甘汞；5—KCl 溶液；6—素瓷塞

表 4-2　不同 KCl 浓度下的甘汞电极的电极电势与温度的关系

KCl 浓度/mol·L^{-1}	电极电势/V
饱和	$0.2412-7.6\times10^{-4}(t-25)$
1.0	$0.2801-2.4\times10^{-4}(t-25)$
0.1	$0.3337-7.0\times10^{-4}(t-25)$

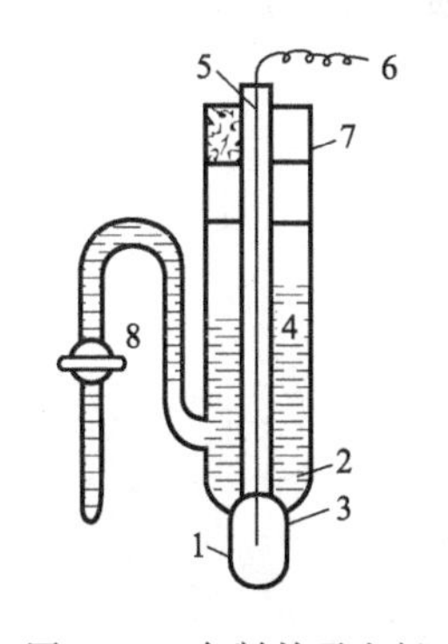

图 4-19　自制甘汞电极

1—汞；2—甘汞糊状物；3—铂丝；4—饱和 KCl 溶液；5—玻璃管；6—导线；7—橡皮塞；8—活塞

甘汞电极在实验室也可自制：在一个干净的研钵中放一定量的甘汞（Hg_2Cl_2）、数滴汞与少量饱和 KCl 溶液，仔细研磨后得到白色的糊状物（在研磨过程中，如发现汞粒消失，应再加一点汞；如果汞粒不消失，则再加一些甘汞，以保证汞和甘汞饱和）。随后在此糊状物中加入饱和 KCl 溶液，搅拌均匀呈悬浊液。将此悬浊液小心倾入电极容器中，待糊状物沉淀在汞面上后，打开活塞 8，用虹吸法使上层饱和 KCl 溶液充满 U 形支管，再关闭活塞 8，即制成甘汞电极，如图 4-19 所示。

三、银-氯化银电极

银-氯化银电极与甘汞电极相似，都属于金属-金属难溶盐电极。电极反应为：

$$AgCl(s)+e^- \xlongequal{} Ag(s)+Cl^-(a_{Cl^-})$$

银-氯化银电极的电极电势决定于温度与氯离子活度。表 4-3 列出了 25℃不同浓度 KCl 溶液的银-氯化银电极的电极电势。

表 4-3　25℃时银-氯化银电极的电极电势

KCl 溶液浓度/mol·L^{-1}	电极电势/V
0.1	0.2880
1.0	0.2224
饱和溶液	0.2000

标准银-氯化银电极在温度 t 的电极电势为：

$$0.2224-6.0\times10^{-4}(t-25)\ \text{V} \qquad (4\text{-}15)$$

制备银-氯化银电极方法很多。较简便的方法是取一根洁净的银丝与一根铂丝，插入 0.1mol·L^{-1} 盐酸溶液中，外接直流电源和可调电阻进行电镀。控制电流密度 5mA·cm^{-2}，通电时间约 5min，在作为阳极的银丝表面即镀上一层 AgCl。用蒸馏水洗净，为防止 AgCl 层因干燥而剥落，可将其浸在适当浓度的 KCl 溶液中，保存待用。

银-氯化银电极的电极电势在高温下较甘汞电极稳定。但 AgCl 是光敏性物质，见光易分解，故应避免强光照射。当银的黑色微粒析出时，氯化银将略呈紫黑色。

四、盐桥

盐桥的作用是在于减小原电池的液体接界电势。常用盐桥的制备方法如下。

在烧杯中配制一定量的 KCl 饱和溶液，再按溶液质量的 1%称取琼脂粉浸入溶液中，用水浴加热并不断搅拌，直至琼脂全部溶解。随后用吸管将其灌入 U 形玻璃管中（注意：U 形管中不可夹有气泡），待冷却后凝成冻胶即制备完成。将此盐桥浸于饱和 KCl 溶液中，保存待用。

盐桥内除用 KCl 外，也可用其他正负离子的电迁移率接近的盐类，如 KNO_3、NH_4NO_3 等。具体选择时应防止盐桥中离子与原电池溶液中的物质发生反应。

第五章　基本原理与性质实验

实验一　溶液的配制与滴定

一、预习思考

1. 标准溶液的配制方法有哪些？

2. 配制 HCl 和 NaOH 标准溶液所用蒸馏水的体积是否需要准确量取？为什么？

3. 为什么移液管和滴定管必须用最终盛装的滴定溶液润洗内壁 2～3 次？为什么锥形瓶只需要用蒸馏水洗净？用于滴定的锥形瓶或烧杯是否需要干燥？

4. 在酸碱滴定中，每次指示剂的用量很少，一般只需 1～2 滴，为什么不可多用？

5. 残留在移液管口内部的少量溶液，最后是否应当吹出？正确的处理方式是什么？

6. 在滴定管中装入溶液后，为什么先要把滴定管下端的空气泡赶净，然后读取滴定管中液面的读数？如果没有赶净空气泡，将对实验结果产生什么影响？如何检查碱式滴定管乳胶管内是否充满溶液？

7. 各种滴定管应怎样准确读数？

8. 在滴定过程中，若滴定液滴到锥形瓶内壁上部该如何处理？

9. 什么是平行滴定？为什么每滴定完一次，都要将滴定管中的溶液添加至零刻度附近，然后再进行下一次滴定？

10. 以下几种情况会对实验结果造成什么影响？

（1）滴定结束后，滴定管尖端外留有液滴。

（2）滴定前，未除去滴定管尖端外留有的液滴。

（3）直接法配制标准溶液时，未将冲洗烧杯及玻璃棒的淋洗液一并注入容量瓶中。

（4）用待装溶液洗涤锥形瓶。

11. 配制 NaOH 溶液为什么必须用去除 CO_2 的蒸馏水？

二、实验目的

1. 了解配制一定浓度溶液的基本方法。

2. 熟悉酸碱滴定反应的原理、滴定分析结果的计算方法。

3. 学习并掌握滴定管、移液管和容量瓶的正确使用和相关操作。

三、实验原理

1.一定浓度溶液的配制

配制一定浓度的溶液，可采用直接法或间接法（标定法）。

（1）直接法　对于那些易提纯且组成稳定的物质，如 Na_2CO_3、$Na_2B_4O_7 \cdot 10H_2O$ 等，可用直接法进行配制。具体如下：准确称取其纯物质，将其溶解于水，全部转移到一定体积的容量瓶中，并稀释至刻度，配制成准确浓度的溶液。然后根据称取的质量和容量瓶的体积即可确定所配制溶液的准确浓度。

（2）间接法　对于那些不易提纯的物质或配制成溶液后稳定性较差，会吸收空气中的水分、二氧化碳或氧化分解的物质，如 NaOH、$FeSO_4$、$KMnO_4$ 等，可用间接法配制。具体如下：即先配制成所需近似浓度的溶液（就是说这一过程无论是称量质量还是量取体积都不需要绝对准确），然后再对溶液进行标定，以确定其准确浓度。

用滴定的方法来确定溶液准确浓度的方法叫做溶液的标定。

2.滴定原理及方法

滴定分析法是常用的定量分析方法。这种方法是将一种已知准确浓度的试剂溶液（标准溶液），滴加到被测物质的溶液中，直到所加的试剂与被测物质按化学计量定量反应为止，然后根据试剂溶液的浓度和用量，计算被测物质的浓度或含量。

滴定分析法分为酸碱滴定法、氧化还原滴定法、配位滴定法、沉淀滴定法，本实验采用的是酸碱滴定法。

酸碱滴定法是利用质子转移反应（中和反应）来测定酸或碱的浓度。实验过程中用移液管、滴定管分别量出所用的酸或碱的体积，利用已知酸（或碱）的浓度，则可算出碱（或酸）的浓度。滴定终点常借助于酸碱指示剂的变色来确定。

用 HCl 溶液滴定已知质量（或浓度）的 $Na_2B_4O_7$ 或者 Na_2CO_3，以标定 HCl 溶液的浓度，选用甲基橙作为指示剂，滴定终点指示剂的颜色由黄色变成橙黄色。化学反应方程式如下：

$$Na_2B_4O_7 + 2HCl + 5H_2O = 2NaCl + 4H_3BO_3$$

滴定终点时：

$$c_{HCl}V_{HCl} = 2(c_{Na_2B_4O_7}V_{Na_2B_4O_7})$$

$$Na_2CO_3 + 2HCl = 2NaCl + CO_2 + H_2O$$

滴定终点时：

$$c_{HCl}V_{HCl} = 2(c_{Na_2CO_3}V_{Na_2CO_3})$$

再用未知浓度的 NaOH 溶液来滴定已知准确浓度的 HCl 溶液。以酚酞作为指示剂，滴定终点时指示剂由无色变成粉红色。化学反应方程式如下：

$$NaOH + HCl = NaCl + H_2O$$

滴定终点时：

$$c_{HCl}V_{HCl} = c_{NaOH}V_{NaOH}$$

四、仪器与试剂

1.仪器

容量瓶（200mL），酸式滴定管（50mL），碱式滴定管（50mL），移液管（25mL），量筒（5mL，100mL），细口瓶（200mL），烧杯（50mL，250mL），锥形瓶，滴定管架，洗耳球，洗瓶，石棉网，电炉，玻璃棒，电子分析天平（万分之一）。

2.试剂

硼砂（$Na_2B_4O_7 \cdot 10H_2O$），HCl（$2mol \cdot L^{-1}$），无水 Na_2CO_3，NaOH，酚酞（1%），甲基橙（0.1%）。

五、实验内容

1. 标准硼砂溶液的配制（可用无水 Na_2CO_3 取代硼砂）

计算所需硼砂的质量，并准确称量其质量。往盛有硼砂的小烧杯中加入 20mL 蒸馏水，用微火加热并不断搅拌，使其完全溶解，停止加热。待此溶液冷却后小心转移到 200mL 容量瓶中，然后用蒸馏水淋洗烧杯和玻璃棒 2～3 次，将洗液一并转移到容量瓶中，最后加蒸馏水定容至刻度线，塞好瓶塞，将溶液混合均匀，配制成浓度为 $0.02500mol \cdot L^{-1}$ 左右的硼砂标准溶液。

2. HCl（$0.05mol \cdot L^{-1}$）溶液的配制

计算需要配制 200mL HCl（$0.05mol \cdot L^{-1}$）溶液所需要的 $2mol \cdot L^{-1}$ 盐酸的体积。用量筒量取计算出来 HCl（$2mol \cdot L^{-1}$）的体积，倒入 200mL 的细口瓶中，再加入所需要的蒸馏水，塞好玻璃塞子，摇匀，以备标定其准确浓度。

3. NaOH（$0.05mol \cdot L^{-1}$）溶液的配制

在分析天平上称取配制 200mL NaOH（$0.05mol \cdot L^{-1}$）溶液所需氢氧化钠的质量，并用量筒量取 200mL 蒸馏水。先加少量蒸馏水使氢氧化钠在烧杯中溶解，待烧杯冷却到室温后，将溶液和洗涤液一并转移到 200mL 试剂瓶中，加入剩余量的蒸馏水，塞好橡胶塞子，摇匀，以备标定其准确浓度。

4. HCl（$0.05mol \cdot L^{-1}$）溶液的标定

（1）依次用蒸馏水和待测盐酸溶液洗净酸式滴定管，在其中注入待测盐酸溶液，赶尽下端气泡，调节液面至零刻度或略低于零的位置，记下滴定管中液面的初始位置 V_1。

（2）用移液管（已用蒸馏水和硼砂溶液洗净）吸取标准硼砂溶液 25.00mL，放入锥形瓶中，并在其中加入 2 滴甲基橙指示剂。

（3）开始滴定。滴定时左手控制滴定管阀门，右手拿住锥形瓶，并不断地振荡和转动，使溶液混合均匀。滴定开始时可以稍快一些，当溶液中出现的橙黄色经振荡后才消失（接近终点）时，必需一滴一滴地加，直到加入一滴 HCl 溶液而出现稳定的橙黄色为止，达到滴定终点，记下液面的终点位置 V_2。

（4）用同样的步骤重复以上操作（两次实验所用的 HCl 溶液量相差不超过 0.05mL）。数据记录于表 5-1，取两次滴定所消耗的 HCl 体积的平均值，计算 HCl 溶液的浓度（保留四位有效数字）。

5. NaOH（$0.05mol \cdot L^{-1}$）溶液浓度的标定

（1）依次用蒸馏水和待测 NaOH 溶液洗净碱式滴定管，并在其中注入 NaOH 溶液，赶尽气泡，调节液面至零刻度或略低于零的位置，记下滴定管中液面的初始位置 V_1。

表 5-1 HCl（$0.05mol \cdot L^{-1}$）溶液浓度标定数据

实验次数	滴定初始液面位置(V_1/mL)	滴定终点液面位置(V_2/mL)	所消耗 HCl 的体积($V/mL=V_2-V_1$)
第一次			
第二次			
$V_{平均值}$			

（2）用酸式滴定管量取自己配置并已标定的 HCl 溶液 25.00mL，放入锥形瓶中，并在其中加入 2 滴酚酞指示剂。

(3) 开始滴定。滴定时左手控制滴定管乳胶管，右手拿住锥形瓶，并不断的振荡和转动，使溶液混合均匀。滴定开始时可以稍快一些，当溶液中出现的浅粉色经振荡后才消失（接近终点）时，必需一滴一滴地加，直到加入一滴 NaOH 溶液而出现稳定的浅粉色（经振荡半分钟不消失）为止，达到滴定终点，记下液面的终点位置 V_2。

(4) 用同样的步骤重复以上操作（两次实验所用的 NaOH 溶液量相差不超过 0.05mL）。数据记录于表 5-2，取两次滴定所消耗的 NaOH 体积的平均值，计算 NaOH 溶液的浓度（保留四位有效数字）。

表 5-2 NaOH（0.05mol·L^{-1}）溶液浓度标定数据

实验次数	滴定初始液面位置(V_1/mL)	滴定终点液面位置(V_2/mL)	所消耗 NaOH 的体积(V/mL=V_2-V_1)
第一次			
第二次			
$V_{平均值}$			

六、注意事项

1. 量取浓盐酸应在通风橱中进行。
2. 配制 NaOH 溶液必须用去除 CO_2 的蒸馏水。
3. 能用一般洗涤剂洗涤的器皿，不要选用铬酸洗液进行洗涤。铬酸洗液用完后应倒回原瓶，被洗涤的器皿中要尽量少残存水，避免洗液被稀释。
4. 酸、碱标准溶液必须由试剂瓶直接倒入酸碱滴定管中，不能通过烧杯或其他量器进行，以免标准溶液被稀释或污染。
5. 硼砂（或无水 Na_2CO_3）的称量必须是精准的电子分析天平（万分之一）。
6. 实验中产生的废液要集中回收，统一处理。

实验二 缓冲溶液与酸碱反应

一、预习思考

1. 同离子效应的基本原理是什么？同离子效应对弱电解质的解离度有什么影响？对溶液 pH 又有什么影响？
2. 为什么缓冲溶液对 pH 具有缓冲能力？理解其缓冲原理。
3. 缓冲溶液的 pH 如何计算？它由哪些主要因素决定？
4. 缓冲溶液 pH 的计算公式是否可以用一种形式进行表示？
5. 怎样根据所要配制的缓冲溶液的 pH，合理选定所需要的共轭酸碱对？
6. 配制缓冲溶液时，各试剂溶液是否需要准确量取？
7. 按照酸碱质子理论，NH_4^+、Ac^- 分别属于哪类物质？强酸弱碱盐（如 NH_4Cl）或强碱弱酸盐（如 NaAc）其水解的实质是什么？
8. 将 10.0mL 0.2mol·L^{-1} HAc 溶液和 10.0mL 0.1mol·L^{-1} NaOH 溶液进行均匀混

合，问所得溶液是否具有缓冲能力？为什么？

9.在通常情况下，配制缓冲溶液时，为什么要选择所用酸（或碱）的浓度与其共轭碱（或共轭酸）的浓度相同或相近？

10.使用的电极为什么每次都要用蒸馏水清洗并吸干水分？

11.甲基橙、酚酞指示剂具有怎样的性质？如何合理选用和使用？

二、实验目的

1.了解缓冲溶液的组成及性质。

2.学习缓冲溶液的配制方法及其 pH 的测定方法，并试验其缓冲作用。

3.进一步理解并掌握同离子效应、盐类水解的基本原理。

4.熟悉酸碱指示剂、pH 试纸的选用和使用方法。

5.熟悉酸度计的使用方法。

三、实验原理

1.缓冲溶液

共轭酸碱对即弱酸与弱酸盐或弱碱与弱碱盐组成的溶液，具有保持 pH 相对稳定的性质，也就是说不因外加少量强酸或强碱而显著改变溶液的 pH，这种溶液被称为缓冲溶液。如 HAc-NaAc，NH_3-NH_4Cl，H_3PO_4-NaH_2PO_4 等可按照实际需要组成不同 pH 范围的缓冲溶液。

HAc-NaAc 可以配制 pH 在 4.74 附近的缓冲溶液，其计算公式如下：

$$pH = pK^{\ominus}_{a(HAc)} - \lg \frac{c_{HAc}}{c_{NaAc}} \qquad K^{\ominus}_{a(HAc)} = 1.8 \times 10^{-5}$$

NH_3-NH_4Cl 可以配制 pH 在 9.26 附近的缓冲溶液，其计算公式如下：

$$pH = 14 - pK^{\ominus}_{b(NH_3)} + \lg \frac{c_{NH_3}}{c_{NH_4Cl}} \qquad K^{\ominus}_{b(NH_3)} = 1.8 \times 10^{-5}$$

或

$$pH = pK^{\ominus}_{a(NH_4^+)} - \lg \frac{c_{NH_4Cl}}{c_{NH_3}}$$

缓冲溶液的缓冲能力与组成缓冲溶液的各物质的浓度有关，当弱酸与它的共轭碱的浓度较大时，缓冲溶液的缓冲能力较强。此外，缓冲能力还与弱酸-共轭碱之间的浓度比值有关，当比值接近 1 时，缓冲溶液的缓冲能力最强，此比值通常选在 0.1～10 之间，此时缓冲溶液的缓冲范围为：

$$pH = pK^{\ominus}_{a} \pm 1$$

2.同离子效应

弱酸或弱碱在水中只是部分解离。在一定温度下，弱酸以 HAc 为例、弱碱以 NH_3 为例的解离平衡如下：

$$HAc(aq) + H_2O(l) \rightleftharpoons H_3O^{+}(aq) + Ac^{-}(aq)$$

$$NH_3(aq) + H_2O(l) \rightleftharpoons NH_4^{+}(aq) + OH^{-}(aq)$$

在弱酸或弱碱溶液中，加入与弱酸或弱碱具有相同离子的强电解质时，可使弱酸或弱碱的解离度降低，即解离平衡向生成弱酸或弱碱的方向移动，这种现象称为同离子效应。同离子效应将会使溶液的 pH 发生改变。

3. 盐的水解

强酸强碱盐（如 NaCl）在水中不水解；强酸弱碱盐（如 NH_4Cl）水解，溶液显酸性；强碱弱酸盐（如 NaAc）水解，溶液显碱性；弱酸弱碱盐（如 NH_4Ac）水解，溶液的酸碱性取决于相应弱酸弱碱的相对强弱。例如：

$$Ac^-(aq)+H_2O(l) \rightleftharpoons HAc(aq)+OH^-(aq)$$

$$NH_4^+(aq)+H_2O(l) \rightleftharpoons NH_3(aq)+H_3O^+(aq)$$

$$NH_4^+(aq)+Ac^-(aq)+2H_2O(l) \rightleftharpoons NH_3(aq)+HAc(aq)+H_3O^+(aq)+OH^-(aq)$$

酸碱中和反应是放热反应，而盐类水解反应是吸热反应，因此，升高温度有利于盐类的水解。

四、仪器与试剂

1. 仪器

pHS-25 型酸度计，量筒，烧杯，点滴板，试管，石棉网，煤气灯或电炉。

2. 试剂

$NH_3 \cdot H_2O$（$1mol \cdot L^{-1}$），NH_4Cl（$0.1mol \cdot L^{-1}$），NaOH（$0.1mol \cdot L^{-1}$），HAc（$0.1mol \cdot L^{-1}$，$1mol \cdot L^{-1}$），NaAc（$0.1mol \cdot L^{-1}$，$1mol \cdot L^{-1}$），NaAc(s)，NH_4Cl(s)，NaCl（$0.1mol \cdot L^{-1}$），Na_2CO_3（$0.1mol \cdot L^{-1}$），HCl（$0.1mol \cdot L^{-1}$，$2mol \cdot L^{-1}$），KBr（$0.1mol \cdot L^{-1}$），HNO_3（$2mol \cdot L^{-1}$），$BiCl_3$（$0.1mol \cdot L^{-1}$），$CrCl_3$（$0.1mol \cdot L^{-1}$），未知 A、B、C、D 溶液，$Fe(NO_3)_3$（$0.5mol \cdot L^{-1}$），甲基橙，酚酞，pH 试纸。

五、实验内容

1. 缓冲溶液的配制及其 pH 的测定

按表 5-3 的方案配制 4 种缓冲溶液，用酸度计分别测定其 pH 并记录在表中，并将测定结果与理论计算值进行比较。酸度计的使用方法参看第四章第二节的相关内容。

表 5-3　缓冲溶液的配制及其 pH 的测定

实验编号	缓冲溶液配制方案(量筒各取 25.0mL)	pH 测定值	pH 理论计算值
1	NH_3($1mol \cdot L^{-1}$)+NH_4Cl($0.1mol \cdot L^{-1}$)		
2	HAc($0.1mol \cdot L^{-1}$)+NaAc($1mol \cdot L^{-1}$)		
3	HAc($1mol \cdot L^{-1}$)+NaAc($0.1mol \cdot L^{-1}$)		
4	HAc($0.1mol \cdot L^{-1}$)+NaAc($0.1mol \cdot L^{-1}$)		

2. 试验缓冲溶液的缓冲作用

在表 5-3 所配制的第 4 号缓冲溶液中加入 0.5mL（约 10 滴）HCl（$0.1mol \cdot L^{-1}$）溶液，搅拌摇匀，用酸度计测定其 pH 并记录在表 5-4 内，然后再向此溶液中加入 1mL（约 20 滴）的 NaOH（$0.1mol \cdot L^{-1}$）溶液，搅拌摇匀，再用酸度计测定其 pH，记录测定结果，并与理论计算值进行比较。

3. 同离子效应

(1) 在试管中加入 1mL $NH_3 \cdot H_2O$（$1mol \cdot L^{-1}$）溶液和一滴酚酞溶液，摇匀，观察溶液显示什么颜色？再加入少量的 NH_4Cl(s)，振荡使其溶解，溶液的颜色又有何变化？为什么？

表 5-4　缓冲溶液产生缓冲作用时的 pH 比较

实验编号	溶液组成	pH 测定值	pH 理论计算值
4	HAc(0.1mol·L^{-1})+NaAc(0.1mol·L^{-1})		
5	4 号溶液中加入 0.5mL HCl(0.1mol·L^{-1})		
6	5 号溶液中加入 1mL NaOH(0.1mol·L^{-1})		

(2) 在试管中加入 1mL HAc(0.1mol·L^{-1}) 溶液和一滴甲基橙溶液，摇匀，观察溶液显示什么颜色？再加入少量 NaAc(s)，振荡使其溶解，溶液的颜色又有何变化？为什么？

4. 盐类水解

(1) A、B、C、D 是四种失去标签的盐溶液，只知它们是 0.1mol·L^{-1} NaCl、NaAc、NH_4Cl、Na_2CO_3 溶液，试通过测定其 pH，并结合理论计算确定 A、B、C、D 各为何物。

(2) 在常温和加热情况下试验 $Fe(NO_3)_3$(0.5mol·L^{-1}) 溶液的水解情况，观察现象。

(3) 在 3mL H_2O 中加 1 滴 $BiCl_3$(0.1mol·L^{-1}) 溶液，观察现象。之后再继续滴加 HCl(2mol·L^{-1}) 溶液，观察有何变化，写出离子反应方程式。

(4) 在试管中加入 2 滴 $CrCl_3$(0.1mol·L^{-1}) 溶液和 3 滴 Na_2CO_3(0.1mol·L^{-1}) 溶液，观察现象，写出反应方程式。

六、注意事项

1. 配制缓冲溶液时，如果需要大量取用，则首先用大试剂瓶中的溶液，最后用滴瓶中的胶头滴管加到量筒刻度。注意要专筒专用。

2. 使用酸度计测定缓冲溶液 pH 时，电极必须清洗干净并拭干后插入待测溶液。电极从一种溶液转到另一种溶液时，同样必须清洗干净并拭干。

3. 向试管中加入少量固体时，可用药匙的长柄端。

4. 注意试管的振荡操作，不要使溶液迸溅出来。

5. 实验中注意观察各实验现象并实事求是正确做好记录。

6. 实验中产生的废液要集中回收，统一处理。

实验三　配位化合物的形成与性质的改变

一、预习思考

1. 复盐与配盐的区别是什么？

2. 配合物形成时哪些性质会发生变化？

3. AgCl、AgBr、AgI 三种难溶电解质可分别溶于何种试剂中？为什么会溶解？

4. 理解沉淀配位溶解的原理。

5. $CuSO_4$ 溶液中滴加氨水的量不同时，为什么会产生不同的实验现象？

6. 分别在简单离子和由该简单离子作为中心离子的配离子的溶液中，加入相同的试剂，为什么会出现不同的现象？

7. 怎样在 pH 试纸上进行有关实验？

二、实验目的

1. 通过实验了解简单离子与配离子在性质上的区别。
2. 熟悉配合物形成时多种性质的改变。
3. 熟悉 pH 试纸的使用。
4. 学习并掌握离心机的使用和离心分离操作。
5. 进一步理解配合物的稳定性和配体取代反应。

三、实验原理

1. 配合物形成时性质的改变

(1) 颜色改变　发生配体取代反应后，溶液颜色会发生变化，如 $[Fe(SCN)_6]^{3-}$ 为血红色，$[FeF_6]^{3-}$ 为无色等。

(2) 溶解度改变　AgCl 可以溶解在过量氨水中，是因为形成 $[Ag(NH_3)_2]^+$，而 AgBr 可以溶解在过量 $Na_2S_2O_3$ 溶液中，是因为形成 $[Ag(S_2O_3)_2]^{3-}$，AgI 可以溶解在过量 KI 中，是因为形成 $[AgI_2]^-$。

(3) pH 改变　配合物形成时由于产物中 H^+ 的出现，造成 pH 发生变化，例如下面的反应：

$$Ca^{2+} + H_2Y^{2-} = CaY^{2-} + 2H^+$$

(4) 氧化还原性质改变　配合物形成时中心离子氧化还原性质会发生改变。

2. 配位平衡

由中心离子（形成体）提供空轨道，与周围一定数目的可提供电子对的分子或离子，以配位键结合形成的稳定的化合物叫做配位化合物，简称配合物。配合物与复盐不同，配合物在水溶液中解离出的配离子十分稳定，只有很少的一部分解离成简单离子，而复盐则全部解离为简单离子。例如：

配位化合物：　$[Cu(NH_3)_4]SO_4 = [Cu(NH_3)_4]^{2+} + SO_4^{2-}$

复盐：　$Fe_2(SO_4)_3 \cdot (NH_4)_2SO_4 \cdot 24H_2O = 2Fe^{3+} + 4SO_4^{2-} + 2NH_4^+ + 24H_2O$

配离子在水溶液中存在配位和解离平衡，例如 $[Cu(NH_3)_4]^{2+}$ 在水溶液中存在：

$$Cu^{2+} + 4NH_3 \rightleftharpoons [Cu(NH_3)_4]^{2+}$$

其正反应的平衡常数为：

$$K_f^\ominus = \frac{\left(\frac{c_{[Cu(NH_3)_4]^{2+}}}{c^\ominus}\right)}{\left(\frac{c_{Cu^{2+}}}{c^\ominus}\right) \cdot \left(\frac{c_{NH_3}}{c^\ominus}\right)^4}$$

其逆反应的平衡常数为：

$$K_d^\ominus = \frac{1}{K_f^\ominus} = \frac{\left(\frac{c_{Cu^{2+}}}{c^\ominus}\right)\left(\frac{c_{NH_3}}{c^\ominus}\right)^4}{\left(\frac{c_{[Cu(NH_3)_4]^{2+}}}{c^\ominus}\right)}$$

配离子在水溶液中或多或少地解离成简单离子，$K_f^{\ominus}$（稳定常数）越大，配离子越稳定，解离的趋势越小。在配离子溶液中加入某种沉淀剂或某种能与中心离子配位形成更稳定的配离子的配位剂时，配位平衡将发生移动，生成沉淀或更稳定的配离子。

螯合物又叫内配合物，它是由中心离子和多齿配体配位形成的具有环状结构的配合物。许多金属离子的螯合物具有特征的颜色，且难溶于水，易溶于有机溶剂。如 Ni^{2+} 与丁二酮肟在弱碱性条件下，生成玫瑰红色螯合物。

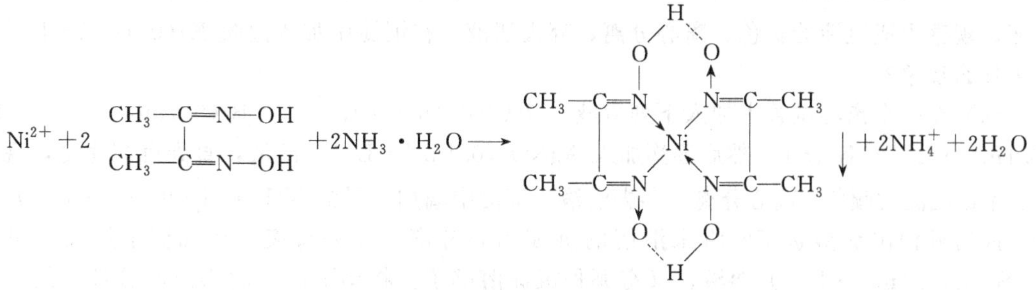

$$Ni^{2+} + 2\ \begin{matrix} CH_3-C=N-OH \\ | \\ CH_3-C=N-OH \end{matrix} + 2NH_3 \cdot H_2O \longrightarrow \begin{matrix} & H & \\ & O \quad O & \\ CH_3-C=N & & N=C-CH_3 \\ & Ni & \\ CH_3-C=N & & N=C-CH_3 \\ & O \quad O & \\ & H & \end{matrix} \downarrow + 2NH_4^+ + 2H_2O$$

（玫瑰红色）

四、仪器与试剂

1. 仪器

量筒，烧杯，电动离心机，试管和离心试管，电炉。

2. 试剂

$NH_3 \cdot H_2O$（$2mol \cdot L^{-1}$，$6mol \cdot L^{-1}$），$CuSO_4$（$0.1mol \cdot L^{-1}$），H_2O_2（3%），NaF（$1mol \cdot L^{-1}$），$Na_2S_2O_3$（$0.1mol \cdot L^{-1}$），KI（$0.1mol \cdot L^{-1}$，$2mol \cdot L^{-1}$），CCl_4 溶液，$FeCl_3$（$0.1mol \cdot L^{-1}$），Na_2H_2Y（$0.1mol \cdot L^{-1}$），$AgNO_3$（$0.1mol \cdot L^{-1}$），铁铵矾（$0.1mol \cdot L^{-1}$），H_3BO_3（$0.1mol \cdot L^{-1}$），NaCl（$0.1mol \cdot L^{-1}$），KBr（$0.1mol \cdot L^{-1}$），HNO_3（$2mol \cdot L^{-1}$），KSCN（$0.1mol \cdot L^{-1}$），$NiSO_4$（$0.1mol \cdot L^{-1}$），$CaCl_2$（$0.1mol \cdot L^{-1}$），$CoCl_2$（$0.1mol \cdot L^{-1}$），Na_2S（$0.1mol \cdot L^{-1}$），NH_4F（$4mol \cdot L^{-1}$），$BaCl_2$（$0.1mol \cdot L^{-1}$），NaOH（$2mol \cdot L^{-1}$），NH_4Cl（$1mol \cdot L^{-1}$），$K_3[Fe(CN)_6]$（$0.1mol \cdot L^{-1}$），丁二酮肟，甘油。

五、实验内容

1. 配合物形成时颜色的改变

（1）试管中首先加入的 $FeCl_3$（$0.1mol \cdot L^{-1}$）溶液 1mL，然后逐渐由少到多加入 KSCN（$0.1mol \cdot L^{-1}$）溶液，观察溶液颜色的变化。如果溶液颜色没有变化时，继续再向溶液中逐滴加入 NaF（$1mol \cdot L^{-1}$）溶液并振荡试管，观察溶液颜色的变化。解释观察到的现象并写出反应方程式。

（2）试管中加入几滴 $CuSO_4$（$0.1mol \cdot L^{-1}$）溶液，然后不断滴加 $NH_3 \cdot H_2O$（$2mol \cdot L^{-1}$）溶液至溶液生成沉淀后又溶解，观察溶液颜色的变化过程，写出相应的反应方程式。

（3）试管中加入几滴 $NiSO_4$（$0.1mol \cdot L^{-1}$）溶液，然后加入 $NH_3 \cdot H_2O$（$6mol \cdot L^{-1}$）溶液，观察溶液的颜色变化。之后再向试管中加入 2 滴丁二酮肟试剂，注意观察生成物的颜色和状态。

2. 配合物形成时难溶物溶解度的改变

（1）在离心试管中加几滴 NaCl（$0.1mol \cdot L^{-1}$）溶液，然后加入 $AgNO_3$（$0.1mol \cdot L^{-1}$）溶

液，观察生成沉淀的颜色。离心分离，弃去清液，在沉淀中加入过量 $NH_3 \cdot H_2O$($2mol \cdot L^{-1}$) 溶液，沉淀是否溶解？为什么？若再加几滴 HNO_3($2mol \cdot L^{-1}$) 溶液，又产生什么现象？

(2) 在离心试管中加几滴 KBr($0.1mol \cdot L^{-1}$) 溶液，然后加入 $AgNO_3$($0.1mol \cdot L^{-1}$) 溶液，观察生成沉淀的颜色。离心分离，弃去清液，在沉淀中加入过量 $Na_2S_2O_3$($0.1mol \cdot L^{-1}$)，溶液，产生什么现象？

(3) 在离心试管中加几滴 KI($0.1mol \cdot L^{-1}$) 溶液，然后加入 $AgNO_3$($0.1mol \cdot L^{-1}$) 溶液，观察生成沉淀的颜色。离心分离，弃去清液，在沉淀中加入过量 KI($0.1mol \cdot L^{-1}$)，产生什么现象？

(4) 在一个离心试管中加入下列溶液：NaCl($0.1mol \cdot L^{-1}$)、KBr($0.1mol \cdot L^{-1}$)、KI ($0.1mol \cdot L^{-1}$) 各 1mL，然后逐滴加入 $AgNO_3$($0.1mol \cdot L^{-1}$) 溶液，直到沉淀完全，观察先后生成沉淀的颜色。离心分离，弃去清液，沉淀中滴加过量的 $NH_3 \cdot H_2O$($2mol \cdot L^{-1}$) 溶液，此时哪种沉淀溶解了？将未溶解的沉淀离心分离，弃去清液，在沉淀中加入过量的 $Na_2S_2O_3$($0.1mol \cdot L^{-1}$) 溶液，又有哪种沉淀溶解了？将剩下的沉淀再离心分离，然后于沉淀中加入过量 KI($2mol \cdot L^{-1}$) 溶液，此时沉淀是否全部溶解？解释上述现象并写出有关反应方程式。

3. 配合物形成时酸性的改变

(1) 取一条 pH 试纸，在它的一端沾上半滴甘油溶液，记下被甘油润湿处的 pH，待甘油不再扩散时，在距离甘油扩散边缘 0.5cm 干试纸处，沾上半滴 H_3BO_3($0.1mol \cdot L^{-1}$) 溶液，待 H_3BO_3 溶液扩散到甘油区域形成重叠时，记下未重叠处 H_3BO_3 溶液的 pH 以及重叠区域的 pH。说明 pH 变化的原因。

(2) 取一条 pH 试纸，在它的一端沾上半滴 $CaCl_2$($0.1mol \cdot L^{-1}$)，记下被 $CaCl_2$ 润湿处的 pH，待 $CaCl_2$ 不再扩散时，在距离 $CaCl_2$ 扩散边缘 0.5cm 干试纸处，沾上半滴 Na_2H_2Y($0.1mol \cdot L^{-1}$) 溶液，待 Na_2H_2Y 溶液扩散到 $CaCl_2$ 区域形成重叠时，记下未重叠处 Na_2H_2Y 溶液的 pH 以及重叠区域的 pH。说明 pH 变化的原因并写出反应方程式。

4. 配合物形成时中心离子氧化还原性质的改变

(1) 在 $CoCl_2$($0.1mol \cdot L^{-1}$) 溶液中滴加 H_2O_2(3%) 溶液，观察有无变化。

(2) 在 $CoCl_2$($0.1mol \cdot L^{-1}$) 溶液中加入几滴 NH_4Cl($1mol \cdot L^{-1}$) 溶液，再滴加 $NH_3 \cdot H_2O$($6mol \cdot L^{-1}$)，观察现象。然后滴加 H_2O_2 (3%) 溶液，观察溶液颜色的变化。写出有关的反应方程式。

由上述 (1)、(2) 实验可以得出什么结论？

5. 简单离子与配离子的区别

(1) 取两支试管各加入 10 滴 $FeCl_3$($0.1mol \cdot L^{-1}$) 溶液，然后向第一支试管中加入 10 滴 Na_2S($0.1mol \cdot L^{-1}$) 溶液，边滴边摇。向第二支试管中加入 3 滴 NaOH($2mol \cdot L^{-1}$) 溶液，振荡。观察现象，写出反应方程式。

分别取两支试管，用 $K_3[Fe(CN)_6]$ ($0.1mol \cdot L^{-1}$) 代替 $FeCl_3$ 重复进行上面实验，观察现象，写出离子反应方程式。

(2) 另取一支试管，加入 5 滴 $FeCl_3$($0.1mol \cdot L^{-1}$) 溶液，滴加 KI($0.1mol \cdot L^{-1}$) 溶液至出现红棕色，然后加入 10 滴 CCl_4，振荡。观察 CCl_4 层的颜色，写出反应方程式。

再另取一支试管，加入 5 滴 $FeCl_3$($0.1mol \cdot L^{-1}$) 溶液，滴加 NH_4F($4mol \cdot L^{-1}$) 溶

液至试管中溶液变为近无色，然后再加入 3 滴 KI(0.1mol·L^{-1}) 溶液，摇匀，观察溶液颜色。再加入 20 滴 CCl_4，振荡，CCl_4 层呈现何种颜色？为什么？写出反应方程式。

总结 (1)、(2) 结果，说明简单离子与配离子的区别。

6. 复盐与配盐的区别

(1) 取一支试管，加入 10 滴 $FeCl_3$(0.1mol·L^{-1}) 溶液，再滴加 2 滴 KSCN(0.1mol·L^{-1}) 溶液，观察现象，写出反应方程式。

(2) 取两支试管，一个试管加入 10 滴铁铵矾（复盐）溶液，另一个试管加入 10 滴 $K_3[Fe(CN)_6]$（配盐）溶液，然后再各加入 2 滴 KSCN(0.1mol·L^{-1}) 溶液，观察现象，说明原因，写出反应方程式。

(3) 在盛有 10 滴铁铵矾溶液的试管中，加入 3 滴 $BaCl_2$(0.1mol·L^{-1}) 溶液，观察现象，说明原因。

六、注意事项

1. 因为是性质实验，所以要求凡是生成沉淀的步骤，刚生成沉淀即可；凡是沉淀溶解的步骤，沉淀刚好溶解即可。

2. 试剂由少到多的加入过程中一定仔细观察现象的变化。

3. 本实验中 pH 试纸的正确使用。

4. 硝酸银溶液避免沾在手上。

5. 配合物形成时酸性的改变实验中，在 pH 试纸上先后滴加的两种溶液的位置一定不能离得太远，否则两种溶液不会交叉反应，即观察不到重叠区域的 pH。

6. 离心机使用应注意以下几方面。

(1) 记住离心试管所放置的位置号。

(2) 离心试管一定要对称放置。

(3) 将所有需要离心分离的试液一起进行离心分离。

(4) 根据实验要求，保留沉淀或保留清液继续实验。

(5) 离心时间一般 1～2min 即可。

7. 注意使用 CCl_4 溶液进行实验后的废液处理。

实验四　氧化还原反应与原电池

一、预习思考

1. 浓度、温度对氧化还原反应速率会产生怎样的影响？

2. 在氧化剂浓度的影响实验中，HAc 和 Na_2SiO_3 的作用是什么？

3. $KMnO_4$ 与 Na_2SO_3 在酸性、中性、碱性介质中的反应产物各是什么？为什么会不一样？

4. 根据实验结果说明浓度、酸度对氧化还原产物的影响。

5. 为什么要用砂纸擦净金属表面？

6. 怎样根据实验现象，确定不同电对电极电势的相对大小？

7. 某电对的电极电势与其标准电极电势有怎样的关系，它们之间如何进行换算？

8. Cu-Zn 原电池中，分别减小 Cu^{2+} 或 Zn^{2+} 浓度，原电池的电动势将如何变化？为什么？

9. 如何正确测定电池电动势？盐桥的作用是什么？

二、实验目的

1. 加深理解温度、反应物浓度对氧化还原反应速率的影响。

2. 熟悉电极电势与氧化还原反应的关系。

3. 了解介质对氧化还原反应产物的影响。

4. 掌握物质浓度对电极电势的影响及 Nernst 方程的应用。

5. 学习万用表测量原电池电动势的方法。

三、实验原理

1. 电极电势与氧化还原反应的关系

氧化还原反应中，某物质氧化或还原能力的大小可根据氧化还原电对的电极电势的相对大小来判断。电极电势值越大，电对中的氧化型的氧化能力越强，还原型的还原能力越弱。反之，电极电势值越小，则电对中的氧化型的氧化能力越弱，还原型的还原能力越强。

通常情况下可直接用两电对的标准电极电势 $E^{\ominus}$ 来判断氧化还原反应进行的方向，即电极电势值大的电对的氧化型可以将电极电势值小的电对的还原型氧化，否则反应则不能进行。如果在某一水溶液体系中同时存在多种氧化剂（或还原剂），都能与所加入的还原剂（或氧化剂）发生氧化还原反应，则反应首先发生在电极电势差值（电池电动势 E_{MF}）最大的两个电对之间。

当氧化剂电对的电极电势大于还原剂电对的电极电势，即 $E_{MF}^{\ominus}=E_{+}^{\ominus}-E_{-}^{\ominus}>0$ 或 $E_{MF}=E_{+}-E_{-}>0$ 时，反应能正向自发进行。当氧化剂电对和还原剂电对的标准电极电势相差较大，即 $E_{MF}^{\ominus}>0.2V$ 时，通常可以用标准电极电势判断非标准状态时反应进行的方向。

2. 温度、浓度对氧化还原反应的影响

温度升高氧化还原反应速率加快，增大反应物浓度氧化还原反应速率加快。本实验通过实验现象可得出相关结论。

(1) MnO_4^- 与 $C_2O_4^{2-}$ 的反应看溶液紫红色颜色褪去的快慢。

$$2MnO_4^- + 5C_2O_4^{2-} + 16H^+ = 2Mn^{2+} + 10CO_2\uparrow + 8H_2O$$

(2) $Pb(NO_3)_2$ 与 Zn 的反应看“铅树”生长的快慢。

3. 介质对氧化还原反应的影响

$KMnO_4$ 在不同介质环境下，与某种还原剂发生作用时，其氧化还原产物及现象是完全不一样的。所以实际中必须根据其性质特点合理使用，以充分发挥其应有的作用。$KMnO_4$ 作为一个强氧化剂，必须是在酸性较强的溶液中使用。

$$MnO_4^- + 8H^+ + 5e^- = Mn^{2+} + 4H_2O \qquad E^{\ominus}_{MnO_4^-/Mn^{2+}} = 1.512V$$

4. 浓度对电极电势的影响

由电极反应的能斯特（Nernst）方程可以知道浓度对电极电势的影响。

$$E = E^{\ominus} + \frac{0.0592}{z}\lg\frac{c_{氧化型}}{c_{还原型}} \qquad (298.15K)$$

溶液的 pH 会影响某些电对的电极电势及氧化还原反应的方向，就是说介质的酸碱性也会影响某些氧化还原产物，例如在酸性、中性、碱性溶液中，MnO_4^- 的还原产物分别为 Mn^{2+}、MnO_2、MnO_4^{2-}。所以对于有 H^+ 或 OH^- 参与的电极反应，其能斯特（Nernst）方程式的表达式中必须体现出它们的影响。

如：
$$E_{MnO_4^-/Mn^{2+}}=E^{\ominus}_{MnO_4^-/Mn^{2+}}+\frac{0.0592}{5}\times\lg\frac{c_{MnO_4^-}\cdot c^8_{H^+}}{c_{Mn^{2+}}}$$

原电池是利用氧化还原反应将化学能转变为电能的装置。以甘汞电极或氯化银电极为参比电极，与待测电极组成原电池，用万用表测定原电池的电动势，然后计算出待测电极的电极电势。同样也可以用万用表测定铜-锌原电池的电池电动势，确定铜电极的电极电势，求出铜电极的标准电极电势。

$$E_{Cu^{2+}/Cu}=E^{\ominus}_{Cu^{2+}/Cu}+\frac{0.0592}{2}\times\lg c_{Cu^{2+}}$$

四、仪器与试剂

1.仪器

万用表，铜电极，锌电极，甘汞电极或氯化银电极，盐桥，烧杯，量筒，试管，砂纸，锌条，温度计。

2.试剂

$KMnO_4$（0.01mol·L^{-1}），H_2SO_4（2mol·L^{-1}），$H_2C_2O_4$（0.1mol·L^{-1}），$Pb(NO_3)_2$（0.5mol·L^{-1}，1mol·L^{-1}），HAc（1mol·L^{-1}），Na_2BiO_3（0.5mol·L^{-1}），$CuSO_4$（0.005mol·L^{-1}，0.5mol·L^{-1}），$ZnSO_4$（0.5mol·L^{-1}，1mol·L^{-1}），H_2O_2（3%），KI（0.1mol·L^{-1}），$FeCl_3$（0.1mol·L^{-1}），KBr（0.1mol·L^{-1}），NaOH（2mol·L^{-1}），Na_2SO_3（1mol·L^{-1}），$KMnO_4$（0.1mol·L^{-1}），KIO_3（0.1mol·L^{-1}），CCl_4 溶液，$NH_3\cdot H_2O$（2mol·L^{-1}），蓝色石蕊试纸，淀粉试液。

五、实验内容

1.温度对氧化还原反应速率的影响

A、B两支试管中各加1mL $KMnO_4$（0.01mol·L^{-1}），再各加入几滴 H_2SO_4（2mol·L^{-1}）溶液进行酸化，在另外两试管C、D中各加入3mL $H_2C_2O_4$（0.1mol·L^{-1}）溶液。然后将A、C两支试管放入水浴中加热几分钟后取出，同时将A倒入C中，B倒入D中。观察混合后C、D试管中的溶液褪色的快慢，并解释观察到的实验现象。

2.氧化剂浓度对氧化还原反应速率的影响

在分别盛有3滴 $Pb(NO_3)_2$（0.5mol·L^{-1}）和3滴 $Pb(NO_3)_2$（1mol·L^{-1}）溶液的两支试管中，各加入30滴HAc（1mol·L^{-1}）溶液，混匀后，再逐滴加入 Na_2BiO_3（0.5mol·L^{-1}）溶液26～28滴，摇匀，用蓝色石蕊试纸检查溶液是否呈酸性。然后在90℃水浴中加热，当两试管中出现胶冻现象时，从水浴中取出试管，经室温冷却后，同时往两支试管中插入相同表面积的锌条，然后将两试管放置于试管架上，经过一段时间后进行观察，看哪支试管中“铅树”生长的速率快，并解释观察到的现象。

3.电极电势与氧化还原反应的关系

（1）在分别盛有1mL $Pb(NO_3)_2$（0.5mol·L^{-1}）溶液和1mL $CuSO_4$（0.5mol·L^{-1}）溶液的两支试管中，各放入一小片砂纸擦净的锌片，放置一段时间后，观察锌片表面和溶液颜色有无变化，并记录现象。

(2) 在分别盛有 1mL $ZnSO_4$(0.5mol·L^{-1}) 溶液和 1mL $CuSO_4$(0.5mol·L^{-1}) 溶液的两支试管中，各放入一表面已擦净的铅粒，放置一段时间后，观察铅粒表面和溶液颜色有无变化，并记录现象。

根据 (1)、(2) 的实验结果，确定 Zn^{2+}/Zn、Pb^{2+}/Pb、Cu^{2+}/Cu 三个电对的电极电势的相对大小。

(3) 在试管中加入 1mL KI(0.1mol·L^{-1}) 溶液和 1mL $FeCl_3$(0.1mol·L^{-1}) 溶液，摇匀后，再加入淀粉试液，观察现象。

(4) 在试管中加入 1mL KBr(0.1mol·L^{-1}) 溶液和 1mL $FeCl_3$(0.1mol·L^{-1}) 溶液，摇匀后，再加入 1mL CCl_4 溶液，充分振荡，观察 CCl_4 层的颜色有无变化。

根据 (3)、(4) 的实验结果，定性比较 Br_2/Br^-、I_2/I^-、Fe^{3+}/Fe^{2+} 三个电对的电极电势的相对大小，并指出其中最强的氧化剂和最强的还原剂各是什么。

(5) 在试管中加入 5 滴 KI(0.1mol·L^{-1}) 溶液，加入 2 滴 H_2SO_4(2mol·L^{-1}) 溶液进行酸化，再加入 5 滴 H_2O_2 (3%) 溶液，摇匀后，最后加入 1mL CCl_4 溶液，充分振荡，观察 CCl_4 层的颜色有无变化。

(6) 在试管中加入 2 滴 $KMnO_4$(0.01mol·L^{-1}) 溶液，加入 2 滴 H_2SO_4(2mol·L^{-1}) 溶液进行酸化，再加入数滴 H_2O_2(3%) 溶液，观察实验现象。

根据 (5)、(6) 的实验结果，指出 H_2O_2 溶液在不同的反应中各起什么作用。

4. 介质的 pH 对氧化还原反应的影响

(1) 介质对反应产物的影响　在 3 支试管中各加入 5 滴 $KMnO_4$(0.1mol·L^{-1}) 溶液，然后在第一支试管中加入 5 滴 H_2SO_4(2mol·L^{-1}) 溶液，第二支试管中加入 5 滴蒸馏水，第三支试管中加入 5 滴 NaOH(2mol·L^{-1}) 溶液，最后分别向 3 支试管中各加入一定量的 Na_2SO_3(1mol·L^{-1}) 溶液，认真观察各试管中的实验现象并记录。

(2) 介质对反应方向的影响　将 KIO_3(0.1mol·L^{-1}) 溶液与 KI(0.1mol·L^{-1}) 溶液混合，观察有无变化。再滴入几滴 H_2SO_4(2mol·L^{-1}) 溶液，观察有何变化。再加 NaOH (2mol·L^{-1}) 溶液使溶液呈碱性，观察又有何变化。写出反应方程式并解释之。

5. 浓度对电极电势的影响（实验数据列入表 5-5 中）

(1) 测定 Zn^{2+} (1mol·L^{-1}) 溶液中的 $E^{\ominus}_{Zn^{2+}/Zn}$ 值　在 100mL 烧杯中加入 25mL $ZnSO_4$(1mol·L^{-1}) 溶液，并在此溶液中插入用砂纸擦净的锌金属片，使之与氯化银电极（或甘汞电极）组成原电池。氯化银电极（或甘汞电极）与万用表的"+"极相连，锌电极与万用表的"−"极相连，并将万用表开关扳向"mV"挡，测定原电池的电动势 $E^{\ominus}_{MF_1}$。已知 $E^{\ominus}_{AgCl/Ag}=0.2224V$（或 $E_{饱和甘汞}=0.2412V$），根据电动势与电极电势的关系：$E^{\ominus}_{MF_1}=E^{\ominus}_{AgCl/Ag}-E^{\ominus}_{Zn^{2+}/Zn}$，可以求出 $E^{\ominus}_{Zn^{2+}/Zn}$ 值。

(2) 测定 Cu^{2+}(0.005mol·L^{-1}) 溶液中的 $E_{Cu^{2+}/Cu}$ 值，求出 $E^{\ominus}_{Cu^{2+}/Cu}$ 值。

在 100mL 烧杯中加入 25mL $ZnSO_4$(1mol·L^{-1}) 溶液，在另外一个 100mL 烧杯中加入 25mL $CuSO_4$(0.005mol·L^{-1}) 溶液。将处理过的锌金属片插入 $ZnSO_4$ 溶液中，铜金属片插入 $CuSO_4$ 溶液中，组成 Cu-Zn 原电池。最后将盐桥（含有琼脂的 KCl 饱和溶液）插入两个烧杯中，同样用万用表的 mV 挡测定这一原电池的电动势 E_{MF_2}。

根据 $E_{MF_2}=E_{Cu^{2+}/Cu}-E^{\ominus}_{Zn^{2+}/Zn}$，可以求出 $E_{Cu^{2+}/Cu}$ 值，再根据铜电对的电极电势的能

斯特（Nernst）方程：$E_{Cu^{2+}/Cu}=E^{\ominus}_{Cu^{2+}/Cu}+\frac{0.0592}{2}\times \lg c_{Cu^{2+}}$，即可求出$E^{\ominus}_{Cu^{2+}/Cu}$值。

表 5-5　原电池电动势及相关数据

原电池组成	原电池电动势	正极电极电势	负极电极电势
$Zn^{2+}/Zn+AgCl/Ag$	$E^{\ominus}_{MF_1}=$	$E^{\ominus}_{AgCl/Ag}=$	$E^{\ominus}_{Zn^{2+}/Zn}=$
$Zn^{2+}/Zn+Cu^{2+}/Cu$	$E_{MF_2}=$	$E_{Cu^{2+}/Cu}=$	$E^{\ominus}_{Zn^{2+}/Zn}=$
		$E^{\ominus}_{Cu^{2+}/Cu}=$	

（3）向装有 $CuSO_4$(0.005mol·L^{-1}) 溶液的烧杯中滴入过量 $NH_3\cdot H_2O$(2mol·L^{-1}) 至生成深蓝色透明溶液，再测原电池的电动势 E_{MF_3}，并计算求出 $E_{[Cu(NH_3)_4]^{2+}/Cu}$。

比较两次测得的 Cu-Zn 原电池的电动势和铜电极电势的大小，能得出什么结论？

六、注意事项

1.氧化剂浓度对反应速率的影响实验中，按步骤进行，然后试管放在架子上，最后观察实验现象。

2.金属固体实验前，一定用砂纸处理表面，实验后未反应完的金属固体要回收到指定容器中。

3.注意不同浓度的同一溶液的使用用途，如果取用错误可能会导致实验现象不对或者实验数据发生错误。

4.有关原电池测定实验。

（1）Cu 金属片和 Zn 金属片表面处理时，一定要将金属片平放在实验台上，用手按住金属表面与导线连接处，另一只手用砂纸处理金属表面。

（2）Zn 电极和 AgCl 电极组成的原电池不需要插入盐桥，两支电极共同处于 $ZnSO_4$ 溶液中，直接测定电动势即可。

（3）Cu-Zn 原电池中，Cu 金属片和 Zn 金属片分别对应放在装有 $CuSO_4$ 溶液的烧杯中和 $ZnSO_4$ 溶液的烧杯中，中间需要插入盐桥。

（4）注意所取溶液的浓度，不要弄错。

5.注意使用 CCl_4 溶液进行实验后的废液处理。

6.原电池电动势的测定中，如果测定值出现负数，说明原电池的两个电极接反了，将电极重新进行连接，然后再次进行测定即可。

7.实验中产生的废液要集中回收，统一处理。

实验五　沉淀反应与平衡

一、预习思考

1.为什么会出现分步沉淀的现象？

2.进行分步沉淀实验时沉淀剂为什么要逐滴加入？

3.平衡之间的相互转化有哪几种方式？用什么方法可以使沉淀溶解？

4. 在难溶电解质溶液中加入某种易溶强电解质，会产生什么现象？

5. 怎样利用溶度积规则解释不同情况下的难溶电解质的沉淀溶解平衡？

6. 离心分离操作中应注意什么问题？

二、实验目的

1. 了解同离子效应与盐效应的关系，进一步理解同离子效应在难溶电解质中的作用。

2. 加深理解沉淀-溶解平衡的基本原理

3. 熟悉溶度积规则的实际运用。

4. 掌握离心机的使用和离心分离操作。

三、实验原理

1. 沉淀溶解平衡与溶度积规则

在难溶电解质的饱和溶液中，存在着难溶电解质与溶液中相应离子之间的多相离子平衡，这种平衡被称为沉淀-溶解平衡，通式表示如下：

$$A_mB_n(S) \rightleftharpoons mA^{n+}(aq) + nB^{m-}(aq)$$

上述平衡的平衡常数称为溶度积常数，可表示为：$K^{\ominus}_{sp(A_mB_n)} = c^m_{A^{n+}} \cdot c^n_{B^{m-}}$

依据平衡移动原理，沉淀的生成和溶解可以根据溶度积规则进行判断：

$J > K^{\ominus}_{sp}$，平衡向左移动，沉淀从溶液中析出；

$J = K^{\ominus}_{sp}$，溶液为饱和溶液，溶液中的离子与沉淀之间处于平衡状态；

$J < K^{\ominus}_{sp}$，溶液为不饱和溶液，没有沉淀析出；若原来系统中有沉淀，则平衡向右移动，导致原来系统中的沉淀溶解。

2. 同离子效应与盐效应

在难溶电解质的饱和溶液中，加入含有相同离子的强电解质时，难溶电解质的多相离子平衡将发生移动，而使难溶电解质的溶解度降低，这种现象称为同离子效应。

将易溶强电解质加入难溶电解质的溶液中，在有些情况下，难溶电解质的溶解度比在纯水中的溶解度大，这种因加入易溶强电解质而使难溶电解质溶解度增大的现象，称为盐效应。

一般来说，若难溶电解质的溶度积很小时，盐效应的影响也很小，可忽略不计。若难溶电解质的溶度积较大时，盐效应的作用就比较明显。

3. 分步沉淀与沉淀的转化

在溶液中如果含有多种被沉淀离子时，随着沉淀剂的不断加入，会有一种离子先沉淀，而另外一些离子按先后顺序依次沉淀，这种先后沉淀的现象，叫做分步沉淀。

对于相同类型的难溶电解质，可以根据其 $K^{\ominus}_{sp}$ 的相对大小判断沉淀的先后顺序。对于不同类型的难溶电解质，则要根据计算所需沉淀试剂浓度的大小来判断沉淀的先后顺序。

两种沉淀之间相互转化的难易程度要根据沉淀转化反应的标准平衡常数确定。

利用沉淀反应和配位溶解可以分离溶液中的某些离子。

四、仪器与试剂

1. 仪器

离心机，试管和离心试管，玻璃棒，洗瓶，烧杯。

2. 试剂

$Pb(Ac)_2$(0.01mol·L^{-1})，KI(0.02mol·L^{-1}，2mol·L^{-1})，HCl(2mol·L^{-1})，$Pb(NO_3)_2$(0.1mol·L^{-1})，Na_2S(0.1mol·L^{-1})，K_2CrO_4(0.1mol·L^{-1})，Na_2CO_3(饱和)，$AgNO_3$(0.1mol·L^{-1})，NaCl(0.1mol·L^{-1})，$CaCl_2$(1mol·L^{-1})，Na_2SO_4(1mol·L^{-1})，$MgCl_2$(0.1mol·L^{-1})，$NH_3 \cdot H_2O$(2mol·L^{-1})，NH_4Cl(1mol·L^{-1})，$NaNO_3$(s)。

五、实验内容

1. 沉淀的生成

(1) 在试管中加入5滴$Pb(Ac)_2$(0.01mol·L^{-1})溶液，然后加入5滴KI(0.02mol·L^{-1})溶液，振荡试管，观察生成沉淀的颜色？再加入5mL蒸馏水，振荡试管，观察沉淀是否溶解？解释实验现象。

(2) 在试管中加入5滴Na_2S(0.1mol·L^{-1})溶液和5滴$Pb(NO_3)_2$(0.1mol·L^{-1})溶液，观察沉淀的颜色。

(3) 在试管中加入5滴K_2CrO_4(0.1mol·L^{-1})溶液和5滴$Pb(NO_3)_2$(0.1mol·L^{-1})溶液，观察沉淀的颜色。

(4) 在试管中加入5滴K_2CrO_4(0.1mol·L^{-1})溶液和5滴$AgNO_3$(0.1mol·L^{-1})溶液，观察沉淀的颜色。

2. 分步沉淀

(1) 在离心试管中加入1滴Na_2S(0.1mol·L^{-1})溶液和2滴K_2CrO_4(0.1mol·L^{-1})溶液，再加入蒸馏水5mL，摇匀。在上述混合溶液中首先加入1滴$Pb(NO_3)_2$(0.1mol·L^{-1})溶液，会看到有沉淀产生，将沉淀用离心机离心分离，清液倒入另一个试管中，观察沉入离心试管底部沉淀的颜色。然后再向清液中继续滴加$Pb(NO_3)_2$(0.1mol·L^{-1})溶液，观察此时试管中再次生成沉淀的颜色。指出两种先后出现的沉淀各是什么物质。

(2) 在试管中加入2滴$AgNO_3$(0.1mol·L^{-1})溶液和2滴$Pb(NO_3)_2$(0.1mol·L^{-1})溶液，再加入蒸馏水5mL，摇匀。然后向试管中逐滴加入K_2CrO_4(0.1mol·L^{-1})溶液，必须注意每加一滴后，都要充分振荡，观察随着沉淀剂的不断加入，试管中先后生成沉淀的颜色有何不同，指出先后出现的沉淀各是什么物质，解释实验现象。

3. 沉淀的转化

(1) 在两支离心试管中均加入1mL $CaCl_2$(1mol·L^{-1})溶液和1mL Na_2SO_4(1mol·L^{-1})溶液，振荡试管，两支试管均会有白色沉淀生成，离心分离，弃去清液。在一支含有沉淀的离心试管中，加入1mL HCl(2mol·L^{-1})溶液，观察沉淀是否溶解？在另一支含有沉淀的离心试管中加入1mL Na_2CO_3(饱和)溶液，充分振荡几分钟，使沉淀转化，离心分离，弃去清液，再用蒸馏水洗涤沉淀1～2次，然后在沉淀中加入1mL HCl(2mol·L^{-1})溶液，观察实验现象，并解释现象产生的原因。

(2) 在试管中加入6滴$AgNO_3$(0.1mol·L^{-1})溶液和3滴K_2CrO_4(0.1mol·L^{-1})溶液，观察实验现象。然后再逐滴加入NaCl(0.1mol·L^{-1})溶液，充分振荡，观察溶液有什么变化。写出反应方程式，并计算沉淀转化反应的标准平衡常数$K^{\ominus}$。

4. 沉淀的溶解

(1) 在两支试管中均加入0.5mL $MgCl_2$(0.1mol·L^{-1})溶液和数滴$NH_3 \cdot H_2O$溶液(2mol·L^{-1})至沉淀生成。然后在一支试管中加入几滴HCl(2mol·L^{-1})溶液，观察沉淀

是否溶解；在另外一支试管中加入数滴 NH_4Cl(1mol·L^{-1}) 溶液，观察沉淀是否溶解。解释实验中出现的现象。

(2) 在试管中加入 5 滴 $Pb(Ac)_2$(0.01mol·L^{-1}) 溶液和 5 滴 KI(0.02mol·L^{-1}) 溶液，再加入 1.0mL 蒸馏水，最后向该试管中加入少量 $NaNO_3$(s)，并振荡试管，直到沉淀消失，解释沉淀溶解的原因。

(3) 在试管中加入 5 滴 $Pb(Ac)_2$(0.01mol·L^{-1}) 溶液和 5 滴 KI(0.02mol·L^{-1}) 溶液，再加入 1.0mL 蒸馏水，有什么现象产生？然后向试管中加入过量的 KI(2mol·L^{-1})，振荡试管，观察实验现象并解释。

六、注意事项

1. 沉淀的生成：注意观察所产生沉淀的颜色及确定是何种沉淀。

2. 分步沉淀：

(1) 沉淀剂需逐滴加入；

(2) 观察先、后所生成沉淀的颜色；

(3) 确定先后生成的是何种沉淀。

3. 沉淀转化：离心分离后，弃去上层清液，在留有沉淀的离心试管中再继续实验。

4. 离心分离操作：

(1) 离心试管对称放；

(2) 启动前盖好盖；

(3) 转速适中；

(4) 转动过程中不可将手靠近机器，完全停止后再拿出离心试管。

5. 实验中产生的废液要集中回收，统一处理。

实验六　硼、碳、硅、氮、磷

一、预习思考

1. 如何正确完成硼砂珠实验？

2. 为什么在 Na_2SiO_3 溶液中加入 HAc 溶液、NH_4Cl 溶液或通入 CO_2，都能生成硅酸凝胶？

3. 如何用简单的方法区别硼砂、Na_2CO_3 和 Na_2SiO_3 三种盐的溶液？

4. 鉴定 NH_4^+ 时，为什么将萘斯勒试剂滴在滤纸上检验逸出的 NH_3，而不是将萘斯勒试剂直接加到含 NH_4^+ 的溶液中？

5. 本实验中怎样试验硝酸和硝酸盐的性质？

6. 怎样制备亚硝酸？亚硝酸是否稳定？怎样试验亚硝酸盐的氧化性和还原性？

7. 浓硝酸与金属或非金属反应时，主要的还原产物是什么？有浓硝酸参与的反应，实验中必须注意哪些问题？

8. 磷酸的各种钙盐的水溶液的酸碱性是否一样？如何理解？

9. 磷酸的各种钙盐的溶解性有什么不同？

10. 用钼酸铵试剂鉴定 PO_4^{3-} 时为什么要在硝酸介质中进行？

11. 怎样鉴定NH_4^+、NO_3^-、NO_2^-、PO_4^{3-}和CO_3^{2-}？

二、实验目的

1. 学习硼酸和硼砂的重要性质，掌握硼砂珠实验的方法。
2. 了解可溶性硅酸盐的水解性和难溶硅酸盐的生成与颜色。
3. 了解亚硝酸和亚硝酸盐的性质。
4. 熟悉硝酸和硝酸盐的氧化性。
5. 熟悉磷酸的各种钙盐的溶解性及酸碱性。
6. 学会并掌握NH_4^+、NO_3^-、NO_2^-、PO_4^{3-}和CO_3^{2-}的鉴定方法。

三、实验原理

1. 硼

硼酸微溶于冷水，而在热水中溶解度较大。硼酸是一元弱酸，它在水溶液中的解离不同于一般的一元弱酸，硼酸是路易斯（Lewis）酸，能与多羟基醇发生加合反应，使溶液的酸性增强。硼酸与水的反应如下：

$$H_3BO_3 + H_2O \rightleftharpoons [B(OH)_4]^- + H^+ \qquad K^{\ominus}_{a(H_3BO_3)} = 5.8\times10^{-10}$$

硼砂易溶于水，其水溶液因$[B_4O_5(OH)_4]^{2-}$的水解而呈碱性：

$$[B_4O_5(OH)_4]^{2-} + 5H_2O \rightleftharpoons 4H_3BO_3 + 2OH^-$$

硼砂溶液与酸反应后，冷却即可析出硼酸：

$$[B_4O_5(OH)_4]^{2-} + 2H^+ + 3H_2O \rightleftharpoons 4H_3BO_3$$

硼砂受强热（878℃时）脱水熔化为玻璃体，与不同金属的氧化物或盐类熔融生成具有不同特征颜色的偏硼酸的复盐，不同金属的偏硼酸复盐会显示各自不同的特征颜色。例如：

$$Na_2B_4O_7 + CoO \longrightarrow Co(BO_2)_2 \cdot 2NaBO_2\text{（蓝色）}$$

上述反应就是生成偏硼酸复盐的过程，利用硼砂的这一特性反应，可以鉴定某些金属离子，即硼砂珠实验。

2. 碳、硅

将碳酸盐溶液与盐酸反应生成的CO_2通入$Ba(OH)_2$溶液中，能使$Ba(OH)_2$溶液变浑浊，这一方法可用于鉴定CO_3^{2-}。

用硅酸钠与盐酸作用可制得硅酸：

$$Na_2SiO_3 + 2HCl \longrightarrow H_2SiO_3 + 2NaCl$$

由于开始生成的单分子硅酸可溶于水，所以生成的硅酸并不立即沉淀。当这些单分子硅酸逐渐聚合成多硅酸$x\mathrm{SiO_2}\cdot y\mathrm{H_2O}$时，则生成硅酸溶胶。若硅酸浓度较大或向溶液中加入电解质时，则呈胶状或形成凝胶。

硅酸钠易溶于水，其水溶液因SiO_3^{2-}水解而显碱性。大多数硅酸盐难溶于水，过渡金属的硅酸盐呈现不同的颜色。

3. 氮、磷

氮和磷是周期系VA族元素，它们原子的价电子层构型为ns^2np^3，所以它们的氧化数最高为+5，最低为−3。

硝酸是强酸，亦是强氧化剂。硝酸与非金属反应时，常被还原为NO。与金属反应时，被还原的产物决定于硝酸的浓度和金属的活泼性。浓硝酸一般被还原为NO_2，稀硝酸通常被还原为NO。当与较活泼的金属如Fe、Zn、Mg等反应时，主要被还原为N_2O。若酸很稀，则主要还原为 NH_4^+，后者与未反应的酸反应而生成铵盐。

硝酸盐的固体或水溶液在常温下比较稳定。固体硝酸盐受热时能分解释放出氧气，具有氧化性，其与可燃物质混合，极易燃烧而发生爆炸，硝酸钾可用来制造黑色火药。

亚硝酸可通过稀强酸和亚硝酸盐的相互作用而制得，例如：

$$NaNO_2 + H_2SO_4 \longrightarrow NaHSO_4 + HNO_2$$

但亚硝酸极不稳定，易分解：

$$2HNO_2 \underset{冷}{\overset{热}{\rightleftharpoons}} H_2O + N_2O_3 \underset{冷}{\overset{热}{\rightleftharpoons}} H_2O + NO + NO_2$$

HNO_2 具有氧化性，但遇强氧化剂时，亦可呈还原性。

NO_3^- 可用棕色环法鉴定。其反应如下：

$$3Fe^{2+} + NO_3^- + 4H^+ = 3Fe^{3+} + 2H_2O + NO$$

$$Fe^{2+} + NO = [Fe(NO)]^{2+}\text{（棕色）}$$

在试液与浓硫酸液层界面处生成棕色环状的 $[Fe(NO)]^{2+}$。

NO_2^- 也能产生同样的反应，因此当有 NO_2^- 存在时，必须先将 NO_2^- 除去，如可以与 NH_4Cl 或尿素一起加热除去 NO_2^-。其反应如下：

$$NH_4^+ + NO_2^- = 2H_2O + N_2\uparrow$$

$$2NO_2^- + CO(NH_2)_2 + 2H^+ = 2N_2 + CO_2 + 3H_2O$$

NO_2^- 和 $FeSO_4$ 在 HAc 溶液中能生成棕色 $[Fe(NO)]^{2+}$，利用这个反应可以鉴定 NO_2^- 的存在（检验 NO_3^- 时，必须用浓硫酸）。

$$NO_2^- + Fe^{2+} + 2HAc = NO + Fe^{3+} + 2Ac^- + H_2O$$

$$Fe^{2+} + NO = \underset{棕色}{[Fe(NO)]^{2+}}$$

NH_4^+ 常用两种方法鉴定：

(1) 用 NaOH 和 NH_4^+ 反应生成 NH_3，使红色石蕊试纸变蓝。

(2) 用萘斯勒试剂（$K_2[HgI_4]$ 的碱性溶液）与 NH_4^+ 反应产生红棕色沉淀。

$$NH_4^+ + 2[HgI_4]^{2-} + 4OH^- = \underset{红棕色}{\left[O\langle{}^{Hg}_{Hg}\rangle NH_2\right]I}\downarrow + 3H_2O + 7I^-$$

磷酸的各种钙盐在水中的溶解度是不同的：$Ca_3(PO_4)_2$ 和 $CaHPO_4$ 难溶于水，而 $Ca(H_2PO_4)_2$ 则易溶于水。

磷酸的各种钙盐在水中的酸碱性也是不同的，其酸碱性决定于磷酸或磷酸根不同级别的解离常数的相对大小。

PO_4^{3-} 能与钼酸铵反应，生成黄色难溶的晶体，故可用钼酸铵来鉴定。其反应如下：

$$PO_4^{3-} + 3NH_4^+ + 12MoO_4^{2-} + 24H^+ = (NH_4)_3PO_4 \cdot 12MoO_3 \cdot 6H_2O + 6H_2O$$

四、仪器与试剂

1. 仪器

试管，烧杯，环形镍铬丝，带导管的塞子，玻璃棒。

2. 试剂

KNO_3(s)，$FeSO_4 \cdot 7H_2O$(s)，HNO_3(2mol·L^{-1}，浓)，H_2SO_4(3mol·L^{-1}，6mol·L^{-1}，浓)，HAc(2mol·L^{-1})，HCl(2mol·L^{-1})，NaOH(2mol·L^{-1}，6mol·L^{-1})，NH_4Cl(0.1mol·L^{-1})，$NaNO_2$(1mol·L^{-1}，0.1mol·L^{-1})，KI(0.1mol·L^{-1}，0.02mol·L^{-1})，$KMnO_4$(0.01mol·L^{-1})，KNO_3(0.1mol·L^{-1})，Na_3PO_4(0.1mol·L^{-1})，Na_2HPO_4(0.1mol·L^{-1})，NaH_2PO_4(0.1mol·L^{-1})，$CaCl_2$(0.1mol·L^{-1})，Na_2SO_3(0.1mol·L^{-1})，$(NH_4)_2MoO_4$，$Ba(OH)_2$(饱和)，Na_2CO_3(0.1mol·L^{-1})，$NaHCO_3$(0.1mol·L^{-1})，$BaCl_2$(0.5mol·L^{-1})，Na_2SiO_3(0.5mol·L^{-1}，20%)，$CuSO_4$(0.1mol·L^{-1})，$Na_4P_2O_7$(0.5mol·L^{-1})，$Na_5P_3O_{10}$(0.1mol·L^{-1})，$Na_2B_4O_7 \cdot 10H_2O$(s)，H_3BO_3(s)，$Co(NO_3)_2 \cdot 6H_2O$(s)，$CaCl_2$(s)，$CuSO_4 \cdot 5H_2O$(s)，$ZnSO_4 \cdot 7H_2O$(s)，$Fe_2(SO_4)_3 \cdot 9H_2O$(s)，$NiSO_4 \cdot 7H_2O$(s)，$FeSO_4 \cdot 7H_2O$(s)，$CO(NH_2)_2$(s)，NH_4NO_3(s)，$Na_3PO_4 \cdot 12H_2O$(s)，Na_2CO_3(s)，$NaHCO_3$(s)，甘油，甲基橙指示剂，淀粉试液，锌粉，硫粉，铜屑，萘斯勒试剂，红色石蕊试纸，滤纸，pH 试纸。

五、实验内容

1.硼酸和硼砂的性质

(1) 在试管中加入约 0.5g 硼酸晶体和 3mL 蒸馏水，观察溶解情况。微热后使其全部溶解，冷至室温，用 pH 试纸测定溶液的 pH 并记录。然后在溶液中加入 1 滴甲基橙指示剂，并将溶液分成两份，在一份中加入 10 滴甘油，混合均匀，比较两份溶液的颜色变化。写出有关反应的离子方程式。

(2) 在试管中加入约 1g 硼砂和 2mL 蒸馏水，微热使其溶解，用 pH 试纸测定溶液的 pH 并记录。然后加入 1mL H_2SO_4(6mol·L^{-1}) 溶液，将试管放在冷水中冷却，并用玻璃棒不断搅拌，片刻后观察硼酸晶体的析出现象。写出有关反应的离子方程式。

(3) 硼砂珠实验：用环形镍铬丝蘸取浓盐酸（盛在试管中），在氧化焰中灼烧，然后迅速蘸取少量硼砂，在氧化焰中灼烧至玻璃状。用烧红的硼砂珠蘸取少量 $Co(NO_3)_2 \cdot 6H_2O$(s)，在氧化焰中烧至熔融，冷却后对着亮光观察硼砂珠的颜色。通过这个实验可以确定是否有金属钴离子存在，写出反应方程式。

2. CO_3^{2-} 的鉴定

在试管中加入 1mL Na_2CO_3(0.1mol·L^{-1}) 溶液，再加入半滴管 HCl(2mol·L^{-1}) 溶液，立即用带导管的塞子盖紧试管口，将产生的气体通入 $Ba(OH)_2$ 饱和溶液中，观察现象。如果溶液变浑浊，说明有 CO_3^{2-} 存在。写出有关反应方程式。

3.硅酸盐的性质

(1) 在试管中加入 1mL Na_2SiO_3(0.5mol·L^{-1}) 溶液，用 pH 试纸测其 pH。然后逐滴加入 HCl(6mol·L^{-1}) 溶液，使溶液的 pH 在 6～9 之间，观察硅酸凝胶的生成（若无凝胶生成可微热）。写出反应方程式。

(2)"水中花园"实验：在一个小烧杯中加入约 30mL Na_2SiO_3(20%) 溶液，然后分散加入 $CaCl_2$(s)、$CuSO_4 \cdot 5H_2O$(s)、$ZnSO_4 \cdot 7H_2O$(s)、$Fe_2(SO_4)_3 \cdot 9H_2O$(s)、$NiSO_4 \cdot 7H_2O$(s)、$Co(NO_3)_2 \cdot 6H_2O$(s) 晶体各一小粒，静置 1～2h 后观察"石笋"的生成和颜色。

4. NH_4^+ 的鉴定

(1) 在试管中加入 10 滴 NH_4Cl(0.1mol·L^{-1}) 溶液，再加入 10 滴 NaOH(2mol·L^{-1}) 溶液，加热至沸，用湿的红色石蕊试纸在试管口处检验逸出的气体，记录观察到的现象。

(2) 重复上面的实验，在滤纸条上滴一滴萘斯勒试剂代替红色石蕊试纸，记录观察到的现象。

5.硝酸和硝酸盐的性质

(1) 在分别盛有少量锌粉和铜屑的两支试管中，各加入 1mL 浓 HNO_3（在通风橱中操作）观察现象，写出反应方程式。

(2) 在分别盛有少量锌粉和铜屑的两支试管中，各加入 1mL HNO_3($2mol \cdot L^{-1}$) 溶液(如不发生反应可微热之)，试证明哪一支试管中有 NH_4^+ 存在（注意，应加入过量 NaOH)。

6. NO_3^- 的鉴定

取 1mL KNO_3($0.1mol \cdot L^{-1}$) 溶液于试管中，加入 1～2 小粒 $FeSO_4$ 晶体，振荡溶解后，将试管斜持，沿试管壁慢慢滴加 5～10 滴浓 H_2SO_4，观察两个溶液液层交界处有无棕色环出现。

7.亚硝酸和亚硝酸盐的性质

(1) 亚硝酸的生成和性质　在试管中加入 10 滴 $NaNO_2$($1mol \cdot L^{-1}$) 溶液（如果室温比较高，可将试管放在冰水中冷却)，然后滴入 H_2SO_4($6mol \cdot L^{-1}$)。观察溶液的颜色和液面上气体的颜色。解释观察到的实验现象。写出反应方程式。

(2) 亚硝酸盐的氧化性和还原性

① 在装有 $NaNO_2$($0.1mol \cdot L^{-1}$) 溶液的试管中加入 KI($0.02mol \cdot L^{-1}$) 溶液，观察现象。然后用 H_2SO_4($1mol \cdot L^{-1}$) 酸化，再观察现象，证明是否有 I_2 产生，写出反应方程式。

② 在装有 $NaNO_2$($0.1mol \cdot L^{-1}$) 溶液的试管中加入 $KMnO_4$($0.01mol \cdot L^{-1}$) 溶液，然后再加入 H_2SO_4($1mol \cdot L^{-1}$)，观察紫色是否褪去。写出反应方程式。

8. NO_2^- 的鉴定

取 1 滴 $NaNO_2$($0.1mol \cdot L^{-1}$) 溶液于试管中，稀释至 1mL 左右，加入两小粒 $FeSO_4$ 晶体，加入数滴 HAc($2mol \cdot L^{-1}$) 酸化，观察实验现象，如有棕色环出现，证明有 NO_2^- 存在。

9.磷酸盐的性质

(1) 用 pH 试纸分别测定 Na_3PO_4($0.1mol \cdot L^{-1}$)、Na_2HPO_4($0.1mol \cdot L^{-1}$)、NaH_2PO_4($0.1mol \cdot L^{-1}$) 溶液的 pH 并记录比较。写出有关反应方程式并解释实验结果。

(2) 在三支试管中各加入 10 滴 $CaCl_2$($0.1mol \cdot L^{-1}$) 溶液，然后再分别加入相同体积的 Na_3PO_4($0.1mol \cdot L^{-1}$)，Na_2HPO_4($0.1mol \cdot L^{-1}$)、NaH_2PO_4($0.1mol \cdot L^{-1}$) 溶液，观察各试管中是否有沉淀生成。通过实验结果说明磷酸的三种钙盐的溶解性。

(3) 在试管中加入几滴 $CuSO_4$($0.1mol \cdot L^{-1}$) 溶液，然后逐滴加入 $Na_4P_2O_7$($0.5mol \cdot L^{-1}$) 溶液至过量，观察加入 $Na_4P_2O_7$ 过程中的实验现象的变化。写出有关反应的离子方程式。

(4) 在试管中加入 1 滴 $CaCl_2$($0.1mol \cdot L^{-1}$) 溶液，滴加几滴 Na_2CO_3($0.1mol \cdot L^{-1}$) 溶液，再滴加 $Na_5P_3O_{10}$($0.1mol \cdot L^{-1}$) 溶液，观察前后的实验观象。写出有关反应的离子方程式。

10. PO_4^{3-} 的鉴定

在试管中加入 5 滴 Na_3PO_4($0.1mol \cdot L^{-1}$) 溶液，加入 10 滴浓 HNO_3，再加入 20 滴钼酸铵试剂，微热至 40～50℃，观察黄色沉淀的产生。根据实验现象确定是否有 PO_4^{3-} 存在。

11. 鉴别

现有三种白色结晶，可能是 $NaHCO_3$、Na_2CO_3 和 NH_4NO_3。分别取少量固体加水溶解，并设计简单的方法加以鉴别。写出实验现象及有关的反应方程式。

六、数据记录与处理

将实验现象和结果记录于表 5-6 中。

表 5-6 实验现象及结果记录

反应物	现象及结果	原因及方程式

七、注意事项

1. 涉及强酸、强碱的实验内容要求在通风橱中完成。

2. 使用胶头滴管时的注意事项：

(1) 严禁胶头滴管混用；

(2) 禁止倒置胶头滴管。

3. 做有毒气气体产生的实验（如硝酸的氧化性、亚硝酸及其盐的性质）时，应在通风橱中进行。

4. 做氧化焰实验要注意防护措施，确保实验的安全性。

5. NH_4^+ 鉴定中，注意试剂加入顺序，一定是加入萘斯勒试剂后，再加入 NaOH。

6. NO_3^- 的鉴定中，注意操作方式，应斜持试管，沿管壁滴加浓硫酸，使浓硫酸沿着试管壁缓慢留下来，静置，观察现象。

7. 硝酸及硝酸盐的性质：

(1) 注意浓硝酸的使用安全性；

(2) 产生 NO_2 后要及时处理；

(3) 锌粉与浓硝酸的反应剧烈，所以粉末药品尽可能少取，试管必须远离头部和他人；

(4) 未反应完的固体颗粒要回收处理。

8. 实验中产生的废液要集中回收，统一处理。

实验七 氧、硫、氯、溴、碘

一、预习思考

1. Cl^- 的鉴定中，为什么要先加入 HNO_3？

2. $S_2O_3^{2-}$ 鉴定时，如果使用的 $Na_2S_2O_3$ 量比 $AgNO_3$ 的量多，将会出现什么情况？为什么？

3. $S_2O_3^{2-}$ 鉴定时，生成的沉淀为什么颜色会发生一系列变化？

4. 什么物质可以将 Mn^{2+} 氧化为紫红色的 MnO_4^-？

5. H_2O_2 鉴定时，为什么要加入戊醇？

6. $(NH_4)_2S_2O_8$ 氧化 Mn^{2+} 时，为什么要有 Ag^+ 存在？

二、实验目的

1. 了解亚硫酸及其盐的性质。
2. 了解硫代硫酸及其盐的性质和过二硫酸盐的强氧化性。
3. 熟悉过氧化氢的主要性质及硫化氢的还原性。
4. 掌握卤素单质的氧化性和卤化氢的还原性。
5. 熟悉卤素含氧酸盐的氧化性。
6. 学会并掌握 H_2O_2、S^{2-}、SO_3^{2-}、$S_2O_3^{2-}$、Cl^-、Br^-、I^- 的鉴定方法。

三、实验原理

1. 某些特殊性质

H_2O_2 既可以作氧化剂又可以作还原剂，但其还原性较弱，只有当 H_2O_2 与强氧化剂作用时，才能被氧化而放出 O_2。例如：

$$2MnO_4^- + 5H_2O_2 + 6H^+ = 2Mn^{2+} + 5O_2 + 8H_2O$$

$Na_2S_2O_3$ 常作还原剂，$S_2O_3^{2-}$ 能将 I_2 还原为 I^-，本身被氧化为连四硫酸根。

$$2S_2O_3^{2-} + I_2 = S_4O_6^{2-} + 2I^-$$

这一反应在分析化学中用于碘量法的分析。另外，$S_2O_3^{2-}$ 具有配位性，能与某些金属离子形成配合物，如 $[Ag(S_2O_3)_2]^{3-}$。

$K_2S_2O_8$ 或 $(NH_4)_2S_2O_8$ 是过二硫酸的重要盐类，是强氧化剂，能将 I^-、Mn^{2+}、Cr^{3+} 等氧化成相应的高氧化态化合物，例如：

$$2Mn^{2+} + 5S_2O_8^{2-} + 8H_2O = 2MnO_4^- + 10SO_4^{2-} + 16H^+$$

上述反应在有 $AgNO_3$ 存在时，反应将迅速进行（$AgNO_3$ 在此起催化作用）。

SO_2 溶于水生成不稳定的亚硫酸。亚硫酸及其盐常作为还原剂，但遇到强还原剂时也起氧化作用。H_2SO_3 可与某些有机物发生加成反应生成无色加成物，所以具有漂白性，而加成物受热时往往容易分解。

氯、溴、碘单质氧化性的强弱次序为 $Cl_2 > Br_2 > I_2$。卤化氢还原性强弱的次序为 $HI > HBr > HCl$。HBr 和 HI 能分别将浓 H_2SO_4 还原为 SO_2 和 H_2S；Br^- 能被 Cl_2 氧化为 Br_2，在 CCl_4 溶液中呈棕黄色。I^- 能被 Cl_2 氧化为 I_2，在 CCl_4 溶液中呈紫色。当 Cl_2 过量时，I_2 被氧化为无色的 IO_3^-。

次氯酸及其盐具有强氧化性。酸性条件下，卤酸盐都具有强氧化性，其强弱次序为 $BrO_3^- > ClO_3^- > IO_3^-$。

2. H_2O_2、S^{2-}、SO_3^{2-}、$S_2O_3^{2-}$ 的鉴定

(1) H_2O_2 的鉴定　在含 $Cr_2O_7^{2-}$ 的溶液中，加入 H_2O_2 和戊醇，将有蓝色的过氧化物

CrO_5 生成，该化合物不稳定，放置或摇动时便会分解。利用这一性质可以鉴定溶液中是否存在 H_2O_2、Cr(Ⅵ)。其主要反应如下：

$$Cr_2O_7^{2-}+4H_2O_2+2H^+ = 2CrO_5+5H_2O$$

(2) S^{2-} 的鉴定　S^{2-} 能与稀酸反应生成 H_2S 气体，借助 $Pb(Ac)_2$ 试纸进行鉴定。另外，在弱碱性条件下，S^{2-} 能与 $Na_2[Fe(CN)_5NO]$［亚硝酰五氰合铁（Ⅱ）酸钠］反应生成紫红色配合物。反应如下：

$$S^{2-}+[Fe(CN)_5NO]^{2-} = [Fe(CN)_5NOS]^{4-}$$

(3) SO_3^{2-} 的鉴定　在饱和 $ZnSO_4$ 溶液和 $K_4[Fe(CN)_6]$ 溶液的共同存在下，SO_3^{2-} 同样可以与 $Na_2[Fe(CN)_5NO]$ 反应生成红色配合物，这种方法可以用来鉴定溶液中是否存在 SO_3^{2-}，但目前该配合物的组成尚未确定。

(4) $S_2O_3^{2-}$ 的鉴定　$S_2O_3^{2-}$ 与 Ag^+ 反应会生成不稳定的白色沉淀 $Ag_2S_2O_3$，在转化为黑色的 Ag_2S 沉淀过程中，沉淀的颜色由白色→黄色→棕色→黑色，这是 $S_2O_3^{2-}$ 的特征反应，可以用来鉴定 $S_2O_3^{2-}$。

$$2Ag^+ + S_2O_3^{2-} = Ag_2S_2O_3(s)$$

$Ag_2S_2O_3(s)$ 能迅速分解为 Ag_2S 和 H_2SO_4。反应如下：

$$Ag_2S_2O_3+H_2O = Ag_2S+H_2SO_4$$

应当指出，溶液中同时存在 S^{2-}、SO_3^{2-}、$S_2O_3^{2-}$，并且需要逐个加以鉴定时，必须先加 $PbCO_3$ 固体生成 PbS，以消除 S^{2-} 的干扰，再离心分离，取其清液分别鉴定 SO_3^{2-} 和 $S_2O_3^{2-}$。

3. Cl^-、Br^-、I^- 的鉴定

Cl^-、Br^-、I^- 能与 Ag^+ 反应生成难溶于水的 AgCl（白）、AgBr（淡黄）、AgI（黄）沉淀，它们的溶度积常数依次减小，都不溶于稀 HNO_3。AgCl 在氨水溶液中因生成配离子 $[Ag(NH_3)_2]^+$ 而溶解，再加稀 HNO_3 时，AgCl 会重新沉淀出来，而 AgBr、AgI 则不溶于氨水中。

如用锌在 HAc 介质中还原 AgBr、AgI 中的 Ag^+ 为 Ag，会使 Br^- 和 I^- 转入溶液中，如遇氯水则被氧化为单质。Br_2 和 I_2 易溶于 CCl_4 中，分别呈现橙黄色和紫色。

四、仪器与试剂

1. 仪器

点滴板，滴管，离心机，试管和离心试管，烧杯。

2. 试剂

NaOH($2mol \cdot L^{-1}$)，HCl($2mol \cdot L^{-1}$，$6mol \cdot L^{-1}$，浓)，KI($0.1mol \cdot L^{-1}$)，$KClO_3$(饱和)，H_2SO_4($1mol \cdot L^{-1}$，浓，1∶1)，KBr($0.1mol \cdot L^{-1}$，$0.5mol \cdot L^{-1}$)，KI($0.1mol \cdot L^{-1}$)，KIO_3($0.1mol \cdot L^{-1}$)，$NH_3 \cdot H_2O$($2mol \cdot L^{-1}$)，$FeCl_3$($0.1mol \cdot L^{-1}$)，H_2S(饱和)，SO_2(饱和)，Na_2SO_3($0.1mol \cdot L^{-1}$，$0.5mol \cdot L^{-1}$)，$NaHSO_3$($0.1mol \cdot L^{-1}$)，$KBrO_3$(饱和)，NaCl($0.1mol \cdot L^{-1}$)，HNO_3($2mol \cdot L^{-1}$)，$AgNO_3$($0.1mol \cdot L^{-1}$)，$(NH_4)_2CO_3$(12%)，HAc($6mol \cdot L^{-1}$)，$Pb(NO_3)_2$($0.5mol \cdot L^{-1}$)，Na_2S($0.1mol \cdot L^{-1}$)，

$KMnO_4$(0.01mol·L^{-1})，CCl_4，$K_2Cr_2O_7$(0.1mol·L^{-1})，$Na_2[Fe(CN)_5NO]$(1%)，HCl(6mol·L^{-1})，$K_2S_2O_8$(s)，$Na_2S_2O_3$(0.1mol·L^{-1})，H_2O_2(3%)，MnO_2(s)，$(NH_4)_2S_2O_8$(0.2mol·L^{-1})，$K_4[Fe(CN)_6]$(0.1mol·L^{-1})，$MnSO_4$(0.1mol·L^{-1})，$BaCl_2$(1mol·L^{-1})，$K_4[Fe(CN)_6]$(0.1mol·L^{-1})，氯水(饱和)，$(NH_4)_2S_2O_8$(s)，NaCl(s)，$BaCl_2$(1mol·L^{-1})，KBr(s)，KI(s)，碘水(0.01mol·L^{-1}，饱和)，$ZnSO_4$(饱和)，戊醇，淀粉溶液，品红溶液，锌粒，硫粉，KI-淀粉试纸，蓝色石蕊试纸，$Pb(Ac)_2$ 试纸。

五、实验内容

1. 次氯酸盐的氧化性

取 A、B、C 三支试管各加入 1mL 氯水，再分别逐滴加入 NaOH(2mol·L^{-1}) 溶液至呈弱碱性，然后进行以下操作。

(1) A 管中加入 10 滴 HCl(2mol·L^{-1}) 溶液，用湿润的 KI-淀粉试纸检验逸出的气体。

(2) B 管中加入 5 滴 KI(0.1mol·L^{-1}) 溶液及 1 滴淀粉溶液。

(3) C 试管中加入 3 滴品红溶液。

观察 A、B、C 各试管中的现象，判断反应产物，写出有关反应方程式。

2. 卤素 (Ⅴ) 含氧酸的氧化性

(1) 取 10 滴 $KClO_3$(饱和) 溶液于试管中，然后加 3 滴浓 HCl，证明是否有 Cl_2(g) 产生。

(2) 取 2～3 滴 KI(0.1mol·L^{-1}) 溶液于试管中，再加 4 滴 $KClO_3$(饱和) 溶液，然后逐滴加入 H_2SO_4(1∶1) 溶液，不断振荡，观察溶液先呈黄色（生成 I_3^-），又变为紫黑色（有 I_2 析出），最后为无色（生成 IO_3^-）。写出每一步的反应方程式。

(3) 取 0.5mL $KBrO_3$(饱和) 溶液于试管中，用 H_2SO_4(1mol·L^{-1}) 酸化后，加入数滴 KBr(0.5mol·L^{-1}) 溶液，振荡，观察溶液颜色的变化，并用 KI-淀粉试纸检验逸出的气体，写出离子反应方程式。

(4) 取 0.5mL $KBrO_3$(饱和) 溶液于试管中，用 H_2SO_4(1mol·L^{-1}) 酸化后，加入数滴 KI(0.1mol·L^{-1}) 溶液，振荡，观察溶液颜色的变化，并用 KI-淀粉试纸检验逸出的气体，写出离子反应方程式。

(5) 取 0.5mL KIO_3(0.1mol·L^{-1}) 溶液于试管中，用 H_2SO_4(1mol·L^{-1}) 溶液酸化后，加 1mL CCl_4 溶液，再加数滴 $NaHSO_3$(0.1mol·L^{-1}) 溶液，振荡，观察 CCl_4 层的颜色，写出离子反应方程式。

3. Cl^-、Br^-、I^- 的分离与鉴定

(1) 鉴定

① 取 2 滴 NaCl(0.1mol·L^{-1}) 溶液于试管中，加入 1 滴 HNO_3(2mol·L^{-1}) 溶液和 2 滴 $AgNO_3$(0.1mol·L^{-1}) 溶液，观察现象。在沉淀中加入数滴 $NH_3·H_2O$(2mol·L^{-1}) 溶液，振荡使沉淀溶解，再加数滴 HNO_3(2mol·L^{-1}) 溶液，观察有何变化。写出有关的离子反应方程式。

② 取 2 滴 KBr(0.1mol·L^{-1}) 溶液于试管中，加 1 滴 H_2SO_4(2mol·L^{-1}) 和 0.5mL CCl_4，再逐滴加入氯水，边加边振荡，观察 CCl_4 层颜色的变化。写出离子反应方程式。

③ 用 KI(0.1mol·L^{-1}) 溶液代替 KBr(0.1mol·L^{-1}) 重复上述实验。写出离子反应

方程式。

（2）分离与鉴定

在1支离心试管中分别加入2滴NaCl、KBr和KI溶液（均为0.1mol·L^{-1}），混匀后加2滴HNO_3（2mol·L^{-1}）溶液，再加$AgNO_3$（0.1mol·L^{-1}）溶液至沉淀完全，离心分离，弃去清液，沉淀用蒸馏水洗涤2次。

① 在洗涤后的沉淀中加10～15滴$(NH_4)_2CO_3$（12%）溶液，充分振荡后在水浴中加热1min，离心分离，吸取清液，保留沉淀。在清液中加2滴KI(0.1mol·L^{-1}）溶液，若有黄色AgI沉淀产生，表示清液中有Cl^-存在。

② 将保留的沉淀用蒸馏水洗涤2次，将水倒出，然后在沉淀中加数滴水和少量锌粉，再加1mL HAc(6mol·L^{-1}）溶液，加热，搅动，离心分离，吸取清液于另一支试管中，加入0.5mL CCl_4溶液，再逐滴加入饱和氯水，边加边振荡，观察CCl_4层，如果有从紫红色→棕黄色现象出现，表示有I^-和Br^-存在。

4.过氧化氢的性质

（1）在试管中加入0.5mL KI(0.1mol·L^{-1}）溶液，用H_2SO_4（1mol·L^{-1}）酸化后，加5滴H_2O_2（3%）溶液和10滴CCl_4，充分振荡，观察CCl_4层溶液颜色，写出离子反应方程式。

（2）取0.5mL $KMnO_4$（0.01mol·L^{-1}）溶液于试管中，用H_2SO_4（1mol·L^{-1}）酸化后，滴加H_2O_2（3%）溶液，观察现象，写出离子反应方程式。

（3）取H_2O_2（3%）溶液和戊醇各10滴于试管中，加5滴H_2SO_4（1mol·L^{-1}）溶液和2滴$K_2Cr_2O_7$（0.1mol·L^{-1}）溶液，振荡试管，观察实验现象。

（4）在试管中加入1mL $Pb(NO_3)_2$（0.5mol·L^{-1}）溶液，然后加Na_2S（0.1mol·L^{-1}）溶液至沉淀生成，离心分离，弃去清液，将沉淀用蒸馏水洗涤后加入H_2O_2（3%）溶液，观察沉淀颜色的变化，写出反应方程式。

5.硫化氢的性质和S^{2-}的鉴定

（1）在点滴板上加1滴Na_2S（0.1mol·L^{-1}）溶液，再加1滴$Na_2[Fe(CN)_5NO]$（1%）溶液，如果出现紫红色表示有S^{2-}存在。

（2）在试管中加数滴Na_2S（0.1mol·L^{-1}）溶液和HCl(6mol·L^{-1}）溶液，微热，在管口用湿润的$Pb(Ac)_2$试纸检查逸出的气体。观察到什么现象？

（3）取几滴$KMnO_4$（0.01mol·L^{-1}）溶液于试管中，用H_2SO_4酸化后，再滴加H_2S（饱和）溶液，观察现象。写出反应方程式。

（4）试验$FeCl_3$（0.1mol·L^{-1}）溶液与饱和H_2S溶液的反应，观察现象，写出反应方程式。

6.硫代硫酸盐的性质和$S_2O_3^{2-}$的鉴定

（1）在试管中加入$Na_2S_2O_3$（0.1mol·L^{-1}）溶液和HCl(2mol·L^{-1}）溶液数滴，振荡片刻观察观象，用湿润的蓝色石蕊试纸检验逸出的气体。

（2）取5滴碘水（0.01mol·L^{-1}）于试管中，加1滴淀粉溶液，然后开始往试管中逐滴加入$Na_2S_2O_3$（0.1mol·L^{-1}）溶液，观察溶液的颜色变化。

（3）取5滴饱和氯水于试管中，滴加$Na_2S_2O_3$（0.1mol·L^{-1}）溶液，用$BaCl_2$（1mol·L^{-1}）溶液检验是否有SO_4^{2-}存在。

（4）在点滴板上加2滴$Na_2S_2O_3$（0.1mol·L^{-1}）溶液，再加$AgNO_3$（0.1mol·L^{-1}）

溶液至产生白色沉淀，利用沉淀物分解时颜色由白色→黄色→棕色→黑色的一系列变化，可以确认 $S_2O_3^{2-}$ 的存在。

(5) 在试管中加入 $AgNO_3$(0.1mol·L^{-1}) 溶液和 KBr(0.1mol·L^{-1}) 溶液各 2 滴，观察沉淀颜色，然后加 $Na_2S_2O_3$(0.1mol·L^{-1}) 溶液，使沉淀完全溶解，写出有关反应方程式。

7. 过硫酸盐的氧化性

(1) 在试管中加 0.5mL KI(0.1mol·L^{-1}) 溶液和 10 滴 H_2SO_4(1mol·L^{-1}) 溶液，再加数滴 $(NH_4)_2S_2O_8$(0.2mol·L^{-1}) 和 3 滴淀粉溶液，观察溶液中的颜色变化，写出反应方程式。

(2) 在 2 支试管中都分别加入 2mL H_2SO_4(1mol·L^{-1}) 溶液、2mL 蒸馏水、3 滴 $MnSO_4$(0.02mol·L^{-1}) 溶液。混合均匀后，1 支试管中加少量 $K_2S_2O_8$(s)，另 1 支试管中加 1 滴 $AgNO_3$(0.1mol·L^{-1}) 溶液和少量 $K_2S_2O_8$(s)，将 2 支试管同时在水浴上加热片刻，观察溶液颜色的变化有何不同，写出反应方程式。

8. 亚硫酸的性质和 SO_3^{2-} 的鉴定

(1) 取几滴碘水（饱和）于试管中，加 1 滴淀粉试液，再加数滴 SO_2(饱和) 溶液，观察现象。写出反应方程式。

(2) 取几滴 H_2S(饱和) 溶液于试管中，滴加 SO_2(饱和) 溶液，观察现象。写出反应方程式。

(3) 取 3mL 品红溶液于试管中，加入 1～2 滴 SO_2(饱和) 溶液，振荡后静止片刻，观察溶液颜色的变化。

(4) 在点滴板上滴加 $ZnSO_4$(饱和) 溶液和 $K_4[Fe(CN)_6]$(0.1mol·L^{-1}) 溶液各 1 滴，再加 1 滴 $Na_2[Fe(CN)_5NO]$ (1%) 溶液，最后加 1 滴 Na_2SO_3(0.5mol·L^{-1}) 溶液，用玻璃棒搅动，如果出现红色表示有 SO_3^{2-} 存在。

六、注意事项

1. 氯气有毒性和刺激性，少量吸入会刺激鼻咽部，引起咳嗽和喘息。大量吸入会导致身体严重损害，甚至死亡。因此，在进行有关氯气的实验，必须在通风橱内进行。

2. 溴蒸气对气管、肺部、眼鼻喉都有强烈的刺激作用。进行有关溴的实验，应在通风橱内进行，不慎吸入溴蒸气时，可吸入少量氨气和新鲜空气解毒。液态溴具有很强的腐蚀性，能灼烧皮肤，严重时会使皮肤溃烂。移取液态溴时，需要戴橡皮手套。溴水的腐蚀性虽然比液态溴弱些，但在使用时，也不允许直接由瓶内倒出，而应该用滴管移取，以防溴水接触皮肤。如果不慎把溴水溅在手上，应及时用水冲洗，再用经过稀硫代硫酸钠溶液充分浸透的绷带包扎处理。

3. 氟化氢气体有剧毒和强腐蚀性。主要对骨骼、造血系统、神经系统、牙齿及皮肤黏膜造成伤害，吸入人体会使人中毒，氢氟酸能灼伤皮肤。因此，在使用氢氟酸和进行有关氟化氢气体的实验时，应在通风橱内进行，在移取氢氟酸时，必须戴上橡皮手套，用塑料管吸取。

4. 氯酸钾是强氧化剂，保存不当时容易引起爆炸，它与硫、磷的混合物是炸药，因此，绝对不允许将它们混在一起。氯酸钾容易分解，不宜大力研磨，烘干或烤干。在进行有关氯酸钾的实验时，和进行其他有强氧化性物质实验一样，应将剩下的试剂倒入回收瓶内回收处理，一律不准倒入废液缸中。

5.在实验步骤4（4）中为了使黑色的PbS全部迅速地转化为白色的$PbSO_4$，实验时必须注意$Pb(NO_3)_2$不能取用过量，生成PbS沉淀后，要离心分离，除去过量的H_2S溶液。

6.在实验步骤6（1）中，反应放出的SO_2气体也可用KI-淀粉试纸检查。

7.实验各步骤中如果需要“酸化”，即用$H_2SO_4(1mol \cdot L^{-1})$进行酸化。

8.浓酸、H_2O_2使用时不要沾到皮肤上。

9.实验中产生的废液要集中回收，统一处理。

实验八　铬、锰、铁、钴、镍

一、预习思考

1.在酸性溶液中$KMnO_4$与Fe^{2+}反应的主要产物是什么？在中性溶液或强碱性溶液中，$KMnO_4$与Fe^{2+}反应的主要产物又是什么？为什么会不同？

2.酸性溶液中$K_2Cr_2O_7$分别与$FeSO_4$和Na_2SO_3反应的主要产物是什么？

3.在$CoCl_2$溶液中逐滴加入氨水溶液能产生什么实验现象？写出反应方程式。

4.如果溶液中Fe^{3+}和Ni^{2+}共存时，如何进行两个离子的分离？

5.在铬、锰、铁、钴、镍的氢氧化物中哪些是两性的，哪些容易被空气中的氧气所氧化？

二、实验目的

1.了解铁、钴、镍的配合物的生成和性质。

2.了解锰、铁、钴、镍的硫化物的生成和溶解性。

3.掌握铬、锰重要化合物之间的转化反应及其条件。

4.掌握铬、锰、铁、钴、镍的氢氧化物的酸碱性和氧化还原性。

5.学习并掌握Cr^{3+}、Mn^{2+}、Fe^{2+}、Fe^{3+}、Co^{2+}和Ni^{2+}的鉴定方法。

三、实验原理

铬、锰、铁、钴、镍是周期系第四周期第ⅥB～Ⅷ族元素，它们都能形成多种氧化值的化合物。

1.铬

铬的重要氧化值为+3和+6。

Cr^{3+}可发生水解反应，$Cr(OH)_3$是两性的氢氧化物。酸性溶液中$Cr_2O_7^{2-}$具有强氧化性，能将浓HCl氧化为$Cl_2(g)$，$Cr_2O_7^{2-}$被还原为Cr^{3+}。

$$K_2Cr_2O_7+14HCl(浓)=\!=\!=2CrCl_3+3Cl_2(g)+7H_2O+2KCl$$

Cr^{3+}的还原性较弱，只有在$K_2S_2O_8$或$KMnO_4$等更强氧化剂的作用下，才能被氧化为$Cr_2O_7^{2-}$。

$$2Cr^{3+}+3S_2O_8^{2-}+7H_2O = Cr_2O_7^{2-}+6SO_4^{2-}+14H^+$$

在碱性溶液中，$[Cr(OH)_4]^-$ 具有较强的还原性，可被 H_2O_2 氧化为 CrO_4^{2-}。

$$2[Cr(OH)_4]^-+3H_2O_2+2OH^- = 2CrO_4^{2-}+8H_2O$$

在碱性或中性溶液中，Cr(Ⅵ) 主要以 CrO_4^{2-} 存在，而在酸性溶液中 CrO_4^{2-} 可转变为 $Cr_2O_7^{2-}$。

在重铬酸盐中分别加入 Ag^+、Pb^{2+}、Ba^{2+} 等，能生成相应的铬酸盐沉淀。

在酸性溶液中 $Cr_2O_7^{2-}$ 与 H_2O_2 反应生成蓝色的 CrO_5，CrO_5 的稳定性差，但如果被萃取到乙醚或戊醇中，则能稳定存在，由此可以鉴定 Cr^{3+}。

2. 锰

锰的主要氧化值为+2、+4、+6 和+7。

$Mn(OH)_2$ 很容易被空气中的 O_2 氧化。MnO_4^- 具有强氧化性，在酸性、中性、强碱性溶液中的还原产物分别为 Mn^{2+}、MnO_2 沉淀和 MnO_4^-。

强碱性溶液中，MnO_4^- 与 MnO_2 反应也能生成 MnO_4^{2-}。

在微酸性甚至近中性溶液中，MnO_4^{2-} 可以歧化为 MnO_4^- 和 MnO_2。

$$3MnO_4^{2-}+4H^+ = 2MnO_4^-+MnO_2+2H_2O$$

在酸性溶液中，MnO_2 也是比较强的氧化剂，实验室制取 $Cl_2(g)$ 就是利用 MnO_2 与浓盐酸的相互作用。

$$MnO_2+4HCl(浓) = MnCl_2+Cl_2(g)+2H_2O$$

酸性溶液中，Mn^{2+} 的还原性较弱，只有用强氧化剂 $NaBiO_3$ 或 $K_2S_2O_8$ 才能将它们氧化为 MnO_4^-，在酸性条件下利用 Mn^{2+} 和 $NaBiO_3$ 的特征反应可以鉴定 Mn^{2+}。

$$2Mn^{2+}+5NaBiO_3+14H^+ = 2MnO_4^-+5Bi^{3+}+5Na^++7H_2O$$

3. 铁、钴、镍

铁、钴、镍的主要氧化值是+2 或+3。

$Fe(OH)_2$ 很容易被空气中的 O_2 氧化，$Co(OH)_2$ 也能被空气中的 O_2 慢慢氧化。

Fe^{3+} 可发生水解反应。Fe^{3+} 具有一定的氧化性，能与强还原剂反应生成 Fe^{2+}。铁能形成多种配合物。Fe^{2+} 与 $[Fe(CN)_6]^{3-}$ 反应，或 Fe^{3+} 与 $[Fe(CN)_6]^{4-}$ 反应，都生成蓝色沉淀，分别用于鉴定 Fe^{2+} 和 Fe^{3+}。酸性溶液中 Fe^{3+} 与 SCN^- 反应生成特征颜色配合物，也用于鉴定 Fe^{3+}。

Co^{3+} 和 Ni^{3+} 都具有强氧化性，$Co(OH)_3$、$Ni(OH)_3$ 与浓盐酸反应分别生成 Co^{2+} 和 Ni^{2+}，并放出氯气。$Co(OH)_3$ 和 $Ni(OH)_3$ 通常分别由 Co^{2+} 和 Ni^{2+} 的盐在碱性条件下用强氧化剂氧化得到，例如

$$2Ni^{2+}+6OH^-+Br_2 = 2Ni(OH)_3(s)+2Br^-$$

钴、镍都能形成多种配合物。Co^{2+} 和 Ni^{2+} 能与过量的氨水反应分别能生成 $[Co(NH_3)_6]^{2+}$ 和 $[Ni(NH_3)_6]^{2+}$。$[Co(NH_3)_6]^{2+}$ 容易被空气中的氧氧化为 $[Co(NH_3)_6]^{3+}$。Co^{2+} 也能与 SCN^- 反应，在丙酮等有机溶剂中较稳定，生成不稳定的 $[Co(NCS)_4]^{2-}$，此反应用于鉴定 Co^{2+}。而 Ni^{2+} 与丁二酮肟在弱碱性条件下反应生成鲜红色的内配盐，此反应常用于鉴定 Ni^{2+}。

锰、铁、钴、镍硫化物，需要在弱碱性溶液中制得。MnS、FeS、CoS、NiS 都能溶于稀酸，MnS 还能溶于 HAc 溶液。

四、仪器与试剂

1. 仪器

试管，离心试管，烧杯，长滴管，离心机，恒温水浴锅。

2. 试剂

HCl(2mol·L^{-1}，6mol·L^{-1}，浓)，H_2SO_4(2mol·L^{-1}，6mol·L^{-1}，浓)，HNO_3(6mol·L^{-1}，浓)，HAc(2mol·L^{-1})，NaOH(2mol·L^{-1}，6mol·L^{-1}，40%)，$NH_3 \cdot H_2O$(2mol·L^{-1}，6mol·L^{-1})，$MnSO_4$(0.1mol·L^{-1}，0.5mol·L^{-1})，Na_2SO_3(0.1mol·L^{-1})，$CrCl_3$(0.1mol·L^{-1})，K_2CrO_4(0.1mol·L^{-1})，$KMnO_4$(0.01mol·L^{-1})，$BaCl_2$(0.11mol·L^{-1})，$FeCl_3$(0.1mol·L^{-1})，$CoCl_2$(0.1mol·L^{-1}，0.5mol·L^{-1})，$SnCl_2$(0.1mol·L^{-1})，$NiSO_4$(0.1mol·L^{-1}，0.5mol·L^{-1})，KI(0.02mol·L^{-1})，KSCN(0.1mol·L^{-1})，$K_4[Fe(CN)_6]$(0.1mol·L^{-1})，$K_3[Fe(CN)_6]$(0.1mol·L^{-1})，NH_4Cl(1mol·L^{-1})，$NaBiO_3$(s)，$K_2S_2O_8$(s)，MnO_2(s)，PbO_2(s)，$KMnO_4$(s)，$FeSO_4 \cdot 7H_2O$(s)，KSCN(s)，H_2O_2(3%)，H_2S(饱和)，$Pb(NO_3)_2$(0.1mol·L^{-1})，$AgNO_3$(0.1mol·L^{-1})，$Cr_2(SO_4)_3$(0.1mol·L^{-1})，Na_2S(0.1mol·L^{-1})，$K_2Cr_2O_7$(0.1mol·L^{-1})，$FeSO_4$(0.1mol·L^{-1})，NaF(1mol·L^{-1})，溴水，碘水，丁二酮肟，丙酮，淀粉溶液，戊醇（或乙醚），KI-淀粉试纸，pH 试纸。

五、实验内容

1. 铬、锰、铁、钴、镍氢氧化物的制备和性质

(1) 根据试剂制备少量$Cr(OH)_3$，观察并记录现象。检验其酸碱性，写出有关的反应方程式。

(2) 取 3 支试管，各加入几滴$MnSO_4$(0.1mol·L^{-1}）溶液和 NaOH(2mol·L^{-1}）溶液（均预先加热除氧），观察并记录现象。迅速检验两支试管中$Mn(OH)_2$的酸碱性，振荡第三支试管，观察并记录现象。写出有关的反应方程式。

(3) 在试管中加入 2mL 蒸馏水，再加几滴H_2SO_4(2mol·L^{-1}）溶液，煮沸除去氧，冷却后加少量$FeSO_4 \cdot 7H_2O$(s) 使其溶解。在另一支试管中加入 1mL NaOH(2mol·L^{-1}）溶液，煮沸驱氧。冷却后用长滴管吸取 NaOH 溶液，迅速插入$FeSO_4$溶液底部挤出，观察并记录现象。振荡后分为 3 份，取两份检验酸碱性，另一份在空气中放置，观察并记录现象。写出有关的反应方程式。

(4) 在 3 支试管中各加几滴$CoCl_2$(0.5mol·L^{-1}）溶液，再逐滴加 NaOH(2mol·L^{-1}）溶液，观察现象。离心分离，弃去清液，然后检验两支试管中沉淀的酸碱性，将第三支试管中的沉淀在空气中放置，观察并记录现象。写出有关的反应方程式。

(5) 在 3 支试管中各加几滴$NiSO_4$(0.5mol·L^{-1}）溶液，再逐滴加 NaOH(2mol·L^{-1}）溶液，观察并记录现象。离心分离，弃去清液，然后检验两支试管中沉淀的酸碱性，将第三支试管中的沉淀在空气中放置，观察并记录现象。写出有关的反应方程式。

通过实验步骤 (3)～(5) 比较$Fe(OH)_2$、$Co(OH)_2$、$Ni(OH)_2$还原性的强弱。

(6) 根据试剂制备少量$Fe(OH)_3$，观察并记录其颜色和状态，并检验其酸碱性。

(7) 取几滴$CoCl_2$(0.5mol·L^{-1}）溶液加几滴溴水，然后加入 NaOH(2mol·L^{-1}）溶液，振荡试管，观察并记录现象。离心分离后，弃去清液，在沉淀中滴加浓 HCl，并用 KI-

淀粉试纸检查逸出的气体。写出有关的反应方程式。

(8) 取几滴 $NiSO_4$(0.5mol·L^{-1}) 溶液加几滴溴水，然后加入 NaOH(2mol·L^{-1}) 溶液，振荡试管，观察并记录现象。离心分离后，弃去清液，在沉淀中滴加浓 HCl，并用 KI-淀粉试纸检查逸出的气体。写出有关的反应方程式。

通过实验步骤 (6)～(8)，比较 Fe(Ⅲ)、Co(Ⅲ)、Ni(Ⅲ) 氧化性的强弱。

2. Cr(Ⅲ) 的还原性和 Cr^{3+} 的鉴定

在试管中加入几滴 $CrCl_3$(0.1mol·L^{-1}) 溶液，再逐滴加入 NaOH(6mol·L^{-1}) 溶液至过量，然后滴加 H_2O_2 (3%) 溶液，微热，观察并记录现象。待试管冷却后，再补加几滴 H_2O_2 和 0.5mL 戊醇（或乙醚），慢慢滴入 HNO_3(6mol·L^{-1}) 溶液，振荡试管，观察、记录现象并写出有关的反应方程式。

3. CrO_4^{2-} 和 $Cr_2O_7^{2-}$ 的相互转化

(1) 取几滴 K_2CrO_4(0.1mol·L^{-1}) 溶液，逐滴加入 H_2SO_4(2mol·L^{-1}) 溶液，观察并记录现象。再逐滴加入 NaOH(2mol·L^{-1}) 溶液，观察并记录现象。写出反应方程式。

(2) 在两支试管中分别加入几滴 K_2CrO_4(0.1mol·L^{-1}) 溶液，$K_2Cr_2O_7$(0.1mol·L^{-1}) 溶液，然后分别滴加 $BaCl_2$(0.1mol·L^{-1}) 溶液，观察并记录现象。最后再分别滴加 HCl (2mol·L^{-1}) 溶液，观察并记录现象，写出反应方程式。

4. $Cr_2O_7^{2-}$、MnO_4^-、Fe^{3+} 的氧化性与 Fe^{2+} 的还原性

(1) 在试管中加入 2 滴 $KMnO_4$(0.01mol·L^{-1}) 溶液，用 H_2SO_4(2mol·L^{-1}) 溶液酸化，再滴加 $FeSO_4$(0.1mol·L^{-1}) 溶液，观察并记录现象。写出反应方程式。

(2) 在试管中加入 3～5 滴 $FeCl_3$(0.1mol·L^{-1}) 溶液，滴加 $SnCl_2$(0.1mol·L^{-1}) 溶液，观察并记录现象。写出反应方程式。

(3) 在试管中将 $KMnO_4$(0.01mol·L^{-1}) 溶液与 $MnSO_4$(0.5mol·L^{-1}) 溶液混合，观察并记录现象。写出反应方程式。

(4) 在试管中加入 2mL $KMnO_4$(0.01mol·L^{-1}) 溶液、1mL NaOH(40%)，再加少量 MnO_2(s)，加热，沉降片刻，观察上层清液的颜色。取清液于另一试管中，用 H_2SO_4 (2mol·L^{-1}) 溶液酸化，观察并记录现象。写出有关的反应方程式。

(5) 在试管中加入 2 滴 $K_2Cr_2O_7$(0.1mol·L^{-1}) 溶液，滴加 H_2S(饱和) 溶液，观察并记录现象。写出反应方程式。

5. 铁、钴、镍的配合物

(1) 在试管中加入 2 滴 $K_4[Fe(CN)_6]$ (0.1mol·L^{-1}) 溶液，然后滴加 $FeCl_3$(0.1mol·L^{-1}) 溶液，观察并记录现象。写出反应方程式。在试管中加入 2 滴 $K_3[Fe(CN)_6]$ (0.1mol·L^{-1}) 溶液，滴加 $FeSO_4$(0.1mol·L^{-1}) 溶液。观察并记录现象，写出反应方程式。

(2) 在试管中加入几滴 $CoCl_2$(0.1mol·L^{-1}) 溶液，几滴 NH_4Cl(1mol·L^{-1}) 溶液，然后加 $NH_3 \cdot H_2O$(6mol·L^{-1}) 溶液，观察并记录现象。振荡后在空气中放置，观察溶液颜色的变化并写出有关的反应方程式。

(3) 在试管中加入几滴 $CoCl_2$(0.1mol·L^{-1}) 溶液，少量 KSCN 晶体，再加入几滴丙酮，振荡后观察现象并记录。写出反应方程式。

(4) 在试管中加入几滴 $NiSO_4$(0.1mol·L^{-1}) 溶液，滴加 $NH_3 \cdot H_2O$(2mol·L^{-1}) 溶液，观察现象并记录。再加 2 滴丁二酮肟溶液，观察有何变化。写出有关的反应方程式。

6. 铬、锰、铁、钴、镍硫化物的性质

(1) 在试管中加入几滴 $Cr_2(SO_4)_3$ (0.1mol·L^{-1}) 溶液，滴加 Na_2S(0.1mol·L^{-1}) 溶液，观察并记录现象。检验逸出的气体（可微热）。写出反应方程式。

(2) 在试管中加入几滴 $MnSO_4$(0.1mol·L^{-1}) 溶液，滴加 H_2S(饱和) 溶液，观察有无沉淀生成。再吸取 $NH_3·H_2O$(2mol·L^{-1}) 溶液，插入溶液底部挤出，观察并记录现象。离心分离后，在沉淀中滴加 HAc(2mol·L^{-1}) 溶液，观察并记录现象。写出有关的反应方程式。

(3) 在3支试管中分别加入几滴 $FeSO_4$(0.1mol·L^{-1}) 溶液，$CoCl_2$(0.1mol·L^{-1}) 溶液和 $NiSO_4$(0.1mol·L^{-1}) 溶液，滴加 H_2S(饱和) 溶液，观察有无沉淀生成。然后，再加入 $NH_3·H_2O$(2mol·L^{-1}) 溶液，观察记录现象。离心分离后，在沉淀中滴加 HCl(2mol·L^{-1}) 溶液，观察沉淀是否溶解。写出有关的反应方程式。

(4) 在试管中加入几滴 $FeCl_3$(0.1mol·L^{-1}) 溶液，滴加 H_2S(饱和) 溶液，观察记录现象。写出反应方程式。

7.混合离子的分离与鉴定

下列两组试剂，试设计方法进行混合离子的分离与鉴定。写出步骤，并写出现象和有关的反应方程式。

(1) 含 Cr^{3+} 和 Mn^{2+} 的混合溶液。

(2) 可能含 Pb^{2+}、Fe^{3+} 和 Co^{2+} 的混合溶液。

六、注意事项

1.试剂较多，注意看清标签浓度。

2.酸碱性溶液中沉淀不明显的可进行离心分离。

3.易氧化试剂，现用现配。

4.实验中产生的废液要集中回收，统一处理。

实验九 铜、银、锌、镉、汞

一、预习思考

1.奈斯勒试剂包含哪些组成？

2. Cu^{2+}、Ag^{+}、Zn^{2+}、Cd^{2+}、Hg^{2+}、Hg_2^{2+} 与氨水的反应产物是什么？

3. CuI 能溶于饱和 KSCN 溶液，生成的产物是什么？

4.银镜反应中应注意什么问题？

5.用 $K_4[Fe(CN)_6]$ 鉴定 Cu^{2+} 的反应在中性或弱酸性溶液中进行，若在碱性溶液中会发生什么现象？

6. AgCl、$PbCl_2$、Hg_2Cl_2 都不溶于水，可否把它们分离开？

二、实验目的

1.了解铜、银、锌、镉、汞的硫化物的溶解性及配合物的性质。

2.掌握铜、银、锌、镉、汞的氧化物和氢氧化物的性质。

3. 掌握铜（Ⅰ）与铜（Ⅱ）之间，汞（Ⅰ）与汞（Ⅱ）之间的转化反应。

4. 学习并掌握Cu^{2+}、Ag^{+}、Zn^{2+}、Cd^{2+}、Hg^{2+}的鉴定方法。

三、实验原理

1. 铜、银

铜和银是周期系第IB族元素。

铜的重要氧化值为+1和+2，价层电子构型为$3d^{10}4s^1$。银主要形成氧化值为+1的化合物，价层电子构型$4d^{10}5s^1$。CuS和Ag_2S能溶于浓HNO_3中。

（1）Cu（Ⅱ）性质　Cu^{2+}能与I^-反应生成CuI和I_2。反应方程式如下：

$$2Cu^{2+}+4I^- \rightleftharpoons 2CuI(s)+I_2$$

$[Cu(OH)_4]^{2-}$能被醛类或某些糖类还原，有暗红色的Cu_2O沉淀析出。反应方程式如下：

$$2[Cu(OH)_4]^{2-}+C_6H_{12}O_6 = Cu_2O(s)+C_6H_{12}O_7+2H_2O+4OH^-$$

水溶液中的Cu^+不稳定，易歧化为Cu^{2+}和Cu。CuCl和CuI等Cu(Ⅰ)的卤化物难溶于水，通过加合反应可分别生成相应的配离子$[CuCl_2]^-$和$[CuI_2]^-$等，它们在水溶液中较稳定。$CuCl_2$或$CuSO_4$溶液与铜屑及浓HCl混合后加热可制取$[CuCl_2]^-$溶液。反应方程式如下：

$$CuCl_2+4HCl+Cu \rightleftharpoons 2H[CuCl_2]+2HCl$$

将制得的溶液倒入大量水中稀释时，会有白色的氯化亚铜CuCl沉淀析出。反应方程式如下：

$$[CuCl_2]^- \xrightleftharpoons{稀释} CuCl(s)+Cl^-$$

Cu^{2+}能形成氨合物，$[Cu(NH_3)_2]^+$是无色的，易被空气中的O_2氧化为深蓝色的$[Cu(NH_3)_4]^{2+}$。Cu^{2+}与适量氨水反应可以生成氢氧化物、氧化物或碱式盐沉淀，而后溶于过量氨水（有的需要有NH_4Cl存在），生成$[Cu(NH_3)_4]^{2+}$。$Cu(OH)_2$能溶于过量浓碱NaOH溶液中，生成深蓝色的$[Cu(OH)_4]^{2-}$。$Cu(OH)_2$的热稳定性差，受热分解为CuO和H_2O。

在中性或弱酸性溶液中，Cu^{2+}与$[Fe(CN)_6]^{4-}$反应，生成红棕色的$Cu_2[Fe(CN)_6]$沉淀。反应方程式如下：

$$2Cu^{2+}+[Fe(CN)_6]^{4-} \rightleftharpoons Cu_2[Fe(CN)_6](s)$$

此反应常用于鉴定微量Cu^{2+}的存在。

（2）Ag(Ⅰ)性质　Ag^+与氨水反应生成$[Ag(NH_3)_2]^+$，而$[Ag(NH_3)_2]^+$在沸水浴中能被醛类或某些糖类还原为单质Ag。反应方程式如下：

$$2[Ag(NH_3)_2]^++HCHO+3OH^- \rightleftharpoons 2Ag(s)+HCOO^-+4NH_3+2H_2O$$

Ag^+溶液加入相应的试剂后，还可以实现$[Ag(NH_3)_2]^+$、AgBr(s)、$[Ag(S_2O_3)_2]^{3-}$、AgI(s)、$[Ag(CN)_2]^-$、$Ag_2S(s)$的依次转化。AgCl、AgBr、AgI等也能通过加合反应分别生成$[AgCl_2]^-$、$[AgBr_2]^-$、$[AgI_2]^-$等配离子，可进行溶液中各离子的分离。

Ag^+与NaOH反应只能得到棕褐色的Ag_2O沉淀，这是因为AgOH很不稳定，室温下极易脱水变成相应的氧化物。

Ag^+ 鉴定可根据下面系列反应完成：Ag^+ 与稀 HCl 反应生成 AgCl，溶于 $NH_3 \cdot H_2O$ 溶液生成 $Ag[(NH_3)_2]^+$，再加入稀 HNO_3 又生成 AgCl 沉淀，或加入 KI 溶液生成 AgI 沉淀。

2.锌、镉、汞

锌、镉、汞是第 IIB 族元素，价层电子构型为 $(n-1)d^{10}ns^2$，它们都形成氧化值为+2 的化合物，汞还能形成氧化值为+1 的化合物。与饱和 H_2S 溶液反应都能生成相应的硫化物，其中 ZnS 能溶于稀 HCl 中，CdS 不溶于稀 HCl，但溶于浓 HCl，而 HgS 只能溶于王水中。Zn^{2+}、Cd^{2+}、Hg^{2+} 都能形成氨合物，Zn^{2+}、Cd^{2+}、Hg^{2+} 与适量氨水反应生成氢氧化物，而后溶于过量氨水（有的需要有 NH_4Cl 存在）。

$Zn(OH)_2$ 是两性氧化物，偏碱性。在碱性条件下，Zn^{2+} 与二苯硫腙反应形成粉红色的螯合物，此反应用于鉴定 Zn^{2+}。

$$\frac{1}{2}Zn^{2+} + \begin{matrix} & NH-NH-C_6H_5 \\ & / \\ C & =S \\ & \backslash \\ & N=N-C_6H_5 \end{matrix} \longrightarrow \begin{matrix} & NH-N-C_6H_5 \\ & / \quad \backslash \\ C & =S \rightarrow \frac{1}{2}Zn(s) + H^+ \\ & \backslash \\ & N=N-C_6H_5 \end{matrix}$$

（粉红色）

$Cd(OH)_2$ 是碱性氢氧化物。Cd^{2+} 与 Na_2S 反应生成黄色的 CdS，难溶于稀盐酸，利用这种现象可以鉴定 Cd^{2+}。

$Hg(OH)_2$ 和 $Hg_2(OH)_2$ 都很不稳定，极易脱水变成相应的氧化物。而 Hg_2O 也不稳定，易歧化为 HgO 和 Hg。

Hg(Ⅱ) 的化合物具有一定的氧化性，Hg^{2+} 的溶液中加入 $SnCl_2$ 溶液时，首先有白色丝光状的 Hg_2Cl_2 沉淀生成，再加入过量的 $SnCl_2$ 溶液时，Hg_2Cl_2 可被 Sn^{2+} 还原为 Hg。反应方程式如下：

$$2Hg^{2+} + Sn^{2+} + 8Cl^- \rightleftharpoons Hg_2Cl_2(s) + [SnCl_6]^{2-}$$

$$Hg_2Cl_2(s) + Sn^{2+} + 4Cl^- \rightleftharpoons 2Hg + [SnCl_6]^{2-}$$

上述反应常用来鉴定溶液中的 Hg^{2+} 或 Sn^{2+} 的存在。

Hg_2^{2+} 在水溶液中较稳定，不易歧化为 Hg^{2+} 和 Hg。但 Hg_2^{2+} 与氨水、饱和 H_2S 或 KI 溶液反应生成的 Hg(Ⅰ) 化合物都能歧化为 Hg(Ⅱ) 的化合物和 Hg。例如 Hg_2^{2+} 与 I^- 反应生成 Hg_2I_2，当 I^- 过量时则生成 $[HgI_4]^{2-}$ 和 Hg。

四、仪器与试剂

1.仪器

试管，离心试管，烧杯，离心机、点滴板，恒温水浴锅。

2.试剂

HNO_2($2mol \cdot L^{-1}$，浓)，HCl 溶液($2mol \cdot L^{-1}$，$6mol \cdot L^{-1}$，浓)，$Hg_2(NO_3)_2$($0.1mol \cdot L^{-1}$)，H_2SO_4($2mol \cdot L^{-1}$)，HAc($2mol \cdot L^{-1}$)，H_2S(饱和)，NaOH($2mol \cdot L^{-1}$，$6mol \cdot L^{-1}$，40%)，$NH_3 \cdot H_2O$($2mol \cdot L^{-1}$，$6mol \cdot L^{-1}$)，KI($0.1mol \cdot L^{-1}$，$2mol \cdot L^{-1}$)，$AgNO_3$($0.1mol \cdot L^{-1}$)，$CuCl_2$($1mol \cdot L^{-1}$)，KBr($0.1mol \cdot L^{-1}$)，NaCl($0.1mol \cdot L^{-1}$)，$Na_2S_2O_3$($0.1mol \cdot L^{-1}$)，$K_4[Fe(CN)_6]$ ($0.1mol \cdot L^{-1}$)，KSCN($0.1mol \cdot L^{-1}$，饱和)，

$Zn(NO_3)_2$(0.1mol·L^{-1})，$Cd(NO_3)_2$(0.1mol·L^{-1})，$Hg(NO_3)_2$(0.1mol·L^{-1})，$HgCl_2$(0.1mol·L^{-1})，NH_4Cl(1mol·L^{-1})，$SnCl_2$(0.1mol·L^{-1})，$CuSO_4$(0.1mol·L^{-1})，$Cu(NO_3)_2$(0.1mol·L^{-1})，$ZnSO_4$(0.1mol·L^{-1})，$CdSO_4$(0.1mol·L^{-1})，$Fe(NO_3)_3$(0.1mol·L^{-1})，$Co(NO_3)_2$(0.1mol·L^{-1})，$Ni(NO_3)_2$(0.1mol·L^{-1})，$BaCl_2$(0.1mol·L^{-1})，(0.1mol·L^{-1})，$Ba(NO_3)_2$(0.1mol·L^{-1})，葡萄糖(10%)，铜屑，淀粉溶液，二苯硫腙的CCl_4溶液，$Pb(Ac)_2$试纸。

五、实验内容

1.铜、银、锌、镉、汞化合物的生成和性质

在5支试管中分别加几滴$CuSO_4$(0.1mol·L^{-1})溶液、$AgNO_3$(0.1mol·L^{-1})溶液、$ZnSO_4$(0.1mol·L^{-1})溶液、$CdSO_4$(0.1mol·L^{-1})溶液、$Hg(NO_3)_2$(0.1mol·L^{-1})溶液，然后每个试管中都滴加NaOH(2mol·L^{-1})溶液，观察并记录现象。将每个试管中的沉淀分为两份，检验其酸碱性。观察并记录现象，写出有关的反应方程式。

2. Cu(Ⅰ)化合物的生成和性质

(1) 在试管中加入几滴$CuSO_4$(0.1mol·L^{-1})溶液，然后滴加NaOH(6mol·L^{-1})溶液至过量，再加入葡萄糖(10%)溶液，摇匀，加热煮沸几分钟，观察并记录现象。离心分离，弃去清液，将沉淀洗涤后分成两份，一份加入H_2SO_4(2mol·L^{-1})溶液，另一份加入$NH_3·H_2O$(6mol·L^{-1})溶液，静置片刻，观察并记录现象，写出有关的反应方程式。

(2) 在试管中加入几滴$CuSO_4$(0.1mol·L^{-1})溶液，滴加KI(0.1mol·L^{-1})溶液，观察并记录现象。离心分离，在清液中加1滴淀粉溶液，观察并记录现象。将沉淀洗涤两次后，滴加KI(2mol·L^{-1})溶液，观察并记录现象，再将溶液加水稀释，观察有何变化。写出有关的反应方程式。

(3) 在试管中加入1mL $CuCl_2$(1mol·L^{-1})溶液、1mL浓盐酸和少量铜屑，加热至溶液呈泥黄色，将溶液倒入另一只盛有蒸馏水的试管中(将铜屑水洗后回收)，观察并记录现象。离心分离，将沉淀洗涤两次后分为两份，一份加入浓HCl，另一份加入$NH_3·H_2O$(2mol·L^{-1})溶液，观察现象。写出有关的反应方程式。

3. Cu^{2+}的鉴定

在点滴板上加1滴$CuSO_4$(0.1mol·L^{-1})溶液，再加1滴HAc(2mol·L^{-1})溶液和1滴$K_4[Fe(CN)]_6$(0.1mol·L^{-1})溶液，观察并记录现象。写出反应方程式。

4. Ag(Ⅰ)性质实验

在试管中加入几滴$AgNO_3$(0.1mol·L^{-1})溶液，自己根据实验试剂选用适当的试剂进行试验，从Ag^+开始依次经AgCl(s)、$[Ag(NH_3)_2]^+$、AgBr(s)、$[Ag(S_2O_3)_2]^{3-}$、AgI(s)、$[AgI_2]^-$，最后到Ag_2S的转化，观察并记录现象。写出有关的反应方程式。

5.银镜反应

在1支干净的试管中加入1mL $AgNO_3$(0.1mol·L^{-1})溶液，滴加$NH_3·H_2O$(2mol·L^{-1})溶液至生成的沉淀刚好溶解，加2mL葡萄糖(10%)溶液，放在水浴锅中加热片刻，观察并记录现象。然后倒掉溶液，加HNO_3(2mol·L^{-1})溶液使银溶解。写出有关的反应方程式。

6.铜、银、锌、镉、汞的氨合物的生成

在 7 支试管中分别加入几滴 $CuSO_4$(0.1mol·L^{-1}) 溶液、$AgNO_3$(0.1mol·L^{-1}) 溶液、$Zn(NO_3)_2$(0.1mol·L^{-1}) 溶液、$Cd(NO_3)_2$(0.1mol·L^{-1}) 溶液、$HgCl_2$(0.1mol·L^{-1}) 溶液、$Hg(NO_3)_2$(0.1mol·L^{-1}) 溶液和 $Hg_2(NO_3)_2$(0.1mol·L^{-1}) 溶液，然后各逐滴加入 $NH_3 \cdot H_2O$(6mol·L^{-1}) 溶液至过量 [如果沉淀不溶解，再加 NH_4Cl(1mol·L^{-1}) 溶液]，观察并记录现象。写出有关的反应方程式。

7. 铜、银、锌、镉、汞的硫化物的生成和性质

在 6 支试管中分别加入 1 滴 $CuSO_4$(0.1mol·L^{-1}) 溶液、$AgNO_3$ 溶液 (0.1mol·L^{-1})、$Zn(NO_3)_2$(0.1mol·L^{-1}) 溶液、$Cd(NO_3)_2$(0.1mol·L^{-1}) 溶液、$Hg(NO_3)_2$(0.1mol·L^{-1}) 溶液和 $Hg_2(NO_3)_2$(0.1mol·L^{-1}) 溶液，再各滴加 H_2S 饱和溶液，观察现象，离心分离，试验 CuS 和 Ag_2S 在浓 HNO_3 中、ZnS 在稀盐酸中、CdS 在 HCl(6mol·L^{-1}) 溶液中、HgS 在王水中的溶解性。

8. 汞盐与 KI 的反应

(1) 在试管中加入几滴 $Hg(NO_3)_2$(0.1mol·L^{-1}) 溶液，逐滴加入 KI(0.1mol·L^{-1}) 溶液至过量，观察现象。然后加几滴 NaOH(6mol·L^{-1}) 溶液和 1 滴 NH_4Cl(1mol·L^{-1}) 溶液，观察有何现象。写出有关的反应方程式。

(2) 在试管中加入 1 滴 $Hg_2(NO_3)_2$(0.1mol·L^{-1}) 溶液，逐滴加入 KI(0.1mol·L^{-1}) 溶液至过量，观察并记录现象。写出有关的反应方程式。

9. Zn^{2+} 的鉴定

在试管中加入 2 滴 $Zn(NO_3)_2$(0.1mol·L^{-1}) 溶液，加几滴 NaOH(6mol·L^{-1}) 溶液，再加 0.5mL 二苯硫腙的 CCl_4 溶液，振荡试管，观察水溶液层和 CCl_4 层颜色的变化。写出反应方程式。

10. 混合离子的分离与鉴定

下列两组试剂，试设计方法进行混合离子的分离与鉴定。并写出步骤，写出现象和有关的反应方程式。

(1) 含有 Cu^{2+}、Ag^{+}、Fe^{3+} 的溶液。

(2) 含有 Zn^{2+}、Cd^{2+}、Ba^{2+} 的溶液。

六、注意事项

1. 离心分离时，注意离心机的操作，离心试管一定对称放置。
2. 银镜反应中葡萄糖、氨水、硝酸银等试剂现用现配制，否则效果不明显。
3. 银镜反应注意温度控制，实验后要及时清洗。
4. 汞试剂对环境有污染，使用时注意废液的回收处理。

实验十 无机纸上色谱

一、预习思考

1. 纸层析的基本原理是什么？

2. 对滤纸的要求是什么，为什么这样要求？

3. 对点样有哪些要求，为什么？

4. R_f 值的意义是什么，如何计算 R_f 值？

二、实验目的

1. 了解纸上色谱的分离原理和操作技术。

2. 熟悉如何确定不同组分的比移值（R_f）。

3. 掌握 Cu^{2+}、Fe^{3+}、Co^{2+}、Ni^{2+} 四种离子的纸上色谱分离及鉴定。

三、实验原理

无机纸上色谱是以滤纸作为载体的层析分离法。滤纸的主要成分是一种极性纤维素，能吸附占本身质量20%的水分，这部分水保持固定，称为固定相。与水不相溶的有机溶剂作为流动相，又称展开剂。常用的展开剂通常是由有机溶剂、酸和水混合配成的。当流动相在纸上展开时，物质就在水和有机溶剂之间反复分配，并达到分配平衡。由于各组分的分配系数不同而移动速度不同，分配系数大的移动速度快，移动的距离大；分配系数小的移动速度慢，移动的距离小，从而使不相同的组分得以分离。

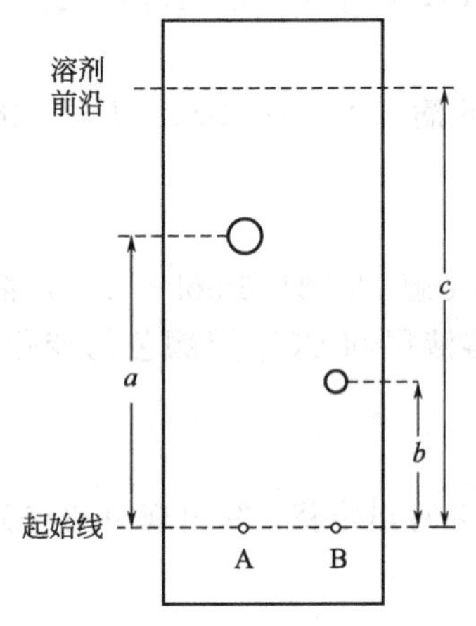

图 5-1　比移值 R_f 示意图

A—A组分点样点；B—B组分点样点；a—A组分斑点中心至原点的距离；b—B组分斑点中心至原点的距离；c—溶剂前沿至原点的距离

在无机纸上色谱层析分离过程中，各组分在纸上移动的距离通常用比移值（R_f）来表示：

$$R_f=\frac{\text{原点到斑点中心的距离}}{\text{原点到溶剂前沿的距离}}$$

比移值的示意图如图 5-1 所示，图中 A 物质的 $R_f=a/c$，B 物质的 $R_f=b/c$。

在一定条件下，无论层析时间多长，前沿上升，斑点也跟着上升，但它们的比值不变。对于某组分，在一定层析条件下，R_f 有确定的数值，因此可以根据比移值 R_f 进行定性分析。

R_f 值最小为 0，即斑点在原地不动；最大值为 1，即该组分随溶剂扩展到前沿。从各组分 R_f 值之间相差大小可以判断能否分离。R_f 值相差越大，分离效果越好。一般情况下，R_f 值相差 0.02 即可以相互分离。

本实验用纸上色谱法分离与鉴定溶液中的 Cu^{2+}、Fe^{3+}、Co^{2+}、Ni^{2+}。

四、仪器与试剂

1. 仪器

广口瓶，镊子，点滴板，搪瓷盘，喷雾器，小刷子，毛细管。

2. 试剂

HCl（浓），$FeCl_3$（1mol·L^{-1}），$CoCl_2$（1mol·L^{-1}），$NiCl_2$（1mol·L^{-1}），$CuCl_2$（1mol·L^{-1}），$K_4[Fe(CN)_6]$（0.1mol·L^{-1}），$K_3[Fe(CN)_6]$（0.1mol·L^{-1}），丙酮，色层滤纸，普通滤纸。

五、实验内容

1. 准备工作

(1) 在一个500mL广口瓶中加入17mL丙酮、2mL HCl(浓) 及1mL蒸馏水，配制成展开剂，盖好瓶盖。

(2) 在一个长11cm、宽5cm的滤纸上，用铅笔画4条间隔为1cm的竖线平行于长边，在纸上端1cm和下端2cm处各画出一条横线，在纸上端画好的各小方格内标出Cu^{2+}、Fe^{3+}、Co^{2+}、Ni^{2+}，最后按4条竖线折叠成五棱柱体，如图5-2所示。

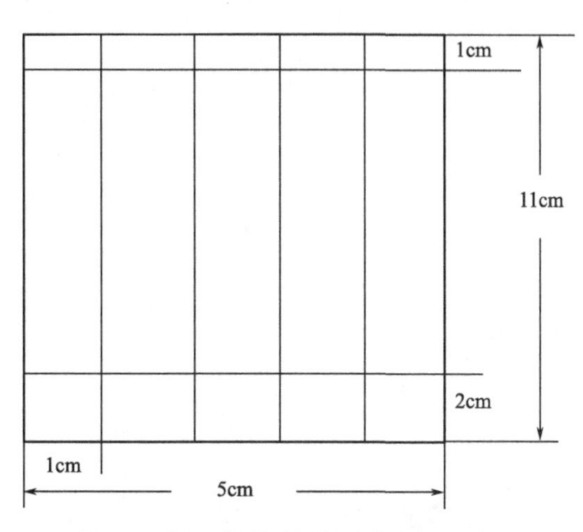

图5-2 纸上色谱用纸的准备方法示意图

(3) 在干净、干燥的点滴板上选择4个空洞，分别滴几滴$FeCl_3$($1mol \cdot L^{-1}$) 溶液、$CoCl_2$($1mol \cdot L^{-1}$) 溶液、$NiCl_2$($1mol \cdot L^{-1}$) 溶液及$CuCl_2$($1mol \cdot L^{-1}$) 溶液。再各放入1支毛细管。

2. 加样

(1) 取一片普通滤纸作练习用。用毛细管吸取溶液后垂直触到滤纸上，当滤纸上形成直径为0.3～0.5cm的圆形斑点时，立即提起毛细管。反复练习几次，直到能做出小于或接近直径为0.5cm的斑点为止。

(2) 按所标明的样品名称，在滤纸下端横线上分别加样。

3. 展开

按滤纸上的折痕重新折叠一次。用镊子将滤纸四棱柱体垂直放入盛有展开剂的广口瓶中，盖好瓶盖，观察各种离子在滤纸上展开的速度及颜色。当溶剂前沿接近纸上端横线时，用镊子将滤纸取出，用铅笔标记出溶剂前沿的位置，然后置于通风处晾干。

4. 斑点显色

将滤纸放在搪瓷盘中，用喷雾器向纸上喷洒$K_4[Fe(CN)_6]$ ($0.1mol \cdot L^{-1}$) 溶液与$K_3[Fe(CN)_6]$ ($0.1mol \cdot L^{-1}$) 溶液的等体积混合液，观察并记录斑点的颜色。

5. R_f值的测定

用尺分别测量溶剂移动的距离和各离子移动的距离，然后计算4种离子的R_f值。

六、注意事项

1. 注意选用合适的层析纸：对于R_f值相差较小的混合物，宜采用慢速滤纸。对于R_f

值相差较大的混合物，则可采用快速或中速滤纸，且滤纸需要预先在50℃下烘干1h，冷却后备用。

2.当展开剂前沿到达离纸边1cm处时，停止展开，取出滤纸，用铅笔画出前沿线。

3.配制展开剂时需要用丙酮和浓盐酸，需要注意安全，如果不慎有溶液滴落手上，应立即用水冲洗。

4.点样所用的毛细管管口要平，每次点样后原点扩散直径以不超过2～3mm为宜。如果样品浓度较稀，则反复点几次，每点一次可借红外灯或电吹风促其迅速干燥。原点面积越小越好。

第六章 基本测定实验

实验十一 化学反应速率、活化能、化学平衡

各专业可以根据学时和教学内容，选用下面两个实验方案中的一个完成本次教学任务。

I 方案一

一、预习思考

1. 能否根据某一个反应方程式直接确定反应级数？为什么？

2. 使用秒表记录反应时间时应注意什么问题？

3. 如何应用作图法来求 m、n、E_a？需要采集哪些实验数据？

4. 实验中为什么必须将 $(NH_4)_2S_2O_8$ 溶液迅速加入到 KI、淀粉、$Na_2S_2O_3$ 组成的混合溶液中？

5. 加入 $Na_2S_2O_3$ 的目的是什么？$Na_2S_2O_3$ 的用量过多或者过少，对实验结果是否有影响？

6. 为什么可以由反应溶液出现蓝色的时间长短来计算反应速率？

二、实验目的

1. 了解浓度、温度对反应速率的影响。

2. 通过测定过二硫酸铵与碘化钾的反应速率，掌握反应级数、反应速率常数和反应的活化能等的确定方法。

3. 练习并熟悉恒温水浴的操作。

三、实验原理

在水溶液中过二硫酸铵和碘化钾发生如下反应：

$$(NH_4)_2S_2O_8 + 3KI = (NH_4)_2SO_4 + K_2SO_4 + KI_3$$

$$S_2O_8^{2-} + 3I^- = 2SO_4^{2-} + I_3^- \qquad (1)$$

其反应的速率方程可表示为

$$v=k[S_2O_8^{2-}]^m[I^-]^n$$

式中，v 是在此条件下反应的瞬时速率，用 $[S_2O_8^{2-}]$、$[I^-]$ 表示两个反应物的起始浓度，则 v 表示初速率（v_0）；k 是反应速率常数；m 与 n 之和是反应级数。

实验能测定的速率是在一段时间间隔（Δt）内反应的平均速率 $\bar{v}$。如果在 Δt 时间内浓度的改变为 $\Delta[S_2O_8^{2-}]$，则平均速率

$$\bar{v}=\frac{-\Delta[S_2O_8^{2-}]}{\Delta t}$$

近似地用平均速率代替初速率：

$$v_0=k[S_2O_8^{2-}]^m[I^-]^n=\frac{-\Delta[S_2O_8^{2-}]}{\Delta t}$$

为了能够测出反应在 Δt 时间内 $S_2O_8^{2-}$ 浓度的改变值，需要在混合 $(NH_4)_2S_2O_8$ 和 KI 溶液的同时，加入一定体积已知浓度的 $Na_2S_2O_3$ 溶液和淀粉溶液，这样在反应（1）进行的同时进行下面的反应。

$$2S_2O_3^{2-}+I_3^- \longrightarrow S_4O_6^{2-}+3I^- \qquad (2)$$

这个反应进行得非常快，几乎瞬间完成，而反应（1）比反应（2）慢得多。因此，由反应（1）生成的 I_3^- 立即与 $S_2O_3^{2-}$ 反应，生成无色的 I^- 和 $S_4O_6^{2-}$。所以在反应的开始阶段看不到碘与淀粉反应而显示的特有蓝色。但是当 $Na_2S_2O_3$ 耗尽，反应（1）继续生成的 I_3^- 就与淀粉反应而呈现出特有的蓝色。

由于从反应开始到蓝色出现标志着 $S_2O_3^{2-}$ 全部耗尽，所以从反应开始到出现蓝色这段时间 Δt 里，$S_2O_3^{2-}$ 浓度的改变 $\Delta[S_2O_3^{2-}]$ 实际上就是 $Na_2S_2O_3$ 的起始浓度。

再从反应式(1) 和反应式(2) 可以看出，$S_2O_8^{2-}$ 减少的量为 $S_2O_3^{2-}$ 减少量的一半，所以 $S_2O_8^{2-}$ 在 Δt 时间内减少的量可以从下式求得：

$$\Delta[S_2O_8^{2-}]=\frac{\Delta[S_2O_3^{2-}]}{2}$$

实验中，通过改变反应物 $S_2O_8^{2-}$ 和 I^- 的初始浓度，测定消耗等量的 $S_2O_8^{2-}$ 的物质的量浓度 $\Delta[S_2O_8^{2-}]$ 所需要的不同的时间间隔（Δt），计算得到反应物不同初始浓度的初速率，进而确定该反应的速率方程和反应速率常数。

四、仪器与试剂

1. 仪器

烧杯，试管，量筒，秒表，温度计，玻璃棒，水浴锅。

2. 试剂

$(NH_4)_2S_2O_8$(0.2mol·L^{-1})，KI(0.2mol·L^{-1})，KNO_3(0.2mol·L^{-1})，$Na_2S_2O_3$(0.01mol·L^{-1})，$(NH_4)_2SO_4$(0.2mol·L^{-1})，$Cu(NO_3)_2$(0.2mol·L^{-1})，淀粉溶液(0.2%)，冰。

五、实验内容

1. 浓度对化学反应速率的影响

(1) 在室温条件下按照表 6-1 所列条件，进行第一组（即编号 1）实验。

表 6-1　浓度对化学反应速率的影响数据记录

实验编号		1	2	3	4	5
试剂用量/mL	$(NH_4)_2S_2O_8(0.2mol \cdot L^{-1})$	10.0	5.0	2.5	10.0	10.0
	$KI(0.2mol \cdot L^{-1})$	10.0	10.0	10.0	5.0	2.5
	$Na_2S_2O_3(0.01mol \cdot L^{-1})$	3.0	3.0	3.0	3.0	3.0
	淀粉溶液(0.2%)	1.0	1.0	1.0	1.0	1.0
	$KNO_3(0.2mol \cdot L^{-1})$	0	0	0	5.0	7.5
	$(NH_4)_2SO_4(0.2mol \cdot L^{-1})$	0	5.0	7.5	0	0
混合液中反应物的起始浓度/$mol \cdot L^{-1}$	$(NH_4)_2S_2O_8$					
	KI					
	$Na_2S_2O_3$					
反应时间 Δt/s						
$S_2O_8^{2-}$ 的浓度变化 $\Delta[S_2O_8^{2-}]/mol \cdot L^{-1}$						
反应速率 $v/mol \cdot L^{-1} \cdot s^{-1}$						

用量筒分别量取 10.0mL $KI(0.2mol \cdot L^{-1})$ 溶液、3.0mL $Na_2S_2O_3(0.01mol \cdot L^{-1})$ 溶液和 1.0mL 淀粉溶液（0.2%），全部加入烧杯中，混合均匀。然后用量筒量取 10.0mL $(NH_4)_2S_2O_8(0.2mol \cdot L^{-1})$，溶液，迅速倒入上述混合液中（需要加热时，该溶液要先倒入试管中），同时启动秒表，并不断搅动，仔细观察。当溶液刚出现蓝色时，立即按停秒表，记录反应时间和室温。

（2）按照表 6-1 所列条件，采用上述（1）的操作方法和步骤，再分别进行编号 2、3、4、5 的实验。记录反应时间和室温。

2. 温度对化学反应速率的影响

按照实验编号 1 的试剂用量进行取样，将烧杯和试管置于水浴中，在室温基础上加热水浴，使反应系统温度升高 10℃左右。当试液温度稳定后，迅速将试管中的 $(NH_4)_2S_2O_8$ 溶液倒入到烧杯中，重复实验编号 1 的操作，当溶液刚出现蓝色时，立即按停秒表，将反应时间和温度记录在表 6-2 实验编号 5 中。

同样方法，按照实验编号 1 的试剂用量进行取样，将烧杯和试管置于水浴中，在室温基础上加热水浴，使反应系统温度升高 20℃左右。当试液温度稳定后，迅速将试管中的 $(NH_4)_2S_2O_8$ 溶液倒入到烧杯中，重复实验编号 1 的操作，当溶液刚出现蓝色时，立即按停秒表，将反应时间和温度记录在表 6-2 实验编号 6 中。

算出不同温度时各自的反应速率常数进行比较。

表 6-2　温度对化学反应速率的影响数据记录

实验编号	反应温度/℃	反应时间/s	反应速率 $v/mol \cdot L^{-1} \cdot s^{-1}$
1			
5			
6			

3. 数据处理

（1）反应级数和反应速率常数的计算　将反应速率表示式 $v=k[S_2O_8^{2-}]^m[I^-]^n$ 两边取对数：

$$\lg v = m\lg[S_2O_8^{2-}] + n\lg[I^-] + \lg k$$

当 $[I^-]$ 不变时（即编号 1、2、3），以 $\lg v$ 对 $\lg[S_2O_8^{2-}]$ 作图，可得一直线，斜率即为 m。同理，当 $[S_2O_8^{2-}]$ 不变时（即编号 1、4、5），以 $\lg v$ 对 $\lg[I^-]$ 作图，可求得 n，此反应的级数则为 $m+n$。

将求得的 m 和 n 代入 $v=k[S_2O_8^{2-}]^m[I^-]^n$ 即可求得反应速率常数 k。将相关数据填入表 6-3 中。

表 6-3　确定 k 相关数据记录

实验编号	1	2	3	4	5
$\lg v$					
$\lg[S_2O_8^{2-}]$					
$\lg[I^-]$					
m					
n					
反应速率常数 k					

(2) 反应活化能的计算　根据 Arrhenius 方程，反应速率常数 k 与反应温度 T 有以下关系：

$$\lg k = \lg A - \frac{E_a}{2.303RT}$$

式中，E_a 为反应的活化能；R 为摩尔气体常数；T 为热力学温度。测出不同温度时的 k 值，以 $\lg k$ 对 $1/T$ 作图，可得一直线，由直线斜率等于 $-\frac{E_a}{2.303R}$ 可求得反应的活化能 E_a。将数据填入表 6-4 中。本实验活化能测定值的误差不超过 10%（文献值：51.8kJ · mol^{-1}）。

表 6-4　确定 E_a 相关数据记录

实验编号	5	6
反应速率常数 k		
$\lg k$		
$\frac{1}{T/K}$		
反应活化能 E_a/kJ · mol^{-1}		

六、注意事项

1. 本实验为两人一组进行实验，两人要分工明确，密切配合。对溶液的量取、混合、搅拌、观察现象、计时都要仔细、准确。

2. 取用 KI、$Na_2S_2O_3$、淀粉溶液、KNO_3、$(NH_4)_2SO_4$ 溶液的量筒与取用 $(NH_4)_2S_2O_8$ 的量筒一定要分开，以避免溶液在混合前就已发生反应，即要专筒专用。

3. 搅拌用玻璃棒在每次测定前应清洗干净，并用滤纸擦干备用。

4. 反应后溶液刚出现蓝色时，应立即停表。对于编号 3 和编号 5 的实验，因 $S_2O_8^{2-}$ 或 I^- 浓度小，刚出现蓝色时颜色很浅，更应仔细观察。

5. 进行温度对反应速率的影响实验时，若用一支温度计进行测温，在测定 KI、

$Na_2S_2O_3$、淀粉溶液、KNO_3 等混合溶液后，温度计必须清洗干净，用滤纸擦干后，才能测定装 $(NH_4)_2S_2O_8$ 溶液的试管的温度。

6. 在 KI、$Na_2S_2O_3$、淀粉等混合溶液中加入 $(NH_4)_2S_2O_8$ 时，应迅速全部加入。

7. 本实验中反应的溶液因 $S_2O_3^{2-}$ 消耗完毕立即变蓝，而实验所用 $S_2O_3^{2-}$ 的量又特别少，因此取用 $Na_2S_2O_3$ 溶液时一定要特别准确，最好用吸量管进行取液。

8. 取用 KI 溶液时，应观察溶液是否为无色透明溶液。若溶液出现浅黄色，说明有 I_2 析出，该溶液应该废弃不能再使用。

Ⅱ 方案二

一、预习思考

1. 为什么秒表记录时间必须及时、迅速、准确？
2. 量筒专筒专用的目的是什么？为什么需要准确量取溶液？
3. 怎样通过实验确定化学反应级数？
4. 能否在 KIO_3 溶液中先加 $NaHSO_3$，后加淀粉试剂？
5. 在浓度、温度对反应速率影响的实验中，为什么加入不同体积的水？
6. 通过实验怎样确定活化能？
7. 固体 MnO_2 作为催化剂，在本实验中加入多少比较合适？

二、实验目的

1. 通过测定反应速率，了解反应级数、活化能等的确定方法。
2. 熟悉浓度、温度、催化剂对化学反应速率的影响。
3. 掌握浓度对化学平衡移动的影响。
4. 练习并熟悉恒温水浴的操作。

三、实验原理

化学反应速率是以单位时间内物质浓度的改变来进行表示，化学反应速率与各反应物浓度幂的乘积成正比。

碘酸钾与亚硫酸氢钠的反应如下：

$$2KIO_3+5NaHSO_3 = Na_2SO_4+3NaHSO_4+K_2SO_4+I_2+H_2O$$

反应中生成的碘可使淀粉迅速变为蓝色，如果在 $NaHSO_3$ 溶液中预先加入淀粉作指示剂，则淀粉变蓝所需的时间的长短即可用来表示反应速率的快慢。反应时间与反应速率成反比，即 $v_1:v_2:v_3\cdots=\frac{1}{t_1}:\frac{1}{t_2}:\frac{1}{t_3}\cdots$

上述反应的反应速率与反应物浓度的关系可表示为：$v=k[KIO_3]^m[NaHSO_3]^n$。

为了能够求 m 和 n，可固定 $NaHSO_3$ 浓度不变，只改变 KIO_3 浓度，即求出 m；再固定 KIO_3 浓度，改变 $NaHSO_3$ 浓度，即求出 n，计算方式如下：

由式 $\frac{v_1}{v_2}=\frac{t_2}{t_1}=\frac{k[KIO_3]_1^m[NaHSO_3]^n}{k[KIO_3]_2^m[NaHSO_3]^n}=\left(\frac{[KIO_3]_1}{[KIO_3]_2}\right)^m$，即可求得 m 值，

由式$\frac{v_2}{v_3}=\frac{t_3}{t_2}=\frac{k[KIO_3]^m[NaHSO_3]_2^n}{k[KIO_3]^m[NaHSO_3]_3^n}=\left(\frac{[NaHSO_3]_2}{[NaHSO_3]_3}\right)^n$，即可求得 n 值。

反应的总级数$=m+n$。

m 和 n 确定后，根据 $v=k[KIO_3]^m[NaHSO_3]^n$ 即可求反应速率常数 k。然后再根据 Arrhenius 方程：$\lg k=\lg A-\frac{E_a}{2.303RT}$，即可求出不同温度时的 k，以 $\lg k$ 对$\frac{1}{T}$作图，得到一条直线，直线的斜率等于$-\frac{E_a}{2.303R}$，通过计算求出反应的活化能 E_a。

影响反应速率的因素有浓度、温度、催化剂等。可逆反应达到平衡状态时，如果外界条件如浓度、压力或温度改变时，平衡将发生移动。

四、仪器与试剂

1. 仪器

烧杯，试管，秒表，量筒，温度计，玻璃棒，水浴锅。

2. 试剂

淀粉溶液，KIO_3(0.05mol·L^{-1})，$NaHSO_3$(0.05mol·L^{-1})，H_2O_2(3%)，MnO_2(s)，$MgCl_2$(0.1mol·L^{-1})，$NH_3·H_2O$(2mol·L^{-1})，NH_4Cl(1mol·L^{-1})，$FeCl_3$(0.1mol·L^{-1}，1mol·L^{-1})，KSCN(0.1mol·L^{-1}，1mol·L^{-1})。

五、实验内容

1. 浓度对化学反应速率的影响

室温下，用 2 个量筒分别准确量取 10.0mL $NaHSO_3$(0.05mol·L^{-1}) 溶液和 35mL 蒸馏水，倒入 100mL 烧杯中，滴加淀粉溶液 3 滴搅拌均匀，准备好秒表和搅拌棒。再用另一个量筒准确量取 5.0mL KIO_3(0.05mol·L^{-1}) 溶液，并将量筒中的 KIO_3 溶液迅速倒入盛有 $NaHSO_3$ 溶液的烧杯中，同时及时迅速看表计时，并进行不断搅拌。当溶液出现蓝色时，立刻停止计时，记录溶液变蓝所需的反应时间及室温。

用同样方法按照表 6-5 中的用量进行另外 4 次实验，并将数据记录在表格内。

表 6-5 浓度对化学反应速率的影响数据记录

实验编号	$NaHSO_3$ 的体积/mL	H_2O 的体积/mL	KIO_3 的体积/mL	溶液变蓝时间/s	混合后 $NaHSO_3$ /mol·L^{-1}	混合后 KIO_3 /mol·L^{-1}
1	10.0	35.0	5.0			
2	10.0	30.0	10.0			
3	10.0	25.0	15.0			
4	5.0	35.0	10.0			
5	15.0	25.0	10.0			

根据表 6-5 中的实验数据，给出浓度对反应速率影响的结论，并利用初始速率法计算求出 m 和 n。

2. 温度对化学反应速率的影响

按表 6-5 中实验编号 1 的各试剂用量，选用不同的温度进行该项实验，温度选择是在室温基础上将温度分别升高 10℃、20℃、30℃。

把 10.0mL $NaHSO_3$(0.05mol·L^{-1}) 溶液、35mL 蒸馏水和 3 滴淀粉溶液加到 100mL 烧杯中，搅拌均匀，5.0mL KIO_3(0.05mol·L^{-1}) 溶液加入一试管中，将烧杯和试管同时放在热水浴中进行加热。等烧杯中的溶液加热到所需温度时，将试管中的 KIO_3(0.05mol·L^{-1}) 溶液，快速倒入烧杯中，立刻看表计时并不断搅拌，当溶液刚出现蓝色时，停止计时，记下反应时间，将数据记录在表 6-6 内。

表 6-6 温度对化学反应速率的影响数据记录

实验编号	$NaHSO_3$ 的体积/mL	H_2O 的体积/mL	KIO_3 的体积/mL	实验温度/℃	反应变蓝时间/s	反应速率常数 k
1						
6						
7						
8						

根据表 6-6 中的实验数据，给出温度对反应速率影响的结论，然后再计算求出反应速率常数 k，以 $\lg k$ 对 $\frac{1}{T}$ 作图，得到一条直线，直线的斜率等于 $-\frac{E_a}{2.303R}$，通过计算求出反应的活化能 E_a。

3. 催化剂对化学反应速率的影响

H_2O_2 溶液在常温能分解而放出氧气，而分解速率很慢，但如果在反应系统内加入催化剂（如二氧化锰）则反应速率立刻加快。

在试管中加入约 2mL H_2O_2(3%) 溶液，观察是否有气泡产生。然后用药匙的小端加入极少量的 MnO_2(s)（注意试剂加入量和加入方法），观察气泡产生情况。

4. 浓度对化学平衡的影响

(1) 在试管中加入 1mL $MgCl_2$(0.1mol·L^{-1}) 溶液，然后滴加 $NH_3 \cdot H_2O$(2mol·L^{-1}) 溶液，观察是否有沉淀生成？再加入一定量的 NH_4Cl(1mol·L^{-1}) 溶液，实验现象有无变化？

(2) 取 3 支试管，分别都加入 2mL 蒸馏水，1 滴 $FeCl_3$(0.1mol·L^{-1}) 溶液和 1 滴 KSCN(0.1mol·L^{-1}) 溶液，注意观察实验现象并记录。然后在第一支试管中再加入 2 滴 $FeCl_3$(1mol·L^{-1}) 溶液，第二支试管中加入 2 滴 KSCN(1mol·L^{-1}) 溶液。之后比较 3 支试管中溶液颜色的深浅，给出实验结论。

六、注意事项

1. $NaHSO_3$、KIO_3、H_2O 的量筒要专筒专用，量取各溶液的体积要准确。

2. 注意淀粉溶液的加入时间。

3. $NaHSO_3$ 和 KIO_3 二者的混合必须迅速，及时准确地记录时间。

4. 混合后要不断搅拌，注意搅拌棒不要打到烧杯，出现蓝色时停止计时。

5. 温度对化学反应速率影响的实验中，温度计要放在被加热的溶液中，达到温度后再混合。

6. 不可拿温度计当搅拌棒用。

7. 严格控制 MnO_2 催化剂的加入量。

8. 注意不同浓度试剂的使用，按实验要求正确取用相应浓度的溶液进行实验。否则可能会出现实验现象不正确的情况。

9. 实验中产生的废液要集中回收，统一处理。

实验十二　摩尔气体常数的测定

一、预习思考

1. 计算摩尔气体常数 R 时，要用到哪些数据？如何获取这些数据？

2. 检查实验装置是否漏气的原理是什么？

3. 思考下列情况对实验结果有何影响？实验进行过程中如何避免？

(1) 量气管没有洗净，排水后内壁上有水珠。

(2) 镁条的称量不准。

(3) 镁条表面的氧化物没有除尽。

(4) 镁条装入时与酸发生接触。

(5) 读取液面位置时，量气管和漏斗中的液面不在同一水平面上。

(6) 读数时，量气管的温度还高于室温。

(7) 反应过程中，由量气管压入漏斗的水过多而溢出。

(8) 装置发生漏气现象。

二、实验目的

1. 学会一种测定气体常数的方法及其操作。

2. 进一步加深理解理想气体状态方程式和分压定律。

3. 学习称量、量气等操作技术。

三、实验原理

测量金属镁与硫酸发生置换反应后产生的氢气的体积，可以算出气体常数 R 的数值，反应如下：

$$Mg(s) + H_2SO_4(aq) = MgSO_4(aq) + H_2(g)$$

如果称取一定质量的镁与过量的硫酸反应，则在一定温度和压力下，可以测出反应所放出的氢气的体积。实验时的温度 T 和压力 p 可以分别由温度计和气压计测得，物质的量 n 可以通过反应中镁的质量来求得。由于氢气是在水面上收集的，氢气中还混有水汽。在实验温度下水的饱和蒸气压 p_{H_2O} 可由相关资料中查出，根据分压定律，氢气的分压可由下式求得：

$$p = p_{H_2} + p_{H_2O}$$

$$p_{H_2} = p - p_{H_2O}$$

将以上所得各项数据代入式中 $R = pV/nT$，即可算出 R 值。也可通过铝或锌与盐酸反应来测定 R 值。

四、仪器与试剂

1. 仪器

测定气体常数 R 的装置，电子分析天平，漏斗，试管，烧杯。

2. 试剂

H_2SO_4（3mol·L^{-1}），镁条，砂纸。

五、实验内容

1. 准确称取两份已擦去表面氧化膜的镁条，每份质量为 0.03～0.04g（准确称至 0.0001g）。

2. 安装测定装置

按图 6-1 所示装配好测定装置，并将量气管内装水至略低于刻度“0”的位置。上下移动漏斗，以赶尽附着在橡皮管和量气管内壁的气泡，然后把反应管和量气管用乳胶管连接。

3. 检漏

把漏斗下移一段距离，并固定在一定位置上，如果量气管中的液面只在开始时稍有下降后（3～5min）就维持恒定，便说明装置不漏气。如果液面继续下降，则表明装置漏气。检查各接口处是否严密，经检查与调整后，再重复试验，直至确保不漏气为止。

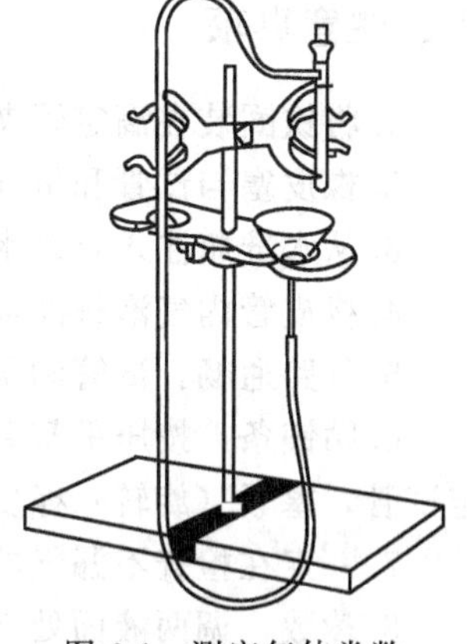

图 6-1　测定气体常数 R 的装置图

4. 测定

（1）取下试管，如果需要的话，可以再调整一次漏斗的高度，使量气管内液面保持在略低于刻度“0”的位置。然后用一漏斗将 6～8mL H_2SO_4（3mol·L^{-1}）注入试管中，切勿使酸沾在试管壁上。用一滴水将镁条沾在试管内壁上部，确保镁条不与酸接触。装好试管，塞紧磨口塞，再一次检查装置是否漏气。

（2）把漏斗移至量气管的右侧，使两者的液面保持同一水平，记下量气管中的液面位置。

（3）把试管底部略微抬高，以使镁条和 H_2SO_4 接触，这时由于反应产生的氢气进入量气管中，把管中的水压入漏斗内。为避免管内压力过大，在管内液面下降时，漏斗也相应地向下移动，使管内液面和漏斗液面大体上保持同一水平。

（4）镁条反应后，待试管冷至室温，使漏斗与量气管的液面处于同一水平，记下液面位置。稍等 1～2min，再记录液面位置，如两次读数相等，表明管内气体温度已与室温一样。记下室内的温度和大气压力。用另一份已称量的镁条重复上述实验。

将实验相关数据记录于表 6-7 中。

表 6-7　气体常数 R 测定相关实验数据

项目 \ 实验编号	1	2	3
实验时温度 T/K			
实验时大气压力 p/Pa			
镁条质量 m/g			

续表

项目 \ 实验编号	1	2	3
反应前量气管液面读数 V_1/mL			
反应后量气管液面读数 V_2/mL			
氢气的体积 $V_{H_2}=V_2-V_1$/mL			
T(K)时水的饱和蒸气压 p/Pa			
氢气的物质的量 n_{H_2}			
摩尔气体常数 R			
百分误差/%			

六、注意事项

1. 将铁圈装在滴定管夹的下方，以便可以自由移动水准瓶（漏斗）。

2. 橡皮塞与试管和量气管口要先试合适后再塞紧，不能硬塞，防止管口塞烂。

3. 从水准瓶注入自来水，使量气管内液面略低于刻度“0”。

4. 橡皮管内气泡排净标志：皮管内透明度均匀，无浅色块状部分。

5. 气路通畅：试管和量气管间的橡皮管勿打折，保证通畅后再检查漏气或进行反应。

6. 贴镁条：按压平整后蘸少许水贴在试管壁上部，确保镁条不与硫酸接触，然后小心固定试管，塞紧（旋转）橡皮塞，谨防镁条落入稀酸溶液中。

7. 一定在检查不漏气的情况下发生反应（切勿使酸碰到橡皮塞）。

8. 读数：调两液面处于同一水平面，冷至室温后读数（小数点后两位，单位：mL）。

实验十三　化学反应焓变的测定

一、预习思考

1. 实验中所使用的 Zn 粉为何只需要用台式天平称取即可？而对 $CuSO_4$ 溶液的浓度则要求准确？

2. 为什么不取反应物混合后溶液的最高温度与刚混合时的温度之差，作为实验中测定的 ΔT 数值，而是用作图外推的方法求得 ΔT 数值？作图外推过程中需要注意哪些问题？

3. 做好本实验的关键是什么？

二、实验目的

1. 掌握测定化学反应焓变的原理。

2. 学习用量热法测定化学反应焓变。

3. 学会利用作图外推法处理实验数据。

三、实验原理

化学反应通常是在定压条件下进行的，此时，化学反应的热效应叫做定压热效应（定压反应热）Q_p。在化学热力学中，则是用反应系统焓 H 的变化量 ΔH 来表示，简称为焓变。为了有一个统一的标准，通常规定 100kPa 为标准态压力，记为 $p^{\ominus}$。把系统中各固体、液体物质处于 $p^{\ominus}$下的纯物质、气体在 $p^{\ominus}$下表现出理想气体性质的纯气体状态称为热力学标准态。在标准状态下化学反应的焓变称为化学反应的标准焓变，用 $\Delta_r H^{\ominus}$表示，下标“r”表示一般的化学反应，上标“⊖”表示标准状态。在实际工作中，许多重要的热力学数据都是在 298.15K 下测定的，所以通常所说的焓变就是 298.15K 下的化学反应的标准焓变，记为 $\Delta_r H^{\ominus}(298.15K)$。

本实验是测定固体物质 Zn 粉和 $CuSO_4$ 溶液中的 Cu^{2+} 发生置换反应的化学反应焓变。

$$Zn(s)+CuSO_4(aq) = Cu(s)+ZnSO_4(aq) \qquad \Delta_r H_m^{\ominus}(298.15K)=-218.66kJ\cdot mol^{-1}$$

这个热化学方程式表示：在标准状态，298.15K 时，发生了一个单位的反应，即 1mol 的 Zn 与 1mol 的 $CuSO_4$ 发生置换反应生成 1mol 的 $ZnSO_4$ 和 1mol 的 Cu^{2+}，此时化学反应的焓变 $\Delta_r H_m^{\ominus}(298.15K)$ 称为 298.15K 时的标准摩尔焓变，其单位为 $kJ\cdot mol^{-1}$。

测定化学反应热效应的仪器称为量热计。对于一般溶液反应的标准摩尔焓变，可用图 6-2 所示的“保温杯式”量热计来测定。

在实验中，若忽略量热计的热容，则可根据已知溶液的比热容、溶液的密度、浓度、实验中所取溶液的体积和反应过程中（反应前和反应后）溶液的温度变化，求得上述化学反应的摩尔焓变。其计算公式如下：

$$Q_p=m_s c_s \Delta T=V_s \rho_s c_s \Delta T \tag{6-1}$$

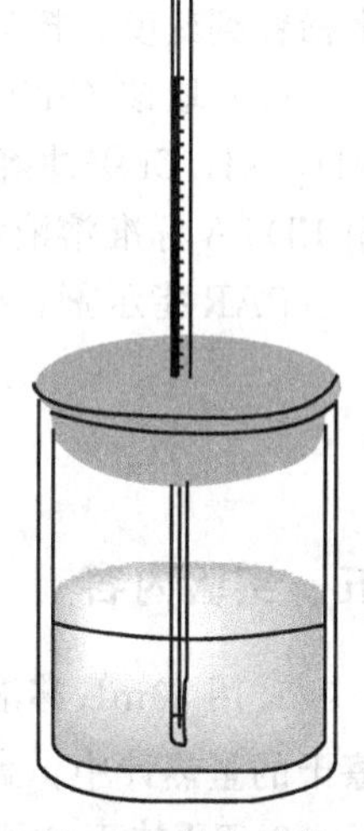

图 6-2 简易量热计示意图

式中，Q_p 为反应中溶液吸收的热量，$J\cdot g^{-1}$；m_s 为反应后溶液的质量，g；c_s 为反应后溶液的比热容，$J\cdot g^{-1}\cdot K^{-1}$；$\Delta T$ 为反应前后溶液温度的变化，K，由作图外推法确定；ρ_s 为反应后溶液的密度，$g\cdot cm^{-3}$；V_s 为 $CuSO_4$ 溶液的体积，cm^3。

设反应前溶液中 $CuSO_4$ 的物质的量为 $n$mol，则反应的摩尔焓变以 $kJ\cdot mol^{-1}$ 计为

$$\Delta_r H_m=\frac{-V_s \rho_s c_s \Delta T}{1000n} \tag{6-2}$$

设反应前后溶液的体积不变，则

$$n=\frac{c_{CuSO_4}\cdot V_s}{1000}$$

式中，c_{CuSO_4} 是反应前溶液中 $CuSO_4$ 的浓度，$mol\cdot L^{-1}$。

从上可知：

$$\Delta_r H_m=\frac{-1000V_s \rho_s c_s \Delta T}{1000c_{CuSO_4} V_s}=\frac{-\rho_s c_s \Delta T}{c_{CuSO_4}} \tag{6-3}$$

四、仪器与试剂

1.仪器

电热恒温干燥箱，量热器，精密温度计（－5～＋50℃，0.1℃刻度），移液管（50mL），洗耳球，移液管架，磁力搅拌器，台秤，称量纸，锥形瓶，烧杯，容量瓶，蒸发皿，研钵，玻璃棒。

2.试剂

$CuSO_4$(0.2000mol·L^{-1})，Zn 粉（分析纯），甲基蓝指示剂，PAR 指示剂，EDTA，NH_3-NH_4Cl 缓冲溶液。

$CuSO_4$(0.2000mol·L^{-1}）溶液的配制与标定如下。

（1）取比所需量稍多的分析纯级 $CuSO_4\cdot 5H_2O$ 晶体于一干净的研钵中研细后，倒入蒸发皿中，再放入电热恒温干燥箱中，在低于 60℃的温度下烘 1～2h，取出，冷却至室温，放入干燥器中备用。

（2）在分析天平上准确称取研细、烘干的 $CuSO_4\cdot 5H_2O$ 晶体 49.936g 于一只 250mL 的烧杯中，加入约 150mL 蒸馏水，用玻璃棒搅拌使其完全溶解，再将该溶液倾入 1000mL 容量瓶中，用蒸馏水将玻璃棒及烧杯漂洗 2～3 次，洗涤液全部注入容量瓶中，最后用蒸馏水稀释到刻度，摇匀。

（3）取该 $CuSO_4$ 溶液 25.00mL 于 250mL 锥形瓶中，将 pH 调到 5.0，加入 10mL NH_4-NH_4Cl 缓冲溶液，加入 8～10 滴 PAR 指示剂，4～5 滴次甲基蓝指示剂，摇匀，立即用 EDTA 标准溶液滴定到溶液由紫红色转为黄绿色时为止。

PAR 指示剂，化学名称为 4-(2-吡啶偶氮）间苯二酚，结构式为：

五、实验内容

1.用 50mL 移液管准确移取 200.00mL $CuSO_4$(0.2000mol·L^{-1}）溶液注入已经洗净、擦干的量热计中，盖紧盖子，在盖子中央插有一支最小刻度为 0.1℃的精密温度计。

2.双手扶正，握稳量热计的外壳，不断摇动或旋转搅拌子（转速一般为 200～300r·min^{-1}），每隔 0.5min 记录一次温度数值，直至量热计内 $CuSO_4$ 溶液与量热计温度达到平衡且温度计指示的数值保持不变为止（一般约需 3min）。

3.用台秤称取 Zn 粉 3.5g。开启量热计的盖子，迅速向 $CuSO_4$ 溶液中加入称量好的 Zn 粉 3.5g，立即盖紧量热计盖子，不断摇动量热计或旋转搅拌子，同时每隔 0.5min 记录一次温度数值，一直到温度上升至最高位置，仍继续进行测定直到温度下降或不变后，再测定记录 3min，测定方可终止。

4.倾倒出量热计中反应后的溶液时，若用磁力搅拌器，小心不要将所用的搅拌子丢失。

六、数据记录与处理

1.反应时间与温度的变化（每 0.5min 记录一次）

室温 t=________℃。

$CuSO_4$ 溶液的浓度 c_{CuSO_4}=____________mol·L^{-1}。

$CuSO_4$ 溶液的密度 $\rho_{CuSO_4}=$__________ $g \cdot L^{-1}$。

温度随时间变化的数据记录于表 6-8。

表 6-8　反应时间与温度的变化

反应进行的时间 t/min															
温度计指示值 t/℃															
温度 $T(273.15+t)$/K															

$CuSO_4$ 溶液的比热容 $c=4.18J \cdot g^{-1} \cdot K^{-1}$。

2. 作图求 ΔT

由于量热计并非严格绝热，在实验时间内，量热计不可避免地会与环境发生少量热交换。用作图推算的方法，可适当地消除这一影响。

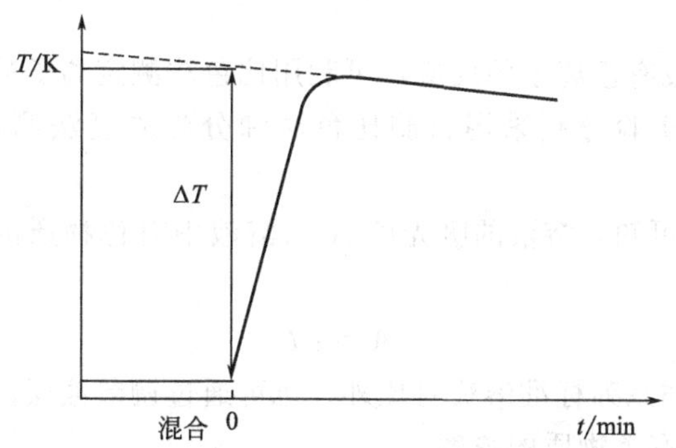

3. 求出反应的焓变（重要）。

4. 实验误差的计算及误差产生原因的分析。

七、注意事项

1. 硫酸铜称量要精确。
2. 锌粉加入要迅速，立即塞紧塞子。
3. 不断摇动溶液，充分均匀反应。
4. 计时、记温度要准确。
5. 温度最高后，继续记录 2min。
6. 外推法求 ΔT 减少误差。

实验十四　反应标准平衡常数的测定

一、预习思考

1. 目测比色法与分光光度法是如何测得 $[Fe(SCN)]^{2+}$ 的平衡浓度的？

2. 如何利用 $[Fe(SCN)]^{2+}$ 平衡浓度进一步求得 Fe^{3+} 与 HSCN 反应的标准平衡常数 $K^{\ominus}$？

3. 本实验中所用的 $Fe(NO_3)_3$ 溶液为何要用 HNO_3 配制？

4. HNO_3 浓度对该标准平衡常数的测定有何影响？

5. 使用721W型分光光度计与比色皿时有哪些应注意的问题？

二、实验目的

1. 了解标准平衡常数的意义。

2. 熟悉起始浓度与平衡浓度的关系以及标准平衡常数的表达式。

3. 通过朗伯-比耳定律，熟悉目测比色法与分光光度法是如何对比标准溶液的浓度求得待测溶液浓度的。

4. 学习并掌握分光光度计的使用方法。

5. 进一步理解有效数字在实验及计算中的应用。

三、实验原理

通常对于一些能生成有色离子的反应，可利用比色法测定离子的平衡浓度，从而求得反应的标准平衡常数。本实验分别采用目测比色法和分光光度法测定化学反应的标准平衡常数。

根据朗伯-比耳定律可知，溶液的吸光度 A 与溶液中有色物质的浓度 c 和液层厚度 l 的乘积成正比：

$$A = kcl \tag{6-4}$$

目测比色法除采用与系列标准溶液对比外，也可通过调节液层的厚度，使颜色深浅相同（即 A 相同），从而求得有色物质的浓度。

在指定条件下（k 不变），若使待测溶液的吸光度与标准溶液（已知准确浓度）的吸光度相同，则由吸光度公式可得：

$$c'l' = cl \tag{6-5}$$

这样，将已知的标准溶液的浓度 c'，以及用尺分别量出的标准溶液的厚度 l'和待测溶液的厚度 l 的数值代入式(6-5) 中，即可求出待测溶液中有色物质的浓度 c。

分光光度法不同于目测比色法。首先，它不是利用自然光作为入射光，而是采用单色光进行比色分析的。其次它是在指定条件下，让光线通过置于厚度同为 l 的比色皿中的溶液。此时式(6-5) 就可简化为：

$$A'/A = c'/c \tag{6-6}$$

这样利用已知标准溶液的浓度 c'，再由分光光度计分别测出标准溶液的吸光度 A'和待测溶液的吸光度 A，就可求得待测溶液中有色物质的浓度 c。

本实验测定的是如下反应的标准平衡常数：

$$\underset{\text{(无色)}}{Fe^{3+}(aq)} + \underset{\text{(无色)}}{HSCN(aq)} \longrightarrow \underset{\text{(血红色)}}{[Fe(SCN)]^{2+}} + H^+(aq)$$

$$K^\ominus = \frac{(c^{eq}_{[Fe(SCN)]^{2+}}/c^\ominus)(c^{eq}_{H^+}/c^\ominus)}{(c^{eq}_{Fe^{3+}}/c^\ominus)(c^{eq}_{HSCN}/c^\ominus)} \tag{6-7}$$

为了抑制 Fe^{3+} 与水发生水解作用而产生棕色的 $[Fe(OH)]^{2+}$（它会干扰比色测定），反应系统中应控制较大的酸度，例如，$c_{H^+} = 0.5mol \cdot L^{-1}$。而在此条件下，系统中所用反应试剂（配位剂）$SCN^-$ 基本以 HSCN 形式存在。

待测溶液中 $[Fe(SCN)]^{2+}$ 的平衡浓度 $c^{eq}_{[Fe(SCN)]^{2+}}$ 可与 $[Fe(SCN)]^{2+}$ 的标准溶液比色

测得。Fe^{3+}、HSCN 以及 H^+ 的平衡浓度 c^{eq} 与其对应的起始浓度 c_0 的关系分别为：

$$c^{eq}_{Fe^{3+}}=c_{0,Fe^{3+}}-c^{eq}_{[Fe(SCN)]^{2+}} \tag{6-8}$$

$$c^{eq}_{HSCN}=c_{0,HSCN}-c^{eq}_{[Fe(SCN)]^{2+}} \tag{6-9}$$

$$c^{eq}_{H^+}\approx c_{0,H^+}$$

将各物质的平衡浓度 c^{eq} 代入式(6-7) 即可求得标准平衡常数 $K^{\ominus}$值。

四、仪器与试剂

1. 仪器

721W 型分光光度计，比色管（干燥，25mL，5 支)，比色管架，烧杯（干燥，50mL，5 只)，滴管，移液管（10mL，4 支)，洗耳球，白瓷板，洗瓶，滤纸片或吸水纸，温度计，尺。

2. 试剂

硝酸铁 $Fe(NO_3)_3$（0.002000mol・L^{-1}，0.2000mol・L^{-1}），硫氰酸钾 KSCN（0.002000mol・L^{-1})，$Fe(NO_3)_3 \cdot 9H_2O(s)$，$HNO_3$(1mol・$L^{-1}$)。

五、实验内容

1. 溶液的配制

(1) 配制标准 $[Fe(SCN)]^{2+}$ 溶液　用移液管或吸量管分别准确量取 10.00mL $Fe(NO_3)_3$(0.2000mol・L^{-1}) 溶液、2.00mL KSCN(0.002000mol・L^{-1}) 溶液、8.00mL 蒸馏水，注入已做好编号的干燥小烧杯中，轻轻振荡，使混合均匀。

(2) 配制待测溶液　往 4 只干燥的小烧杯中，分别按表 6-9 的编号所示配方比例混合待测溶液，具体配制方法如上述标准 $[Fe(SCN)]^{2+}$ 溶液的配制。

表 6-9　待测溶液的配制

体积 V/cm^3 \ 实验编号	Ⅰ	Ⅱ	Ⅲ	Ⅳ
0.2000mol・L^{-1} $Fe(NO_3)_3$ 溶液	5.00	5.00	5.00	5.00
0.002000mol・L^{-1}KSCN 溶液	5.00	4.00	3.00	2.00
H_2O	0.00	1.00	2.00	3.00

2. 标准平衡常数的测定

可任选下列方法之一测定标准平衡常数：目测比色法以及分光光度法。

(1) 目测比色法　将已配制好的编号Ⅰ～Ⅳ的待测溶液分别注入 4 支干燥的比色管（有相应编号）中，至高度 70～80mm。用尺测量并记录各比色管中溶液的厚度 l（在本实验中即为溶液的高度)，精确至±0.5mm。

往另一支干燥比色管中，注入标准 $[Fe(SCN)]^{2+}$ 溶液至高度 50～60mm。将编号Ⅰ待测溶液的比色管与标准溶液的比色管并列，并用白纸围住，使光线从底部进入。为了便于观察，比色时在比色管底部桌面上放置一块白瓷板，手握比色管，从比色管口垂直向下看。

比色时，若标准溶液的颜色较深，可用已经标准溶液洗涤过的滴管（或干燥滴管)，从该比色管中吸出部分标准溶液；若颜色较浅，可再滴加部分标准溶液于比色管中。如此反复进行，直到标准溶液与编号Ⅰ的待测溶液的红色深浅一致。用尺量出比色管中标准溶液的厚度 l'，精确至±0.5mm（是否可将上述调节标准溶液厚度的方法，改为调节待测溶液厚度来达到实验目的？前者有何优越性?)。

如上操作，依次测定对应编号Ⅱ、Ⅲ、Ⅳ待测溶液厚度 l 和标准溶液厚度 l'。将数据记录于表 6-10 中。

表 6-10　目测比色法数据记录

实验编号		Ⅰ	Ⅱ	Ⅲ	Ⅳ
待测溶液厚度 l/mm					
标准溶液厚度 l'/mm					
起始浓度 c_0/mol·L^{-1}	Fe^{3+}溶液				
	SCN^- 溶液				
平衡浓度 c^{eq}/mol·L^{-1}	H^+溶液				
	$[Fe(SCN)]^{2+}$溶液				
	Fe^{3+}溶液				
	HSCN 溶液				
标准平衡常数 $K^{\ominus}$					
$K^{\ominus}$的平均值					
实验时室温 T=______K					

(2) 分光光度法　按照分光光度计的操作步骤，选定单色光的波长为 447nm。

取 4 支厚度为 1cm 的比色皿，分别注入空白溶液（可用蒸馏水）、标准溶液、编号Ⅰ～Ⅳ的待测溶液至约为比色皿 4/5 容积处。

将盛有空白溶液、标准溶液的比色皿放入比色皿框的第一、二格中，将盛有其他溶液的比色皿依次放入其余的位置中。

按分光光度计操作步骤测量各溶液的吸光度 A，数据记入表 6-11 中，若比色皿有限，待测溶液可予更换，但整个测定过程中需保留空白溶液及标准溶液的比色皿。

表 6-11　分光光度法数据记录

实验编号		Ⅰ	Ⅱ	Ⅲ	Ⅳ
吸光度 A(比色皿厚度____cm)					
起始浓度 c_0/mol·L^{-1}	Fe^{3+}溶液				
	SCN^- 溶液				
平衡浓度 c^{eq}/mol·L^{-1}	H^+溶液				
	$[Fe(SCN)]^{2+}$溶液				
	Fe^{3+}溶液				
	HSCN 溶液				
标准平衡常数 $K^{\ominus}$					
$K^{\ominus}$的平均值					
实验时室温 T=______K					

测量完毕，关闭分光光度计电源，从比色皿框中取出比色皿，弃去其中的溶液，用蒸馏水洗净后放回原处。

六、数据记录与处理

1. 目测比色法实验数据记录于表 6-10，并完成数据处理。

2. 分光光度法实验数据记录于表 6-11，并完成数据处理。

七、注意事项

1. 实验中标准 $[Fe(SCN)]^{2+}$ 溶液的配制是基于：当 $c_{0,Fe^{3+}} >> c_{0,HSCN}$ 时，例如 $c_{0,Fe^{3+}} = 0.1000mol \cdot L^{-1}$，$c_{0,HSCN} = 0.0002000mol \cdot L^{-1}$，可认为 HSCN 几乎全部转化为 $[Fe(SCN)]^{2+}$，即标准 $[Fe(SCN)]^{2+}$ 溶液的浓度等于 HSCN（或 KSCN）的起始浓度。

2. 若考虑下列平衡：

$$HSCN(aq) \rightleftharpoons H^+(aq) + SCN^-(aq)$$

$K^{\ominus}_{a(HSCN)} = 0.141$

$$K^{\ominus}_{a(HSCN)} = \frac{\left(\frac{c^{eq}_{H^+}}{c^{\ominus}}\right) \cdot \left(\frac{c^{eq}_{SCN^-}}{c^{\ominus}}\right)}{\left(\frac{c^{eq}_{HSCN}}{c^{\ominus}}\right)}$$

由式(6-9) 应为
$$c^{eq}_{HSCN} + c^{eq}_{SCN^-} = c_{0,HSCN} - c^{eq}_{[Fe(SCN)]^{2+}}$$

$$c^{eq}_{HSCN} + K^{\ominus}_{a_{HSCN}} \times \frac{c^{eq}_{HSCN}}{\frac{c^{eq}_{H^+}}{c^{\ominus}}} = c_{0,HSCN} - c^{eq}_{[Fe(SCN)]^{2+}}$$

$$c^{eq}_{HSCN} = (c_{0,HSCN} - c^{eq}_{[Fe(SCN)]^{2+}}) \Big/ \left(1 + \frac{K^{\ominus}_{a(HSCN)}}{\frac{c^{eq}_{H^+}}{c^{\ominus}}}\right)$$

设 $c^{eq}_{H^+} = 0.50mol \cdot L^{-1}$，又 $K^{\ominus}_{a(HSCN)} = 0.141$ 由上式变为

$$c^{eq}_{HSCN} = (c_{0,HSCN} - c^{eq}_{[Fe(SCN)]^{2+}}) \Big/ \left(1 + \frac{0.141}{0.50}\right) = 0.78(c_{0,HSCN} - c^{eq}_{[Fe(SCN)]^{2+}})$$

3. 将 $Fe(NO_3)_3 \cdot 9H_2O$ 溶解于 $HNO_3(1mol \cdot L^{-1})$ 的浓度应尽量准确，以免影响 H^+ 浓度。

4. 表 6-9 中所列仅为溶液的配方比例。溶液的总体积需根据目测比色时所选用比色管的体积大小，以及是否同时进行目测比色与分光光度比色而定。

5. 合理选择参比溶液，而且参比溶液必须放置在比色框的第一个格内。

实验十五　醋酸解离度、解离常数的测定

一、预习思考

1. 两种方法测定 HAc 解离度和解离常数的原理有何不同？

2. 数据处理中，有关数据的有效数字位数有什么规则？

3. 如果实验中所用醋酸溶液的浓度极稀，是否还可以用 $K^{\ominus}_{a(HAc)}=\frac{(c^{eq}_{H^+})^2}{c}$ 计算解离常数？为什么？

4. 如果改变所测醋酸的浓度或实验温度，则解离度和解离常数有无变化？若有变化，会有怎样的变化？

5. 为什么 HAc 溶液的 pH 要用酸度计来测定？HAc 的浓度与 HAc 溶液的酸度有何区别？

6. 配制不同浓度的 HAc 溶液时，玻璃器皿是否要干燥，为什么？

7. 为什么用移液管量取 HAc 标准溶液的体积，而不是用量筒？

二、实验目的

1. 了解用 pH 法和电导率法测定醋酸解离度和解离常数的原理和方法。
2. 加深对弱电解质解离平衡的理解。
3. 正确使用移液管。
4. 学习 pH 计和电导率仪的使用方法。

三、实验原理

醋酸是一元弱酸，即弱电解质，它在溶液中存在下列解离平衡：

$$HAc(aq)+H_2O(l)\rightleftharpoons H_3O^+(aq)+Ac^-(aq)$$

或简写为

$$HAc(aq)\rightleftharpoons H^+(aq)+Ac^-(aq)$$

其解离常数为：

$$K^{\ominus}_{a(HAc)}=\frac{\left(\frac{c^{eq}_{H^+}}{c^{\ominus}}\right)\left(\frac{c^{eq}_{Ac^-}}{c^{\ominus}}\right)}{\left(\frac{c^{eq}_{HAc}}{c^{\ominus}}\right)} \tag{6-10}$$

如果 HAc 的起始浓度为 c_0，其解离度为 α，由于 $c^{eq}_{H^+}=c^{eq}_{Ac^-}=c_0\alpha$，带入上式(6-10)，得：

$$\begin{aligned}K^{\ominus}_{a(HAc)}&=(c_0\alpha)^2/(c_0-c_0\alpha)\\&=c_0\alpha^2/(1-\alpha)\end{aligned} \tag{6-11}$$

某一弱电解质的解离常数 $K^{\ominus}_a$ 仅与温度有关，而与该弱电解质溶液的浓度无关，其解离度 α 则随着溶液浓度的降低而增大，下面介绍两种方法的实验原理。

1. pH 法测定醋酸的解离度和解离常数

在一定温度下，用 pH 计（酸度计）测得一系列不同浓度的醋酸溶液的 pH，根据 $pH=-\lg c_{H^+}$，换算出各不同浓度醋酸溶液中的 c_{H^+}，再根据 $\alpha=[c_{H^+}/c_0]\times100\%$，可求得各不同浓度醋酸溶液的解离度 α 值，最后根据公式(6-11)：$K^{\ominus}_{a(HAc)}=c_0\alpha^2/(1-\alpha)$，求得一系列对应的解离常数 $K^{\ominus}_{a(HAc)}$ 值，取其平均值，即为该温度下的醋酸解离常数值。

2. 电导率法测定醋酸的解离度和解离常数

电解质溶液是离子电导体，在一定温度时，电解质溶液的电导（电阻的倒数）G 为

$$G=\kappa A/l \tag{6-12}$$

式中，κ 为电导率（电阻率的倒数），表示长度 l 为 1m、截面积 A 为 $1m^2$ 导体的电导，单位为 $S \cdot m^{-1}$，电导的单位为 S（西门子）。

为了便于比较不同溶质的电解质溶液的电导，常采用摩尔电导率 λ_m。摩尔电导率表示在相距 1cm 的两平行电极之间，放置含有 1mol 单位物质的量电解质的电导，其数值等于电导率 κ 乘以此溶液的全部体积。若溶液的浓度为 $c(mol \cdot L^{-1})$，则含有 1mol 单位物质的量电解质的溶液体积 $V=10^{-3}/c(m^3 \cdot mol^{-1})$，溶液的摩尔电导率为：

$$\lambda_m=\kappa V=10^{-3}\kappa/c \tag{6-13}$$

λ_m 的单位为 $S \cdot m^2 \cdot mol^{-1}$。

由公式（6-11）可知，弱电解质溶液的浓度 c 越小，弱电解质的解离度 α 越大，无限稀释时弱电解质也可看作是完全解离的，即此时的 $\alpha=100\%$。从而可知，一定温度下，某浓度 c 的摩尔电导率 λ_m 与无限稀释时的摩尔电导率 $\lambda_{m,\infty}$ 之比，即为该弱电解质的解离度：

$$\alpha=\lambda_m/\lambda_{m,\infty} \tag{6-14}$$

不同温度时，HAc 的 $\lambda_{m,\infty}$ 值见表 6-12。

表 6-12　不同温度下 HAc 无限稀释时的摩尔电导率 $\lambda_{m,\infty}$

温度 T/K	273	291	298	303
$\lambda_{m,\infty}/S \cdot m^2 \cdot mol^{-1}$	0.0245	0.0349	0.0391	0.0428

通过电导率仪测定一系列已知起始浓度的 HAc 溶液的 κ 值。根据式（6-13）以及（6-14）即可求得对应的解离度 α。若将式（6-14）代入式（6-11），可得：

$$K_a^{\ominus}=\frac{c_0\lambda_m^2}{[\lambda_{m,\infty}(\lambda_{m,\infty}-\lambda_m)]} \tag{6-15}$$

根据公式（6-15）即可求得 HAc 的解离常数 $K_a^{\ominus}$。

四、仪器与试剂

1. 仪器

洗瓶（1 个），移液管（20mL，1 支），吸量管，小烧杯（50mL，6 只），移液管架（1 只），洗耳球，酸度计（1 台），温度计（0～100℃，1 支），电导率仪。

2. 试剂

HAc（$0.1mol \cdot L^{-1}$），pH=4.00 的标准缓冲溶液（邻苯二甲酸氢钾），pH=6.86 的标准缓冲溶液，NaOH 标准溶液。

五、实验内容

（一）pH 法

1. 方式一

（1）取 5 只洗净烘干的 50mL 小烧杯依次编成 1～5 号。

（2）用移液管分别向 1～5 号小烧杯中准确放入 48.00mL、24.00mL、12.00mL、6.00mL、3.00mL 已准确标定过的 HAc 标准溶液。

（3）用移液管分别再向 1～5 号小烧杯中准确放入 0.00mL、24.00mL、36.00mL、42.00mL、45.00mL 的蒸馏水，并将杯中溶液搅混均匀。

（4）用酸度计分别依次测量 1～5 号小烧杯中醋酸溶液的 pH，并如实正确记录测定数据

（表 6-13）。

记录醋酸溶液的原始浓度：c_{HAc}＝________mol·L^{-1}，实验时室温＝________℃。

表 6-13　pH 法测定醋酸解离常数的数据记录

烧杯编号	HAc 溶液体积 V_{HAc}/cm^3	H_2O 体积 V_{H_2O}/cm^3	配制的 HAc 溶液浓度 c_{HAc}/mol·L^{-1}	pH	H^+ 浓度 c_{H^+}/mol·L^{-1}	醋酸解离度 α/%	醋酸解离常数 $K^{\ominus}_{a(HAc)}$
1							
2							
3							
4							
5							
醋酸电离平衡常数平均值$\overline{K^{\ominus}_{a(HAc)}}$＝							

2. 方式二

（1）醋酸溶液浓度的测定　以酚酞为指示剂，用已知浓度的 NaOH 标准溶液标定 HAc 的准确浓度，把结果填入表 6-14。

表 6-14　NaOH 标准溶液标定 HAc 的实验数据记录

滴定序号		1	2	3
NaOH 溶液的浓度/mol·L^{-1}				
HAc 溶液的用量/mL				
NaOH 溶液的用量/mL				
HAc 溶液的浓度/mol·L^{-1}	测定值			
	平均值			

（2）配制不同浓度的 HAc 溶液　用移液管或吸量管分别准确移取 25.00mL、5.00mL、2.50mL 已测得准确浓度的 HAc 溶液，把它们分别加入三个 50mL 容量瓶中，再用蒸馏水稀释至刻度，摇匀，并计算出这三个容量瓶中 HAc 溶液的准确浓度。

（3）测定醋酸溶液的 pH，计算醋酸的解离度和解离平衡常数　把以上四种不同浓度的 HAc 溶液分别加入四只洁净干燥的 50mL 烧杯中，按由稀到浓的次序在酸度计上分别测定它们的 pH，并记录数据和室温。计算解离度和解离平衡常数，并将有关数据填入表 6-15。

记录实验时室温＝________℃。

表 6-15　pH 法测定醋酸解离常数的数据记录

溶液编号	c/mol·L^{-1}	pH	c_{H^+}/mol·L^{-1}	α	解离平衡常数 $K^{\ominus}_{a(HAc)}$	
					测定值	平均值
1						
2						
3						
4						

本实验测定的 $K^{\ominus}_{a(HAc)}$ 在 1.0×10^{-5}～2.0×10^{-5} 范围内合格（25℃时的文献值为 1.76×10^{-5}）。

（二）电导率法

1. 取配置好的醋酸溶液，用电导率仪分别依次测量 1～5 号小烧杯中醋酸溶液的电导率，并如实正确记录测定数据（表 6-16）。

2. 记录实验数据时室温与不同起始浓度时的电导率 κ 数据。根据表 6-12 的数值，得到实验室温下 HAc 无限稀释时的摩尔电导率 $\lambda_{m,\infty}$。再按照式（6-13）计算不同起始浓度时的摩尔电导率 λ_m，即可由式（6-14）求得各浓度时 HAc 的解离度 α。根据式（6-15）的计算，取平均值，可得到 HAc 的解离常数 $K^{\ominus}_{a(HAc)}$。

表 6-16　电导率法测定醋酸解离常数的数据记录

烧杯编号	配制的 HAc 溶液浓度 $c_{0,HAc}/mol \cdot L^{-1}$	电导率 $\kappa/S \cdot m^{-1}$	摩尔电导率 $\lambda_m/S \cdot m^2 \cdot mol^{-1}$	醋酸解离度 $\alpha/\%$	醋酸解离常数 $K^{\ominus}_{a(HAc)}$
1					
2					
3					
4					
5					
醋酸解离平衡常数的平均值 $\overline{K}^{\ominus}_{a(HAc)}=$					

六、注意事项

1. 正确使用移液管。

2. 酸度计和电导率仪使用方法以及注意事项，尤其是电极的清洗。

3. 酸度计第一次应用 pH＝6.86 的标准缓冲溶液，第二次应用接近被测溶液的值，如被测溶液为酸性时，应选用 pH＝4.00 标准缓冲溶液校准；如果被测溶液为碱性，应选用 pH＝9.18 标准缓冲溶液校准。一般情况下，在 24 h 内仪器不需再校准。

4. 内插法求所需的 $\lambda_{m,\infty}$ 方法。

例如，室温为 295K 时，HAc 无限稀释时的摩尔电导 $\lambda_{m,\infty}$ 为：

$$\frac{(0.0391-0.0349)S \cdot m^2 \cdot mol^{-1}}{(x-0.0349)S \cdot m^2 \cdot mol^{-1}}=\frac{(298-291)K}{(295-291)K}$$

求得 $x=0.0373\ S \cdot m^2 \cdot mol^{-1}$。

实验十六　碘酸铜溶度积常数的测定

一、预习思考

1. 溶度积规则在沉淀溶解平衡中如何应用？

2. 怎样制备 $Cu(IO_3)_2$ 的饱和溶液？

3. 过滤 $Cu(IO_3)_2$ 饱和溶液时，如果有 $Cu(IO_3)_2$ 固体损失，将对实验结果产生怎样的影响？

4. 实验中的参比溶液可否用其他试剂取代？

5. 可否用量筒量取代吸量管取 $CuSO_4$ 标准溶液配制溶液？

二、实验目的

1. 了解用分光光度计测定难溶电解质溶度积常数的方法。

2. 进一步巩固分光光度法测定难溶电解质溶度积常数的原理。

3. 学习并掌握 721W 型分光光度计的使用方法。

三、实验原理

$Cu(IO_3)_2$ 是难溶强电解质，在其饱和溶液中，存在如下平衡：

$$Cu(IO_3)_2(s) \rightleftharpoons Cu^{2+}(aq) + 2IO_3^-(aq)$$

在一定温度下，上述平衡溶液中 Cu^{2+} 浓度与 IO_3^- 浓度平方的乘积是一个常数：

$$K_{sp}^{\ominus} = c_{Cu^{2+}} \cdot c_{IO_3^-}^2$$

$K_{sp}^{\ominus}$ 称为溶度积常数，与其他平衡常数一样，溶度积常数是温度的函数，随温度的不同而改变。因此，如果能测得一定温度下 $Cu(IO_3)_2$ 饱和溶液中的 Cu^{2+} 浓度和 IO_3^- 浓度，即可求算出该温度时的 $K_{sp}^{\ominus}$。

本实验是由硫酸铜和碘酸钾作用制备碘酸铜饱和溶液，然后利用饱和溶液中的 Cu^{2+} 与过量 $NH_3 \cdot H_2O$ 作用生成深蓝色的配离子 $[Cu(NH_3)_4]^{2+}$，这一配离子对波长为 600nm 的光具有强吸收，而且在一定温度下，它对光的吸收程度（即吸光度 A）与溶液浓度成正比。因此，由分光光度计测得碘酸铜饱和溶液中 Cu^{2+} 与过量 $NH_3 \cdot H_2O$ 作用后生成的配离子 $[Cu(NH_3)_4]^{2+}$ 溶液的吸光度，利用工作曲线（又称标准曲线）并通过计算就能确定饱和溶液中的 Cu^{2+} 浓度。

工作曲线的绘制：配制一系列 $[Cu(NH_3)_4]^{2+}$ 的不同浓度的标准溶液，用分光光度计测定该标准系列中各溶液的吸光度，然后以吸光度 A 为纵坐标，相应的一系列 Cu^{2+} 浓度为横坐标作图，得到的直线即为工作曲线。

最后根据沉淀溶解平衡时 Cu^{2+} 浓度和 IO_3^- 浓度的关系，就能求出碘酸铜的溶度积常数 $K_{sp}^{\ominus}$。

四、仪器与试剂

1. 仪器

721W 型分光光度计，比色皿（1cm），烧杯，吸量管，漏斗，定量滤纸，镜头纸，容量瓶（50mL），温度计，台秤。

2. 试剂

$CuSO_4 \cdot 5H_2O(s)$，$KIO_3(s)$，$NH_3 \cdot H_2O(1:1)$，$CuSO_4(0.1000mol \cdot L^{-1})$，$BaCl_2(0.1mol \cdot L^{-1})$。

五、实验内容

1. 工作曲线（标准曲线）的绘制

用吸量管准确移取 0.40mL、0.80mL、1.20mL、1.60mL、2.00mL 的 $CuSO_4(0.1000mol \cdot L^{-1})$

标准溶液分别于编号 1～5 的 50mL 容量瓶中，然后向容量瓶中各加入 4.00mL $NH_3 \cdot H_2O$ (1∶1)，摇匀后，用蒸馏水稀释至刻度线，再摇匀。

以纯溶剂蒸馏水为参比溶液，选用 1cm 比色皿，选择入射光波长为 600nm，用分光光度计分别测定各编号溶液的吸光度，数据列入表 6-17。

2. $Cu(IO_3)_2$ 固体的制备

称取 2.0g $CuSO_4 \cdot 5H_2O(s)$ 和 3.4g $KIO_3(s)$ 与适量水反应制得 $Cu(IO_3)_2$ 沉淀，用蒸馏水洗涤沉淀至不含 SO_4^{2-} 为止。

3. $Cu(IO_3)_2$ 饱和溶液的制备

在上述洗涤后的不含 SO_4^{2-} 的 $Cu(IO_3)_2$ 固体中，加入 80mL 蒸馏水，即配制为 $Cu(IO_3)_2$ 的饱和溶液，然后用干的双层定量滤纸将饱和溶液进行过滤，滤液收集于一个干燥的烧杯中。

4. $Cu(IO_3)_2$ 饱和溶液中 Cu^{2+} 浓度的测定

用移液管准确移取 20.00mL 过滤后的 $Cu(IO_3)_2$ 饱和溶液于 50mL 容量瓶中，加入 4.00mL $NH_3 \cdot H_2O$ (1∶1)，摇匀，用蒸馏水稀释至刻度，再摇匀。然后以纯溶剂蒸馏水为参比溶液，选用 1cm 比色皿，选择入射光波长为 600nm，用分光光度计测定该溶液的吸光度。根据工作曲线求出饱和溶液中的 Cu^{2+} 浓度。

根据 $Cu(IO_3)_2(s) \rightleftharpoons Cu^{2+}(aq) + 2IO_3^-(aq)$ 平衡中 Cu^{2+} 浓度和 IO_3^- 浓度的关系，即可求出碘酸铜的溶度积 $K_{sp}^{\ominus}$。

六、数据记录与处理

1. 将工作曲线测定数据列入表 6-17。

表 6-17　不同浓度时的吸光度

编　号	1	2	3	4	5
V_{CuSO_4}/mL	0.40	0.80	1.20	1.60	2.00
$c_{Cu^{2+}}$/mol·L^{-1}					
吸光度 A					

2. 以吸光度 A 为纵坐标，Cu^{2+} 浓度为横坐标，绘制工作曲线（标准曲线）。

3. 根据工作曲线求出 $Cu(IO_3)_2$ 饱和溶液中的 Cu^{2+} 浓度，求出碘酸铜的溶度积 $K_{sp}^{\ominus}$。

七、注意事项

1. 移液管必须专管专用。
2. 注意移液管的正确操作。
3. 用容量瓶进行标准溶液配制时，必须严格按照容器刻度定容体积。
4. 注意比色皿的拿法和放置方向以及比色皿中溶液的加入量。
5. 合理选用参比溶液。
6. 正确使用分光光度计。
7. 实验中产生的废液要集中回收，统一处理。

实验十七　银氨配离子配位数及稳定常数的测定

一、预习思考

1. 复习配位平衡和溶度积等基本概念，理清它们之间的关系。

2. $AgNO_3$ 溶液为什么要放在棕色试剂瓶中？还有哪些试剂应放在棕色试剂瓶中？

3. 如何由 $K_f^\ominus$ 和初始浓度求 c_{Ag^+}、c_{NH_3}、$c_{[Ag(NH_3)_n]^+}$，并进而求 $K^\ominus$？

4. 在计算平衡浓度 c_{Br^-}、$c_{[Ag(NH_3)_n]^+}$ 和 c_{NH_3} 时，为什么可以忽略生成 AgBr 沉淀时所消耗的 c_{Br^-} 和 c_{Ag^+}，同时也可以忽略 $[Ag(NH_3)_n]^+$ 电离出来的 c_{Ag^+} 以及生成 $[Ag(NH_3)_n]^+$ 时所消耗的 c_{NH_3}？

5. 本实验是用 KBr 为沉淀剂，如果采用 NaCl 作为沉淀剂，对实验的测定结果是否有影响？为什么？

二、实验目的

1. 进一步理解溶度积常数、配离子稳定常数、配位平衡等概念及相应关系。

2. 学习应用配位平衡和溶度积原理测定银氨配离子 $[Ag(NH_3)_n]^+$ 的配位数 n 及其稳定常数 $K_f^\ominus$ 的方法。

3. 熟悉相应的数据处理和作图方法。

三、实验原理

在 $AgNO_3$ 溶液中加入过量的氨水，即生成稳定的银氨配离子 $[Ag(NH_3)_n]^+$，存在下面的反应式及稳定常数的表达式：

$$Ag^+ + nNH_3 \rightleftharpoons [Ag(NH_3)_n]^+ \tag{a}$$

$$K^\ominus_{f([Ag(NH_3)_n]^+)} = \frac{c_{[Ag(NH_3)_n]^+}}{c_{Ag^+} \cdot c^n_{NH_3}} \tag{6-16}$$

然后再往溶液中逐滴加入 KBr 溶液，直到出现淡黄色的 AgBr 沉淀不消失为止，则会存在下面的反应式及溶度积常数表达式：

$$Ag^+ + Br^- \rightleftharpoons AgBr(s) \tag{b}$$

$$K^\ominus_{sp(AgBr)} = c_{Ag^+} \cdot c_{Br^-} \tag{6-17}$$

上述溶液中存在的总的化学平衡反应式可由式（b）－式（a）得：

$$[Ag(NH_3)_n]^+ + Br^- \rightleftharpoons AgBr(s) + nNH_3 \tag{c}$$

其平衡常数表达式为：

$$K^\ominus = \frac{c^n_{NH_3}}{c_{Br^-} \cdot c_{[Ag(NH_3)_n]^+}} \tag{6-18}$$

上述平衡常数表达式右侧分子、分母项同乘 c_{Ag^+}，则会得到下式：

$$K^\ominus = \frac{1}{K^\ominus_{f([Ag(NH_3)_n]^+)} \cdot K^\ominus_{sp(AgBr)}} \tag{6-19}$$

式（6-18）平衡常数表达式中的 c_{Br^-}、$c_{[Ag(NH_3)_n]^+}$ 和 c_{NH_3} 均为平衡浓度，它们可以通过下述近似计算求得。

在氨水大大过量的条件下，系统中只生成单核最高配位数的配离子 $[Ag(NH_3)_n]^+$ 和 AgBr 沉淀，没有其他副反应发生。

设每份混合溶液中最初取用的 $AgNO_3$ 溶液的体积 V_{Ag^+} 均相同，初始浓度为 c_{0,Ag^+}，每份加入的氨水（大大过量）和 KBr 溶液的体积分别为 V_{NH_3} 和 V_{Br^-}，其初始浓度分别为 c_{0,NH_3} 和 c_{0,Br^-}，混合溶液的总体积为 $V_总$。混合后达到平衡时存在如下关系：

$$c_{[Ag(NH_3)_n]^+}=\frac{c_{0,Ag^+}\cdot V_{Ag^+}}{V_总} \tag{6-20}$$

滴加 KBr 溶液，有淡黄色的 AgBr 沉淀稳定出现时：

$$c_{Br^-}=\frac{c_{0,Br^-}\cdot V_{Br^-}}{V_总} \tag{6-21}$$

$$c_{NH_3}=\frac{c_{0,NH_3}\cdot V_{NH_3}}{V_总} \tag{6-22}$$

将式（6-20）、式（6-21）、式（6-22）代入式（6-19），经整理后得：

$$V_{Br^-}=\frac{K^{\ominus}_{f([Ag(NH_3)_n]^+)}\cdot K^{\ominus}_{sp(AgBr)}\cdot\left(\frac{c_{0,NH_3}}{V_总}\right)^n\cdot(V_{NH_3})^n}{\frac{c_{0,Ag^+}\cdot V_{Ag^+}}{V_总}\times\frac{c_{0,Br^-}}{V_总}} \tag{6-23}$$

式（6-23）等号右边除了 $(V_{NH_3})^n$ 外，其余皆为常数或已知量，故式（6-23）可改写为：

$$V_{Br^-}=K'\cdot(V_{NH_3})^n \tag{6-24}$$

即 K'的表达式为：$K'=\frac{K^{\ominus}_{f([Ag(NH_3)_n]^+)}\cdot K^{\ominus}_{sp(AgBr)}\times\left(\frac{c_{0,NH_3}}{V_总}\right)^n}{\frac{c_{0,Ag^+}\cdot V_{Ag^+}}{V_总}\times\frac{c_{0,Br^-}}{V_总}}$

将式（6-24）两边取对数得直线方程：

$$\lg V_{Br^-}=n\lg V_{NH_3}+\lg K' \tag{6-25}$$

以 $\lg V_{Br^-}$ 为纵坐标，$\lg V_{NH_3}$ 为横坐标作图，求出该直线的斜率 n，即得 $[Ag(NH_3)_n]^+$ 的配位数 n。由直线在 $\lg V_{Br^-}$ 轴上的截距 $\lg K'$，求出 K'，并利用 K'的表达式，求得 $K^{\ominus}_{f([Ag(NH_3)_n]^+)}$。

四、仪器与试剂

1. 仪器

锥形瓶，量筒，酸式滴定管，移液管，吸量管，铁架台，万用夹。

2. 试剂

$NH_3\cdot H_2O$（$2mol\cdot L^{-1}$），$AgNO_3$（$0.01mol\cdot L^{-1}$），KBr（$0.01mol\cdot L^{-1}$）。

上述溶液均需在实验前确定准确浓度。

五、实验内容

1. 按表 6-18 各编号所列数据，依次加入 $AgNO_3$（0.01mol·L^{-1}）溶液、$NH_3 \cdot H_2O$（2mol·L^{-1}）溶液及蒸馏水于各锥形瓶中，然后在不断振荡下从滴定管中逐滴加入 KBr（0.01mol·L^{-1}）溶液，直到溶液中刚开始出现浑浊并不再消失为止（沉淀为何物）。记下所消耗的 KBr 溶液的体积 V_{Br^-} 和溶液的总体积 $V_{总}$。

表 6-18 配位数测定实验试剂用量分组表

实验编号	1	2	3	4	5	6	7
V_{Ag^+}/mL	4.00	4.00	4.00	4.00	4.00	4.00	4.00
V_{NH_3}/mL	8.00	7.00	6.00	5.00	4.00	3.00	2.00
V_{Br^-}/mL							
V_{H_2O}/mL	8.0	9.0	10.0	11.0	12.0	13.0	14.0
$V_{总}$/mL							
$\lg V_{NH_3}$							
$\lg V_{Br^-}$							

2. 从编号 2 开始，当滴定接近终点时，还要加适量蒸馏水，继续滴定至终点，使溶液的总体积都与编号 1 的总体积基本相同。

3. 以 $\lg V_{Br^-}$ 为纵坐标，$\lg V_{NH_3}$ 为横坐标作图求直线的斜率 n。由直线在纵坐标轴上的截距 $\lg K'$，求出 K'，并利用 K'的表达式求得 $K^{\ominus}_{f([Ag(NH_3)_n]^+)}$。将数据填入表 6-18 中。已知 25℃时，$K^{\ominus}_{sp(AgBr)} = 5.3 \times 10^{-13}$。

六、注意事项

1. 取用 $AgNO_3$ 溶液和 $NH_3 \cdot H_2O$ 溶液的体积一定要准确。

2. 逐滴加入 KBr 溶液至出现浑浊并不再消失为止。由于终点时产生的 AgBr 的量很少，观察沉淀较困难，所以一定要仔细观察实验现象。

3. 取用各试剂要专管专用，专筒专用。

实验十八 电池电动势的测定及应用

一、预习思考

1. 使用盐桥的目的是什么？
2. 应选什么样的电解质作盐桥？
3. 用电动势法可测定计算哪些热力学函数？
4. 第一个原电池为什么要用待装的 $AgNO_3$ 溶液淌洗小烧杯和银电极？

二、实验目的

1. 了解测定电池电动势的基本原理。

2. 测量下列电池的电动势。

(1) (−)Ag | $AgNO_3$(0.01mol·L^{-1}) || $AgNO_3$(0.1mol·L^{-1}) | Ag(s)(+)(浓差电池)

(2) (−)Ag(s), AgCl(s) | KCl(饱和) || $AgNO_3$(0.01mol·L^{-1}) | Ag(s)(+)

(3) (−)Ag(s), AgCl(s) | KCl(饱和) || H^+(0.1mol·L^{-1}HAc+0.1mol·L^{-1}NaAc) Q·QH_2 | Pt(+)

3. 掌握测定电动势的方法。

三、实验原理

1. 热力学关系

对于一般的化学反应 $bB(c_B)+dD(c_D) \rightleftharpoons gG(c_G)+rR(c_R)$，由化学反应等温方程式可知：

$$\Delta_r G_m = \Delta_r G_m^\ominus + RT\ln\frac{c_G^g \cdot c_R^r}{c_B^b \cdot c_D^d} \tag{6-26}$$

又知：$\Delta_r G_m^\ominus = -zFE_{MF}^\ominus$

$\Delta_r G_m = -zFE_{MF}$

则：

$$E_{MF} = E_{MF}^\ominus - \frac{RT}{zF}\ln\frac{c_G^g \cdot c_R^r}{c_B^b \cdot c_D^d} \tag{6-27}$$

方程式 (6-27) 称为电池的 Nernst 方程，通过电动势的测定可计算热力学函数。如果电池中进行的反应是可逆的，电池反应在恒温恒压下进行，摩尔反应吉布斯函数的变化与电池电动势有如下关系：

$$\Delta_r G_m = -zFE_{MF} \tag{6-28}$$

式中，z 为 1mol 电池反应所必须交换的电子的物质的量；F 为 Farady 常数 (96500C·mol^{-1})。

2. 电动势及电极电势

由两个电极组成的原电池，其电动势的大小等于两个电极电势的代数和。前提条件是必须在原电池可逆的情况下，即电流等于零时，这时的数值才是电动势。通常用甘汞电极（或银-氯化银电极）作参比电极，与被测电极组成原电池，通过测定原电池的电动势，即可间接测定被测电极的电势相对值。

$$E_{MF} = E_+ - E_- \tag{6-29}$$

对于任意的电极反应：氧化态$+ze^-=$还原态

$$E_{电极} = E_{电极}^\ominus - \frac{RT}{zF}\ln\frac{a_{还原态}}{a_{氧化态}} \tag{6-30}$$

式 (6-30) 为电极的 Nernst 方程，$E_{电极}^\ominus$ 为标准电极电势。

3. 醌氢醌电极

醌氢醌是醌与对苯二酚（氢醌）等分子化合物，由它组成的电极是一种对氢离子可逆的氧化还原电极，此电极常用来测定溶液的 pH。醌氢醌在水中溶解度很小并且部分分解。

$$C_6H_4O_2 \cdot C_6H_4(OH)_2 = C_6H_4O_2 + C_6H_4(OH)_2$$

（醌氢醌）　　　　　（醌）　　（氢醌）

将少量醌氢醌放入含有 H^+ 的待测溶液中并插入一惰性电极，并使之成为过饱和溶液，就形成一支醌氢醌电极。

电极反应：$C_6H_4O_2 + 2H^+ + 2e^- \longrightarrow C_6H_4(OH)_2$

电极电势表示为：
$$E_{Q \cdot QH_2} = E^{\ominus}_{Q \cdot OH_2} - \frac{RT}{F}\ln\frac{1}{c_{H^+}} \qquad (6\text{-}31)$$

醌氢醌标准电极电势为：$E^{\ominus}_{Q \cdot QH_2} = 0.6994V - 7.4 \times 10^{-4}(t-25)V$

四、仪器与试剂

1. 仪器

万用表（1 个），电加热套（1 个），电子分析天平（1 台），银电极（2 支），银-氯化银电极（1 支），铂电极（1 支），U 型管，烧杯，容量瓶，量筒，移液管。

2. 试剂

氯化钾（分析纯），硝酸银（分析纯），硝酸钾（分析纯），醌氢醌（分析纯），醋酸（分析纯），醋酸钠（分析纯），琼脂。

五、实验内容

1. 饱和 KNO_3 盐桥制备

将 25mL 蒸馏水、2g KNO_3 及 0.3～0.4g 琼脂，放入烧杯中加热，并不断搅拌，待琼脂溶解后停止加热，注入干净的 U 型管中，加满，冷却后使用。

2. 溶液的配制

配制 HAc(0.2mol・L^{-1}）溶液及 NaAc(0.2mol・L^{-1}）溶液各 100mL。

3. 电池电动势的测量

(1) 将万用表开关扳向“mV”挡，并将电池的正极与万用表的“+”极相连，负极与万用表的“−”极相连，测定电池的电动势。

需要强调一点，电池经连接后若电池电动势测定为正值，表明电极连接正确；若电池电动势测定为负值，表明电极连接错误。

(2) 电池电动势测量

① 用数毫升 $AgNO_3$(0.01mol・L^{-1}）溶液一起淌洗一个 50mL 小烧杯和一个银电极，然后将 20mL $AgNO_3$(0.01mol・L^{-1}）溶液倒入烧杯中，将银电极插入该烧杯中。再用数毫升 $AgNO_3$(0.1mol・L^{-1}）溶液一起淌洗另一个 50mL 小烧杯和另一支银电极，然后将 20mL $AgNO_3$(0.1mol・L^{-1}）溶液倒入烧杯中，另一支银电极插入该烧杯中。最后将饱和 KNO_3 盐桥的 U 形管两端分别插入两个小烧杯中，与两个银电极连接构成原电池，并测其原电池的电动势。

② 用浸在 20mL 饱和 KCl 溶液中的氯化银电极作为参比电极，与银电极连成 2 号原电池，测其电池电动势。

③ 取 10mL 刚刚配制的 HAc(0.2mol・L^{-1}）溶液及 10mL NaAc(0.2mol・L^{-1}）溶液于干净的 50mL 烧杯中，加少量醌氢醌粉末，用玻璃棒搅拌片刻，插入铂电极，用盐桥与氯化银电极组成 3 号原电池，测其电池电动势，并计算 HAc-NaAc 未知溶液的 pH。

六、数据记录与处理

1. 写出配制 100mL NaAc(0.2mol·L^{-1}) 溶液和 100mL HAc(0.2mol·L^{-1}) 溶液的过程（已知 NaAc 的摩尔质量为 82.03g·mol^{-1}，市售的 HAc 摩尔浓度为 17.4mol·L^{-1})。

2. 写出这三个原电池的电极反应和电池反应，并且应用 Nernst 公式计算各电池的电动势理论值。

3. 记录实验数据，将实测值与理论值进行比较，计算三个电池的相对误差，并求第三个电池中未知溶液的 pH。

七、注意事项

1. 盐桥 U 形管中琼脂应加满，管内不应有气泡。

2. 使用参比电极前，应注意观察氯化银电极中的饱和 KCl 溶液是否足够，不够应及时补充。

3. 盐桥在测量前应用待测溶液淌洗。

4. 电动势的测量方法的研究，具有重要的实际意义，通过电池电动势的测量可以获得氧化还原系统的许多热力学数据，如平衡常数、解离常数、溶解度、酸碱度以及热力学函数改变量等。

5. 使用 $AgNO_3$ 溶液的过程中应注意避免将溶液沾到手上。使用后的 $AgNO_3$ 溶液倒入专用回收瓶中。

6. 有两个不同浓度的 $AgNO_3$ 溶液，取用时要看清，不要弄错。

7. 实验中产生的废液要集中回收，统一处理。

实验十九　水中氯离子含量的测定

一、预习思考

1. 摩尔法测水中氯离子时，为什么溶液的 pH 必须控制在 6.5～10.5 范围内？

2. 以 K_2CrO_4 作指示剂时，指示剂浓度过大或者过小对测定有何影响？

3. $AgNO_3$ 标准溶液的配制属于哪种配制方法？

4. 标定 $AgNO_3$ 溶液浓度的基准物是什么？怎样计算称取基准物的质量？

5. $AgNO_3$ 溶液必须装在哪种滴定管中？为什么？

6. 平行滴定的含义是什么？

二、实验目的

1. 了解沉淀滴定法中的摩尔法测定试样中氯离子的原理。

2. 熟悉摩尔法测水中氯离子含量的具体方法和操作过程。

3. 学习并掌握 $AgNO_3$ 标准溶液的配制和标定方法。

4. 进一步熟悉并掌握电子分析天平的精确称量方法。

5. 掌握酸式滴定管的正确操作。

6. 练习由试剂瓶直接往滴定管添加溶液的操作。

三、实验原理

1.氯离子的背景资料

自然界中的氯离子普遍存在于含氯地层、生活污水和废水污染中。淡水中氯离子的浓度含量是作为判断淡水受污水、粪便等污染程度的指标。临海地区地下水中氯离子浓度含量是作为判断海水混入程度的指标。关于水中氯离子浓度含量的参考值如下。

人们能够尝出咸味：$500\sim1000mg\cdot L^{-1}$

开始对人身体有害：$4000mg\cdot L^{-1}$

淡水：$<100mg\cdot L^{-1}$

低咸水：$100\sim1000mg\cdot L^{-1}$

半咸水：$1000\sim17000mg\cdot L^{-1}$

海水：$17000mg\cdot L^{-1}$

2.氯离子的测量原理

某些可溶性氯化物中氯离子含量的测定通常采用沉淀滴定法中的摩尔法。摩尔法是在中性或弱碱性（pH=6.5～10.5）溶液中，以 K_2CrO_4 为指示剂，以 $AgNO_3$ 标准溶液进行滴定。由于 AgCl 沉淀的溶解度比 Ag_2CrO_4 小，因此，随着 $AgNO_3$ 标准溶液的逐滴加入，溶液中首先析出白色的 AgCl 沉淀。当溶液中的 Cl^- 被完全定量沉淀为 AgCl 以后，再过量 1 滴 $AgNO_3$ 溶液即会与 CrO_4^{2-} 生成砖红色的 Ag_2CrO_4 沉淀，指示达到滴定终点，主要反应方程式如下：

$$Ag^+ + Cl^- = AgCl\downarrow \text{（白）} K_{sp}^{\ominus}=1.8\times10^{-10}$$

$$2Ag^+ + CrO_4^{2-} = Ag_2CrO_4\downarrow \text{（砖红）} K_{sp}^{\ominus}=9.0\times10^{-12}$$

上述滴定必须在中性或弱碱性溶液中进行，最适宜 pH 范围为 6.5～10.5。因为在酸性溶液中 Ag_2CrO_4 会溶解。反应方程式如下：

$$Ag_2CrO_4 + H^+ = 2Ag^+ + HCrO_4^-$$

$$2HCrO_4^- = Cr_2O_7^{2-} + H_2O$$

而在强碱性溶液中 Ag^+ 又会生成 Ag_2O 的沉淀。

如果待测液碱性太强，可以先用稀 HNO_3 中和，若待测液酸性太强，则用 $NaHCO_3$、$CaCO_3$ 或硼砂中和。如果有铵盐存在，溶液的 pH 须控制在 6.5～7.2 范围内。

指示剂的用量对滴定有影响，一般以 $5\times10^{-3}mol\cdot L^{-1}$ 为宜。

凡是能与 Ag^+ 生成难溶性化合物或配合物的阴离子都可能干扰测定。如 PO_4^{3-}、AsO_4^{3-}、SO_3^{2-}、S^{2-}、CO_3^{2-}、$C_2O_4^{2-}$ 等。其中 H_2S 可加热煮沸除去，将 SO_3^{2-} 氧化成 SO_4^{2-} 后不再干扰测定。大量 Cu^{2+}、Ni^{2+}、Co^{2+} 等有色离子的存在也将会影响终点观察。凡是能与 CrO_4^{2-} 指示剂生成难溶化合物的阳离子也干扰测定，如 Ba^{2+}、Pb^{2+} 能与 CrO_4^{2-} 分别生成 $BaCrO_4$ 和 $PbCrO_4$ 沉淀。Ba^{2+} 的干扰可通过加入过量的 Na_2SO_4 消除。

Al^{3+}、Fe^{3+}、Bi^{3+}、Sn^{4+} 等高价金属离子在中性或弱碱性溶液中易水解产生沉淀，会干扰测定。

四、仪器与试剂

1.仪器

电子分析天平（万分之一），台秤，烧杯，移液管（25mL），酸式滴定管，锥形瓶，称量瓶，容量瓶，棕色试剂瓶，玻璃棒。

2. 试剂

NaCl 基准物，$AgNO_3$ 标准溶液（0.1mol·L^{-1}），K_2CrO_4 指示剂（5×10^{-3}mol·L^{-1}）。

五、实验内容

1. $AgNO_3$(0.1mol·L^{-1}) 标准溶液的配制

台秤上称取 8.5g $AgNO_3$ 于大烧杯中，加入 500mL 不含 Cl^- 的蒸馏水进行溶解，完全溶解后将溶液转入棕色试剂瓶中，置于暗处保存，防止光照分解。

2. $AgNO_3$ 标准溶液的标定

准确称取 0.5～0.65g NaCl 基准物于小烧杯中，用蒸馏水溶解后，转入 100mL 容量瓶中，稀释至刻度，摇匀备用。

用移液管移取 25.00mL NaCl 溶液注入 250mL 锥形瓶中，加入 25mL 蒸馏水，加入 1mL K_2CrO_4 溶液，在不断摇动下，用 $AgNO_3$ 溶液滴定至呈现砖红色，即为滴定终点。平行滴定三次，根据所消耗的 $AgNO_3$ 的体积和 NaCl 的质量，计算 $AgNO_3$ 标准溶液的浓度。

3. 水样中氯离子含量的测定

用移液管移取 25.00mL 水样（自来水或者自配水样），置于 250mL 锥形瓶中，加入 25mL 蒸馏水和 1mLK_2CrO_4 溶液，在不断摇动下，用 $AgNO_3$ 溶液滴定至呈现砖红色，即为滴定终点，平行滴定三次。根据所消耗的 $AgNO_3$ 标准溶液的体积和浓度，计算水样中的氯离子含量（mg·L^{-1}）。

六、数据记录与处理

1. $AgNO_3$ 溶液的标定数据记录与处理见表 6-19。

表 6-19　$AgNO_3$ 标准溶液的标定

实验编号	1	2	3	4
NaCl 的质量/g				
$AgNO_3$ 终体积 $V_终$/mL				
$AgNO_3$ 初体积 $V_初$/mL				
消耗 $AgNO_3$ 体积 V/mL				
消耗 $AgNO_3$ 平均体积 $\overline{V}$/mL				
$AgNO_3$ 的浓度/mol·L^{-1}				

2. 水样中氯离子含量的测定数据记录与处理见表 6-20。

表 6-20　水样中氯离子含量的测定

实验编号	1	2	3	4
$AgNO_3$ 终体积 $V_终$/mL				
$AgNO_3$ 初体积 $V_初$/mL				
消耗 $AgNO_3$ 体积 V/mL				

续表

实验编号	1	2	3	4
消耗 $AgNO_3$ 平均体积 $\bar{V}$/mL				
水样中氯离子浓度/$mol \cdot L^{-1}$				
水样中氯离子的含量/$mg \cdot L^{-1}$				

七、注意事项

1. 沉淀滴定中，为减少沉淀对被测离子的吸附，一般滴定的体积以大些为好，故须加水稀释，同时滴定过程中要充分大力振荡锥形瓶。

2. 银为贵金属，含 AgCl 的废液应用专用容器回收处理或再利用。

3. $AgNO_3$ 标定过程中需注意：

（1）$AgNO_3$ 置于酸式滴定管中；

（2）$AgNO_3$ 溶液盛于棕色瓶中，暗处存放；

（3）滴定时要做到平行滴定；

（4）$AgNO_3$ 溶液要直接由试剂瓶加入到酸式滴定管中。

4. 如果溶液 pH>10.5，产生 Ag_2O 沉淀；若 pH<6.5，CrO_4^{2-} 大部分转变为 $Cr_2O_7^{2-}$ 使终点推迟出现。如果溶液中存在 NH_4^+，为了避免生成 $[Ag(NH_3)_2]^+$，溶液的 pH 应控制在 6.5～7.0 范围内进行滴定。当 NH_4^+ 浓度大于 $0.1mol \cdot L^{-1}$ 时，便不能直接用摩尔法测定 Cl^-。

5. $AgNO_3$ 溶液及 AgCl 沉淀若洒到实验台或手上，应随即擦掉或冲掉，以免着色。

6. 容量瓶配制标准溶液时，必须严格遵循刻度位置。

7. 实验中产生的废液要集中回收，统一处理。

实验二十　食用白醋中醋酸含量的测定

一、预习思考

1. NaOH 标准溶液采用何种方法进行配制？为什么配制后的溶液需用基准物质进行浓度标定？

2. 称取 NaOH 及邻苯二甲酸氢钾（$KHC_8H_4O_4$）各用什么天平，为什么？

3. 滴定分析中，滴定管与移液管使用前需用所装的溶液进行润洗，那么滴定过程中所用的锥形瓶是否也要用所装的溶液进行润洗？为什么？

4. 用邻苯二甲酸氢钾标定 NaOH 标准溶液浓度时，为什么选用酚酞作指示剂？用甲基橙或甲基红作指示剂是否可行？

5. 酚酞指示剂由无色变为微红色时，溶液的 pH 为多少？变红的溶液在空气中放置后又会变为无色的原因是什么？

6. 平行滴定指的是什么？

二、实验目的

1. 了解基准物质邻苯二甲酸氢钾（$KHC_8H_4O_4$）的性质及其应用。

2. 学习酸碱标准溶液的配制方法。

3. 熟悉溶液浓度标定的基本过程。

4. 学习并掌握滴定操作，初步掌握准确确定滴定终点的方法。

5. 学习滴定分析中容量器皿的正确使用。

6. 熟悉指示剂性质、终点颜色的变化、变色范围及指示剂的选择原则。

三、实验原理

醋酸为有机弱酸（$K_a^{\ominus}=1.8\times10^{-5}$），与 NaOH 反应方程式为：

$$NaOH+HAc \longrightarrow NaAc+H_2O$$

反应产物为弱酸强碱盐，溶液偏碱性，滴定突跃在碱性范围内，应选用酚酞等碱性范围变色的指示剂，终点时变色敏锐。

由于氢氧化钠易吸收空气中的水分和二氧化碳，因此不能采用直接法配制标准溶液。经间接法配制的 NaOH 溶液，必须用基准物质或其他已知准确浓度的酸标准溶液进行标定。一般常用邻苯二甲酸氢钾（$KHC_8H_4O_4$）作为基准物质，此试剂易制得纯品，摩尔质量大（204.2g·mol^{-1}），在空气中不易吸潮，容易保存，是标定碱的较好的基准物质。它与 NaOH 的定量反应如下：

$$C_6H_4(COOH)(COOK)+NaOH \longrightarrow C_6H_4(COONa)(COOK)+H_2O$$

滴定产物是 $KNaC_8H_4O_4$，溶液呈弱碱性，故与上面相同，应选用酚酞作指示剂，滴定终点时溶液由无色变成粉红色。

标定 NaOH 溶液浓度亦可用草酸（$H_2C_2O_4\cdot2H_2O$）作基准物质，与 NaOH 的定量反应如下：

$$H_2C_2O_4+2NaOH \longrightarrow Na_2C_2O_4+2H_2O$$

四、仪器与试剂

1. 仪器

干燥箱，台秤，电子分析天平（万分之一），干燥器，称量瓶，移液管，容量瓶（250mL），酸式滴定管，碱式滴定管，烧杯，量筒，试剂瓶（1000mL，橡皮塞），玻璃棒。

2. 试剂

NaOH(s)，酚酞指示剂，邻苯二甲酸氢钾基准物质，食用白醋（各种品牌白醋均可）。

邻苯二甲酸氢钾基准物质：在 100～125℃干燥 1h 后，置于干燥器中备用。

五、实验内容

1. NaOH（0.1mol·L^{-1}）标准溶液的配制及标定

用烧杯在台秤上称取 4g 固体 NaOH，加入新制备的或者煮沸除去 CO_2 的蒸馏水，溶解完全后，转入带橡皮塞的大试剂瓶中，加水稀释至 1L，充分摇匀。

在称量瓶中装入适量的邻苯二甲酸氢钾，以差量法准确称取 0.4～0.6g 三份，分别置于编号 1～3 的 250mL 锥形瓶中，加蒸馏水 30mL 使之完全溶解，加入 1～2 滴酚酞指示剂，用待标定的NaOH溶液滴定至溶液呈微红色，在半分钟内不褪色即为终点。重复平行滴定3次，记下每次滴定时所消耗的NaOH溶液体积，将每次产生的实验数据列于表6-21中，根据消耗的NaOH体积和邻苯二甲酸氢钾基准物的质量，即可计算NaOH溶液的准确浓度，同时计算标定结果的相对平均偏差。

表6-21　NaOH(0.1mol·L^{-1})标准溶液的配制及标定

实验编号	1	2	3	4
$KHC_8H_4O_4$ 质量 m/g				
NaOH终体积 $V_{终}$/mL				
NaOH初体积 $V_{初}$/mL				
消耗NaOH体积 V/mL				
消耗NaOH平均体积 $\bar{V}$/mL				
NaOH的浓度/mol·L^{-1}				

2.食用白醋中醋酸含量的测定

准确移取食用白醋25.00mL置于250mL容量瓶中，用蒸馏水稀释至刻度，摇匀备用。用25mL移液管分别准确移取三份上述刚刚配制的醋酸溶液，分别置于250mL锥形瓶中，加入酚酞指示剂1～2滴，用NaOH标准溶液滴定至溶液呈微红色，在半分钟内不褪色即为终点，将每次产生的实验数据列于表6-22中。根据NaOH浓度及表6-22的实验数据，计算每100mL食用白醋中含醋酸的质量。

表6-22　食用白醋中醋酸含量的测定

实验编号	1	2	3	4
NaOH终体积 $V_{终}$/mL				
NaOH初体积 $V_{初}$/mL				
消耗NaOH体积 V/mL				
消耗NaOH平均体积 $\bar{V}$/mL				
醋酸的浓度/mol·L^{-1}				
醋酸的含量/g·$100mL^{-1}$				

六、数据记录与处理

1. 0.1mol·L^{-1}NaOH标准溶液的配制及标定，完成表6-21中数据的记录与处理。
2. 食用白醋中醋酸含量的测定，完成表6-22中数据的记录与处理。

七、注意事项

1. 滴定过程中指示剂的选择一定要合理，否则会影响滴定终点的观察。
2. 邻苯二甲酸氢钾必须在万分之一的天平上准确称取。
3. 每次指示剂的用量要一致，注意平行滴定的各环节。
4. 食醋中HAc的浓度越大，则颜色越深，为了清楚观察实验现象，必须将试样稀释后再测定。

5. 稀释食醋的蒸馏水应经过煮沸，除去CO_2。

6. 实验中锥形瓶一定要用编号区别，对应相应编号进行实验，并将产生的数据按编号记录，避免造成错误。

7. 实验中产生的废液要集中回收，统一处理。

实验二十一　分光光度法测定 $[Ti(H_2O)_6]^{3+}$ 的分裂能

一、预习思考

1. 配合物的分裂能的测定受哪些因素的影响?
2. 本实验测定吸收曲线时，溶液浓度的高低对测定分裂能是否有影响?
3. 怎样选择参比溶液?
4. 分光光度计操作过程中需要注意哪些问题?

二、实验目的

1. 了解配合物的吸收光谱。
2. 进一步理解配离子分裂能的概念。
3. 熟悉配离子分裂能的测定方法。
4. 学习并掌握分光光度计的正确使用方法。

三、实验原理

配离子 $[Ti(H_2O)_6]^{3+}$ 的中心离子 Ti^{3+} 仅有一个3d电子，当吸收一定波长的可见光时，3d电子由能级较低的 t_{2g} 轨道跃迁至能级较高的 e_g 轨道，称为d-d跃迁。其吸收的光子的能量等于 $(E_{e_g}-E_{t_{2g}})$，与 $[Ti(H_2O)_6]^{3+}$ 的分裂能 Δ_0 相等，即：

$$E_{光}=h\nu=E_{e_g}-E_{t_{2g}}=\Delta_0$$

因为

$$h\nu=\frac{hc}{\lambda}=hc\sigma=\Delta_0$$

式中，h 为普朗克常数 $(6.626\times10^{-34}\ J\cdot s)$；$\nu$ 为吸收光频率；c 为光在真空中的速率 $(3\times10^{10}cm\cdot s^{-1})$；$\sigma$ 为波数，cm^{-1}。

所以

$$\sigma=\frac{\Delta_0}{hc}$$

而

$$\begin{aligned}hc&=6.626\times10^{-34}J\cdot s\times3\times10^{10}cm\cdot s^{-1}\\&=6.626\times10^{-34}\times3\times10^{10}\ J\cdot cm\\&=1.9878\times10^{-23}\ J\cdot cm\end{aligned}$$

$$hc\sigma=1.9878\times10^{-23}\ J\cdot cm\times5.034\times10^{22}cm^{-1}=1\ J$$

$$1J=5.034\times10^{22}cm^{-1}\text{或}1cm^{-1}=1.986\times10^{-23}J$$

故：

$$\sigma=\Delta_0$$

亦即：

$$\Delta_0/\text{cm}^{-1}=\sigma/\text{cm}^{-1}=\frac{1}{\lambda}/\text{cm}^{-1} \tag{6-32}$$

λ 值可通过吸收光谱求得。先取一定浓度的 $[Ti(H_2O)_6]^{3+}$ 溶液，用分光光度法测出不同波长下的吸光度 A，以 A 为纵坐标，λ 为横坐标作图可得吸收曲线，曲线最高峰所对应的 λ_{max} 为 $[Ti(H_2O)_6]^{3+}$ 的最大吸收波长，即：

$$\Delta_0/\text{cm}^{-1}=\frac{1}{\lambda_{max}/\text{nm}}\times 10^7 \tag{6-33}$$

四、仪器与试剂

1. 仪器

721W 型分光光度计，容量瓶（50mL）1 只，烧杯（50mL）1 只，吸量管（5mL）1 支，洗耳球 1 个。

2. 试剂

$TiCl_3$（15%～20%）。

五、实验内容

1. 待测溶液的配制

用吸量管准确移取 5mL 15%～20% $TiCl_3$ 溶液于 50mL 容量瓶中，加蒸馏水稀释至刻度。

2. 吸光度 A 的测定

以蒸馏水作为参比溶液，用分光光度计在波长为 420～560nm 范围内，每隔 10nm 测一次 $[Ti(H_2O)_6]^{3+}$ 的吸光度 A，在接近峰值附近，每间隔 5nm 测一次数据。

六、数据记录与处理

1. 吸光度测定数据记录于表 6-23 中。

表 6-23 $[Ti(H_2O)_6]^{3+}$ 在不同波长时的吸光度

λ/nm	A	λ/nm	A
460		505	
470		510	
480		520	
490		530	
495		540	
500		550	

2. 作图。

以 A 为纵坐标，λ 为横坐标作 $[Ti(H_2O)_6]^{3+}$ 的吸收曲线图。

3. 计算分裂能 Δ_0。

在吸收曲线上找出最高峰所对应的 λ_{max}，计算 $[Ti(H_2O)_6]^{3+}$ 的分裂能 Δ_0 = ________ cm^{-1}。

七、注意事项

1. 所有盛过钛盐溶液的容器，实验后应洗净。

2. 由于 Cl^- 有一定的配位作用，会影响 $[Ti(H_2O)_6]^{3+}$ 的实验结果，如以 $Ti(NO_3)_3$ 代替 $TiCl_3$，由于 NO_3^- 的配位作用极弱，会得到较好的实验结果。

3. 注意分光光度计的正确使用，合理选择参比溶液，而且参比溶液必须放置在比色框的第一个格内。

第七章　综合设计实验

实验二十二　硝酸钾的制备和提纯

一、预习思考

1. 溶解、结晶、固液分离的关键是什么？

2. 直接加热法的注意事项有哪些？

3. 过滤有哪些种方式？本实验中采用哪种方式过滤？

4. 滤纸有不同的种类，本实验选用哪种滤纸？为什么？

5. 根据硝酸钾、氯化钾、氯化钠、硝酸钠在不同温度下的溶解度，在预习笔记本上画出溶解度曲线。

二、实验目的

1. 了解结晶和重结晶的一般原理和方法。

2. 根据易溶盐在不同温度时的溶解度的差异，通过实验学习制备易溶盐硝酸钾的原理和方法。

3. 进一步巩固固体溶解、加热、蒸发的基本操作。

4. 学习并掌握过滤（包括常压过滤、减压过滤和热过滤）的基本操作。

三、实验原理

用 $NaNO_3$ 和 KCl 制备可溶性 KNO_3，其反应方程式如下：

$$NaNO_3 + KCl = NaCl + KNO_3$$

当 $NaNO_3$ 和 KCl 溶液混合时，在混合液中同时存在 Na^+、K^+、Cl^-、NO_3^-，由这四种离子组成的四种盐 KNO_3、KCl、$NaNO_3$、NaCl 同时存在于一个溶液中。本实验简单地利用四种盐于不同温度下在水中的溶解度差异（详见表 7-1）来分离出 KNO_3 结晶。

在 20℃时除 $NaNO_3$ 外，其余三种盐的溶解度相差不大，随温度升高，NaCl 几乎不变，$NaNO_3$ 和 KCl 改变也不大，而 KNO_3 的溶解度却增大得很快。这样把 $NaNO_3$ 和 KCl 混合溶液加热蒸发，在较高温度下 NaCl 由于溶解度较小而首先析出，趁热滤去，冷却滤液，就会析出溶解度急剧下降的 KNO_3 晶体。在初次结晶中，一般混有少量杂质，为了进一步除去这些杂质，可采用重结晶进行提纯。

表 7-1　四种盐在不同温度下的溶解度（$g/100gH_2O$）

盐	0℃	20℃	40℃	70℃	100℃
KNO_3	13.3	31.6	63.9	138.0	246
KCl	27.6	34.0	40.0	48.3	56.7
$NaNO_3$	73.0	88.0	104.0	136.0	180.0
NaCl	35.7	36.0	36.6	37.8	39.8

四、仪器与试剂

1.仪器

试管，烧杯（干燥，250mL），量筒，表面皿，石棉网，台秤，洗瓶，滤纸，布氏漏斗，抽滤瓶，循环水泵，抽滤装置。

2.试剂

$NaNO_3(s)$，KCl(s)，KNO_3（分析纯饱和溶液），$AgNO_3$($0.1mol \cdot L^{-1}$)。

五、实验内容

1. KNO_3 的制备

在 100mL 烧杯中加入 11.3g $NaNO_3$ 和 10g KCl，再加入 20mL 蒸馏水。然后将烧杯放在石棉网上，用小火加热搅拌促其溶解。溶解后将上述溶液冷却，常压过滤除去难溶物（若溶液澄清可不用过滤）。之后再将滤液继续加热至烧杯内开始有较多的晶体析出时（什么晶体?），趁热快速抽滤，滤液中又会很快出现晶体（又是什么晶体?）。

另取沸水 10mL 加入抽滤瓶中，使结晶重新溶解，并将溶液转移至烧杯中缓缓加热，蒸发至原有体积的 3/4。静置，冷却（可用冷水浴冷却），待结晶重新析出后再次进行抽滤，并用饱和 KNO_3 溶液清洗结晶两遍。最后将晶体抽干，转移到洁净并已称重的表面皿上，称量表面皿与晶体的总质量，计算出 KNO_3 晶体的质量及实际产率。

粗结晶保留少许（约 0.2g）供纯度检验，其余进行重结晶。

2. KNO_3 的提纯

按质量比为 $KNO_3 : H_2O = 1.5 : 1$（该比例根据实验时的温度，参照 KNO_3 的溶解度适当调整）的比例，将粗产品溶于所需蒸馏水中。加热并搅拌使溶液刚刚沸腾即停止加热（此时，若晶体尚未完全溶解，可以加适量水，使其刚好完全溶解）。自然冷却到室温，并观察 KNO_3 针状晶体的外形，之后进行抽滤。用滴管取饱和 KNO_3 溶液，逐滴加于晶体的各部分进行洗涤，边洗边继续抽滤，尽量抽去水，待晶体抽干后，将晶体转移到洁净并已称重的表面皿上，称量表面皿与晶体的总质量，计算出 KNO_3 晶体的质量。

3.产品纯度的检验

取粗产品和重结晶后所得 KNO_3 晶体各 0.2g 分别置于两支试管中，各加 1mL 蒸馏水配成溶液，然后再各滴加 2 滴 $AgNO_3$($0.1mol \cdot L^{-1}$) 溶液，观察现象，并作出结论。

六、数据记录与处理

1.实验现象：记录在实验报告册上。

2. KNO_3 质量：________ g。

七、注意事项

1. 本实验所用的饱和 KNO_3 溶液，要用分析纯试剂，即 AR 级的 KNO_3 进行配制，而且溶液配制好后，一定要用 $AgNO_3$(0.1mol·L^{-1}）溶液检查，认定确无 Cl^- 才能使用，以确保不因洗涤液而重新引进杂质。

2. 表面皿一定要提前处理干净并称重。

3. 抽干的晶体转移至表面皿时，尽可能做到全部转移，并且不要有晶体洒落在实验台上，以免造成产品损失。

实验二十三　硫酸亚铁铵的制备及产品质量检验

一、预习思考

1. 怎样除去铁屑表面的油污？
2. 硫酸亚铁溶液和硫酸亚铁铵溶液为什么必须保持较强的酸性？
3. 进行质量检验时，为什么用煮沸除氧的去离子水配制溶液？
4. 硫酸亚铁和硫酸亚铁铵的制备过程中均需加热，加热时各需要注意什么问题？
5. 抽滤得到硫酸亚铁铵晶体后，如何除去晶体表面上附着的水分？
6. 怎样确定实验中所需要的硫酸铵的质量？
7. 怎样进行减压抽滤操作？
8. 滤纸有不同的种类，本实验选用哪种滤纸？为什么？

二、实验目的

1. 了解检验产品中杂质含量的一种方法——目测比色法。
2. 学习硫酸亚铁铵等复盐的一般制备原理和方法。
3. 掌握水浴加热、溶解、过滤、蒸发、结晶、减压过滤等一系列基本操作。

三、实验原理

硫酸亚铁铵 $(NH_4)_2Fe(SO_4)_2 \cdot 6H_2O$，俗称摩尔盐，是浅蓝绿色单斜晶体，它能溶于水，但难溶于乙醇。硫酸亚铁铵在空气中比一般亚铁盐稳定，不易被空气氧化，而且价格低，制造工艺简单，所以其应用广泛。硫酸亚铁铵在工业上常用作废水处理的混凝剂；在农业上用作农药及肥料；在定量分析中常作为基准物质，用来直接配制标准溶液或标定未知溶液的浓度。

1. 硫酸亚铁铵制备的基本原理

从硫酸铵、硫酸亚铁和硫酸亚铁铵在水中的溶解度数据（见表 7-2）可知，在一定温度范围内，硫酸亚铁铵的溶解度比组成它的任何一个组分 $FeSO_4$ 或 $(NH_4)_2SO_4$ 的溶解度都小。因此，很容易从 $FeSO_4$ 和 $(NH_4)_2SO_4$ 的混合溶液中，经蒸发浓缩、冷却结晶而制得摩尔盐 $(NH_4)_2Fe(SO_4)_2 \cdot 6H_2O$ 的晶体。在制备过程中，为防止 Fe^{2+} 氧化和水解，溶液必须保持足够的酸度。

表 7-2 硫酸铵、硫酸亚铁、硫酸亚铁铵在水中的溶解度（g/100g H_2O）

物 质	分子量	温度/℃			
		10	20	30	40
$(NH_4)_2SO_4$	132.1	73.0	75.4	78.0	81.0
$FeSO_4 \cdot 7H_2O$	278.0	37.0	48.0	60.0	73.3
$(NH_4)_2Fe(SO_4)_2 \cdot 6H_2O$	392.1	18.1	21.2	24.5	27.9

本实验是先将金属铁屑与稀硫酸作用制得硫酸亚铁溶液。反应方程式如下：

$$Fe + H_2SO_4 = FeSO_4 + H_2(g)$$

然后加入所需用量的硫酸铵并使其完全溶解，将制得的混合溶液水浴加热，经蒸发浓缩，室温下冷却结晶，得到溶解度较小的硫酸亚铁铵 $(NH_4)_2Fe(SO_4)_2 \cdot 6H_2O$ 的复盐晶体。其反应方程式如下：

$$FeSO_4 + (NH_4)_2SO_4 + 6H_2O = (NH_4)_2Fe(SO_4)_2 \cdot 6H_2O$$

该盐在溶液中仍能电离出简单离子。

2. 硫酸亚铁铵产品质量检验

硫酸亚铁铵产品中的主要杂质是 Fe^{3+}，产品质量检验的等级常以产品中 Fe^{3+} 的含量多少来评定。

（1）高锰酸钾滴定法（准确） 产品质量检验准确的方法是采用高锰酸钾滴定法确定有效成分的含量，即在酸性介质中，$KMnO_4$ 将 Fe^{2+} 定量氧化为 Fe^{3+}，通过滴定过程中溶液颜色的变化确定滴定终点的到达（溶液颜色由无色变为粉红色）。其反应方程式如下：

$$5Fe^{2+} + MnO_4^- + 8H^+ = 5Fe^{3+} + Mn^{2+} + 4H_2O$$

（2）目测比色法（简单） 产品质量检验简单的方法是目测比色法。目测比色法是确定杂质含量的一种常用的定性方法，即利用这种方法可以简便快捷定出产品的级别。具体方法就是将一定量产品配成溶液，在酸性介质中加入 KSCN 溶液，此时试样溶液会产生颜色。然后将该溶液与各标准溶液进行目测比色，如果产品溶液的颜色比某一标准溶液的颜色浅，就可以确定产品杂质含量低于该标准溶液中的含量，即低于某一规定的限度，所以这种方法又称为限量分析。本实验仅做摩尔盐中 Fe^{3+} 的限量分析。

（3）Fe^{3+} 标准溶液的配制 先配制 $10\mu g \cdot mL^{-1}$ Fe^{3+} 标准溶液。然后用吸量管或移液管吸取该标准溶液 5.00mL、10.00mL、20.00mL 分别放入 3 支比色管中，再向各比色管中加入 2.00mL $HCl(2mol \cdot L^{-1})$ 溶液 0.50mL $KSCN(1mol \cdot L^{-1})$ 溶液，用备用的含氧较少的去离子水将溶液准确稀释到比色管刻度线，摇匀，得到 25mL 溶液中 Fe^{3+} 的含量分别为：0.05mg、0.10mg 和 0.20mg 三个级别的 Fe^{3+} 标准溶液，它们分别为Ⅰ级、Ⅱ级和Ⅲ级试剂中 Fe^{3+} 的最高允许含量。

四、仪器与试剂

1. 仪器

锥形瓶，烧杯，量筒，台秤，漏斗，漏斗架，布氏漏斗，抽滤瓶，抽气管（或真空泵），蒸发皿，表面皿，比色管，水浴锅，电炉，石棉网，滤纸。

2. 试剂

$Na_2CO_3(1mol \cdot L^{-1})$，$H_2SO_4(3mol \cdot L^{-1})$，$KSCN(1mol \cdot L^{-1})$，铁屑，$HCl(2mol \cdot L^{-1})$，

$(NH_4)_2SO_4$(s)，无水乙醇，Fe^{3+}的标准溶液三份，pH 试纸。

五、实验内容

1. 铁屑的净化

称取 1.0g 铁屑，放入 250mL 锥形瓶中，加入 10mL Na_2CO_3($1mol \cdot L^{-1}$) 溶液，小火加热约 5min，以除去铁屑表面的油污。倾析除去碱液，并用去离子水将铁屑洗涤多次。

2. 硫酸亚铁的制备

在盛有洗净铁屑的锥形瓶中，加入 10mL H_2SO_4($3mol \cdot L^{-1}$) 溶液，放在水浴上加热使铁屑与稀硫酸发生反应（在通风橱中进行）。在反应过程中要适当地添加去离子水，以补充蒸发掉的水分。当反应进行到不再大量冒气泡时，表示反应基本完成。然后再加入 1mL H_2SO_4 溶液（Fe^{2+}在强酸性溶液中较稳定，加酸可防止Fe^{2+}被氧化为Fe^{3+}），用普通漏斗趁热过滤，滤液直接盛于蒸发皿中。最后用去离子水洗涤残渣（如残渣量很少，可不收集），用滤纸吸干后称量，从而计算出溶液中所溶解的铁屑的质量。

3. $(NH_4)_2SO_4$ 溶液的配制

根据 $FeSO_4$ 的理论产量和反应式的计量关系，计算出配制时所需 $(NH_4)_2SO_4$(s) 的质量及需要的水的用量。按照计算量在小烧杯中称取 $(NH_4)_2SO_4$(s)，并加水溶解（若温度低可稍微加热），配好备用。

4. 硫酸亚铁铵的制备

将配制好的 $(NH_4)_2SO_4$ 溶液加到盛有 $FeSO_4$ 溶液的蒸发皿中，在水浴上加热搅拌，溶液混匀后，用 pH 试纸检验溶液 pH 是否为 1～2，若酸度不够，用 H_2SO_4($3mol \cdot L^{-1}$) 溶液进行调节。然后在水浴上蒸发混合溶液，浓缩至液体表面出现晶体膜为止（注意蒸发过程中溶液不宜搅动）。取下蒸发皿，静置，让溶液自然冷却，冷至室温时，便析出硫酸亚铁铵晶体。用布氏漏斗减压抽滤至干，再用少量无水乙醇溶液淋洗晶体，以除去晶体表面上附着的水分。继续抽干，取出晶体，置于洁净的表面皿（请提前称重）上晾干。称量表面皿与晶体的总质量，计算出硫酸亚铁铵晶体的质量，并计算产率。

5. 产品检验——Fe^{3+}的限量分析

用烧杯将去离子水煮沸 5min，以除去溶解于水中的氧，盖好，冷却后备用。

天平上称取 1g 的硫酸亚铁铵产品，置于比色管中，加入 10mL（比色管下部的刻线处）备用的去离子水使之溶解，再加入 2mL HCl($2mol \cdot L^{-1}$) 溶液和 0.5mL KSCN ($1mol \cdot L^{-1}$) 溶液，最后以备用的去离子水稀释到比色管上部的 25mL 刻度线处，摇匀。用目测的方法将所配产品溶液的颜色与Fe^{3+}系列标准溶液进行目测比色，以确定产品的等级。如产品溶液的颜色淡于某一级的标准溶液的颜色，则表明产品中所含Fe^{3+}杂质低于该级标准溶液，即产品质量符合该级的规格。若产品溶液颜色与Ⅰ级试剂的标准溶液的颜色相同或略浅，便可确定为Ⅰ级产品，Ⅱ级和Ⅲ级产品以此类推。硫酸亚铁铵的纯度级别见表 7-3。

表 7-3 硫酸亚铁铵的产品等级与Fe^{3+}的含量

产品等级	Ⅰ	Ⅱ	Ⅲ
Fe^{3+}的含量(≤mg/25mL)	0.05	0.10	0.20

六、数据记录和处理

将实验数据和处理结果填入表 7-4 中。

表 7-4 制备硫酸亚铁铵的实验数据记录与处理

作用的铁的质量/g	$(NH_4)_2 \cdot SO_4$的质量/g	表面皿的质量/g	表面皿和产品的质量/g	$(NH_4)_2Fe(SO_4)_2 \cdot 6H_2O$			
				理论产量/g	实际产量/g	产率/%	产品等级

七、注意事项

1. 由机械加工过程得到的铁屑表面沾有油污，需用碱煮的方法除去。用 Na_2CO_3 溶液清洗铁屑油污过程中，一定要不断地搅拌以免暴沸烫伤人，并应补充适量水。

2. 在铁屑与 H_2SO_4 作用过程中，会产生大量 H_2 及少量有毒气体（如 H_2S 等），应注意该过程要在通风橱内进行。

3. $FeSO_4$ 制备过程中要适量加入去离子水，根据原有溶液的体积加入，不可超量。

4. 铁屑与酸反应温度控制在 50～60℃。反应中若温度超过 60℃易生成 $FeSO_4 \cdot H_2O$ 白色晶体。

5. 将普通漏斗改为短颈漏斗以防止过滤时漏斗堵塞，并将漏斗置于沸水中预热后进行，硫酸亚铁溶液要趁热过滤，以免出现结晶。

6. 热过滤后，检查滤液的 pH 是否在 5～6，若 pH 较高，可以用稀硫酸调节防止 Fe^{3+} 氧化与水解。

7. $(NH_4)_2SO_4$ 饱和溶液需提前配制（用小烧杯），温度低可适当加热，配制后的 $(NH_4)_2SO_4$ 溶液加到盛有 $FeSO_4$溶液的蒸发皿中，不可以将 $(NH_4)_2SO_4$ 固体直接加入到蒸发皿中。

8. 为了能形成晶体膜，蒸发浓缩过程中要尽可能不搅动。

9. 表面皿提前洗净、擦干并称重，数据记录在报告册相应位置。

10. 经抽滤后的硫酸亚铁铵晶体去掉滤纸转移到已经称重的表面皿上，再对盛有产品的表面皿进行称量，数据记录在报告册相应位置。

11. 所制得的 $FeSO_4$ 溶液和 $(NH_4)_2Fe(SO_4)_2 \cdot 6H_2O$ 溶液均应保持较强的酸性。

12. 学生自行用滤纸称取 1g 产品做 Fe^{3+} 的限量分析。注意从产品加入到比色管，以及配制过程中的各个环节。

13. 在进行 Fe^{3+} 的限量分析时，应使用含氧较少的去离子水来配制硫酸亚铁铵溶液。

实验二十四 粗食盐的提纯（氯化钠的制备）

一、预习思考

1. 怎样进行溶解、沉淀、过滤、蒸发、结晶、干燥等基本操作。

2. 怎样除去粗食盐中不溶性的杂质和可溶性的杂质？

3. 在提纯粗盐溶液过程中，K^+ 将在哪一步除去？

4. 在除去 Ca^{2+}、Mg^{2+}、SO_4^{2-} 等时，为什么先加入 $BaCl_2$ 溶液，过滤除去沉淀后再加入饱和 Na_2CO_3 溶液？两次沉淀是否可以合并为一次过滤？

5. 除去 SO_4^{2-}、Mg^{2+}、Ca^{2+} 的先后顺序是否可以倒置过来？如果先除 Mg^{2+}、Ca^{2+}，再除 SO_4^{2-}，有何不同？

6. 在 NaCl 溶液中加入 $BaCl_2$（或 Na_2CO_3）后，为什么要加热煮沸？

7. 加 HCl 除去 CO_3^{2-} 时，为什么要把 pH 调至 2～3？调至中性如何？用其他酸如 H_2SO_4、HAc 等调节可以吗？

8. 能否用 $CaCl_2$ 代替毒性较大的 $BaCl_2$ 来除去食盐中的 SO_4^{2-}？

9. 怎样除去过量的沉淀剂 $BaCl_2$？

10. 在除去过量的沉淀剂 NaOH、Na_2CO_3 时，为什么需用 HCl 调节溶液呈酸性？蒸发前为什么要用盐酸将溶液的 pH 调至 4～5？

11. 蒸发时为什么不可将溶液蒸干？

12. 怎样检验提纯后的食盐的纯度？

二、实验目的

1. 通过粗食盐的提纯，了解盐类溶解度知识在无机物提纯中的应用。
2. 学习提纯粗食盐的原理和方法，掌握氯化钠的制备方法。
3. 进一步巩固称量、溶解、沉淀、过滤等基本操作。
4. 学习蒸发、浓缩、结晶、减压过滤、干燥的操作方法
5. 学习并掌握食盐中 Ca^{2+}、Mg^{2+}、SO_4^{2-} 的定性检验方法。
6. 熟悉氯化钠的纯度检验方法。

三、实验原理

氯化钠，化学式 NaCl，为食盐的主要成分，熔点为 801℃，沸点为 1413℃，含杂质时易潮解，溶于水或甘油，难溶于乙醇，不溶于盐酸。氯化钠大量存在于海水和天然盐湖中，可用来制取氯气、氢气、盐酸、氢氧化钠、氯酸盐、次氯酸盐、漂白粉及金属钠等，是重要的化工原料。经高度精制的氯化钠可用来制生理盐水，用于临床治疗和生理实验，如失钠、失水、失血等情况。

粗食盐中除 NaCl 外，还含有不溶性杂质（如泥沙等）和可溶性杂质（主要是 Ca^{2+}、Mg^{2+}、K^+、SO_4^{2-} 等）。由于氯化钠的溶解度随温度的变化很小，所以不能用重结晶的方法进行提纯。

不溶性杂质的除去可以用溶解和过滤的方法，即将粗食盐溶于水后过滤的方法去除不溶性杂质。

可溶性杂质的除去需要用化学方法，即 Ca^{2+}、Mg^{2+}、SO_4^{2-} 等可以选择适当的化学试剂使它们分别生成 $BaSO_4$、$CaCO_3$、$BaCO_3$、$Mg(OH)_2$ 等难溶化合物的沉淀而被除去。

首先，在粗食盐溶液中加入稍微过量的 $BaCl_2$ 溶液，除去 SO_4^{2-}，其反应方程式如下：

$$Ba^{2+} + SO_4^{2-} \longrightarrow BaSO_4$$

然后，在滤除掉 $BaSO_4$ 沉淀的溶液中，再加入 NaOH 和 Na_2CO_3 溶液，除去 Ca^{2+}、Mg^{2+} 和过量 Ba^{2+}，反应方程式如下：

$$Ca^{2+} + CO_3^{2-} \longrightarrow CaCO_3$$

$$Mg^{2+} + 2OH^- \longrightarrow Mg(OH)_2$$

$$Ba^{2+} + CO_3^{2-} \longrightarrow BaCO_3$$

产生的滤液中的过量的 NaOH 和 Na_2CO_3 用盐酸中和。

粗食盐中的 K^+ 和上述沉淀剂不起作用，仍留在溶液中。由于可溶性杂质 KCl 在粗食盐中含量少，而溶解度又很大，在最后的蒸发浓缩和结晶过程中绝大部分仍留在溶液中，不会与 NaCl 同时结晶出来，即可据此与 NaCl 结晶分离开。

四、仪器与试剂

1. 仪器

台秤，烧杯，普通漏斗，漏斗架，布氏漏斗，抽滤瓶，循环水真空泵，试管，蒸发皿，量筒，泥三角，石棉网，玻璃棒，电炉子，三脚架。

2. 试剂

$(NH_4)_2C_2O_4$(0.5mol·L^{-1})，HCl(2mol·L^{-1})，NaOH(2mol·L^{-1})，$BaCl_2$(1mol·L^{-1})，Na_2CO_3 (1mol·L^{-1})，pH 试纸，滤纸，粗食盐 (s)，镁试剂。

镁试剂是一种有机染料，它在酸性溶液中呈黄色，在碱性溶液中呈红色或紫色，但被 $Mg(OH)_2$ 沉淀吸附后，则呈天蓝色，因此可以用来检验 Mg^{2+} 的存在。

五、实验内容

1. 粗食盐的提纯

(1) 粗食盐的称量和溶解　在台秤上称取 8g 粗食盐 (不同专业根据后续实验的具体要求，可参考此用量按比例加大用量)，放入 100mL 烧杯中，加入 30mL 水，加热、搅拌使食盐溶解。

(2) SO_4^{2-} 的除去　在微微煮沸的食盐水溶液中，边搅拌边逐滴加入约 2mL $BaCl_2$ (1mol·L^{-1}) 溶液，为检验 SO_4^{2-} 是否沉淀完全，可将烧杯放于实验台上，待沉淀下沉后，再在上层清液中滴入 1～2 滴 $BaCl_2$(1mol·L^{-1}) 溶液，观察溶液是否有浑浊现象。如果没有浑浊现象，说明 SO_4^{2-} 已沉淀完全，如清液变浑浊，则要继续加 $BaCl_2$ 溶液，直到沉淀完全为止。然后用小火加热 5min，以使沉淀颗粒长大而便于过滤。用普通漏斗过滤，保留滤液，弃去 $BaSO_4$ 沉淀和不溶性杂质。

(3) Ca^{2+}、Mg^{2+}、Ba^{2+} 的除去　在滤液中加入适量的 (约 1mL) NaOH(2mol·L^{-1}) 溶液和 3mL Na_2CO_3(1mol·L^{-1}) 溶液，加热至沸。仿照上述步骤 (2) 将烧杯放于实验台上，待沉淀沉降后，在上层清液中滴加 Na_2CO_3(1mol·L^{-1}) 溶液，直至不再产生沉淀为止。继续用小火加热煮沸 5min，用普通漏斗过滤，保留滤液，弃去沉淀。

(4) 调节溶液的 pH　在滤液中逐滴加入 HCl(2mol·L^{-1}) 溶液，充分搅拌，并用玻璃棒蘸取滤液在 pH 试纸上试验，直到溶液呈微酸性 (pH 为 4～5) 为止。

(5) 蒸发浓缩　将溶液转移至蒸发皿中，放于泥三角上用小火加热，蒸发浓缩到溶液呈稀糊状为止，切不可将溶液蒸干。

(6) 结晶、减压过滤、干燥　将浓缩液冷却至室温，然后用布氏漏斗减压过滤，尽量抽干。再将晶体转移到蒸发皿中，放在石棉网上，用小火加热并搅拌，烘干，冷却后称其质量，计算产率。

如有后续实验，则需要将实验产品妥善保存。

2. 产品纯度的检验

称取粗食盐和提纯后的产品各 1g，分别加入 6mL 蒸馏水进行溶解，然后将二者各分盛于 3 支试管中，用下述方法对照检验它们的纯度。

(1) SO_4^{2-} 的检验　分别在对应的试管各加入 2 滴 $BaCl_2$(1mol·L^{-1}) 溶液，观察有无白色的 $BaSO_4$ 沉淀生成。在产品溶液中应该没有沉淀生成。

(2) Ca^{2+} 的检验　分别在对应的试管各加入 2 滴 $(NH_4)_2C_2O_4$(0.5mol·L^{-1}) 溶液，稍待片刻，观察有无白色的 CaC_2O_4 沉淀生成。在产品溶液中应该没有沉淀生成。

(3) Mg^{2+} 的检验　分别在对应的试管各加入 2～3 滴 NaOH(2mol·L^{-1}) 溶液，使溶液呈碱性，再加入几滴镁试剂，如有蓝色沉淀产生，表示有 Mg^{2+} 存在。在产品溶液中应该没有蓝色沉淀生成。

六、注意事项

1. 在减压过滤前，必须检验漏斗的进口是否对准抽滤瓶的支管。

2. 在抽滤过程中，不得突然关闭水泵。停止抽滤时，应首先将抽滤瓶支管上的橡皮管拔下，停止抽滤，然后再关水泵，否则水将倒吸。

3. 所加入的除杂质试剂必须要过量。

4. 除去 Ca^{2+}、Mg^{2+}、SO_4^{2-} 时，必须先加入过量的 $BaCl_2$ 溶液除去 SO_4^{2-}，然后再加入 Na_2CO_3 溶液除去 Ca^{2+}、Mg^{2+} 及过量的 Ba^{2+}，除去上述杂质的顺序不能颠倒。

5. 蒸发浓缩时，待溶液呈糊状即可停止加热，切不可将溶液蒸干。

6. 加热和烘干食盐水时，应注意下面几个步骤。

(1) 先将过滤除杂质后的滤液，调整其 pH 为 4～5。

(2) 调整 pH 后的滤液转移至蒸发皿中，放在铁三脚架上的泥三角上加热蒸发，边加热边搅拌。

(3) 待蒸发皿中的 NaCl 溶液快变成浓溶液时将泥三角换成石棉网，使溶液缓慢均匀受热。

(4) 当蒸发皿中有少量 NaCl 晶体出现时，停止加热，加速搅拌，防止局部受热不均使 NaCl 晶体飞溅。

(5) 最后将蒸发皿转移到烘箱，进行烘干。

7. 加 HCl 除去 CO_3^{2-} 时，其目的是要把 CO_3^{2-} 转化成 H_2CO_3，而 H_2CO_3 不稳定分解为 CO_2。为此体系的 pH 必须小于 $pK_{a_1}^{\ominus}=6.35$，所以在实际中调整溶液的 pH 在 4～5。调到中性是不行的，因为在中性时溶液中同时有 HCO_3^- 存在，这时不能将 CO_3^{2-} 完全转化为 H_2CO_3，达不到提纯的目的。

实验二十五　氯化钠的性质与杂质限量检测

一、预习思考

1. 药物中杂质的来源主要有哪些？什么是一般杂质？什么是特殊杂质？

2. 药物中杂质检查应严格遵循什么原则？为什么？

3. 作为药物使用的氯化钠，其杂质检查的意义是什么？

4. 试计算出氯化钠中溴化物、硫酸盐、镁盐、钾盐、铁盐、重金属的限量？

5. 本实验中鉴别反应的原理是什么？

6. 何种离子的检验可选用比色实验？何种分析方法称为限量分析？

二、实验目的

1. 了解药物中杂质检查的意义。

2. 熟知《中国药典》对药用氯化钠的鉴别及检查方法。

3. 了解标准溶液的配置方法的分类，熟悉本实验中标准溶液的配制过程。

4. 学习并掌握氯化钠中杂质检查的原理和方法。

5. 熟悉不同杂质限量的计算方法。

6. 掌握检验结果的处理与判断，能够规范书写检验原始记录及检验报告书。

7. 正确并科学合理地解释检验中的现象，妥善处理检验中的异常情况。

三、实验原理

鉴别实验是被检药品组成或离子的特征实验，针对本次实验，即氯化钠的组成离子 Na^+ 和 Cl^- 的特征实验。

钡盐、钾盐、钙盐、镁盐及硫酸盐的限度检验，是根据沉淀反应的基本原理进行完成的，即将样品管和标准管在相同条件下进行比浊实验，样品管的浑浊度不得超过标准管的浑浊度，否则就是上述盐类在试样产品中超标。

试样药物中的重金属主要是指 Pb、Bi、Cu、Hg、Sb、Sn、Co、Zn 等金属离子，这些重金属离子在一定条件下均能与硫化氢或硫化钠发生作用，生成难溶金属硫化物，从而会使溶液显示不同的颜色。《中国药典》规定，在弱酸条件下进行上述难溶金属硫化物的生成反应，通常用醋酸调节溶液 pH。实验证明，在 pH=3 时，硫化铅沉淀最完全。

重金属的检查是在相同实验条件下进行比色实验。

四、仪器与试剂

1. 仪器

蒸发皿，试管，烧杯，漏斗，抽滤瓶，奈氏比色管，离心机，水浴锅。

2. 试剂

H_2S(饱和)，HCl(0.1mol·L^{-1}，2mol·L^{-1})，H_2SO_4(0.5mol·L^{-1}，浓)，HAc(0.1mol·L^{-1})，NH_3·H_2O(6mol·L^{-1})，$BaCl_2$(25%)，Na_2CO_3(饱和)，$AgNO_3$(0.1mol·L^{-1})，$KMnO_4$(0.1mol·L^{-1})，KI(0.1mol·L^{-1})，KBr(0.1mol·L^{-1})，$(NH_4)_2S_2O_8$(0.1mol·L^{-1})，NH_4SCN(0.1mol·L^{-1})，Na_2HPO_4(0.1mol·L^{-1})，$(NH_4)_2C_2O_4$(0.1mol·L^{-1})，$CaCl_2$(0.1mol·L^{-1})，$MgCl_2$(0.1mol·L^{-1})，HNO_3(浓)，四苯硼酸钠溶液，药用氯化钠（实验二十四已制备），KI-淀粉试纸，氯仿，氯水，标准硫酸钾溶液，标准铁盐溶液，标准铅盐溶液。

四苯硼酸钠溶液的配制：取四苯硼酸钠（分析纯）1.5g，置于乳钵中加去离子水10mL后研磨，之后再加去离子水40mL，研匀后用致密的滤纸过滤，即得四苯硼酸钠溶液。

标准硫酸钾溶液的配制：准确称取经105℃温度下干燥至恒重的硫酸钾（分析纯）0.181g于烧杯中，加去离子水进行溶解，然后转移至1000mL的容量瓶中，少量多次淋洗烧杯，并将溶液都转移到容量瓶中，最后用去离子水稀释至刻度线，摇匀即得。这样配制得到的硫酸钾标准溶液的含量是每1mL相当于81.8μg的K^+，每1mL相当于100μg的SO_4^{2-}。

铁盐储备液的配制：准确称取未风化的硫酸铁铵（分析纯）0.8630g于烧杯中，加去离子水进行溶解，溶解后转入1000mL容量瓶中，加硫酸（浓）2.5mL，加水稀释至刻度线，摇匀备用。

标准铁盐溶液的制备：现用时，用移液管准确量取铁盐储备液10mL，于100mL容量瓶中，加去离子水稀释至刻度，摇匀，即得每1mL相当于10μg铁的标准溶液。

铅盐储备液的制备：准确称取经105℃干燥至恒重的硝酸铅（分析纯）0.1598g于烧杯中，加硝酸（浓）5mL，去离子水50mL进行溶解，然后转移至1000mL容量瓶中，继续加去离子水至容量瓶刻度线，摇匀，即得每1mL相当于100μg的铅。

标准铅盐溶液的制备：用移液管准确量取铅储备液10mL置于100mL容量瓶中，加去离子水稀释至刻度线，摇匀，即得每1mL相当于10μg的铅标准溶液。

五、实验内容

1.试样产品氯化物的鉴别

（1）生成氯化银沉淀　取学生自己制备的氯化钠产品少许于试管中，用去离子水进行溶解，溶解后加入$AgNO_3$（0.1mol·L^{-1}）溶液，应该生成白色凝乳状沉淀。此白色沉淀能够溶于过量的氨水溶液中，但不溶于稀硝酸。上述现象说明制备的产品是氯化物。反应方程式如下：

$$Ag^+ + Cl^- \xlongequal{} AgCl\downarrow$$

$$AgCl + 2NH_3 \xlongequal{} [Ag(NH_3)_2]^+ + Cl^-$$

（2）产生氯气的氧化还原反应　取学生自己制备的氯化钠产品少许于试管中，加去离子水进行溶解，溶解后加入高锰酸钾溶液和稀硫酸，然后稍微加热，此时可以看到有气体产生。将KI-淀粉试纸置于试管口，气体会使KI-淀粉试纸显蓝色，此现象说明产生的气体是Cl_2(g)。反应方程式如下：

$$10Cl^- + 2MnO_4^- + 16H^+ \xlongequal{} 5Cl_2(g) + 2Mn^{2+} + 8H_2O$$

2.碘化物与溴化物的鉴别

（1）对照实验　取1mL KI（0.1mol·L^{-1}），1mL KBr（0.1mol·L^{-1}），分别置于两支试管内，各加氯仿0.5mL，然后边滴加氯水边振荡试管。两支试管中，氯仿层分别显示紫红色、黄色或红棕色，说明有单质I_2和单质Br_2被萃取在氯仿中。将上述两个试管放置试管架上，供下面的试样溶液进行参比对照。反应方程式如下：

$$Cl_2 + 2Br^- \xlongequal{} Br_2 + 2Cl^-$$

$$Cl_2 + 2I^- \xlongequal{} I_2 + 2Cl^-$$

（2）制取试样溶液　取学生自己制备的氯化钠产品2.0g于试管中，加去离子水6mL使之溶解，溶解后加氯仿1mL，并加入用等量去离子水稀释的氯水试液。边滴加氯水边振荡试管，氯仿层如果没有显示紫红色、黄色或橙色（与上面两个试管进行对照比较），说明试样产品中不含碘化物与溴化物。

3. 钡盐的鉴别

取学生自己制备的氯化钠产品4.0g于小烧杯中，加去离子水20mL使之溶解，溶解后过滤。将滤液两等份于两支试管中，一支试管中加2mL H_2SO_4（0.5mol·L^{-1}），另一支试管中加水2mL，然后将两支试管放置试管架上静置2h。如果两支试管中的溶液同样澄清透明，说明试样产品中不含钡盐。

4. 钾盐的鉴别

（1）取学生自己制备的氯化钠产品5.0g于小烧杯中，加去离子水25mL使之溶解。溶解后加入两滴HAc（0.1mol·L^{-1}），加入四苯硼酸钠溶液2mL，加水使溶液总体积为50mL，如显浑浊，与下面的硫酸钾标准对照液进行比较，如果浑浊程度低于对照液，说明试样产品的钾盐含量不超标，符合要求。

（2）取标准硫酸钾溶液12.3mL于小烧杯中，加入两滴HAc（0.1mol·L^{-1}），加入四苯硼酸钠溶液2mL，加水使溶液总体积为50mL，配制成硫酸钾对照液，将上述（1）的试样溶液与硫酸钾对照液（不得超过0.02%）进行比较。反应方程式如下：

$$K^{+} + B(C_6H_5)_4^{-} = KB(C_6H_5)_4 \downarrow \text{（白色）}$$

5. 硫酸盐的鉴别

（1）取50mL奈氏比色管一支（甲管），加入标准硫酸钾溶液1mL，加去离子水稀释至约为25mL后，加1mL HCl（0.1mol·L^{-1}），置于30～35℃水浴中保持10min。然后加3mL $BaCl_2$（25%），加适量去离子水至比色管50mL刻度线，摇匀放置10min。

（2）取自制的实验产品5.0g于50mL奈氏比色管中（乙管），加去离子水溶解至约25mL，此时溶液应透明，如果溶液不透明可进行过滤，在滤液中加1mL HCl（0.1mol·L^{-1}），置30～35℃水浴中保持10min。然后加入3mL $BaCl_2$（25%）溶液，加适量去离子水至比色管50mL刻度线，摇匀放置10min。

两管放置10min后，置于比色架上，在光线明亮处，双眼由上而下透视，比较两管的浑浊度，试样产品乙管发生的浑浊度不得高于甲管（0.002%）。

6. 钙盐与镁盐的鉴别

取学生自己制备的氯化钠产品4.0g于试管中，加去离子水10mL使之溶解，加2mL氨水溶液（6mol·L^{-1}），摇匀，分成两份，一份加1mL $(NH_4)_2C_2O_4$（0.1mol·L^{-1}），另一份加1mL Na_2HPO_4（0.1mol·L^{-1}），5min内均不得发生浑浊，试样产品可以确认钙盐和镁盐的含量没有超标，符合要求。

对比实验：

（1）取1mL $CaCl_2$（0.1mol·L^{-1}）溶液于试管中，加入1mL $(NH_4)_2C_2O_4$（0.1mol·L^{-1}）溶液，滴加氨水溶液（6mol·L^{-1}）至溶液呈现弱碱性，此时溶液中有白色结晶析出，反应方程式如下：

$$Ca^{2+} + C_2O_4^{2-} = CaC_2O_4 \downarrow \text{（白色）}$$

（2）取1mL $MgCl_2$（0.1mol·L^{-1}）溶液于试管中，加入1mL Na_2HPO_4（0.1mol·L^{-1}）溶液，滴加氨水溶液（6mol·L^{-1}）10滴，溶液中会有白色结晶析出，反应方程式如下：

$$Mg^{2+} + HPO_4^{2-} + NH_3 \cdot H_2O = MgNH_4PO_4 \downarrow \text{（白色）} + H_2O$$

7. 铁盐的鉴别

（1）取学生自己制备的氯化钠产品5.0g，置于50mL奈氏比色管中，加去离子水35mL溶解后，加入5mL HCl（0.1mol·L^{-1}），加入几滴新配的 $(NH_4)_2S_2O_8$（0.1mol·L^{-1}），

再加 5mL NH_4SCN(0.1mol·L^{-1})，加适量的去离子水，至比色管 50mL 刻度线，摇匀。如果显色，与下面的标准铁盐溶液进行对照比较。

(2) 取铁盐标准溶液 1.5mL 于 50mL 奈氏比色管中，加去离子水 20mL，加入 5mL HCl(0.1mol·L^{-1})，加入几滴新配的 $(NH_4)_2S_2O_8$(0.1mol·L^{-1})，再加 5mL NH_4SCN (0.1mol·L^{-1})，加适量的去离子水，至比色管 50mL 刻度线，摇匀，此时该标准管会显示一定的颜色。反应方程式如下：

$$Fe^{3+} + SCN^- \xlongequal{} [Fe(SCN)]^{2+}$$

将试样管（1）与标准管（2）比较，（1）的颜色不得更深（0.0003%）才能符合要求。

8. 重金属的鉴别

取 50mL 奈氏比色管两支进行下面实验。

(1) 配制标准对比溶液　甲管中加标准铅溶液 1mL，加 2mL HAc(0.1mol·L^{-1})，加去离子水稀释至溶液总体积为 25mL。然后加入 10mL H_2S（饱和）摇匀，在暗处放置 10min。

(2) 配制试样溶液　乙管中加自制试样产品 5.0g，加去离子水 20mL，溶解后加入 2mL HAc(0.1mol·L^{-1}) 与适量去离子水使溶液总体积为 25mL。然后加入 10mL H_2S（饱和）摇匀，在暗处放置 10min。

将甲乙两管同置于白纸上，自上面透视，乙管中显示出的颜色与甲管比较，不得比甲管更深（含重金属不得超过 2%），这样制得的试样产品才符合要求。

标准铅溶液应现用现配置，配置与存用的玻璃容器，均不得含有铅。

六、注意事项

1. 药物杂质检查必须严格遵守平行原则。平行原则是指样品与标准必须在完全相同的实验条件下进行反应与比较，即应选择容积、口径和色泽相同的比色管，在同一光源、同一衬底上，以相同的方式（一般是自上而下）观察，加入试剂的种类、量、加入的顺序和反应时间等也必须一致。

2. 杂质限量检查是指药物中杂质的最大允许量。其计算公式为：

$$杂质限量 = \frac{杂质最大允许量}{供试品量} \times 100\%$$

3. 药物的杂质检查一般为限量检查，合格者仅说明其杂质含量在药品质量标准允许范围内，并不说明药品中不含某种杂质。

4. 药用试剂的配制请查阅《中国药典》，按照说明进行所用试剂的配制。

实验二十六　硫酸铜的提纯

一、预习思考

1. 硫酸铜中一般含有哪些不溶性杂质和可溶性杂质？怎样除去？

2. 硫酸铜的提纯实验中，为什么要将 Fe^{2+} 氧化为 Fe^{3+}？

3. $KMnO_4$、$K_2Cr_2O_7$、Br_2 等强氧化剂都能将 Fe^{2+} 氧化为 Fe^{3+}，为什么在硫酸铜的提

纯实验中，采用 H_2O_2 作为氧化剂？

4.除去 Fe^{3+} 时，溶液的 pH 调节为 3.5～4.0，若 pH 太大或太小有什么影响？

5.为什么要将除去 Fe^{3+} 后的滤液的 pH 调节至 1～2，再进行蒸发浓缩？

6.用 KSCN 检验 Fe^{3+} 时为什么要加盐酸？

二、实验目的

1.通过氧化、水解等反应，了解提纯硫酸铜的原理和方法。

2.进一步熟悉并巩固天平的使用以及溶解、水浴加热、过滤等基本操作。

3.学习蒸发浓缩、结晶、减压抽滤的方法及操作。

4.学习用分光光度法定量检验产品中杂质铁的含量的方法。

5.掌握分光光度计的正确使用及测量中的注意事项。

三、实验原理

硫酸铜粗盐中常含有不溶性杂质和可溶性杂质 $FeSO_4$、$Fe_2(SO_4)_3$ 等。不溶性杂质可通过将试样溶解后过滤除去，可溶性杂质 Fe^{2+} 需用 H_2O_2 作氧化剂，将其氧化成 Fe^{3+}，然后通过调节溶液的 pH，使之水解生成 $Fe(OH)_3$ 沉淀后，再过滤除去。有关的反应方程式如下：

$$2Fe^{2+} + H_2O_2 + 2H^+ = 2Fe^{3+} + 2H_2O$$

$$Fe^{3+} + 3H_2O = Fe(OH)_3(s) + 3H^+$$

虽然 $KMnO_4$、$K_2Cr_2O_7$、Br_2 等常用强氧化剂都能将 Fe^{2+} 氧化为 Fe^{3+}，本实验采用 H_2O_2 作氧化剂的优点是不会引入其他离子，避免产生新的杂质，多余的 H_2O_2 可利用加热分解的方法去除，并不影响后面分离。

溶液的 pH 越大，Fe^{3+} 清除得越干净。但 pH 过大时 Cu^{2+} 也会水解（由计算可知，本实验中，当溶液的 pH> 4.17 时，$Cu(OH)_2$ 开始析出），特别是在加热的情况下，其水解程度更大：

$$Cu^{2+} + 2H_2O = Cu(OH)_2(s) + 2H^+$$

这样就会降低硫酸铜的回收率。既要做到除净杂质铁，又不降低产品的回收率，就必须把溶液的 pH 调到适当的范围内。经理论推算，并考虑实验具体情况，本实验将溶液的 pH 控制在 4 左右。

除去铁的滤液，经蒸发、浓缩即可得到 $CuSO_4 \cdot 5H_2O$ 晶体，其他微量的可溶性杂质在硫酸铜结晶时，由于尚未达到饱和，仍留在母液中，通过减压抽滤，少量易溶性杂质就可以与硫酸铜晶体分开。

四、仪器与试剂

1.仪器

电子分析天平（万分之一），721W 型分光光度计，普通漏斗，布氏漏斗，抽滤瓶，蒸发皿，烧杯，量筒，容量瓶，称量瓶，吸量管，滴管，玻璃棒，真空泵，泥三角，三脚架，石棉网，坩埚钳。

2.试剂

$H_2SO_4(2mol \cdot L^{-1})$，$HCl(2mol \cdot L^{-1})$，$NaOH(2mol \cdot L^{-1})$，$H_2O_2(3\%)$，KSCN $(1mol \cdot L^{-1})$，$NH_3 \cdot H_2O(6mol \cdot L^{-1})$，粗硫酸铜，滤纸，pH 试纸，精密 pH 试纸（0.5～

5.0)。

$0.01mg \cdot mL^{-1} Fe^{3+}$ 标准溶液（实验室配制）的配制：电子分析天平准确称取 0.0863g 硫酸高铁铵 $NH_4Fe(SO_4)_2 \cdot 12H_2O$（又名“铁铵矾”）溶解于水，加入 0.05mL（1∶1）H_2SO_4，移入 1000mL 容量瓶中，用去离子水稀释至刻度，摇匀。此溶液含 Fe^{3+} 为 $0.01mg \cdot mL^{-1}$。

五、实验内容

1.粗硫酸铜的提纯

(1) 试样称量及溶解　称取 2g 研细了的粗硫酸铜，放在 25mL 烧杯中，加入 8mL 去离子水，加热、搅拌使其溶解。

(2) 氧化和沉淀　在上述溶液中，加几滴 $H_2SO_4(2mol \cdot L^{-1})$ 溶液进行酸化，边搅拌边往溶液中滴加 1mL H_2O_2(3%) 溶液，使 Fe^{2+} 氧化为 Fe^{3+}，加热片刻，若无小气泡产生，即可认为 H_2O_2 分解完全。然后边搅拌边滴加 $NaOH(2mol \cdot L^{-1})$ 溶液，调节溶液的 pH≈4，再加热片刻，让 $Fe(OH)_3$ 加速凝聚。之后取下烧杯，静置，待 $Fe(OH)_3$ 沉淀沉降。

(3) 常压过滤　用倾析法在漏斗上进行常压过滤，并将滤液直接承接在蒸发皿中。先将上层清液沿玻璃棒倒入漏斗中过滤，待清液滤完后再逐步倒入悬浊液过滤，过滤接近结束时，用少量（一定是少量）去离子水洗涤烧杯，洗涤液也倒入漏斗中过滤。待全部过滤完后，弃去滤渣。

(4) 蒸发浓缩和结晶　用 $H_2SO_4(2mol \cdot L^{-1})$ 将滤液 pH 调至 1～2，然后将蒸发皿放在泥三角或石棉网上，用小火加热，浓缩过程中注意用药匙刮下边缘上过早析出的晶体。蒸发浓缩至液面出现一薄层结晶膜时，即可立即停止加热，蒸发皿拿到实验台上，自然冷却至室温。

(5) 减压过滤　将晶体和母液转移到放好滤纸的布氏漏斗中进行抽滤，用玻璃棒将晶体均匀地铺满滤纸，并轻轻地压紧晶体，尽可能抽去晶体间夹带的母液。

取出晶体，摊在滤纸上，再覆盖一张滤纸，把晶体夹在两张滤纸之间，用手指轻轻挤压，吸干其表面上剩余的母液。将抽滤瓶中的母液倒入回收瓶中。

(6) 晶体称重　在台秤（或电子分析天平）上称出产品的质量，计算其收率。

2.产品纯度的检验

(1) 称取 0.2g 提纯后的硫酸铜晶体，放入小烧杯中，用 3mL 去离子水溶解，加 2 滴 $H_2SO_4(2mol \cdot L^{-1})$ 溶液酸化，然后加入 10 滴 H_2O_2(3%) 溶液，煮沸片刻，将 Fe^{2+} 氧化为 Fe^{3+}。继续加热煮沸，使剩余的 H_2O_2 完全分解。

(2) 取下溶液，待其冷却后，边搅拌边逐滴加入 $NH_3 \cdot H_2O(6mol \cdot L^{-1})$ 直至生成的浅蓝色 $Cu_2(OH)_2SO_4$ 沉淀溶解，变成深蓝色 $[Cu(NH_3)_4]^{2+}$ 透明溶液为止。

(3) 用普通漏斗进行常压过滤，并用去离子水洗去滤纸上的蓝色，弃去滤液，如有 $Fe(OH)_3$ 沉淀，则留在了滤纸上。

(4) 用滴管将 1.5mL（约 30 滴）热的 $HCl(2mol \cdot L^{-1})$ 溶液滴在滤纸上，使 $Fe(OH)_3$ 沉淀溶解，并将抽滤瓶洗净以承接滤液。如果一次溶解不了，可将滤液加热后再滴在滤纸上，直到 $Fe(OH)_3$ 全部溶解为止。

(5) 在滤液中加入 2 滴 $KSCN(1mol \cdot L^{-1})$ 溶液，并用去离子水稀释至 5mL，摇匀。

(6) 把上述溶液倒入 1cm 比色皿中（不要超过比色皿高度的 3/4），以去离子水为参比液，用721W型分光光度计在波长为465nm处测其吸光度（A）。然后在A-$w_{Fe^{3+}}$标准曲线上查出与所测吸光度A对应的Fe^{3+}的质量分数w，再与表7-5中产品规格对照，便可以确定产品的规格。

表7-5　$CuSO_4 \cdot 5H_2O$产品规格

规格	分析纯	化学纯
$w_{Fe^{3+}} \times 100$	0.003	0.02

（7）A-$w_{Fe^{3+}}$标准曲线的绘制　用吸量管分别吸取0.01mg·mL^{-1} Fe^{3+}标准溶液0mL、1mL、2mL、4mL、8mL分别于5个不同编号的50mL容量瓶中，各加入2mL HCl(2mol·L^{-1})溶液和1滴KSCN(1mol·L^{-1}）溶液，用去离子水稀释至刻度。以去离子水为参比溶液，在波长为465nm处，用721W型分光光度计分别测定5个标准溶液的吸光度（A）。以$w_{Fe^{3+}}$为横坐标，A为纵坐标，作图，即为A-$w_{Fe^{3+}}$工作曲线。

六、注意事项

1. 注意实验不同阶段溶液pH的控制。
2. 加入NaOH溶液调节pH时，必须逐滴滴加，并在搅拌均匀后再测pH。
3. 加入NaOH除Fe^{3+}时，要逐滴加入，pH要控制在4左右，防止$Cu(OH)_2$沉淀的生成。
4. 氧化剂H_2O_2要稍过量，确保杂质Fe^{2+}充分氧化。
5. 滤液pH调至1～2，然后将蒸发皿放在泥三角蒸发浓缩时，必须是小火加热，一定不能加热过猛，并注意搅拌，以免液体飞溅而损失。
6. 出现晶体膜的溶液要自然冷却至室温，慢慢地析出晶体，不要用水进行冷却。
7. 抽滤操作提纯后的晶体，应用滤纸尽可能吸干剩余的母液。
8. 吸量管正确取用Fe^{3+}标准溶液。
9. 正确操作分光光度计。
10. 注意比色皿操作及溶液的正确加入量。
11. 实验中产生的废液要集中回收，统一处理。

实验二十七　三草酸合铁（Ⅲ）酸钾的制备、组成及表征

一、预习思考

1. 影响三草酸合铁（Ⅲ）酸钾产量的主要因素有哪些？
2. 三草酸合铁（Ⅲ）酸钾见光易分解，应如何保存？
3. 用$KMnO_4$溶液滴定时要注意什么问题？$KMnO_4$溶液应该装在什么滴定管中？
4. 制备三草酸根合铁（Ⅲ）酸钾时加入乙醇的作用是什么？
5. 在合成过程中加入H_2O_2后，为什么要加热煮沸溶液几分钟？煮沸时间为什么不能太长？
6. 在制备三草酸根合铁（Ⅲ）酸钾的过程中，使用的氧化剂是什么？采用此氧化剂有什

么益处？使用时应注意什么问题？

7. 氧化 $FeC_2O_4 \cdot 2H_2O$ 时，氧化温度控制在 40℃，不能太高，为什么？

8. $KMnO_4$ 滴定 $C_2O_4^{2-}$ 时，需要加热，但又不能使温度太高，最适宜的温度为 75～85℃，为什么？

二、实验目的

1. 了解配合物制备的一般方法。
2. 熟悉 $KMnO_4$ 法测定 $C_2O_4^{2-}$ 与 Fe^{3+} 的原理和方法。
3. 综合训练无机合成、滴定分析的基本操作。
4. 掌握确定配合物组成的原理和方法。
5. 了解表征配合物结构的方法。
6. 学习磁天平的操作及使用。

三、实验原理

1. 三草酸合铁（Ⅲ）酸钾的制备

三草酸合铁（Ⅲ）酸钾，$K_3[Fe(C_2O_4)_3] \cdot 3H_2O$，为翠绿色单斜晶体，溶于水，难溶于乙醇。在 0℃时，其在水中的溶解度为 4.7g/100g H_2O 。在 100℃时，其在水中的溶解度为 117.7g/100g H_2O，随着温度的升高，溶解度增大得比较显著。在 110℃时会失去结晶水，230℃时将分解。该配合物对光敏感，遇光照射发生分解，反应方程式如下：

$$2K_3[Fe(C_2O_4)_3] \xrightarrow{光} 3K_2C_2O_4 + \underset{黄色}{2FeC_2O_4} + 2CO_2$$

三草酸合铁（Ⅲ）酸钾是制备负载型活性铁催化剂的主要原料，也是一些有机反应的良好催化剂，在工业上具有一定的应用价值。其合成工艺路线有多种。例如，以铁为原料制得硫酸亚铁铵，加草酸制得草酸亚铁后，在过量草酸钾存在下用过氧化氢氧化制得三草酸合铁（Ⅲ）酸钾。或用三氯化铁或硫酸铁与草酸钾直接合成三草酸合铁（Ⅲ）酸钾。亦可以硫酸亚铁加草酸钾形成草酸亚铁经氧化结晶得到三草酸合铁（Ⅲ）酸钾。

本实验以实验二十三制得的硫酸亚铁铵为原料，采用第一种方法制得本产品。硫酸亚铁铵与草酸在酸性溶液中先制得草酸亚铁沉淀。其反应方程式如下：

$$(NH_4)_2Fe(SO_4)_2 \cdot 6H_2O + H_2C_2O_4 \longrightarrow FeC_2O_4 \cdot 2H_2O(s，黄色) + (NH_4)_2SO_4 + H_2SO_4 + 4H_2O$$

然后再用草酸亚铁在草酸钾的存在下，以过氧化氢为氧化剂，发生如下反应：

$$6FeC_2O_4 \cdot 2H_2O + 3H_2O_2 + 6K_2C_2O_4 \longrightarrow 4K_3[Fe(C_2O_4)_3] \cdot 3H_2O + 2Fe(OH)_3(s)$$

加入适量草酸可使 $Fe(OH)_3$ 转化为三草酸合铁（Ⅲ）酸钾，反应方程式如下：

$$2Fe(OH)_3 + 3H_2C_2O_4 + 3K_2C_2O_4 \longrightarrow 2K_3[Fe(C_2O_4)_3] \cdot 3H_2O$$

加入乙醇，放置即可析出三草酸合铁（Ⅲ）酸钾 $K_3[Fe(C_2O_4)_3] \cdot 3H_2O$ 的结晶。

2. 产物的定性分析

产物组成的定性分析，采用化学分析法和红外吸收光谱法。

K^+ 与 $Na_3[Co(NO_2)_6]$ 在中性或稀醋酸介质中，生成亮黄色的 $K_2Na[Co(NO_2)_6]$ 沉淀。反应方程式如下：

$$2K^+ + Na^+ + [Co(NO_2)_6]^{3-} = K_2Na[Co(NO_2)_6] \downarrow$$

Fe^{3+} 与 KSCN 反应生成血红色 $Fe(SCN)_n^{3-n}$，$C_2O_4^{2-}$ 与 Ca^{2+} 生成白色沉淀 CaC_2O_4，

可以判断 Fe^{3+}、$C_2O_4^{2-}$ 处于配合物的内层还是外层。

草酸根和结晶水可通过红外光谱分析确定其存在。草酸根形成配位化合物时，红外吸收的振动频率和谱带归属为：

波数 σ/cm^{-1}	谱带归属
1712,1677,1649	羰基 C═O 的伸缩振动吸收带
1390,1270,1255,885	C—O 伸缩及—O—C═O 弯曲振动
797,785	O—C═O 弯曲及 M—O 键的伸缩振动
528	C—C 的伸缩振动吸收带
498	环变形 O—C═O 弯曲振动
366	M—O 伸缩振动吸收带

结晶水的吸收带在 $3550\sim3200cm^{-1}$ 之间，一般在 $3450cm^{-1}$ 附近。通过红外谱图的对照，不难得出定性的分析结果。

3. 产物的定量分析

用 $KMnO_4$ 法测定产品中的 Fe^{3+} 含量和 $C_2O_4^{2-}$ 含量，并确定 Fe^{3+} 和 $C_2O_4^{2-}$ 的配位比。

在酸性介质中，用 $KMnO_4$ 标准溶液滴定试液中的 $C_2O_4^{2-}$，根据 $KMnO_4$ 标准溶液的消耗量可直接计算出 $C_2O_4^{2-}$ 的质量分数，其反应方程式如下：

$$5C_2O_4^{2-}+2MnO_4^-+16H^+ \xlongequal{} 10CO_2+2Mn^{2+}+8H_2O$$

在上述测定草酸根后剩余的溶液中，用锌粉将 Fe^{3+} 还原为 Fe^{2+}，再用 $KMnO_4$ 标准溶液滴定 Fe^{2+}，其反应方程式如下：

$$Zn+2Fe^{3+} \xlongequal{} Zn^{2+}+2Fe^{2+}$$

$$5Fe^{2+}+MnO_4^-+8H^+ \xlongequal{} 5Fe^{3+}+Mn^{2+}+4H_2O$$

根据 $KMnO_4$ 标准溶液的消耗量，可计算出 Fe^{3+} 的质量分数。

根据

$$n_{Fe^{3+}}:n_{C_2O_4^{2-}}=\frac{w_{Fe^{3+}}}{55.8}:\frac{w_{C_2O_4^{2-}}}{88.0}$$

可确定 Fe^{3+} 与 $C_2O_4^{2-}$ 的配位比。

4. 产物的表征

通过对配合物磁化率的测定，可推算出配合物中心离子的未成对电子数，进而推断出中心离子外层电子的结构配键类型。

四、仪器与试剂

1. 仪器

台秤，电子分析天平，磁天平，红外光谱仪，烧杯，试管，量筒，长颈漏斗，布氏漏斗，水浴锅，抽滤瓶，称量瓶，真空泵，表面皿，药匙，锥形瓶，干燥器，烘箱，酸式滴定管，玛瑙研钵。

2. 试剂

H_2SO_4($2mol\cdot L^{-1}$)，$H_2C_2O_4$($1mol\cdot L^{-1}$)，$CaCl_2$($0.5mol\cdot L^{-1}$)，H_2O_2(3%)，$(NH_4)_2Fe(SO_4)_2\cdot6H_2O$(s)，$K_2C_2O_4$(饱和)，KSCN($0.1mol\cdot L^{-1}$)，$FeCl_3$($0.1mol\cdot L^{-1}$)，

$Na_3[Co(NO_2)_6]$，$KMnO_4$ 标准溶液（0.02mol·L^{-1}，自行标定），$H_2C_2O_4 \cdot 2H_2O(s)$，乙醇（95%），丙酮。

五、实验内容

1.三草酸合铁（Ⅲ）酸钾的制备

（1）制取 $FeC_2O_4 \cdot 2H_2O$　称取 6.0g $(NH_4)_2Fe(SO_4)_2 \cdot 6H_2O(s)$ 放入 250mL 烧杯中，加入 1.5mL H_2SO_4（2mol·L^{-1}）和 20mL 去离子水，加热使其溶解。另称取 3.0g $H_2C_2O_4 \cdot 2H_2O$ 放到 100mL 烧杯中，加 30mL 去离子水微热，溶解后取出 22mL 倒入上述 250mL 烧杯中，加热搅拌至沸，并维持微沸 5min。静置，得到黄色 $FeC_2O_4 \cdot 2H_2O$ 沉淀。用倾析法倒出清液，用热去离子水洗涤沉淀 3 次，以除去可溶性杂质。

（2）制备 $K_3[Fe(C_2O_4)_3] \cdot 3H_2O$　在上述洗涤过的沉淀中，加入 15mL $K_2C_2O_4$（饱和）溶液，水浴加热至 40℃，滴加 25mL H_2O_2（3%）溶液，边搅拌边滴加溶液并维持温度在 40℃左右，沉淀转为深棕色。滴加完后，加热溶液至沸以除去过量的 H_2O_2。取适量上述（1）中配制的 $H_2C_2O_4$ 溶液趁热加入，使深棕色沉淀溶解至溶液呈现翠绿色为止。趁热过滤，滤液转入 100mL 烧杯中，冷却后，加入 15mL 乙醇（95%）溶液，在暗处放置，结晶。晶体完全析出后，减压过滤，抽干后用少量乙醇洗涤产品，继续抽干。将晶体置于已经称重的表面皿上，称出表面皿与试样晶体的总质量，计算试样产品的质量及产率，并将晶体放在干燥器内避光保存。

2.产物的定性分析

（1）K^+ 的鉴定　在试管中加入少量试样晶体，用去离子水溶解，再加入 1mL $Na_3[Co(NO_2)_6]$ 溶液，放置片刻，观察现象。

（2）Fe^{3+} 的鉴定　在试管中加入少量试样晶体，用去离子水溶解，另取一支试管加入少量的 $FeCl_3$(0.1mol·L^{-1}) 溶液。然后两个试管各加入 2 滴 KSCN(0.1mol·L^{-1})，观察现象。在装有试样溶液的试管中加入 3 滴 H_2SO_4(2mol·L^{-1})，再观察溶液颜色有何变化，解释实验现象。

（3）$C_2O_4^{2-}$ 的鉴定　在试管中加入少量试样晶体，用去离子水溶解，另取一试管加入少量 $K_2C_2O_4$ 溶液。然后两个试管各加入 2 滴 $CaCl_2$(0.5mol·L^{-1}) 溶液，观察实验现象有何不同。

（4）用红外光谱鉴定 $C_2O_4^{2-}$ 与结晶水　取少量 KBr 晶体及小于 KBr 用量 1%的试样晶体，在玛瑙研钵中研细，压片，在红外光谱仪上测定红外吸收光谱。将谱图的各主要谱带与标准红外光谱图对照，确定是否含有 $C_2O_4^{2-}$ 及结晶水。

3.产物组成的定量分析

（1）结晶水质量分数的测定　洗净两个称量瓶，在 110℃电烘箱中干燥 1h，置于干燥器中冷却至室温时，在电子分析天平上称量。然后再放到 110℃电烘箱中干燥 0.5h，即重复上述干燥—冷却—称量操作，直至质量恒定（两次称量相差不超过 0.3mg）为止。

在电子分析天平上准确称取 0.5～0.6g 范围内的试样晶体两份，各分别放入上述已质量恒定的两个称量瓶中。在 110℃电热烘箱中干燥 1h，然后置于干燥器中冷却，至室温后，称量。重复上述干燥（改为 0.5h）—冷却—称量操作步骤，直至质量恒定。根据称量结果计算产品中结晶水的质量分数。

（2）草酸根质量分数的测量　在电子分析天平上准确称取两份试样晶体（0.15～0.20g），分别放入两个锥形瓶中，均加入 15mL H_2SO_4(2mol·L^{-1}）和 15mL 去离子水，微热溶解。加热至70～80℃（即液面冒水蒸气），趁热用$KMnO_4$（学生自己标定浓度）标准溶液滴定至粉红色为终点（保留溶液待下一步分析使用）。根据消耗$KMnO_4$溶液的体积，计算产物中$C_2O_4^{2-}$的质量分数。

（3）铁质量分数的测量　在上述（2）保留的溶液中加入一小匙锌粉，加热近沸，直到黄色消失，将Fe^{3+}还原为Fe^{2+}即可。趁热过滤除去多余的锌粉，滤液收集到另一锥形瓶中。再用5mL去离子水洗涤漏斗，并将洗涤液也一并收集在上述锥形瓶中。继续用$KMnO_4$(0.02000mol·L^{-1})标准溶液进行滴定，至溶液呈粉红色。根据消耗$KMnO_4$溶液的体积，计算Fe^{3+}的质量分数。

根据实验步骤（1）、（2）、（3）的实验结果，计算K^+的质量分数，结合实验内容（2）的结果，推断出配合物的化学式。

4.配合物磁化率的测定

（1）样品管的准备、洗涤　磁天平的样品管（必要时用洗液浸泡）并用去离子水冲洗，再用酒精、丙酮各冲洗一次，用吹风机吹干（也可烘干）。

（2）样品管的测定　在磁天平的挂钩上挂好样品管，并使其处于两磁极的中间，调节样品管的高度，使样品管底部对准电磁铁两极中心的连线（即磁场强度最强处）。在不加磁场的条件下称量样品管的质量。

打开电源预热。用调节器旋钮慢慢调大输入电磁铁线圈的电流至5.0A，此磁场强度下测量样品管的质量。测量后，用调节器旋钮慢慢调小输入电磁铁的电流直至零为止。记录测量温度。

（3）标准物质的测定　从磁天平上取下空样品管，装入已研细的标准物$(NH_4)_2Fe(SO_4)_2 \cdot 6H_2O$至刻度处，在不加磁场和加磁场的情况下测量（标准物质+样品管）质量。取下样品管，倒出标准物，按步骤（1）的要求洗净并干燥样品管。

（4）试样晶体的测定　取试样晶体（约2g）在玛瑙研钵中研细，按照“标准物质的测定”的步骤及实验条件，在不加磁场和加磁场的情况下，测量（试样晶体+样品管）质量。测量后关闭电源及冷却水。

测量误差的主要原因是装样品不均匀，因此为尽可能减小测量误差，需将样品一点一点地装入样品管，边装边在垫有橡皮板的台面上轻轻撞击样品管，并且还要注意每个样品填装的均匀程度、紧密状况应该一致。

六、注意事项

1.氧化$FeC_2O_4 \cdot 2H_2O$时，氧化温度不能太高，一般在保持40℃的水浴中加热，慢慢滴加H_2O_2，以免H_2O_2分解，同时需不断搅拌，使Fe^{2+}充分被氧化。

2.配位过程中，$H_2C_2O_4$应逐滴加入，并保持在沸点附近，这样使过量草酸分解。

3.$KMnO_4$滴定$C_2O_4^{2-}$时，升温以加快滴定反应速率，但温度不能越过85℃，否则草酸易分解：

$$H_2C_2O_4 = H_2O + CO_2 + CO\uparrow$$

4.$KMnO_4$滴定Fe^{2+}或$C_2O_4^{2-}$时，滴定速度不能太快，否则部分$KMnO_4$在热溶液中按下式分解：

$$4KMnO_4 + 2H_2SO_4 = 4MnO_2 + 2K_2SO_4 + 2H_2O + 3O_2\uparrow$$

5.在合成三草酸根合铁（Ⅲ）酸钾的过程中，加热除过量H_2O_2时，煮沸时间不可过长，否则会因 $Fe(OH)_3$ 的团聚而使得沉淀颗粒较粗大且致密，不易溶解，导致酸溶配位反应速度缓慢，影响产品的产率和纯度。

6.为减少副反应对实验的影响，加入草酸时，用量要适当，不可过多。搅拌速度要快，而且草酸要滴加，不可一次倒入。

7.合成三草酸根合铁（Ⅲ）酸钾之后，产品一定要避光保存备用。

8.溶液未达饱和，冷却时不析出晶体，可以继续加热蒸发浓缩，直至稍冷后表面出现晶体膜。

9.减压过滤要规范。尤其注意在抽滤过程中，勿用水冲洗黏附在烧杯和布氏漏斗上的少量绿色产品。否则将大大影响产率。

10.磁天平的使用方法详见第四章第五节仪器使用说明。

实验二十八　十二水硫酸铝铵的制备与表征

一、预习思考

1.物质分离提纯的方法有哪些？

2.直接加热法的注意事项有哪些？

3.如何检验晶体是否干燥完全？

4.怎样进行抽滤操作？

5.分光光度法测量中，如何选择参比溶液？

6.参比溶液应该放在哪个比色槽内？

二、实验目的

1.了解十二水硫酸铝铵的制备方法。

2.熟悉冷却结晶的原理及基本实验操作方法。

3.学会可见分光光度计的正确使用方法。

4.学习并掌握 NH_4^+、Al^{3+}、SO_4^{2-} 等离子的分析测试方法。

三、实验原理

溶液中不同溶质的溶解度不同，而且会随着温度变化而发生不同的变化，根据这一性质可以将物质进行分离并提纯。对于溶解度随温度变化小的溶质（比如 NaCl），则采用蒸发结晶法提纯。而对于溶解度随温度变化大的溶质（比如 KNO_3），则采用冷却结晶法制备和提纯。

在含有 NH_4^+、Al^{3+}、SO_4^{2-} 等离子的溶液体系中，如果某些反应条件发生变化（比如温度），则可能会出现 $Al_2(SO_4)_3 \cdot 18H_2O$、$(NH_4)_2SO_4$、$NH_4Al(SO_4)_2 \cdot 12H_2O$ 等不同沉淀。其中，$NH_4Al(SO_4)_2 \cdot 12H_2O$ 受温度的影响最大（如图 7-1 所示），其溶解度随温度升高变化很大，从 0～100℃，溶解度增大 40 多倍。而 $Al_2(SO_4)_3 \cdot 18H_2O$ 和 $(NH_4)_2SO_4$ 的溶解度随温度的升高变化不大。因此，控制反应在较高温度下进行，然后冷却可以使复盐 $NH_4Al(SO_4)_2 \cdot 12H_2O$ 结晶析出，如反应式（1）所示。

$NH_4Al(SO_4)_2 \cdot 12H_2O$ 的制备实验能克服实验过程中的物质损失，并且最终目标物硫酸铝铵为大块结晶物，明显不同于小块的硫酸铵和硫酸铝杂质结晶，因此容易获得非常纯净的十二水硫酸铝铵结晶物。

$$NH_4^+ + Al^{3+} + 2SO_4^{2-} + 12H_2O \xlongequal{} NH_4Al(SO_4)_2 \cdot 12\ H_2O \tag{1}$$

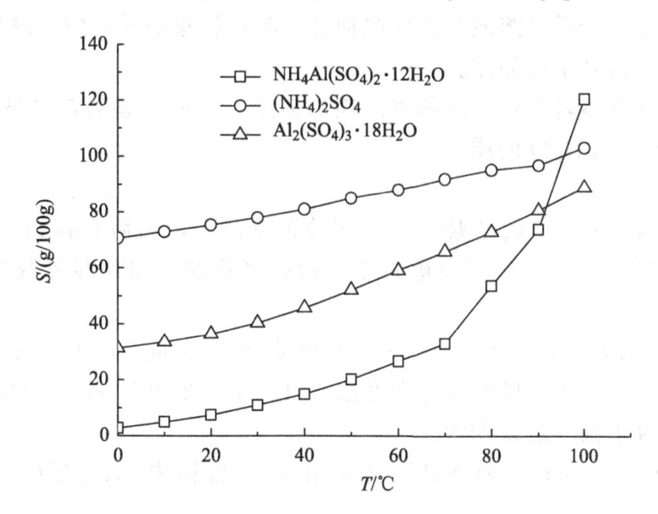

图 7-1　$Al_2(SO_4)_3 \cdot 18H_2O$、$(NH_4)_2SO_4$、$NH_4Al(SO_4)_2 \cdot 12H_2O$ 的溶解度随温度的变化关系

四、仪器与试剂

1. 仪器

酸度计，分析天平，721W 型分光光度计，烧杯（干燥，250mL），容量瓶，玻璃棒，滤纸，布氏漏斗，抽滤瓶，循环水泵，水浴槽，抽滤装置。

2. 试剂

$H_2SO_4(1mol \cdot L^{-1})$，$Al_2(SO_4)_3 \cdot 18H_2O(AR)$，$NH_4Cl(AR)$，蒸馏水。

五、实验内容

1. 实验方法

称取 2.7g NH_4Cl 和 29.9g $Al_2(SO_4)_3 \cdot 18H_2O$，放入 100mL 烧杯中，加 50mL 蒸馏水，用稀 $H_2SO_4(1mol \cdot L^{-1})$ 调 pH 至 1.5，加热至 90℃，待二者全部溶解后，继续加热 1～2min，并不断搅拌。然后，快速将烧杯转移到水浴槽中（T=10～20℃），静置。当烧杯内溶液温度冷却至 25～30℃，即有大块结晶析出。

将滤纸经两次或三次对折，让尖端与漏斗圆心重合，以布氏漏斗内径为标准，作记号。沿记号将滤纸剪成扇形，打开滤纸，如不圆，稍作修剪。将剪好的滤纸放入布氏漏斗中，试试滤纸大小是否合适。如滤纸稍大于漏斗内径，则剪小些，使滤纸比漏斗内径略小，但又能把全部瓷孔盖住。

如果滤纸大了，滤纸的边缘不能紧贴漏斗而产生缝隙，一方面过滤时沉淀穿过缝隙，造成沉淀与溶液不能分离；另一方面空气穿过缝隙，抽滤瓶内不能产生负压，使过滤速度慢，沉淀抽不干。如果滤纸小了，不能盖住所有的瓷孔，则不能过滤。

滤纸大小合适后，用少量水润湿，用干净的玻璃棒轻压滤纸除去缝隙，使滤纸贴在漏斗上。然后将漏斗放入抽滤瓶内，塞紧塞子，注意漏斗颈的尖端在支管的对面。打开开关，接上橡皮管，滤纸便紧贴在漏斗底部。过滤时一般采用倾析法，即溶液经沉降后，沉淀在下，溶液在上。过滤原则是先溶液，后转移沉淀或晶体，使过滤速度加快。即将沉淀上的澄清液沿玻璃棒小心倾入漏斗，尽可能使沉淀留在烧杯中。转移溶液时，倒入溶液的量不要超过漏斗总容量的2/3。洗涤沉淀要遵循少量多次的原则，少量是为了防止洗涤后溶液太多，多次是为了清洗得更干净。最后将溶液与沉淀搅动在一起都转移到漏斗中，继续抽滤直至晶体干燥，尽量抽干水分，得到干燥晶体。

将抽滤好的试样晶体转移到已经称重的表面皿上，然后对盛有晶体的表面皿再次称量，计算 $NH_4Al(SO_4)_2 \cdot 12H_2O$ 的质量。

2. 产物表征

准确称取实验晶体0.4533g于烧杯中，用蒸馏水溶解，然后转移到1000mL容量瓶中，再用蒸馏水淋洗烧杯，溶液转移至容量瓶中，最后将蒸馏水加到容量瓶的刻线处，盖好玻塞，摇匀备用。

用试铁灵分光光度法（HG/T 3525—2011）测定 Al^{3+} 含量，用重量法（GB/T 13025.8—2012）测定 SO_4^{2-} 含量，用水杨酸分光光度法（HJ 536—2009）测定 NH_4^+ 含量。上述测定的具体方法参看附录十四～附录十六。

根据测得的 Al^{3+}、SO_4^{2-} 和 NH_4^+ 含量确定结晶物中 $NH_4Al(SO_4)_2 \cdot 12H_2O$ 的含量。

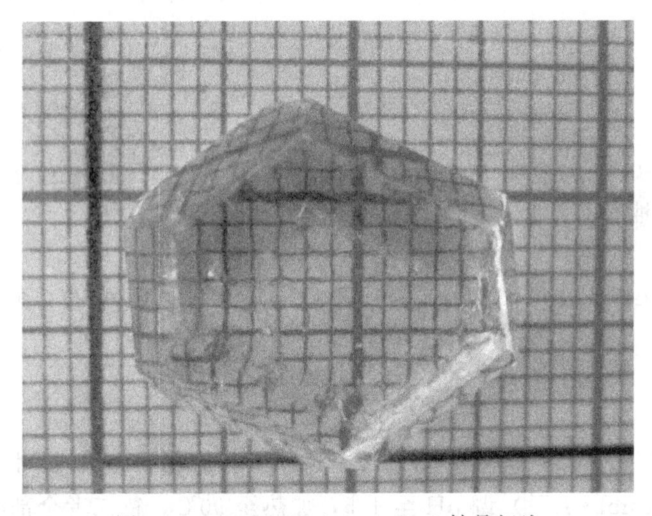

图7-2 $NH_4Al(SO_4)_2 \cdot 12H_2O$ 结晶相片

六、数据记录与处理

1. 实验现象：记录在实验报告册上。
2. $NH_4Al(SO_4)_2 \cdot 12H_2O$ 质量：__________ g

七、注意事项

1. 对溶液加热时注意安全，防止烧伤、烫伤。
2. 抽滤时滤纸的使用方法及要求。
3. 溶液向漏斗转移时要正确操作，以免溶液流失而影响产品的质量。
4. 容量瓶配制标准溶液必须严格、正确执行刻度线。

实验二十九　离子交换法制取碳酸氢钠

一、预习思考

1. 离子交换法制取碳酸氢钠的基本原理是什么？

2. 在碳酸氢铵加入交换柱的过程中，为什么要防止空气进入交换柱内？

二、实验目的

1. 了解离子交换法制取碳酸氢钠的原理。

2. 学习离子交换操作方法。

3. 进一步巩固浓缩、结晶、干燥等操作方法。

三、实验原理

离子交换法制取碳酸氢钠的主要过程是：先将碳酸氢铵溶液通过钠型阳离子交换树脂，转变为碳酸氢钠溶液，然后将碳酸氢钠溶液浓缩、结晶、干燥为晶体碳酸氢钠。

本实验使用的732型树脂是聚苯乙烯磺酸型强酸性阳离子交换树脂。经预处理和转型后，把它从氢型完全转变为钠型。这种钠型树脂可表示为 $R—SO_3Na$。交换基团上的 Na^+ 可与溶液中的正离子进行交换。当碳酸氢铵溶液流经树脂时，发生下列交换反应：

$$R—SO_3Na + NH_4HCO_3 \rightleftharpoons R—SO_3NH_4 + NaHCO_3$$

离子交换反应是可逆反应，可以通过控制流速、溶液浓度和溶液体积等因素，使反应按所需要的方向进行，从而达到最佳交换的目的。本实验是用少量的较稀的碳酸氢铵溶液，以较慢的流速进行交换反应。

四、仪器与试剂

1. 仪器

交换柱（50mL碱式滴定管，其下端的橡胶管用螺旋夹夹住），秒表，烧杯，量筒，点滴板，移液管，锥形瓶。

2. 试剂

HCl($0.1mol \cdot L^{-1}$，$2mol \cdot L^{-1}$，浓)，$Ba(OH)_2$(饱和)，NaOH($2mol \cdot L^{-1}$)，NaCl($3mol \cdot L^{-1}$，10%)，NH_4HCO_3($1mol \cdot L^{-1}$)，$AgNO_3$($0.1mol \cdot L^{-1}$)，甲基橙（1%），萘斯勒试剂，732型阳离子交换树脂，铂丝，pH试纸。

五、实验内容

1. 制取碳酸氢钠溶液

732型阳离子交换树脂须先经过预处理和装柱，最后用NaCl(10%）溶液转型（附注）。

(1) 调节流速　用10mL去离子水慢慢注入交换柱中，调节螺旋夹，控制流速为每分钟25～30滴，不宜太快。用100mL烧杯承接流出的水。

(2) 交换和洗涤　用10mL量筒取10mL NH_4HCO_3($1mol \cdot L^{-1}$）溶液，当交换柱中

水面下降到高出树脂约1cm时，将NH_4HCO_3(1mol·L^{-1}）溶液加入交换柱中，用小烧杯（或量筒）接收流出液。当柱内液面下降到高出树脂约1cm时，继续加入去离子水。在这个交换过程中要防止空气进入柱内（为什么?）。

开始交换时，不断用pH试纸检查流出液，当其pH稍大于7时，换用10mL量筒承接流出液（此前所收集的流出液基本上是水，可弃去不用）。用pH试纸检查流出液的pH，当流出液pH接近7时，可停止交换。记下所收集的流出液体积V_{NaHCO_3}。流出液留作定性检验和定量分析用。

用去离子水洗涤交换柱内的树脂，以每分钟30滴左右的流速进行洗涤，直至流出液的pH为7。这样的树脂仍有一定的交换能力，可重复进行上述交换操作1～2次。树脂经再生后可反复使用。因此交换树脂始终要浸泡在去离子水中，以防干裂、失效。

2.定性检验

通过定性检验进柱溶液和流出液，以确定流出液的主要成分。

分别取NH_4HCO_3(1mol·L^{-1}）溶液和流出液进行以下项目的检验。

（1）用萘斯勒试剂检验NH_4^+。

（2）用铂丝作焰色反应检验Na^+。

（3）用HCl(2mol·L^{-1}）溶液和$Ba(OH)_2$(饱和）溶液检验HCO_3^-。

（4）用pH试纸检验溶液的pH。

将检验结果填入表7-6中。

表7-6 实验数据记录表

检验项目	NH_4^+	Na^+	HCO_3^-	实测pH	计算pH
NH_4HCO_3					
流出液					

结论：流出液中有________________________。

3.定量分析

用酸碱滴定法测定$NaHCO_3$溶液的浓度，并计算$NaHCO_3$的收率。

（1）操作步骤 用25mL移液管准确移取所得到的$NaHCO_3$溶液（摇匀）于锥形烧瓶中，加1滴甲基橙指示剂，以HCl(0.1mol·L^{-1}）标准溶液滴定之，溶液由黄色变为橙色时为滴定终点。记下所用标准HCl溶液的体积V_{HCl}，并计算$NaHCO_3$的收率。

（2）滴定反应

$$NaHCO_3+HCl=\!=\!=NaCl+CO_2+H_2O$$

（3）$NaHCO_3$溶液浓度的计算

$$c_{NaHCO_3}=\frac{c_{HCl}\cdot V_{HCl}}{25.00\text{mL}}$$

（4）$NaHCO_3$收率的计算 当交换溶液中的NH_4^+和树脂上的Na^+达到完全交换时，则交换液中总的NH_4^+的物质的量应等于流出液中总的Na^+的物质的量。但由于没有全部收集到流出液等原因，所以，$NaHCO_3$的收率要低于100%。$NaHCO_3$收率的计算公式：

$$NaHCO_3\text{（收率）}=\frac{c_{NaHCO_3}\cdot V_{NaHCO_3}}{1\text{mol}\cdot L^{-1}\times 10\text{mL}}$$

4. 树脂的再生

交换达到饱和后的离子交换树脂，不再具有交换能力。可先用去离子水洗涤树脂到流出液中无 NH_4^+ 和 HCO_3^- 为止。再用 $NaCl(3mol \cdot L^{-1})$ 溶液以每分钟 30 滴的流速流经树脂，直到流出液中无 NH_4^+ 为止。

上述操作可以使树脂恢复到原来的交换能力，这个过程被称为树脂的再生。再生时，树脂发生了交换反应的逆反应：

$$R—SO_3NH_4 + NaCl \rightleftharpoons R—SO_3Na + NH_4Cl$$

可以看出，树脂再生后可以得到 NH_4Cl 溶液。

再生后的树脂要用去离子水洗至无 Cl^-，并浸泡在去离子水中，留以后实验使用。

六、注意事项

1. 注意交换反应的流速：

$$R—SO_3Na + NH_4HCO_3 \rightleftharpoons R—SO_3NH_4 + NaHCO_3$$

该离子交换反应是可逆反应，可以通过控制流速达到最佳交换的目的，本实验是以较慢的流速进行交换反应。

2. 交换柱中液面的高度一定要至少保持在树脂上约 1cm，确保交换过程中防止空气进入柱内。

3. 交换过程中注意监测流出液的 pH，只有当流出液的 pH 接近 7 时，方可停止交换。

4. 交换树脂始终要浸泡在去离子水中，以防干裂、失效。

5. 注意用铂丝作焰色反应检验 Na^+ 的正确操作，确保安全。

6. 用去离子水洗涤交换柱内的树脂，以每分钟 30 滴左右的流速比较适宜。

附注：树脂的预处理、装柱和转型的方法

1. 树脂预处理

取 732 型阳离子交换树脂 20g 放入 100mL 烧杯中，先用 50mL NaCl（10%）溶液浸泡 24h，再用去离子水洗涤树脂 2～3 次。

2. 装柱

用 1 支 50mL 碱式滴定管作为交换柱，在柱内的下部放一小团玻璃纤维，柱的下端通过橡胶管与一尖嘴玻璃管连接，橡胶管用螺旋夹夹住，将交换柱固定在铁架台上。

在柱中充入少量去离子水，排出管内底部的玻璃纤维中和尖嘴玻璃管中的空气。然后将已经预处理过的待用树脂和水搅匀，一起从碱式滴定管的上端慢慢注入交换柱中，树脂随水下沉，这样不会带入空气。当其全部倒入后可达 20～30cm 高，保持水面高出树脂 2～3cm，在树脂顶部也装上一小团玻璃纤维，以防止注入溶液时将树脂冲起。在整个操作过程中要始终保持树脂被水覆盖。如果树脂层中进入空气，会产生缝隙，形成偏流而使交换效率降低。如果出现这种情况，应将螺旋夹旋紧，挤压橡皮管，排出橡皮管和尖嘴中的空气，并将柱内气泡排出。如果上述方法不能将气泡排出，就要重新装柱。

离子交换柱装好以后，用 50mL $HCl(2mol \cdot L^{-1})$ 溶液以每分钟 30～40 滴的流速流过树脂，当流出液达到 15～20mL 时，旋紧螺旋夹，用余下的 $HCl(2mol \cdot L^{-1})$ 溶液浸泡树脂 3～4h。再用去离子水洗至流出液的 pH 为 7。最后用 50mL $NaOH(2mol \cdot L^{-1})$ 溶液代替 $HCl(2mol \cdot L^{-1})$ 溶液，重复上述操作，用去离子水洗至流出液的 pH 为 7，并用去离子水浸泡树脂，待用。

3. 转型

在已经先后用 HCl($2mol\cdot L^{-1}$) 溶液和 NaOH($2mol\cdot L^{-1}$) 溶液处理过的钠型阳离子交换树脂中，还可能混有少量氢型树脂，它的存在将使交换后流出液中的 $NaHCO_3$ 溶液的浓度降低，因此，必须把氢型树脂进一步转换为钠型。

用 50mL NaCl(10%) 溶液以每分钟 30 滴的流速流过树脂，然后用去离子水以每分钟 50～60 滴的流速洗涤树脂，直到流出液中不含 Cl^- 为止，用 $AgNO_3$($0.1mol\cdot L^{-1}$) 溶液检验 Cl^-。

以上工作需在实验课前完成。

实验三十　硝酸锌废液中回收硫酸锌

一、预习思考

1. 硝酸锌转变为硫酸锌的基本反应原理？
2. 从废液制取 $ZnSO_4\cdot 7H_2O$ 结晶的过程中，如何除去可溶性杂质？
3. 沉淀 $Zn(OH)_2$ 时，为什么控制溶液的 pH 为 8 时为止？
4. 沉淀 $Zn(OH)_2$ 时，NaOH 为什么采用滴加的方式？如果加入过量的 NaOH，对实验结果是否有影响？
5. 蒸发硫酸锌时为什么要调节 pH 为 2？

二、实验目的

1. 了解从含硝酸锌废液中制取硫酸锌的原理及过程。
2. 理解巩固沉淀平衡理论知识。
3. 进一步巩固过滤、洗涤沉淀、蒸发、结晶等基本操作方法。
4. 熟悉减压过滤过程。
5. 学习三废综合利用的初步知识。

三、实验原理

在刻制印刷锌版时，用稀硝酸腐蚀锌版后常产生大量废液。稀硝酸腐蚀锌版的主要反应如下：

$$4Zn+10HNO_3(稀) = 4Zn(NO_3)_2+N_2O(g)+5H_2O$$

所以该废液中含有大量的 $Zn(NO_3)_2$ 和由自来水带进的少量 Cl^-、Fe^{3+} 等杂质离子。从刻制印刷锌版的废液中回收锌，不仅可以为国家创造财富，还能防止大量废液对环境的污染，具有重要意义。

从刻制印刷锌版废液制取 $ZnSO_4\cdot 7H_2O$ 晶体的过程是：先用 NaOH 将 $Zn(NO_3)_2$ 转变为 $Zn(OH)_2$ 沉淀，然后过滤，将沉淀溶解在稀 H_2SO_4 中，再蒸发、结晶。为了制得较纯的产品，还需除去 NO_3^-、Cl^- 和 Fe^{3+} 等杂质离子。

由于 $Zn(OH)_2$ 难溶于水，而硝酸盐和大部分氯化物易溶于水，因此用去离子水反复洗

涤 $Zn(OH)_2$ 沉淀，就可以除去 NO_3^- 和 Cl^- 等杂质离子。

在用 NaOH 沉淀 Zn^{2+} 时，杂质 Fe^{3+} 也成为 $Fe(OH)_3$ 沉淀，可以在用稀 H_2SO_4 溶解 $Zn(OH)_2$ 沉淀时，调节溶液的 pH 使 $Fe(OH)_3$ 沉淀与 Zn^{2+} 分离。

四、仪器与试剂

1. 仪器

布氏漏斗，真空泵，玻璃棒，蒸发皿，石棉网，试管，烧杯，量筒，分析天平，抽滤瓶，普通漏斗。

2. 试剂

硝酸锌废液，H_2SO_4（$2mol \cdot L^{-1}$，浓），HCl（$2mol \cdot L^{-1}$），NaOH（$6mol \cdot L^{-1}$），$AgNO_3$（$0.1mol \cdot L^{-1}$），KSCN，（$0.1mol \cdot L^{-1}$），$FeSO_4$(s)，pH 试纸，滤纸。

五、实验内容

1. $Zn(OH)_2$ 的生成

烧杯中加入 100mL 含硝酸锌的废液，在不断搅动下，加入约 40mL NaOH（$6mol \cdot L^{-1}$）。注意 NaOH 溶液不要一次全部加入，先加一部分，用 pH 试纸检验溶液的 pH，然后再逐滴加入，直到溶液 pH 为 8 时为止。这时大部分 $Zn(NO_3)_2$ 已成为 $Zn(OH)_2$ 沉淀。

2. $Zn(OH)_2$ 沉淀的过滤和洗涤

用吸滤法过滤上述 $Zn(OH)_2$ 沉淀，然后将布氏漏斗上的 $Zn(OH)_2$ 沉淀转移至烧杯中，加约 100mL 去离子水，搅匀，再用吸滤法过滤，并用少量去离子水洗涤烧杯，然后一起倒入布氏漏斗中抽滤。再用同样方法反复洗涤沉淀两次。

3. $ZnSO_4$ 的生成

将洗净的 $Zn(OH)_2$ 沉淀放入洁净的烧杯中，逐滴加入 H_2SO_4（$2mol \cdot L^{-1}$）约 18mL，注意切不可一次全部加入，先加一部分，然后在加热和不断搅动下，再慢慢滴加 H_2SO_4（$2mol \cdot L^{-1}$）直至 pH 为 4 为止。加入 H_2SO_4（$2mol \cdot L^{-1}$）的量以溶液的 pH 达到 4 时为准，可以有所增减。

将调节 pH 后的溶液加热煮沸，促使铁盐水解完全。此时，杂质 Fe^{3+} 成为 $Fe(OH)_3$ 沉淀。趁热过滤，弃去沉淀，滤液即为 $ZnSO_4$ 溶液。

4. $ZnSO_4 \cdot 7H_2O$ 晶体生成

将滤液倒入洁净的蒸发皿中，加入数滴 H_2SO_4（$2mol \cdot L^{-1}$），使溶液 pH 为 2，以防止锌盐水解而产生 $Zn(OH)_2$ 沉淀。然后在石棉网上，用小火加热，至液面出现一层微晶膜时，停止加热。将蒸发皿放置在实验台上，自然冷却至室温后，用吸滤法过滤，尽量抽干。取出 $ZnSO_4 \cdot 7H_2O$ 晶体，将该晶体夹在两张滤纸间，再用滤纸压干，称出 $ZnSO_4 \cdot 7H_2O$ 晶体的质量。

5. $ZnSO_4 \cdot 7H_2O$ 晶体质量的检验

取少量 $ZnSO_4 \cdot 7H_2O$ 晶体用 10mL 去离子水溶解，然后分装在三支洁净的试管中，编号为①、②、③。另取三支试管，分别装入 2mL 废液，编号为①′、②′、③′。

(1) Cl^- 的检验　在①、①′两支试管中，分别加入 $AgNO_3$（$0.1mol \cdot L^{-1}$）溶液 1～2 滴，观察两支试管中，是否都有白色 AgCl 沉淀生成。

(2) NO_3^- 的检验　在②、②′两支试管中，分别加入 $FeSO_4$(s) 晶体少许，然后将试管斜持，小心沿管壁加入约 1mL H_2SO_4（浓）（注意：不要摇动试管），静置片刻，观察在液体分界面处是否有棕色环形成。

(3) Fe^{3+} 的检验　在③、③′两支试管中，分别加入 2～3 滴 HCl($2mol \cdot L^{-1}$) 酸化，然后分别加入 KSCN($0.1mol \cdot L^{-1}$) 溶液数滴。对比溶液是否呈红色。

6. 根据上述质量检测实验现象，给出产品 $ZnSO_4 \cdot 7H_2O$ 的质量检验结论。

六、注意事项

1. 沉淀 $Zn(OH)_2$ 时，NaOH($6mol \cdot L^{-1}$) 用量可根据废液的酸度和 Zn^{2+} 含量不同而有所增减，关键在于调节溶液的 pH 至 8 为止。所用 NaOH 一定不要过量，否则 $Na(OH)_2$ 将会部分或全部溶解变成 $[Zn(OH)_4]^{2-}$。

2. 沉淀 $Fe(OH)_3$ 时，H_2SO_4($2mol \cdot L^{-1}$) 也要逐渐加入，直到 pH 为 4 为止。

3. $Fe(OH)_3$ 沉淀一定要趁热过滤（普通漏斗）。

4. $ZnSO_4$ 溶液蒸发前，一定要先加入数滴 H_2SO_4($2mol \cdot L^{-1}$)，使溶液 pH 为 2，以防止锌盐水解而产生 $Zn(OH)_2$ 沉淀。

5. 蒸发皿一定要自然冷却至室温后，再进行抽滤。

实验三十一　不同溶液中铜的电极电势的测定

一、预习思考

1. 常用参比电极有哪些？同一参比电极为什么会有不同的电极电势值？
2. 金属放入其盐溶液之前，需要进行怎样的处理？为什么？
3. 电极电势的大小与哪些因素有关？电极电势值的大小与电对的氧化型的氧化性或还原型的还原性有什么关系？
4. 在不同介质中，$KMnO_4$ 的氧化能力是否一样？
5. 能斯特（Nernst）方程有几种形式？怎样合理选用？
6. 如果电池电动势测定值显示负值，应该怎样处理？

二、实验目的

1. 了解电极电势的产生。
2. 熟悉电极电势测定的基本原理和方法。
3. 进一步理解电极电势与电动势的关系。
4. 掌握浓度对电极电势的影响及能斯特（Nernst）方程。
5. 掌握介质对电极电势的影响以及介质在能斯特（Nernst）方程中的正确表示。
6. 学习利用酸度计测定电动势的方法。

三、实验原理

1. 电极电势与电池电动势

把金属放在其盐溶液中，在金属与其盐溶液的接触界面上就会发生两个不同的过程：一方面是金属表面的正离子受极性水分子的吸引而进入溶液，这是一个溶解过程；另一方面是溶液中的水合金属离子受到金属表面自由电子的吸引而重新沉积在金属表面，这是一个沉积过程。当上述溶解过程与沉积过程速率相等时，即达到一个动态平衡。此时，金属表面聚集了金属溶解时留下的自由电子而带负电，溶液则因金属离子的进入而带正电。这样，由于正、负电荷相互吸引的结果，在金属表面与其接触的液面间形成了由带正电荷的金属离子和带负电荷的电子所构成的双电层。双电层之间产生了电势差，金属与其盐溶液接触界面之间的电势差，实际上就是该金属与其盐溶液中相应金属离子所组成的氧化还原电对的平衡电极电势，用符号 E 表示。

金属越活泼，溶解成离子的倾向越大，其离子沉积的倾向越小，达到平衡时，电极上负电荷就越多，电极电势也就越小，反之，电极电势就越大。

2. 电极电势的影响因素

室温下，电极电势的大小，取决于电极的本性、溶液中参加电极反应的离子的浓度和溶液的性质等。

(1) 浓度的影响　由能斯特 (Nernst) 方程可知，溶液中离子浓度的变化（如生成沉淀即难溶电解质或形成配离子）将影响电极电势的数值。对于电极反应：

$$\text{氧化态}+ze^- \rightleftharpoons \text{还原态}$$

则有：

$$E=E^{\ominus}-\frac{RT}{zF}\ln\frac{c_{\text{还原态}}}{c_{\text{氧化态}}}$$

在常温 $T=298.15\text{K}$ 时，上述 Nernst 方程则变成如下形式：

即：

$$E=E^{\ominus}-\frac{0.0592}{z}\lg\frac{c_{\text{还原态}}}{c_{\text{氧化态}}}$$

从 Nernst 方程可以看出，氧化态物质浓度增大或还原态物质浓度减小，都将使电极电势增大，反之将会使电极电势减小。

例如，对于银电极，其电极反应式如下：

$$Ag^{+}+e^{-}=Ag \qquad E_{Ag^{+}/Ag}=0.7991\text{V}$$

若将银电极放在 $AgNO_3$ 中，而在 $AgNO_3$ 溶液中加入 NaCl，最后使溶液中 $c_{Cl^-}=1\text{mol}\cdot\text{L}^{-1}$，则 25℃银电极的电极电势则变为：

$$E_{Ag^{+}/Ag}=E^{\ominus}_{Ag^{+}/Ag}+\frac{0.0592}{z}\lg c_{Ag^{+}}$$

在 $AgNO_3$ 中加入 NaCl 后会形成 AgCl 沉淀，根据

$$c_{Ag^{+}}c_{Cl^{-}}=K^{\ominus}_{sp(AgCl)}=1.8\times10^{-10}$$

此时

$$c_{Ag^{+}}=\frac{1.8\times10^{-10}}{1}=1.8\times10^{-10}\text{mol}\cdot\text{L}^{-1}$$

所以

$$E_{Ag^{+}/Ag}=E^{\ominus}_{Ag^{+}/Ag}+\frac{0.0592}{z}\lg[1.8\times10^{-10}]=0.2222\text{V}$$

由于产生 AgCl 沉淀，$c_{Ag^{+}}$ 减小，$E_{Ag^{+}/Ag}$ 也下降。

(2) 介质的影响　有 H^+（或 OH^-）参加的电极反应，氢离子浓度的变化也会影响电极电势的数值，即在 Nernst 方程表示式中一定要将 H^+（或 OH^-）的影响体现出来。例如：

$$MnO_4^-(aq)+8H^+(aq)+5e^-=Mn^{2+}(aq)+4H_2O$$

当 $c_{MnO_4^-}=c_{Mn^{2+}}=1\text{mol}\cdot\text{L}^{-1}$，$\text{pH}=5$，$E^{\ominus}_{MnO_4^-/Mn^{2+}}=1.512\text{V}$，上述电极反应的

Nernst 方程如下：

$$E_{MnO_4^-/Mn^{2+}}=E^{\ominus}_{MnO_4^-/Mn^{2+}}+\frac{0.0592}{z}\lg\frac{c_{MnO_4^-}\cdot c^8_{H^+}}{c_{Mn^{2+}}}=1.512+\frac{0.0592}{5}\lg\ (10^{-5})^8=1.038V$$

上述计算结果表明，c_{H^+} 对 $E_{MnO_4^-/Mn^{2+}}$ 的影响是比较显著的。当 c_{H^+} 从 $1mol\cdot L^{-1}$ 降到 $10^{-5}mol\cdot L^{-1}$ 时，电极电势从 1.512V 降到 1.038V，改变了 0.474V，导致 $KMnO_4$ 的氧化能力减弱，所以，结论是 $KMnO_4$ 只有在酸性介质中的氧化能力强。

电极电势除与浓度、介质有关外，还受温度的影响，测定电极电势的数值应在 25℃恒温下进行。

原电池由正、负两极组成，其电动势（E_{MF}）等于两极的电极电势差，即

$$E_{MF}=E_+-E_-$$

以（—）(Pt)Hg(l)|Hg_2Cl_2(s)|KCl(饱和)||Cu^{2+}($1mol\cdot L^{-1}$)|Cu(s)(+)原电池为例，E_-为原电池中饱和甘汞电极的电极电势，$E_{饱和甘汞}=0.2412V$(25℃)，E_+为原电池中铜电极的电极电势。

因此，通过测定上述原电池的电动势 E_{MF}，按照下式即可计算铜电极的电极电势。

$$E_{Cu^{2+}/Cu}=E_+=E_{MF}+E_{饱和甘汞}$$

如果已知铜电对的标准电极电势 $E^{\ominus}_{Cu^{2+}/Cu}$，依照下式，按照电极电势的 Nernst 方程：

$$E_{Cu^{2+}/Cu}=E^{\ominus}_{Cu^{2+}/Cu}+\frac{0.0592}{2}\lg c_{Cu^{2+}}$$

即可从理论上来计算不同浓度下的铜电对的电极电势。

饱和甘汞电极的电极电势随温度略有改变，可按下式计算。

$$E_{饱和甘汞}=0.2412V-7.6\times10^{-4}(t-25)V$$

本实验采用酸度计的 mV 挡测定原电池的电动势。

四、仪器与试剂

1. 仪器

pHS-25 型酸度计，烧杯，饱和甘汞电极，砂纸，铜板，移液管，量筒。

2. 试剂

$CuSO_4$($1mol\cdot L^{-1}$，$0.01mol\cdot L^{-1}$)，$NH_3\cdot H_2O$($2mol\cdot L^{-1}$)。

五、实验内容

本实验测定金属铜分别在 $CuSO_4$（$1mol\cdot L^{-1}$）、$CuSO_4$（$0.01mol\cdot L^{-1}$）溶液和 $[Cu(NH_3)_4]SO_4$ 溶液中的电极电势。

从理论上推导出不同浓度电解质溶液中 Cu 的电极电势的大小次序，并与实验结果相比较。

六、实验步骤

1. 由实验室准备好的 $CuSO_4$（$1mol\cdot L^{-1}$）溶液，自行配制 $CuSO_4$（$0.01mol\cdot L^{-1}$）溶液。

写出具体的配制方法。

2. 制备本实验所需的 $[Cu(NH_3)_4]SO_4$ 溶液。

写出具体的配制过程和方法。

3.画出实验装置示意图，写出实验步骤及所需仪器。

4.详细阅读 pHS-25 型酸度计的使用，使用酸度计的 mV 挡测定电极电势。

5.计算 Cu 在上述三种溶液中的电极电势值，与实验结果比较。分析数据不一致的原因。

七、注意事项

1.注意 pHS-25 型酸度计的正确使用。

2.自行配制的溶液在什么情况下对测定值会产生较大的影响？

3.由于甘汞电极内所充 KCl 溶液浓度不同，通常会有三个不同的电极电势值（参看第四章第七节相关内容），所以使用时必须弄清楚，确保电极与电极电势值是匹配的，以免测量错误。

实验三十二　常见阴离子的分离与鉴定

一、预习思考

1.现有 5 瓶无色试剂，可能是 $AgNO_3$、$Na_2S_2O_3$、$NaNO_2$、KI 和稀 H_2SO_4，是否能不用其他试剂，利用它们之间的反应分别把它们鉴别出来？

2.写出分离并鉴定含有 I^-、CO_3^{2-}、SO_4^{2-}、PO_4^{3-} 的混合离子的流程图。

3.在一份含有若干阴离子的无色溶液中，加入 $AgNO_3$ 产生白色沉淀，加入 $NH_3 \cdot H_2O$ 仍留有白色沉淀，试推断可能含有哪些阴离子？

4.已证实某试样易溶于水并含有 Ba^{2+}，在以下阴离子 NO_3^-、Cl^-、SO_4^{2-}、PO_4^{3-} 中，哪种离子不需检验？

5.某阴离子未知液经初步试验，其结果如下。

(1) 试液呈酸性。

(2) 加入 $BaCl_2$ 溶液，无沉淀。

(3) 加入 $AgNO_3$ 溶液，产生黄色沉淀，再加 HNO_3 沉淀不溶。

(4) 试液使 $KMnO_4$ 紫色褪去，加 KI-淀粉溶液，蓝色不褪。

(5) 与 KI 不反应。

由以上初步试验结果，推测哪些阴离子可能存在，说明原因，并拟出进一步证实的步骤。

二、实验目的

1.了解阴离子分离与鉴定的一般原则。

2.熟悉一些常见阴离子的性质并掌握其鉴定反应。

3.掌握常见阴离子分离与鉴定的原理和方法。

三、实验原理

1.阴离子种类

(1) 非金属元素形成的阴离子　许多非金属元素可以形成简单的阴离子，例如 S^{2-}、

Cl^-、Br^-、I^-等，或形成复杂的阴离子，例如NO_3^-、SO_4^{2-}、PO_4^{3-}、CO_3^{2-}等。

(2) 金属元素形成的阴离子　许多金属元素也可以以复杂阴离子的形式存在，例如VO_3^-、CrO_4^{2-}、MnO_4^-、$Cr_2O_7^{2-}$等。所以，阴离子的总数很多。

常见的阴离子多是非金属元素形成的，主要有：SO_4^{2-}、PO_4^{3-}、CO_3^{2-}、SO_3^{2-}、$S_2O_3^{2-}$、S^{2-}、Cl^-、Br^-、I^-、NO_2^-、NO_3^-等十几种。

2.阴离子的性质与存在

(1) 碱性溶液中存在或共存　许多阴离子只在碱性溶液中存在或共存，一旦溶液被酸化，它们就会分解或相互间发生反应。

(2) 酸性条件下易分解的离子　常见的酸性条件下易分解的离子有CO_3^{2-}、SO_3^{2-}、$S_2O_3^{2-}$、S^{2-}、NO_2^-。

(3) 酸性条件下易发生氧化还原反应的离子　酸性条件下具有氧化性的离子如NO_2^-、NO_3^-、SO_3^{2-}可与具有还原性的离子如I^-、SO_3^{2-}、$S_2O_3^{2-}$、S^{2-}发生氧化还原反应。

(4) 易被空气氧化的离子　还有些离子易被空气氧化，如NO_2^-、SO_3^{2-}、$S_2O_3^{2-}$等易被空气氧化成NO_3^-、SO_4^{2-}和S。

因此，实际上许多种阴离子共存的机会较少。

3.常用阴离子的分析方法

(1) 分别分析法　在阴离子的分析中，由于阴离子间的相互干扰较少，许多种离子共存的机会也较少，因此大多数阴离子分析一般都采用分别分析法，如NO_3^-、SO_4^{2-}、CO_3^{2-}、Cl^-等。

分别分析法并不是要针对所研究的全部离子逐一进行检验，而是先通过初步实验，用消去法排除肯定不存在的阴离子，然后对可能存在的阴离子逐个加以确定。

(2) 系统分析法　只有在鉴定时某些阴离子发生相互干扰的情况下，才适当采取分离手段，即系统分析法，如SO_3^{2-}、$S_2O_3^{2-}$、S^{2-}、Cl^-、Br^-、I^-等。

4.阴离子初步性质试验

(1) 酸碱性试验　测定阴离子钠盐溶液的pH。

阴离子试液一般呈中性或碱性。若阴离子试液呈强酸性，则易被分解的CO_3^{2-}、SO_3^{2-}、NO_2^-等不存在，NO_2^-和S^{2-}、I^-不能共存。

(2) 挥发性试验　CO_3^{2-}、SO_3^{2-}、$S_2O_3^{2-}$、S^{2-}、NO_2^-等均可发生。

在适当的较高浓度的阴离子溶液中加入稀硫酸或盐酸，若有气泡产生，表示可能存在CO_3^{2-}、SO_3^{2-}、$S_2O_3^{2-}$、S^{2-}、NO_2^-等。根据气泡的性质，可以初步判断试液含有哪些离子。

CO_3^{2-}：CO_2为无色、无味气体，可使$Ba(OH)_2$溶液变浑，则可能含有CO_3^{2-}。

SO_3^{2-}或$S_2O_3^{2-}$：SO_2有刺激性气味，能使$K_2Cr_2O_7$溶液变为绿色，则可能含有SO_3^{2-}或$S_2O_3^{2-}$。

S^{2-}：H_2S有臭鸡蛋味，并使湿润的$Pb(Ac)_2$试纸变黑，则可能有S^{2-}。

NO_2^-：NO_2为红棕色气体，能使KI析出I_2，则可能含有NO_2^-。

$S_2O_3^{2-}$：SO_2和S溶液变乳白色浑浊，放置变黄，这是$S_2O_3^{2-}$的一个重要特征。但S_x^{2-}存在干扰。

注意：若试样为液体，虽含有上述阴离子，但加酸后不一定有气泡产生。

(3) 氧化性阴离子试验　NO_2^- 可发生。

在酸化的试液中加入KI溶液和CCl_4，若振荡后CCl_4层显紫色，即有单质I_2产生，说明有氧化性阴离子存在，如NO_2^-。

(4) 还原性阴离子试验　S^{2-}、SO_3^{2-}、$S_2O_3^{2-}$、I^-、NO_2^-、Br^-等离子均可发生。

① 试样用硫酸酸化，滴加1～2滴$KMnO_4$溶液，如果溶液褪色，则上述6种阴离子均可能存在。

② 试样用硫酸酸化，滴加I_2-淀粉溶液，如果溶液褪色，则可能存在S^{2-}、SO_3^{2-}、$S_2O_3^{2-}$等离子。

③ 试样用硫酸酸化，滴加氯水和CCl_4，如果CCl_4层呈紫红色，即有单质I_2析出，则存在I^-。

(5) 分组试验　难溶盐分组。

① $BaCl_2$组阴离子：CO_3^{2-}、SO_3^{2-}、SO_4^{2-}、$S_2O_3^{2-}$、PO_4^{3-}等。

在中性或弱碱性条件下，阴离子试液中加入$BaCl_2$溶液，如果有沉淀生成，则可能存在CO_3^{2-}、SO_3^{2-}、SO_4^{2-}、PO_4^{3-}等。而$S_2O_3^{2-}$只有在浓度较大（4.5g·L^{-1}）时才有沉淀。加入数滴稀盐酸，观察沉淀是否溶解。若沉淀不溶解，则表示SO_4^{2-}存在。

② $AgNO_3$组阴离子：Cl^-、Br^-、I^-、S^{2-}、$S_2O_3^{2-}$等。

在阴离子试液中加入$AgNO_3$溶液，观察有无沉淀产生。若有沉淀生成，观察沉淀颜色。并继续加入稀HNO_3酸化，若沉淀不溶解，表示可能有Cl^-、Br^-、I^-、S^{2-}、$S_2O_3^{2-}$等存在。经过初步试验后，可以对试液中可能存在的阴离子作出判断，见表7-7，然后再根据阴离子特性反应作出鉴定。

表7-7　阴离子初步实验检验结果

阴离子	稀H_2SO_4	$BaCl_2$（中性或弱碱性）	$AgNO_3$（稀HNO_3）	I_2-淀粉（稀H_2SO_4）	$KMnO_4$（稀H_2SO_4）	KI-淀粉（稀H_2SO_4）
Cl^-			白色沉淀		褪色①	
Br^-			淡黄色沉淀		褪色	
I^-			黄色沉淀		褪色	
NO_3^-						
NO_2^-	气体				褪色	变蓝
SO_4^{2-}		白色沉淀				
SO_3^{2-}	气体	白色沉淀		褪色	褪色	
$S_2O_3^{2-}$	气体	白色沉淀②	溶液或沉淀③	褪色	褪色	
S^{2-}	气体		黑色沉淀	褪色	褪色	
PO_4^{3-}		白色沉淀				
CO_3^{2-}	气体	白色沉淀				

① 只有当溶液中Cl^-浓度大，溶液酸性强，$KMnO_4$才能褪色。

② $S_2O_3^{2-}$的量大时生成BaS_2O_3，白色沉淀。

③ $S_2O_3^{2-}$的量大时生成$[Ag(S_2O_3)_2]^{3-}$无水溶液，$S_2O_3^{2-}$与Ag^+的量适中时生成$Ag_2S_2O_3$白色沉淀，并很快分解，将发生系列颜色变化（白→黄→棕→黑），最后产物为黑色的Ag_2S。

四、仪器与试剂

1. 仪器

试管，离心试管，点滴板，离心机，玻璃棒，药匙。

2. 试剂

H_2SO_4(1mol·L^{-1}，6mol·L^{-1}，浓)，HCl(6mol·L^{-1})，HAc(2mol·L^{-1})，Na_2S (0.1mol·L^{-1})，Na_2SO_3(0.1mol·L^{-1})，$Na_2S_2O_3$(0.1mol·L^{-1})，Na_3PO_4(0.1mol·L^{-1})，NaCl (0.1mol·L^{-1})，NaBr(0.1mol·L^{-1})，NaI(0.1mol·L^{-1})，$NaNO_3$(0.1mol·L^{-1})，$NaNO_2$(0.1mol·L^{-1})，Na_2CO_3(0.1mol·L^{-1})，$(NH_4)_2MoO_4$(0.1mol·L^{-1})，$BaCl_2$ (0.1mol·L^{-1})，$KMnO_4$(0.01mol·L^{-1})，$ZnSO_4$(饱和)，CCl_4，$K_4[Fe(CN)_6]$ (0.5mol·L^{-1})，$AgNO_3$(0.1mol·L^{-1})，HNO_3(6mol·L^{-1})，NaOH(2mol·L^{-1})，$Ba(OH)_2$(饱和)或新配制的石灰水，$NH_3·H_2O$(2mol·L^{-1}，6mol·L^{-1})，H_2O_2 (3%)，$PbCO_3$(s)，对氨基苯磺酸 (3%)，α-萘胺 (0.4%)，$Na_2[Fe(CN)_5NO]$(1%)，硫酸亚铁 (s)，氯水，锌粉，pH 试纸，$Pb(Ac)_2$ 试纸。

五、实验内容

1. 常见阴离子的鉴定

(1) CO_3^{2-} 的鉴定　取 CO_3^{2-} 试液 10 滴放入试管中，用 pH 试纸测定其 pH。然后加 5 滴 HCl(6mol·L^{-1}) 溶液，并立即将事先蘸有一滴新配制的石灰水或 $Ba(OH)_2$ 溶液的玻璃棒置于试管口上，仔细观察现象。如果玻璃棒上溶液马上变为浑浊 (白色)，结合溶液的 pH，可以判断有 CO_3^{2-} 存在。

(2) NO_3^- 的鉴定　取 2 滴 NO_3^- 试液于点滴板上，在溶液的中央放一小粒 $FeSO_4$ 晶体，然后在晶体上加 1 滴浓硫酸。如果晶体周围有棕色出现，表示有 NO_3^- 存在。

(3) NO_2^- 的鉴定　取 2 滴 NO_2^- 试液于点滴板上，加 1 滴 HAc(2mol·L^{-1}) 溶液酸化，再加对氨基苯磺酸 (3%) 和 α-萘胺 (0.4%) 各 1 滴。如果有玫瑰红色出现，表示有 NO_2^- 存在。

(4) SO_4^{2-} 的鉴定　取 5 滴 SO_4^{2-} 试液于试管中，加入 3 滴 HCl(6mol·L^{-1}) 溶液酸化后，再加入 1 滴 $BaCl_2$(0.1mol·L^{-1}) 溶液，如果有白色沉淀，表示有 SO_4^{2-} 存在。

(5) SO_3^{2-} 的鉴定　取 5 滴 SO_3^{2-} 试液于试管中，加入 2 滴 H_2SO_4(1mol·L^{-1}) 溶液后，迅速加入 1 滴 $KMnO_4$(0.01mol·L^{-1}) 溶液，如果溶液紫色褪去，表示有 SO_3^{2-} 存在。

(6) $S_2O_3^{2-}$ 的鉴定　取 3 滴 $S_2O_3^{2-}$ 试液于试管中，加入 10 滴 $AgNO_3$(0.1mol·L^{-1}) 溶液，摇动，如果有白色沉淀生成，并且沉淀颜色迅速变棕变黑，表示有 $S_2O_3^{2-}$ 存在。

(7) PO_4^{3-} 的鉴定　取 3 滴 PO_4^{3-} 试液于试管中，加入 5 滴 HNO_3(6mol·L^{-1}) 溶液，再加 8～10 滴 $(NH_4)_2MoO_4$(0.1mol·L^{-1}) 试剂，温热之，如果有黄色沉淀生成，表示有 PO_4^{3-} 存在。

(8) S^{2-} 的鉴定　取 1 滴 S^{2-} 试液于点滴板上，加 1 滴 NaOH(2mol·L^{-1}) 溶液碱化，再加 1 滴 $Na_2[Fe(CN)_5NO]$ (1%) 试剂，如果溶液变成紫色，表示有 S^{2-} 存在。

(9) Cl^-的鉴定　取3滴Cl^-试液于离心试管中，加入1滴HNO_3(6mol·L^{-1}) 溶液酸化，再滴加$AgNO_3$(0.1mol·L^{-1}) 溶液。如有白色沉淀产生，初步说明可能试液中有Cl^-存在。将离心试管置于水浴上微热，离心分离，弃去清液，于沉淀上加入3～5滴$NH_3 \cdot H_2O$(6mol·L^{-1})，用细玻璃棒搅拌，沉淀立即溶解，再加入5滴HNO_3(6mol·L^{-1}) 酸化，如重新生成白色沉淀，表示有Cl^-存在。

(10) I^-的鉴定　取5滴I^-试液于试管中，加入2滴H_2SO_4(2mol·L^{-1}) 溶液及3滴CCl_4，然后逐滴加入氯水，并不断振荡试管，如果CCl_4层呈现紫红色 (I_2)，然后褪至无色 (IO_3^-)，表示有I^-存在。

(11) Br^-的鉴定　取5滴Br^-试液于试管中，加入3滴H_2SO_4(2mol·L^{-1}) 溶液及2滴CCl_4，然后逐滴加入5滴氯水并振荡试管，如果CCl_4层出现黄色或橙红色，表示有Br^-存在。

2.常见干扰性阴离子共同存在时的分离和鉴定

(1) S^{2-}、SO_3^{2-}、$S_2O_3^{2-}$ 混合液的分离与鉴定

① S^{2-}的检出　取1滴混合试液于点滴板上，加1滴$Na_2[Fe(CN)_5NO]$ (1%) 试剂，如果显示特殊的红紫色，表示有S^{2-}存在。

② S^{2-}的除去　由于S^{2-}的存在对其他的阴离子鉴定有干扰，所以在对其他阴离子鉴定前必须除去。取10滴混合试液于离心试管中，加入少量$PbCO_3$固体，充分搅拌后，离心分离，弃去沉淀。取清液1滴用$Na_2[Fe(CN)_5NO]$ (1%) 试剂检验S^{2-}是否除尽。

③ $S_2O_3^{2-}$ 的检出　取1滴除去S^{2-}的试液于点滴板上，加几滴$AgNO_3$ (0.1mol·L^{-1}) 溶液，生成白色沉淀，沉淀颜色逐渐变化白—黄—棕—黑，表示有$S_2O_3^{2-}$ 存在。

④ SO_3^{2-} 的检出　在点滴板上滴入2滴饱和$ZnSO_4$溶液，然后加1滴$K_4[Fe(CN)_6]$ (0.5mol·L^{-1}) 溶液和1滴$Na_2[Fe(CN)_5NO]$(1%) 试剂，并用$NH_3 \cdot H_2O$(2mol·L^{-1}) 将溶液调至中性，再滴加1滴除去S^{2-}后剩余的试液，如果出现红色沉淀，表示有SO_3^{2-}存在。

(2) Cl^-、Br^-、I^-混合液的分离与鉴定

① AgCl、AgBr、AgI沉淀　取1mL含Cl^-、Br^-、I^-的混合液于离心试管中，加入2滴HNO_3(6mol·L^{-1}) 酸化，再加$AgNO_3$(0.1mol·L^{-1}) 至沉淀完全。在水浴中加热2min，使卤化银凝聚沉降。然后离心分离，弃去溶液，再用去离子水将沉淀洗涤2次，弃去洗涤液。

② Cl^-的分离和检出　在上述沉淀上加1mL $NH_3 \cdot H_2O$(2mol·L^{-1})，搅拌1min，离心分离。将分离出的清液用HNO_3(6mol·L^{-1}) 酸化，如果有白色浑浊生成，表示有Cl^-存在。再将离心试管中的沉淀用去离子水洗涤2次，弃去洗涤液。

③ Br^-、I^-的溶解与检出　在上一步的沉淀中加入5滴去离子水和少量锌粉，充分搅拌，再加入3滴H_2SO_4(1mol·L^{-1})，离心分离，弃去沉淀。将溶液转移到一洁净试管中，留做检出Br^-、I^-使用。

在刚刚得到的清液试管中加入10滴CCl_4，再逐滴加入氯水，并不断振荡试管，如CCl_4层呈现紫红色，表示有I^-存在。继续滴加氯水，振荡，CCl_4层紫红褪去，出现橘黄色又转变成黄色，表示有Br^-存在。

六、注意事项

1. 为避免由于试剂、去离子水、容器、反应条件、操作方法等因素引起的误检和漏检现象，应该补充进行空白实验和对照实验。

2. 在鉴别过程中，需要特别注意观察颜色的变化过程。

3. 对实验结果进行综合分析时，如果出现最后结果与初步试验结果发生矛盾的情况，必须再做必要的重复试验或用多种方法加以验证。

4. 有沉淀生成并且还要继续进行下一步实验处理的，一定要进行离心分离，每次离心分离后，如果后续是要将沉淀继续实验，则必须要对沉淀进行洗涤。

5. 离心分离后一定弄清楚，是要清液继续实验，还是沉淀继续实验。

6. 要注意 CCl_4 使用后的后期处理。

7. $AgNO_3$ 使用过程中，尽量避免溶液沾到手上。

8. 使用离心机时，要按规定正确操作，不可随心所欲。

9. 注意浓硫酸的使用安全问题。

10. 实验中产生的废液要集中回收，统一处理。

实验三十三　常见阳离子的分离与鉴定（Ⅰ）

一、预习思考

1. 在 Fe^{3+}、Co^{2+}、Ni^{2+}、Mn^{2+}、Al^{3+}、Cr^{3+}、Zn^{2+} 的阳离子混合液加入 NaOH 生成沉淀的同时，加入 H_2O_2 的作用是什么？

2. 在 $Fe(OH)_3$、$Co(OH)_3$、$Ni(OH)_2$、$MnO(OH)_2$ 等沉淀溶解时，除了需要加 H_2SO_4 外，为什么还要加入 H_2O_2？在这里 H_2O_2 的作用又是什么？过量的 H_2O_2 为什么也要分解？

3. 分离 $Al(OH)_4^-$、CrO_4^-、$Zn(OH)_4^{2-}$ 时，为什么要加入 NH_4Cl？

二、实验目的

1. 进一步巩固和掌握一些金属元素及其化合物的性质。

2. 学习常见阳离子混合物进行分组的分离方法。

3. 掌握常见阳离子检出的具体方法。

三、实验原理

阳离子的种类较多，常见的阳离子有 Ag^+、Hg^{2+}、Pb^{2+}、Ba^{2+}、Cu^{2+}、Sn^{2+}、Al^{3+}、Mg^{2+}、NH_4^+、Mn^{2+}、Cd^{2+}、Zn^{2+}、Fe^{3+} 等。这些离子的分离和鉴定是以各离子对试剂的不同反应为依据的，这些不同反应常伴有特殊的现象，如沉淀的生成或溶解，特征颜色的出现，气体的产生等。不同离子对试剂作用的相似性和差异性就构成了离子分离方法与检出方法的基础，也就是说，离子的基本性质是进行分离鉴定的基础。

此外，任何离子的分离、检出反应只有在一定条件下才能进行，选择适当的条件（如溶液的酸度、反应物的浓度、反应温度等），可以使反应向我们期望的方向进行。为此，除了要熟悉各种离子的有关性质外，还要会运用酸碱反应、沉淀反应、氧化还原反应、配位反应等化学平衡的规律控制反应条件，这对于进一步了解离子分离条件和鉴定条件的选择会有很大的帮助。

在对阳离子混合液进行个别检出时，容易发生相互干扰，所以一般阳离子混合液的分析都是利用阳离子某些共同特性，先分成若干组，然后再根据阳离子的个别特性加以检出。

凡能使一组阳离子在适当的反应条件下生成沉淀，进而与其他组阳离子分离的试剂称为组试剂。

利用不同的组试剂把阳离子从混合液中逐组分离，然后在不同组内再进行分别检出的方法叫做阳离子的系统分析。

在阳离子系统分离中，根据所用的组试剂的不同，可以有很多种不同的分组方案。目前在阳离子的分离中，最常用的一组组试剂为 HCl、H_2SO_4、$NH_3 \cdot H_2O$、NaOH、$(NH_4)_2CO_3$ 及 H_2S，利用这些组试剂与阳离子的反应及其差异性将阳离子分离。

下面是各种不同的阳离子与这些组试剂的作用情况。

1. 与 HCl 溶液的反应

$$\left.\begin{matrix}Ag^+\\Hg^{2+}\\Pb^{2+}\end{matrix}\right.\xrightarrow{HCl}\left\{\begin{matrix}AgCl\downarrow & \text{白色沉淀，溶于氨水}\\Hg_2Cl_2\downarrow & \text{白色沉淀，溶于浓 }HNO_3\text{、浓 }H_2SO_4\\PbCl_2\downarrow & \text{白色沉淀，溶于热水、}NH_4Ac\text{、NaOH}\end{matrix}\right.$$

2. 与 H_2SO_4 溶液的反应

$$\left.\begin{matrix}Ba^{2+}\\Sr^{2+}\\Ca^{2+}\\Pb^{2+}\\Ag^+\end{matrix}\right.\xrightarrow{H_2SO_4}\left\{\begin{matrix}BaSO_4\downarrow & \text{白色沉淀，难溶于水}\\SrSO_4\downarrow & \text{白色沉淀，溶于煮沸的酸}\\CaSO_4\downarrow & \text{白色沉淀，溶解度较大，只有当 }Ca^{2+}\text{ 浓度很大时，才析出沉淀}\\PbSO_4\downarrow & \text{白色沉淀，溶于 NaOH、}NH_4Ac\text{（饱和）、热 HCl 溶液、浓 }H_2SO_4\text{，不溶于稀 }H_2SO_4\\Ag_2SO_4\downarrow & \text{白色沉淀，溶于热水}\end{matrix}\right.$$

3. 与 NaOH 溶液的反应

$$\left.\begin{matrix}Al^{3+}\\Zn^{2+}\\Pb^{2+}\\Sb^{3+}\\Sn^{2+}\end{matrix}\right.\xrightarrow{\text{过量 NaOH}}\left\{\begin{matrix}AlO_2^- \text{ 或 } [Al(OH)_4]^-\\ZnO_2^{2-} \text{ 或 } [Zn(OH)_4]^{2-}\\PbO_2^{2-} \text{ 或 } [Pb(OH)_4]^{2-}\\SbO_2^-\\SnO_2^{2-} \text{ 或 } [Sn(OH)_4]^{2-}\end{matrix}\right.$$

$$Cu^{2+}\xrightarrow{\text{浓 NaOH}}[Cu(OH)_4]^{2-}$$

4. 与 $NH_3 \cdot H_2O$ 溶液的反应

Ag^{+}、Cu^{2+}、Cd^{2+}、Zn^{2+} $\xrightarrow{\text{过量 } NH_3 \cdot H_2O}$

- $[Ag(NH_3)_2]^{+}$
- $[Cu(NH_3)_4]^{2+}$ 深蓝色
- $[Cd(NH_3)_4]^{2+}$
- $[Zn(NH_3)_4]^{2+}$

5. 与 $(NH_4)_2CO_3$ 溶液的反应

Ag^{+}、Cu^{2+}、Cd^{2+}、Zn^{2+}、Mg^{2+}、Pb^{2+}、Hg^{2+}、Hg_2^{2+}、Bi^{3+}、Ca^{2+}、Sr^{2+}、Ba^{2+}、Al^{3+}、Sn^{2+}、Sn^{4+}、Sb^{3+} $\xrightarrow{\text{适量}(NH_4)_2CO_3}$

- $Ag_2CO_3 \downarrow$ 白色沉淀
- $Cu_2(OH)_2CO_3 \downarrow$ 浅蓝沉淀
- $Cd_2(OH)_2CO_3 \downarrow$ 白色沉淀
- $Zn_2(OH)_2CO_3 \downarrow$ 白色沉淀

（以上四者）$\xrightarrow{\text{过量}(NH_4)_2CO_3}$ $[Ag(NH_3)_2]^{+}$ 无色，$[Cu(NH_3)_4]^{2+}$ 深蓝色，$[Cd(NH_3)_4]^{2+}$ 无色，$[Zn(NH_3)_4]^{2+}$ 无色

- $Mg_2(OH)_2CO_3 \downarrow$ 白色沉淀
- $Pb_2(OH)_2CO_3 \downarrow$ 白色沉淀
- $Hg_2(OH)_2CO_3 \downarrow$ 白色沉淀
- $Hg_2CO_3 \downarrow$ 淡黄色沉淀 $\rightarrow HgO \downarrow$（黄）$+ Hg \downarrow$（黑）$+ CO_2 \uparrow$
- $(BiO)_2CO_3 \downarrow$ 白色沉淀
- $CaCO_3 \downarrow$ 白色沉淀
- $SrCO_3 \downarrow$ 白色沉淀
- $BaCO_3 \downarrow$ 白色沉淀
- $Al(OH)_3 \downarrow$ 白色沉淀
- $Sn(OH)_2 \downarrow$ 白色沉淀
- $Sn(OH)_4 \downarrow$ 白色沉淀
- $Sb(OH)_3 \downarrow$ 白色沉淀

6. 与 H_2S 溶液的反应

Ag^{+}、Pb^{2+}、Cu^{2+}、Cd^{2+}、Bi^{3+}、Hg_2^{2+}、Hg^{2+}、Sb^{5+}、Sb^{3+}、Sn^{4+}、Sn^{2+} $\xrightarrow{HCl,\ H_2S}$

- $Ag_2S \downarrow$ 黑色沉淀
- $PbS \downarrow$ 黑色沉淀
- $CuS \downarrow$ 黑色沉淀
- $CdS \downarrow$ 亮黄色沉淀
- $Bi_2S_3 \downarrow$ 黑色沉淀
- $HgS \downarrow + Hg \downarrow$ 黑色沉淀 }溶于王水、Na_2S
- $HgS \downarrow$ 黑色沉淀 }溶于王水、Na_2S
- $Sb_2S_5 \downarrow$ 橙色沉淀 }溶于 HCl、NaOH、Na_2S
- $Sb_2S_3 \downarrow$ 橙色沉淀 }溶于 HCl、NaOH、Na_2S
- $SnS_2 \downarrow$ 黄色沉淀 }溶于 HCl、NaOH、Na_2S
- $SnS \downarrow$ 褐色沉淀 溶于浓 HCl、$(NH_4)_2S$，不溶于 NaOH

Zn^{2+}、Al^{3+} $\xrightarrow{NH_4Cl,\ H_2S}$

- $ZnS \downarrow$ 白色沉淀，溶于稀 HCl，不溶于 HAc 溶液
- $Al(OH)_3 \downarrow$ 白色沉淀，溶于强碱及稀 HCl 溶液

四、仪器与试剂

1. 仪器

离心机，试管，离心试管，玻璃棒，烧杯，水浴锅，药匙，点滴板。

2. 试剂

HAc(2mol·L^{-1}，6mol·L^{-1})，HNO_3(2mol·L^{-1})，H_2SO_4(2mol·L^{-1})，$NH_3·H_2O$(2mol·L^{-1})，NaOH(6mol·L^{-1})，$FeCl_3$(0.1mol·L^{-1})，$CoCl_2$(0.1mol·L^{-1})，$NiCl_2$(0.1mol·L^{-1})，$MnCl_2$(0.1mol·L^{-1})，$Al_2(SO_4)_3$(0.1mol·L^{-1})，$CrCl_3$(0.1mol·L^{-1})，$ZnCl_2$(0.1mol·L^{-1})，$K_4[Fe(CN)_6]$(0.1mol·L^{-1})，$(NH_4)_2[Hg(SCN)_4]$(0.1mol·L^{-1})，KSCN(1mol·L^{-1})，NH_4Ac(2mol·L^{-1})，NH_4SCN(饱和)，$Pb(Ac)_2$(0.5mol·L^{-1})，Na_2S(2mol·L^{-1})，$NaBiO_3$(s)，NH_4F(s)，NH_4Cl(s)，H_2O_2(3%)，丙酮，丁二酮肟，铝试剂，亚硝基R盐，滤纸，纸条，火柴。

五、实验内容

1. 阳离子混合液的配制

取 Fe^{3+}、Co^{2+}、Ni^{2+}、Mn^{2+} 试液各 4 滴，Al^{3+}、Cr^{3+}、Zn^{2+} 试液各 5 滴，加到离心试管中，混合均匀后，按图 7-3 进行离子分离与鉴定。

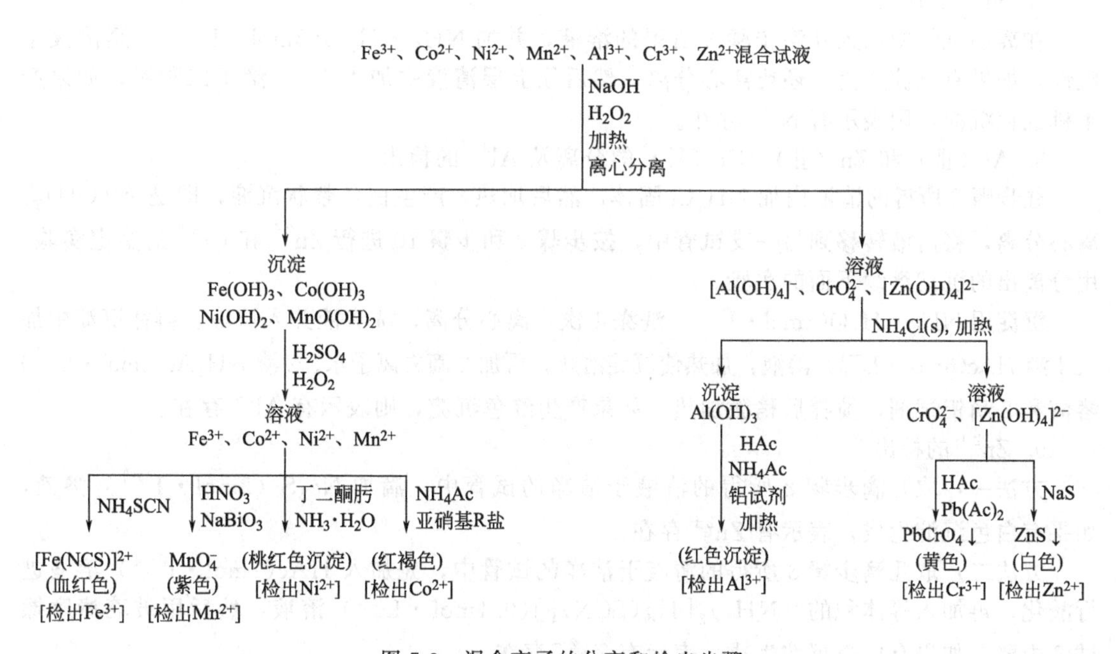

图 7-3 混合离子的分离和检出步骤

2. Fe^{3+}、Co^{2+}、Ni^{2+}、Mn^{2+} 与 Al^{3+}、Cr^{3+}、Zn^{2+} 的分离

往上述阳离子混合液中加入 NaOH(6mol·L^{-1}) 溶液至强碱性后，再多加 5 滴 NaOH(6mol·L^{-1}) 溶液，然后逐滴加入 H_2O_2(3%) 溶液，每加 1 滴 H_2O_2，即用玻璃棒搅拌。加完后继续搅拌 3min，加热使过量的 H_2O_2 完全分解，至不再产生气泡为止。离心分离，把清液转移到另一支离心试管中，按步骤 8 进行实验。留在离心试管中的沉淀用热水洗一次，离心分离，弃去洗涤液，保留沉淀。

3. 沉淀的溶解

往步骤 2 所保留的沉淀的离心试管中加入 10 滴 H_2SO_4(2mol·L^{-1}) 和 2 滴 H_2O_2(3%) 溶液，搅拌后，放在水浴上加热至沉淀全部溶解，H_2O_2 全部分解为止，把溶液冷却至室温，进行以下实验。

4. Mn^{2+} 的检出

取 1 滴步骤 3 所得的溶液于洁净的试管中，加入 3 滴去离子水和 3 滴 HNO_3(2mol·L^{-1}) 及一小勺 $NaBiO_3$(s) 搅拌，如果溶液变为紫红色，表示有 Mn^{2+} 存在。

5. Fe^{3+} 的检出

方法一：取 1 滴步骤 3 所得的溶液加到点滴板穴中，加入 1 滴 $K_4[Fe(CN)_6]$(0.1mol·L^{-1}) 溶液，如果产生蓝色沉淀，表示有 Fe^{3+} 存在。

方法二：取 1 滴步骤 3 所得的溶液加到点滴板穴中，加入 1 滴 KSCN(1mol·L^{-1}) 溶液，如果溶液呈血红色，表示有 Fe^{3+} 存在。

6. Co^{2+} 的检出

方法一：在试管中加入 3 滴步骤 3 所得的溶液和 1 滴 NH_4Ac(2mol·L^{-1}) 溶液，再加入 1 滴亚硝基 R 盐溶液。如果溶液呈红褐色，表示有 Co^{2+} 存在。

方法二：在试管中加入 3 滴步骤 3 所得的溶液和少量 NH_4F(s)，再加入等体积的丙酮，然后加入 NH_4SCN (饱和) 溶液。如果溶液呈蓝色，表示有 Co^{2+} 存在。

7. Ni^{2+} 的检出

在离心试管中加入几滴步骤 3 所得的溶液，并加 $NH_3·H_2O$(2mol·L^{-1})，至溶液呈碱性，如果有沉淀产生，还要离心分离。然后往上层清液中加入 1～2 滴丁二酮肟，如果产生桃红色沉淀，则表示有 Ni^{2+} 存在。

8. Al (Ⅲ) 和 Zn (Ⅱ)、Cr (Ⅵ) 的分离及 Al^{3+} 的检出

往步骤 2 所得的清液内加 NH_4Cl 固体，然后加热，产生白色絮状沉淀，即是 $Al(OH)_3$。离心分离，将清液转移到另一支试管中，按步骤 9 和步骤 10 进行 Zn^{2+} 和 Cr^{3+} 的鉴定实验，用分离出的沉淀继续下面的实验。

沉淀用 $NH_3·H_2O$(2mol·L^{-1}) 洗涤 1 次，离心分离，洗涤液并入清液。再往沉淀中加入 4 滴 HAc(6mol·L^{-1}) 溶液，加热使沉淀溶解，再加 2 滴去离子水、2 滴 NH_4Ac(2mol·L^{-1}) 溶液和 2 滴铝试剂，搅拌后稍微加热，如果产生红色沉淀，则表示有 Al^{3+} 存在。

9. Zn^{2+} 的检出

方法一：取几滴步骤 8 所得的清液于洁净的试管中，滴加 Na_2S (2mol·L^{-1}) 溶液，如果有白色沉淀生成，表示有 Zn^{2+} 存在。

方法二：取几滴步骤 8 所得的清液于洁净的试管中，先加入 HAc(2mol·L^{-1}) 溶液进行酸化，再加入等体积的 $(NH_4)_2[Hg(SCN)_4]$(0.1mol·L^{-1}) 溶液，然后用玻璃棒摩擦试管内壁，如果有白色沉淀生成，表示有 Zn^{2+} 存在。

10. Cr^{3+} 的检出

取几滴步骤 8 所得的清液于洁净的试管中，先加入 HAc(6mol·L^{-1}) 溶液进行酸化，再加入 2 滴 $Pb(Ac)_2$(0.5mol·L^{-1}) 溶液，如果产生黄色沉淀，则表示溶液中有 CrO_4^{2-}，即原始溶液中有 Cr^{3+} 存在。

六、注意事项

进行混合离子的分离与鉴定实验时应注意以下问题。

1. 实验时，每次混合离子试液的用量以0.5～1mL为宜。试液取多了，其他试剂用量就会增大，而且不易沉淀完全。

2. 调节酸度或者进行沉淀时，一定要将溶液混合均匀。

3. 沉淀要完全，除了沉淀剂的用量要足够外，还要针对沉淀的对象，控制沉淀条件。

（1）严格控制沉淀时的pH，使该沉淀的全部沉淀，不该沉淀的留在溶液中。

（2）在加热条件下进行沉淀时，需要避免胶体的形成。如果发现上层溶液浑浊，与沉淀分离不清时，可在沸水浴上加热5min以上，使胶体凝聚而沉降。

4. 每一步的离心分离都一定要彻底，要做到这一点，必须做好两个操作。

（1）沉淀与溶液的分离、沉淀的洗涤。

（2）分离后的离心液要透明，如浑浊，则需要重新进行离心分离。

5. 在进行Fe^{3+}、Co^{2+}、Ni^{2+}、Mn^{2+}等与Al^{3+}、Cr^{3+}、Zn^{2+}等的分离实验，以及后续的“沉淀的溶解”实验时，一定要在每一步中都加热，使过量的H_2O_2全部分解，否则将影响后续实验。

6. 用丁二酮肟检出Ni^{2+}时，由于Co^{2+}浓度过大，或Co^{2+}与Fe^{3+}同时存在时，会与试剂生成棕色或红棕色的沉淀，Mn^{2+}在碱性介质中也会与丁二酮肟生成沉淀且颜色逐渐加深，从而影响Ni^{2+}的检出。所以在加入丁二酮肟之前，一定要先加入$NH_3 \cdot H_2O$，使Co^{2+}、Fe^{3+}、Mn^{2+}等沉淀，经离心分离后，在清液中再加入丁二酮肟。

如果上述$NH_3 \cdot H_2O$的浓度过大，有可能生成$[Ni(NH_3)_6]^{2+}$，从而使Ni^{2+}检出反应的灵敏度受到影响，因此$NH_3 \cdot H_2O$的加入量要适中。

7. 实验中产生的废液要集中回收，统一处理。

实验三十四　常见阳离子的分离与鉴定（Ⅱ）

一、预习思考

1. 用硫代乙酰胺从离子混合试液中沉淀Pb^{2+}、Hg^{2+}、Cu^{2+}、Bi^{3+}等时，为什么要控制溶液的酸度为$0.3mol \cdot L^{-1}$？酸度太高或太低对分离有何影响？

2. 控制溶液酸度时，为什么要用HCl溶液，而不用HNO_3溶液？在沉淀过程中，为什么还要加水稀释溶液？

3. 洗涤CuS、HgS、Bi_2S_3、PbS沉淀时，为什么要加1滴NH_4NO_3溶液？如果沉淀没有洗净而还含有Cl^-时，对HgS硫化物的分离有何影响？

4. 当HgS溶于王水后，为什么要继续加热使剩余的王水分解？不分解干净对后续实验有何影响？

5. 在分离鉴定时，如果坩埚内溶液被蒸干，对分离有何影响？

二、实验目的

1. 进一步巩固常见离子Ag^+、Pb^{2+}、Hg^{2+}、Cu^{2+}、Bi^{3+}、Zn^{2+}的化学性质及特性。

2. 学习混合阳离子的其他分离方法。

3. 熟悉并掌握阳离子鉴定的条件及方法。

三、实验原理

在阳离子混合液的分离与鉴定中，如果混合溶液中各组分对鉴定不产生干扰，便可以利用特征反应直接鉴定某种离子。但在混合离子的实际鉴定中，由于阳离子相互干扰的情况较多，很少能采用分别分析法。所以，一般阳离子混合液的分析都是利用阳离子的共同特性(由于元素在周期表中的位置使相邻元素在化学性质上表现出相似性)，先分成几组，然后再根据阳离子的个别特性加以检出。在这里，能使一组阳离子在适当的反应条件下生成沉淀而与其他组阳离子分离的试剂称为组试剂。利用不同的组试剂把阳离子逐组分离，再进行检出的方法叫阳离子系统分析法。用系统分析法分析阳离子时，先按照一定的顺序加入组试剂，将离子逐组沉淀出来。每组分出后，继续进行组内分离，直到彼此不再干扰鉴定为止。常用的组试剂有 HCl、H_2SO_4、$NH_3 \cdot H_2O$、NaOH、$(NH_4)_2CO_3$ 及 $(NH_4)_2S$ 溶液等。在分析实际样品时，不一定每组离子都有，当发现某组离子整组不存在时，这一组离子的分析就可以省去，从而可以大大简化分析过程。

四、仪器与试剂

1. 仪器

离心机，坩埚，水浴锅，试管，离心试管，玻璃棒，滴管。

2. 试剂

HCl($1mol \cdot L^{-1}$，$2mol \cdot L^{-1}$，$6mol \cdot L^{-1}$，浓)，HAc($2mol \cdot L^{-1}$，$6mol \cdot L^{-1}$)，HNO_3($6mol \cdot L^{-1}$，浓)，H_2SO_4(浓)，$NH_3 \cdot H_2O$($2mol \cdot L^{-1}$，$6mol \cdot L^{-1}$，浓)，NaOH($6mol \cdot L^{-1}$)，$AgNO_3$($0.1mol \cdot L^{-1}$)，$Pb(NO_3)_2$($0.1mol \cdot L^{-1}$)，$Hg(NO_3)_2$($0.1mol \cdot L^{-1}$)，$CuSO_4$($0.1mol \cdot L^{-1}$)，$Bi(NO_3)_3$($0.1mol \cdot L^{-1}$)，$Zn(NO_3)_2$($0.1mol \cdot L^{-1}$)，$K_4[Fe(CN)_6]$($0.1mol \cdot L^{-1}$)，NH_4NO_3($0.1mol \cdot L^{-1}$)，$(NH_4)_2[Hg(SCN)_4]$($0.1mol \cdot L^{-1}$)，K_2CrO_4($1mol \cdot L^{-1}$，$2mol \cdot L^{-1}$)，$SnCl_2$($0.5mol \cdot L^{-1}$)，NH_4Ac($3mol \cdot L^{-1}$)，硫代乙酰胺（TAA，5%），Na_2SnO_2 溶液，乙酸铅试纸。

五、实验内容

1. 阳离子混合液的配制

取 Ag^+ 试液 2 滴和 Pb^{2+}、Hg^{2+}、Cu^{2+}、Bi^{3+}、Zn^{2+} 试液各 5 滴，分别加到同一离心试管中，混合均匀，按图 7-4 进行混合阳离子的分离和鉴定。

2. Ag^+ 和 Pb^{2+} 的沉淀

在上述混合试液中加入 1 滴 HCl($6mol \cdot L^{-1}$)，剧烈搅拌，有沉淀生成时再滴加 HCl 溶液至沉淀完全，然后多加 1 滴，搅拌片刻，离心分离，把清液转移至另一支离心试管中保留，按步骤 5 进行实验。分离出的沉淀用 HCl($1mol \cdot L^{-1}$) 洗涤，洗涤液并入上面的清液，沉淀继续下面的实验。

3. Pb^{2+} 的分离和鉴定

在步骤 2 所保留的沉淀的离心试管中加入 1mL 去离子水，然后水浴加热 2min，并不时搅拌，趁热离心分离，立即将清液转移到另一离心试管中，保留沉淀按步骤 4 进行实验。

往上述清液的离心试管中加入 1 滴 HAc($2mol \cdot L^{-1}$) 和 1 滴 K_2CrO_4($2mol \cdot L^{-1}$) 溶液，如果生成黄色沉淀，表示有 Pb^{2+} 存在。把沉淀溶于 NaOH($6mol \cdot L^{-1}$) 溶液中，然后

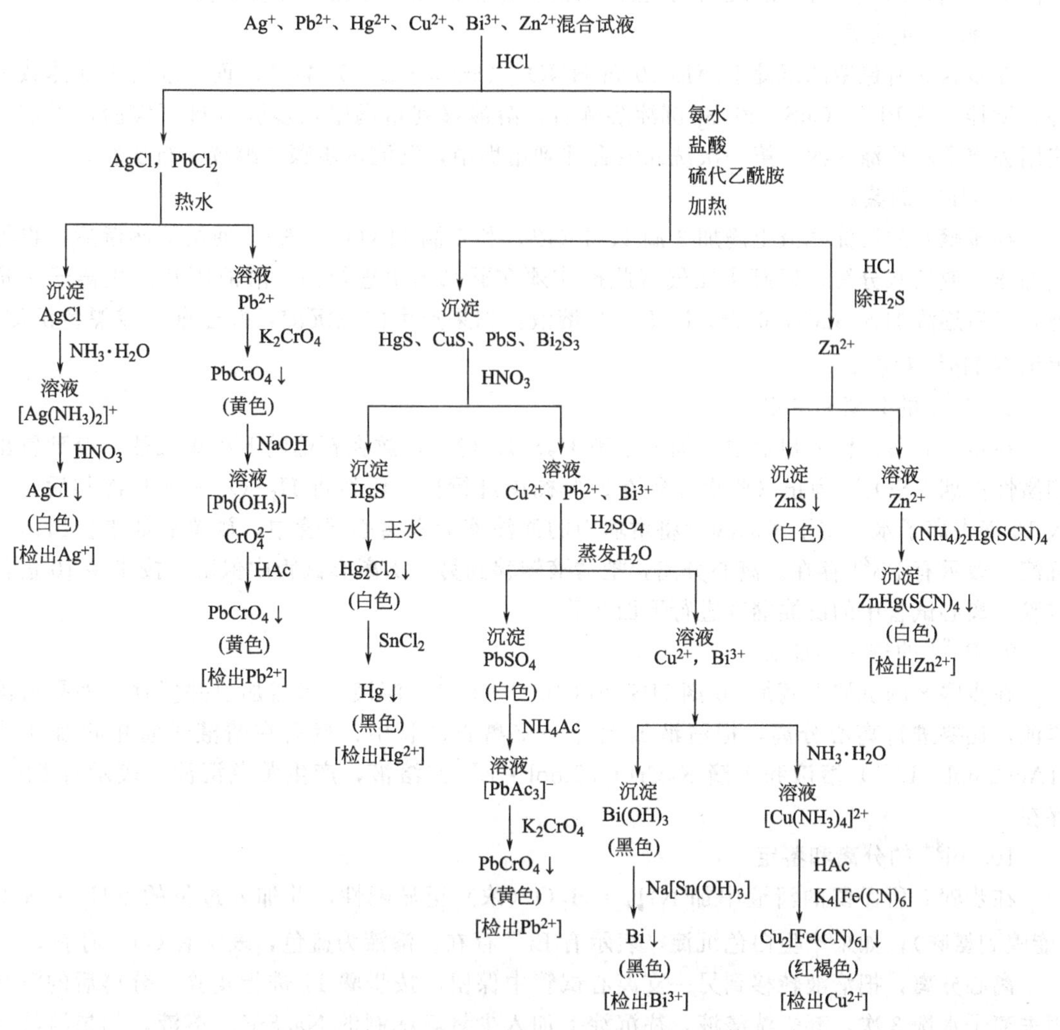

图 7-4　混合离子的分离和检出步骤

用 HAc($6mol\cdot L^{-1}$) 酸化，又会析出黄色沉淀，可以进一步证明有 Pb^{2+} 存在。

4. Ag^{+} 的鉴定

将 1mL 去离子水加入到步骤 3 所保留的沉淀中，并加热洗涤，然后离心分离，弃去清液。往沉淀中加入 $NH_3\cdot H_2O$($2mol\cdot L^{-1}$) 溶液，搅拌使沉淀溶解，如果溶液浑浊，可再进行离心分离，不溶物并入步骤 5 继续实验。在所得清液中加 HNO_3($6mol\cdot L^{-1}$) 酸化，如果有白色沉淀生成，表示有 Ag^{+} 存在。

5. Pb^{2+}、Hg^{2+}、Cu^{2+}、Bi^{3+} 的沉淀

往步骤 2 保留的清液中滴加 $NH_3\cdot H_2O$($6mol\cdot L^{-1}$) 溶液至显碱性，然后慢慢滴加 HCl($2mol\cdot L^{-1}$)，调节溶液至近中性，再加 HCl($2mol\cdot L^{-1}$)（体积为原溶液的 1/6），此时溶液的酸度约为 $0.3mol\cdot L^{-1}$。将 10～12 滴硫代乙酰胺（5%）溶液加入上述溶液中，离心试管置于水浴中加热 5min，并不时搅拌，再加 1mL 去离子水稀释，继续加热 3min。搅拌，冷却，离心分离，然后加 1 滴硫代乙酰胺（5%）溶液检验沉淀是否完全。离心分离，保留清液（含有 Zn^{2+}），按步骤 11 进行实验。离心分离后的沉淀用 1 滴 NH_4NO_3($0.1mol\cdot L^{-1}$)

溶液和 10 滴去离子水洗涤 3 次，弃去洗涤液，保留沉淀按步骤 6 继续实验。

6. Hg^{2+} 的分离

在步骤 5 所保留的沉淀上滴加 10 滴 HNO_3（$6mol \cdot L^{-1}$）溶液，置于水浴中加热数分钟，搅拌，使 PbS、CuS、Bi_2S_3 沉淀溶解后，溶液移到坩埚中按步骤 8 进行实验，不溶残渣用去离子水洗涤 3 次，第一次洗涤液合并到坩埚中，沉淀按步骤 7 继续进行实验。

7. Hg^{2+} 的鉴定

在步骤 6 的沉淀残渣上滴加 3 滴 HCl（浓）和 1 滴 HNO_3（浓），使沉淀溶解后，再继续加热，使王水分解，以赶尽氯气（此操作须在通风橱中进行!）。溶液用几滴去离子水稀释，然后逐滴加入 $SnCl_2$（$0.5mol \cdot L^{-1}$）溶液，如果产生白色沉淀，并逐渐变成黑色沉淀，表示有 Hg^{2+} 存在。

8. Pb^{2+} 的分离和鉴定

在步骤 6 所保留的坩埚中，加入 3 滴 H_2SO_4（浓），放在石棉网上小火加热，直到冒出刺激性白烟（SO_3）为止（此操作须在通风橱中进行!），切勿将 H_2SO_4 蒸干！冷却后，加入 10 滴去离子水，用干净的滴管将坩埚中的浑浊液吸入离心试管中，放置后如果析出白色沉淀，表示有 Pb^{2+} 存在。离心分离，把清液转移到另一支离心试管中保留，按步骤 10 进行实验，离心试管中的沉淀继续进行下面实验。

9. Pb^{2+} 的进一步证实

在步骤 8 的沉淀上滴加 10 滴 NH_4Ac($3mol \cdot L^{-1}$) 溶液，水浴加热并搅拌，如果溶液浑浊，还要进行离心分离，把清液加到另一支离心试管中，然后在清液试管中再加 1 滴 HAc($2mol \cdot L^{-1}$) 溶液和 1 滴 K_2CrO_4($2mol \cdot L^{-1}$) 溶液，产生黄色沉淀，表示有 Pb^{2+} 存在。

10. Bi^{3+} 的分离和鉴定

在步骤 8 所保留的清液中加 $NH_3 \cdot H_2O$（浓）至显碱性，并加入过量的 $NH_3 \cdot H_2O$（能嗅到氨味），如果产生白色沉淀，表示有 Bi^{3+} 存在。溶液为蓝色，表示有 Cu^{2+} 存在。

离心分离，把清液转移到另一支离心试管中保留，按步骤 11 进行实验。分离后的沉淀用去离子水洗 3 次，弃去洗涤液，往沉淀上加入少量新配制的 Na_2SnO_2 溶液，如果溶液立即变黑，表示有 Bi^{3+} 存在。

11. Cu^{2+} 的鉴定

将步骤 10 保留的清液用 HAc($6mol \cdot L^{-1}$) 酸化，再滴加 2 滴 $K_4[Fe(CN)_6]$($0.1mol \cdot L^{-1}$) 溶液，如果产生红褐色沉淀，表示有 Cu^{2+} 存在。

12. Zn^{2+} 的鉴定和证实

在步骤 5 保留的溶液中加入 $NH_3 \cdot H_2O$($6mol \cdot L^{-1}$) 溶液，调节 pH 为 3～4。再加入 1 滴硫代乙酰胺（5%）溶液，在水浴中加热，如果有白色沉淀生成，表示有 Zn^{2+} 存在。

如果沉淀不白，可把它溶解在 HCl 溶液中，此 HCl 溶液是由 2 滴 HCl($2mol \cdot L^{-1}$) 加 8 滴去离子水混合而成的。然后把清液转移到坩埚中，加热除去 H_2S，再把清液加到试管中，加入等体积的 $(NH_4)_2[Hg(SCN)_4]$($0.1mol \cdot L^{-1}$) 溶液，用玻璃棒摩擦试管内壁，如果生成白色沉淀 $Zn[Hg(SCN)_4]$，证明有 Zn^{2+} 存在。

六、注意事项

1. 由于硫代乙酰胺能在酸性溶液中水解生成 H_2S，因此可以代替 H_2S。在碱性溶液中

能生成 HS^-，因此可以代替 $(NH_4)_2S$。

2.用硫代乙酰胺作为沉淀剂时，其用量必须过量，而且在沸水浴中加热时间应该足够长，以促进硫代乙酰胺的水解，保证硫化物沉淀完全。

3.当溶液酸度不够时会引起 Bi^{3+} 的水解，生成 BiOCl 或 $(BiO)_2SO_4$，从而造成 Bi^{3+} 漏检，使用必须保证溶液适宜的酸度。

4.本实验中如果分离条件控制得不好，Pb^{2+} 的检出就会较为困难，Pb^{2+} 可能分至三处，而每一处的现象都不是很明显。Pb^{2+} 可能分在（1）HCl 组，部分溶于去离子水中，还有部分可能与 AgCl 一起留在沉淀中；（2）H_2S 组；（3）$(NH_4)_2S$ 组，由于 PbS 沉淀不完全而与 Zn^{2+} 一起留在溶液中。因此，在 HCl 组检不出 Pb^{2+}，并不能确定溶液中没有 Pb^{2+}，而应在后续步骤中继续检测。

5.实验中有几处会产生刺激性气味的气体，应该注意在通风橱中进行实验。

6.坩埚蒸发时，切勿将 H_2SO_4 蒸干！

7.注意各种浓酸的使用。

8.实验中产生的废液要集中回收，统一处理。

实验三十五　未知液的定性分析（Ⅰ）

一、预习思考

1.鉴定 NO_3^- 时，为什么要除去 NO_2^-、Br^-、I^- 的干扰？如何除去？

2.鉴定 SO^{2-} 时，为什么要除去 SO_3^{2-}、$S_2O_3^{2-}$、CO_3^{2-} 的干扰？怎样消除？

3.在 Cl^-、Br^-、I^- 的分离鉴定中，为什么用12％ $(NH_4)_2CO_3$ 溶液将 AgCl 与 AgBr 和 AgI 分离开来？

二、实验目的

1.了解混合阴离子的鉴定方案。

2.掌握常见阴离子的个别鉴定方法。

3.培养综合应用基础知识的能力。

三、实验原理

由于酸碱性、氧化还原性等限制，很多阴离子不能共存于同一溶液中，而共存于溶液中的各离子彼此干扰较少，且许多阴离子有特征反应，故可采用分别分析法，即利用阴离子的分析特性先对试液进行一系列初步实验，分析并初步确定可能存在的阴离子，然后根据离子性质的差异和特征反应进行分离鉴定。

初步实验包括挥发性实验、沉淀实验、氧化还原实验等。先用 pH 试纸及稀 H_2SO_4 加之闻味进行挥发性实验，然后利用 $BaCl_2(1mol \cdot L^{-1})$ 及 $AgNO_3(0.1mol \cdot L^{-1})$ 进行沉淀实验；最后利用 $KMnO_4(0.01mol \cdot L^{-1})$、$I_2$-淀粉、KI-淀粉溶液进行氧化还原实验。每种阴离子与以上试剂反应的情况参见实验三十二中表7-7。根据初步实验结果推断可能存在的阴离子，然后做阴离子的个别鉴定。

本实验涉及 Cl^-、Br^-、I^-、NO_2^-、SO_4^{2-}、SO_3^{2-}、$S_2O_3^{2-}$、S^{2-}、PO_4^{3-}、CO_3^{2-} 等 11 种常见阴离子的分析鉴定。

Ag^+ 与 S^{2-} 形成黑色沉淀，Ag^+ 与 $S_2O_3^{2-}$ 形成白色沉淀且迅速由白→黄→棕→黑，Ag^+ 与 Cl^-，Br^-，I^- 形成的浅色沉淀很容易被同时存在的黑色沉淀覆盖，所以要认真观察沉淀是否溶于或部分溶于 HNO_3($6mol \cdot L^{-1}$) 溶液，以推断有无 Cl^-、Br^-、I^- 存在的可能。

若某些离子在鉴定时发生相互干扰，应先分离，后鉴定。例如，S^{2-} 的存在将干扰 SO_3^{2-} 和 $S_2O_3^{2-}$ 的鉴定，应先将 S^{2-} 除去。除去的方法是在含有 S^{2-}、SO_3^{2-}、$S_2O_3^{2-}$ 的混合溶液中，加入 $PbCO_3$ 或 $CdCO_3$ 固体，使它们转化为溶解度更小的硫化物而将 S^{2-} 分离出去，在清液中分别鉴定 SO_3^{2-}、$S_2O_3^{2-}$ 即可。

阴离子的个别鉴定方法参见附录二十。

为了提高分析结果的准确性，应进行“空白实验”和“对照实验”。“空白实验”是以去离子水代替试液，而“对照实验”是用已知含有被检验离子的溶液代替试液。

四、仪器与试剂

1. 仪器

离心机，煤气灯，试管，点滴板，玻璃棒，水浴锅，胶头滴管。

2. 试剂

H_2SO_4($2mol \cdot L^{-1}$，浓)，HCl($6mol \cdot L^{-1}$)，HNO_3($2mol \cdot L^{-1}$，$6mol \cdot L^{-1}$，浓)，HAc($2mol \cdot L^{-1}$，$6mol \cdot L^{-1}$)，$NH_3 \cdot H_2O$($2mol \cdot L^{-1}$)，$Ba(OH)_2$(饱和)，$KMnO_4$($0.01mol \cdot L^{-1}$)，KI($0.1\ mol \cdot L^{-1}$)，$K_4[Fe(CN)_6]$($0.1mol \cdot L^{-1}$)，$NaNO_2$($0.1\ mol \cdot L^{-1}$)，$Na_2[Fe(CN)_5NO]$(1%，新配)，$(NH_4)_2CO_3$(12%)，$(NH_4)_2MoO_4$ 溶液，$BaCl_2$($1mol \cdot L^{-1}$)，Ag_2SO_4($0.02\ mol \cdot L^{-1}$)，$AgNO_3$($0.1\ mol \cdot L^{-1}$)，$PbCO_3$(s)，$FeSO_4 \cdot 7H_2O$(s)，I_2 水(饱和)，Cl_2 水(饱和)，CCl_4，Zn(粉)，尿素，淀粉溶液，pH 试纸。

五、注意事项

1. 按照实验内容独立设计实验方案。
2. 从教师处领取阴离子未知液，分析鉴定未知液中所含的阴离子。
3. 根据实验现象给出鉴定结果，写出鉴定步骤及相关的反应方程式。

实验三十六　未知液的定性分析（Ⅱ）

一、预习思考

1. 如果阳离子未知液呈现碱性，说明哪些离子可能不存在？
2. 对阳离子混合液的分组方案是否能够理解并掌握？

3. 列出分组方案应用的基本化学原理。

4. 对哪些步骤的分离方式能作出明确的解释？试举例说明。

二、实验目的

1. 了解混合阳离子分组鉴定的原理和方法。

2. 掌握常见阳离子的个别鉴定方法。

3. 培养综合应用基础知识的能力。

三、实验原理

1. 混合阳离子分组法

常见的阳离子有 20 多种，对它们进行个别检出时容易发生相互干扰。所以，对混合阳离子进行分析时，一般都是利用阳离子的某些共性先将它们分成几组，然后再根据其个性进行个别检出。实验室常用的混合阳离子分组法有硫化氢系统法（参见附录十七）和两酸两碱系统法（参见附录十八）。

硫化氢系统法的优点是系统性强、分离方法比较严密，并可与溶度积、沉淀溶解平衡等基本理论相结合。其缺点是操作步骤繁杂、花费时间较多，特别是硫化氢气体有毒且污染空气。为了减少硫化氢的污染，本实验以两酸两碱系统法为例，将常见的 20 多种阳离子为五组，分别进行分离鉴定。

两酸两碱系统法的基本思路是：先用 HCl 溶液将能形成氯化物沉淀的 Ag^+、Pb^{2+}、Hg_2^{2+} 分离出去；再用 H_2SO_4 溶液将能形成难溶硫酸盐的 Ba^{2+}、Pb^{2+}、Ca^{2+} 分离出去；然后用 $NH_3 \cdot H_2O$ 和 NaOH 溶液将剩余的离子进一步分组，分组之后再进行个别检出。

本实验按“附录十八　混合阳离子分组——两酸两碱系统法示意图”所给试剂将阳离子分组，然后再根据离子的特性，加以分离鉴定。

第一组（盐酸组）阳离子的分离（见图 7-5）：

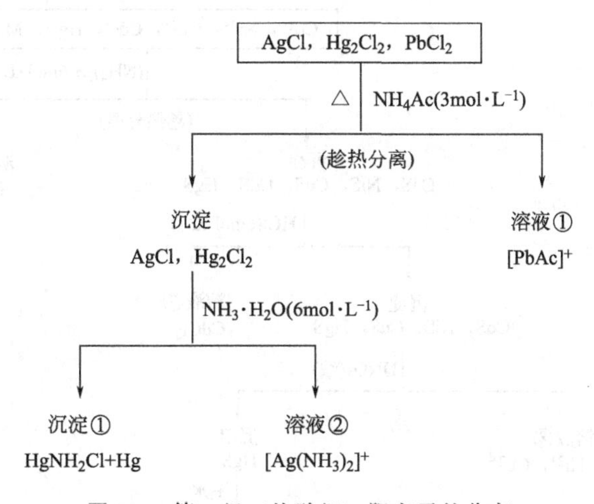

图 7-5　第一组（盐酸组）阳离子的分离

根据 $PbCl_2$ 可溶于 NH_4Ac 和热水中，而 AgCl 可溶于氨水中，分离本组离子并鉴定。

第二组（硫酸组）阳离子的分离（见图 7-6）：

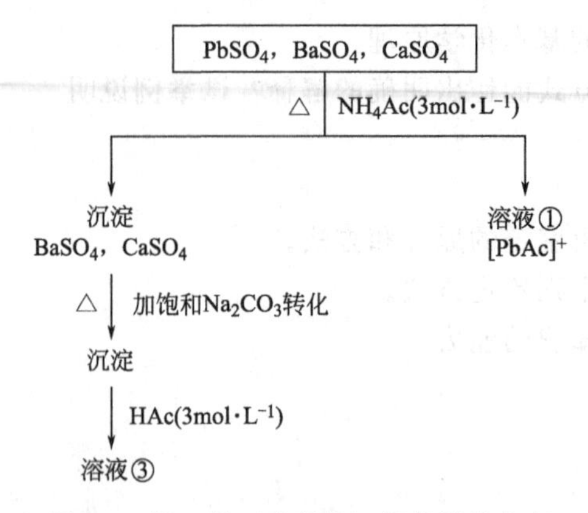

图 7-6　第二组（硫酸组）阳离子的分离

第三组（氨组）阳离子的分离（见图 7-7）：

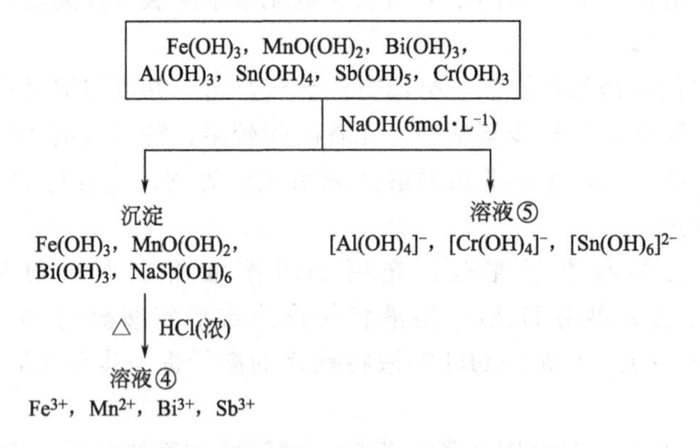

图 7-7　第三组（氨组）阳离子的分离

第四组（氢氧化钠组）阳离子的分离（见图 7-8）：

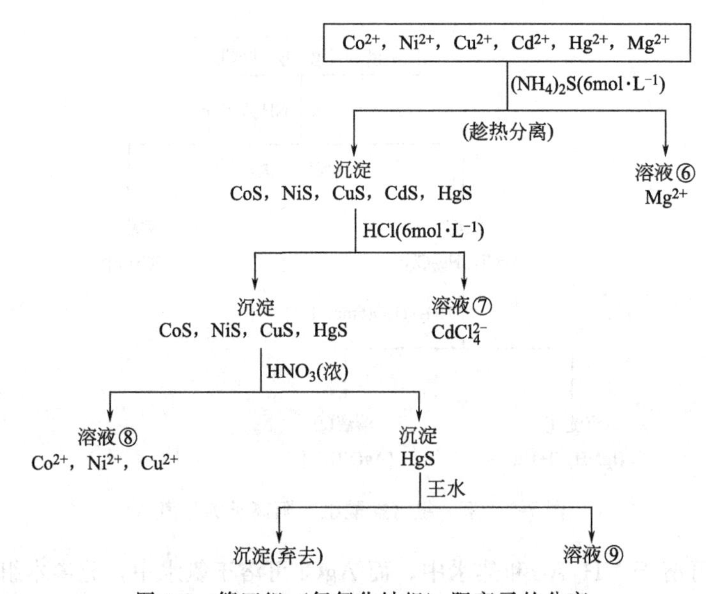

图 7-8　第四组（氢氧化钠组）阳离子的分离

将氢氧化钠组所得的沉淀溶于 HNO_3（2mol·L^{-1}）中，得 Co^{2+}、Ni^{2+}、Cu^{2+}、Cd^{2+}、Hg^{2+}、Mg^{2+}的混合溶液，将该溶液进行以下分离。

第五组（易溶组）阳离子的鉴定：

易溶组阳离子虽然是在阳离子分组后最后一步获得的，但该组阳离子的鉴定（除 $[Zn(OH)_4]^{2+}$外）最好取原试液进行，以免阳离子分离中引入的大量 Na^+，NH_4^+ 对检验结果产生干扰。对于本组阳离子，本实验仅要求掌握 NH_4^+ 的鉴定。

2.阳离子的鉴定

（1）Pb^{2+}的鉴定　取溶液①，设计方案鉴定 Pb^{2+}。

（2）Ag^+的鉴定　取溶液②，设计方案鉴定 Ag^+。

（3）Hg_2^{2+} 的鉴定　若沉淀①变为黑灰色，表示有 Hg_2^{2+} 存在。反应：

$$Hg_2Cl_2 + 2NH_3 \longrightarrow HgNH_2Cl(s, 白) + Hg(l, 黑) + NH_4Cl$$

无其他阳离子干扰。

（4）Ca^{2+}与 Ba^{2+} 的鉴定　用 $NH_3 \cdot H_2O$ 调节溶液③的 pH 为 4～5，加入 K_2CrO_4（0.1mol·L^{-1}）溶液，若有黄色沉淀生成，表示有 Ba^{2+}存在。该沉淀分离后，在清液中加入饱和 $(NH_4)_2C_2O_4$ 溶液，水浴加热后，慢慢生成白色沉淀，表示有 Ca^{2+}存在。

注：$BaSO_4$ 转化为 $BaCO_3$ 较难，必要时可用饱和 Na_2CO_3 溶液进行多次转化。

（5）Fe^{3+}、Mn^{2+}、Bi^{3+}、Sb^{3+}的鉴定　分别取溶液④2 滴，设计方法鉴定 Fe^{3+}、Mn^{2+}。因 Bi^{3+}、Sb^{3+}的鉴定相互干扰，先将二者分离后再分别鉴定。

（6）Cr^{3+}的鉴定　取溶液⑤10 滴，设计方案鉴定 Cr^{3+}。

（7）Al^{3+}的鉴定（不作基本要求）　用溶液⑤10 滴，用 HAc(6mol·L^{-1}）酸化，调 pH 为 6～7，加 3 滴铝试剂，振荡后，放置片刻，加 $NH_3 \cdot H_2O$(6mol·L^{-1}）碱化，水浴加热，如有红色絮状沉淀出现，表示有 Al^{3+}存在。

（8）Sn^{4+}的鉴定　取溶液⑤10 滴，用 HCl(6mol·L^{-1}）酸化，加入少量铁粉，水浴加热至作用完全，取上层清液加 1 滴浓盐酸，加 2 滴 $HgCl_2$ 溶液，若有白色或灰黑色沉淀析出，表示有 Sn^{4+}存在。

（9）Cd^{2+}的鉴定　取溶液⑦5 滴，设计方案鉴定 Cd^{2+}。

（10）Co^{2+}、Ni^{2+}、Cu^{2+} 的鉴定　分别取溶液⑧5 滴，设计方法鉴定 Co^{2+}、Ni^{2+}、Cu^{2+}。

（11）Hg^{2+}的鉴定　取溶液⑨10 滴，设计方案鉴定 Hg^{2+}。

（12）Zn^{2+}的鉴定　取第五组溶液 10 滴，设计方案鉴定 Zn^{2+}。

（13）NH_4^+ 的鉴定　取原未知液 10 滴，设计方案鉴定 NH_4^+。

以上各离子的鉴定步骤详见附录十九。

四、仪器与试剂

1.仪器

离心机，煤气灯，试管，点滴板，玻璃棒，水浴锅，胶头滴管。

2.试剂

H_2SO_4(1mol·L^{-1}，3mol·L^{-1})，HCl(2mol·L^{-1}，浓)，HNO_3(2mol·L^{-1}，6mol·L^{-1})，HAc(6mol·L^{-1})，H_2S(饱和)，NaOH(2mol·L^{-1}，6mol·L^{-1})，$NH_3 \cdot H_2O$(2mol·L^{-1}，6mol·L^{-1}，浓)，KNCS(0.1mol·L^{-1})，KI(0.1mol·L^{-1})，K_2CrO_4

(0.1mol·L^{-1})，$K_4[Fe(CN)_6]$(0.1mol·L^{-1})，Na_2CO_3(0.5mol·L^{-1}，饱和)，Na_2S(0.1mol·L^{-1})，NaAc(3mol·L^{-1})，EDTA(饱和)，NH_4Ac(3mol·L^{-1})，NH_4Cl(3mol·L^{-1})，$(NH_4)_2S$(6mol·L^{-1})，$(NH_4)_2C_2O_4$(饱和)，$SnCl_2$(0.1mol·L^{-1})，$HgCl_2$(0.1mol·L^{-1})，H_2O_2(3%)，$NaBiO_3$(s)，KSCN(s)，乙醇(95%)，奈斯勒试剂，戊醇，丙酮，CCl_4，丁二酮肟，二苯硫腙，铝片，锡片，pH试纸，滤纸条。

五、注意事项

1.按照教学实验内容独立设计实验方案。

2.从教师处领取阳离子未知液，通过实验分析鉴定未知液中所含的阳离子。

3.根据实验现象给出未知液所含的阳离子鉴定结果，写出分离、鉴定步骤及相关的反应方程式。

4.混合离子分离过程中，为使沉淀老化需要加热，加热方法最好采用水浴加热。

5.必须进行“空白实验”和“对照实验”，以确保实验鉴定结果的准确性。

6.每步获得沉淀后，都要将沉淀用少量带有沉淀剂的稀溶液或去离子水洗1～2次。

实验三十七　未知液的定性分析（Ⅲ）

一、预习思考

1.溶液鉴定中需注意哪些问题？

2.怎样进行液体的取样？实验中取多少比较适宜？

3.实验中都需要哪些试剂？

二、实验目的

1.复习巩固有关离子的性质和鉴定方法。

2.进一步熟悉和掌握实验基本操作技能。

3.巩固前期的实验知识，培养学生独立分析问题和解决问题的能力。

4.培养学生根据实验具体内容，独立拟定实验方案，进行实验的综合能力。

三、实验原理

根据实验具体内容自行拟定。

四、仪器与试剂

1.仪器

离心机，试管和离心试管，电炉，石棉网，水浴锅，烧杯，玻璃棒，滴管等。

2.试剂

预习时以书面形式自行列出所需要的试剂。

五、实验内容

1. 八瓶阴离子分析鉴定（每瓶只含有一种阴离子）：NO_3^-、PO_4^{3-}、S^{2-}、SO_4^{2-}、SO_3^{2-}、$S_2O_3^{2-}$、Cl^-、Br^-及I^-，其中有一种阴离子不存在。

2. 六瓶阳离子分析鉴定（每瓶只含有一种阳离子）：NH_4^+、Zn^{2+}、Cd^{2+}、Ba^{2+}、Ag^+、Mn^{2+}及Fe^{3+}，其中有一种阳离子不存在。

六、注意事项

1. 实验前必须按实验内容初步拟定实验方案（书面形式）。

2. 自行列出实验中所需要的试剂（书面形式）。

3. 实验前在实验报告规定处，正确写出个人拿到的未知阳离子试样编号、阴离子试样的编号。

4. 实验结束后，将实际实施方案书写在报告册上。

5. 在实验报告结论处，要注明通过实验得出的各试剂瓶编号与各阴、阳离子的对应关系，明确给出未知试样的结论。

6. 必须在规定时间内完成所有离子的鉴定实验。

7. 实验中产生的废液要集中回收，统一处理。

附　录

附录一　元素的原子量

元素		原子量	元素		原子量	元素		原子量	元素		原子量
符号	名称		符号	名称		符号	名称		符号	名称	
Ac	锕	227.03	Er	铒	167.259	Mn	锰	54.98305	Ru	钌	101.07
Ag	银	107.8682	Es	锿	252.08	Mo	钼	95.94	S	硫	32.065
Al	铝	26.98154	Eu	铕	151.964	N	氮	14.00672	Sb	锑	121.760
Am	镅	243.06	F	氟	18.99840	Na	钠	22.98977	Sc	钪	44.95591
Ar	氩	39.948	Fe	铁	55.845	Nb	铌	92.90638	Se	硒	78.96
As	砷	74.92160	Fm	镄	257.10	Nd	钕	144.24	Si	硅	28.0855
At	砹	209.99	Fr	钫	223.02	Ne	氖	20.1797	Sm	钐	150.36
Au	金	196.96655	Ga	镓	69.723	Ni	镍	58.6934	Sn	锡	118.710
B	硼	10.811	Gd	钆	157.25	No	锘	259.10	Sr	锶	87.62
Ba	钡	137.327	Ge	锗	72.64	Np	镎	237.05	Ta	钽	180.9479
Be	铍	9.01218	H	氢	1.00794	O	氧	15.9994	Tb	铽	158.92534
Bi	铋	208.98038	He	氦	4.00260	Os	锇	190.23	Tc	锝	98.907
Bk	锫	247.07	Hf	铪	178.49	P	磷	30.97376	Te	碲	127.60
Br	溴	79.904	Hg	汞	200.59	Pa	镤	231.03588	Th	钍	232.0381
C	碳	12.0107	Ho	钬	164.93032	Pb	铅	207.2	Ti	钛	47.867
Ca	钙	40.078	I	碘	126.90447	Pd	钯	106.42	Tl	铊	204.3833
Cd	镉	112.411	In	铟	114.818	Pm	钷	144.91	Tm	铥	168.93421
Ce	铈	140.116	Ir	铱	192.217	Po	钋	208.98	U	铀	238.02891
Cf	锎	251.08	K	钾	39.0983	Pr	镨	140.90765	V	钒	50.9415
Cl	氯	35.453	Kr	氪	83.798	Pt	铂	195.078	W	钨	183.84
Cm	锔	247.07	La	镧	138.9055	Pu	钚	244.06	Xe	氙	131.293
Co	钴	58.93320	Li	锂	6.941	Ra	镭	226.03	Y	钇	88.90585
Cr	铬	51.9961	Lr	铹	260.11	Rb	铷	85.4678	Yb	镱	173.04
Cs	铯	132.90545	Lu	镥	174.967	Re	铼	186.207	Zn	锌	65.409
Cu	铜	63.546	Md	钔	258.10	Rh	铑	102.90550	Zr	锆	91.224
Dy	镝	162.500	Mg	镁	24.3050	Rn	氡	222.02			

附录二 常用化合物的分子量

化合物	分子量	化合物	分子量
$AgBr$	187.78	$CaCl_2$	110.99
$AgCl$	143.32	$CaCl_2 \cdot H_2O$	129.00
$AgCN$	133.89	CaF_2	78.08
Ag_2CrO_4	331.73	$Ca(NO_3)_2$	164.09
AgI	234.77	$Ca(NO_3)_2 \cdot 4H_2O$	236.15
$AgNO_3$	169.87	CaO	56.08
$AgSCN$	165.95	$Ca(OH)_2$	74.09
Ag_3AsO_4	462.52	$CaSO_4$	136.14
Al_2O_3	101.96	$Ca_3(PO_4)_2$	310.18
$Al_2(SO_4)_3$	342.15	$Ce(SO_4)_2$	332.24
$Al_2(SO_4)_3 \cdot 18H_2O$	666.41	$Ce(SO_4)_2 \cdot 2(NH_4)_2SO_4 \cdot 2H_2O$	632.54
$Al(OH)_3$	78.00	CH_3COOH	60.04
$AlCl_3$	133.34	CH_3OH	32.04
$AlCl_3 \cdot 6H_2O$	241.43	CH_3COCH_3	58.07
$Al(NO_3)_3$	213.00	C_6H_5COOH	122.11
$Al(NO_3)_3 \cdot 9H_2O$	375.13	C_6H_5COONa	144.09
As_2O_3	197.84	$C_6H_4COOHCOOK$	204.20
As_2O_5	229.84	CH_3COONa	82.02
As_2S_3	246.02	C_6H_5OH	94.11
		$(C_9H_7N)_3H_3(PO_4 \cdot 12MoO_3)$	2212.73
$BaCO_3$	197.34	(磷钼酸喹啉)	
BaC_2O_4	225.35	$COOHCH_2COOH$	104.06
$BaCl_2$	208.24	$COOHCH_2COONa$	126.04
$BaCl_2 \cdot 2H_2O$	244.27	$CO(NH_2)_2$	60.06
$BaCrO_4$	253.32	CCl_4	153.82
BaO	153.33	CO_2	44.01
$Ba(OH)_2$	171.35	$CoCl_2$	129.84
$BaSO_4$	233.39	$CoCl_2 \cdot 6H_2O$	237.93
$BiCl_3$	315.34	$Co(NO_3)_2$	182.94
$BiOCl$	260.43	$Co(NO_3)_2 \cdot 6H_2O$	291.03
		CoS	90.99
$CaCO_3$	100.09	$CoSO_4$	154.99
CaC_2O_4	128.10	$CoSO_4 \cdot 7H_2O$	281.10

续表

化合物	分子量	化合物	分子量
Cr_2O_3	151.99		
$CrCl_3$	158.35	HI	127.91
$CrCl_3 \cdot 6H_2O$	266.45	HIO_3	175.91
$Cr(NO_3)_3$	238.01	H_3AsO_3	125.94
$Cu(C_2H_3O_2)_2 \cdot 3Cu(AsO_2)_2$	1013.79	H_3AsO_4	141.94
CuO	79.54	H_3BO_3	61.83
Cu_2O	143.09	HBr	80.91
CuSCN	121.62	$H_2C_4H_4O_6$(酒石酸)	150.09
$CuSO_4$	159.61	HCN	27.03
$CuSO_4 \cdot 5H_2O$	249.69	H_2CO_3	62.02
CuCl	98.999	$H_2C_2O_4$	90.03
$CuCl_2$	134.45	$H_2C_2O_4 \cdot 2H_2O$	126.07
$CuCl_2 \cdot 2H_2O$	170.48	HCOOH	46.03
CuI	190.45	HCl	36.46
$Cu(NO_3)_2$	187.56	$HClO_4$	100.46
$Cu(NO_3)_2 \cdot 3H_2O$	241.60	HF	20.01
CuS	95.61	HNO_2	47.01
		HNO_3	63.01
$FeCl_2$	126.75	H_2O	18.02
$FeCl_2 \cdot 4H_2O$	198.81	H_2O_2	34.02
$FeCl_3$	162.20	H_3PO_4	98.00
$FeCl_3 \cdot 6H_2O$	270.29	H_2S	34.08
$Fe(NO_3)_3$	241.86	H_2SO_3	82.08
$Fe(NO_3) \cdot 9H_2O$	404.00	H_2SO_4	98.08
FeO	71.84	$HgCl_2$	271.50
Fe_2O_3	159.69	Hg_2Cl_2	472.09
Fe_3O_4	231.53	HgI_2	454.40
$Fe(OH)_3$	106.87	$Hg_2(NO_3)_2$	525.19
FeS	87.91	$Hg_2(NO_3)_2 \cdot 2H_2O$	561.22
Fe_2S_3	207.87	$Hg(NO_3)_2$	324.60
$FeSO_4 \cdot H_2O$	169.92	HgO	216.59
$FeSO_4 \cdot 7H_2O$	278.02	HgS	232.65
$Fe_2(SO_4)_3$	399.88	$HgSO_4$	296.65
$FeSO_4 \cdot (NH_4)_2SO_4 \cdot 6H_2O$	392.15	Hg_2SO_4	497.24
$FeNH_4(SO_4)_2 \cdot 12H_2O$	482.18		

续表

化合物	分子量	化合物	分子量
$KAl(SO_4)_2 \cdot 12H_2O$	474.39	MgO	40.304
$KB(C_6H_5)_4$	358.32	$Mg(OH)_2$	58.32
KBr	119.01	$Mg_2P_2O_7$	222.55
$KBrO_3$	167.01	$MgSO_4 \cdot 7H_2O$	246.47
KCN	65.12	$MnCO_3$	114.95
$KSCN$	97.18	$MnCl_2 \cdot 4H_2O$	197.91
K_2CO_3	138.21	$Mn(NO_3)_2 \cdot 6H_2O$	287.04
KCl	74.56	MnO	70.937
$KClO_3$	122.55	MnO_2	86.937
$KClO_4$	138.55	MnS	87.00
K_2CrO_4	194.20	$MnSO_4$	151.00
$K_2Cr_2O_7$	294.19	$MnSO_4 \cdot 4H_2O$	223.06
$KHC_2O_4 \cdot H_2C_2O_4 \cdot 2H_2O$	254.19		
$KHC_2O_4 \cdot H_2O$	146.14	NO	30.006
KI	166.01	NO_2	46.006
KIO_3	214.00	NH_3	17.03
$KIO_3 \cdot HIO_3$	389.91	CH_3COONH_4	77.083
$K_3Fe(CN)_6$	329.25	NH_4Cl	53.491
$K_4Fe(CN)_6$	368.35	$(NH_4)_2CO_3$	96.086
$KFe(SO_4)_2 \cdot 12H_2O$	503.24	$(NH_4)_2C_2O_4$	124.10
$KHC_4H_4O_6$	188.18	$(NH_4)_2C_2O_4 \cdot H_2O$	142.11
$KHSO_4$	136.16	NH_4SCN	76.12
K_2SO_4	174.25	NH_4HCO_3	79.055
$KMnO_4$	158.03	$(NH_4)_2MoO_4$	196.01
KNO_2	85.104	NH_4NO_3	80.043
KNO_3	101.10	$(NH_4)_2HPO_4$	132.06
K_2O	94.196	$(NH_4)_2S$	68.14
KOH	56.106	$(NH_4)_2SO_4$	132.13
		NH_4VO_3	116.98
$MgCO_3$	84.314	Na_3AsO_3	191.89
$MgCl_2$	95.211	$Na_2B_4O_7$	201.22
$MgCl_2 \cdot 6H_2O$	203.30	$Na_2B_4O_7 \cdot 10H_2O$	381.37
MgC_2O_4	112.33	$NaBiO_3$	279.97
$Mg(NO_3)_2 \cdot 6H_2O$	256.41	$NaCN$	49.007
$MgNH_4PO_4$	137.32	$NaSCN$	81.07

续表

化合物	分子量	化合物	分子量
Na_2CO_3	105.99	PbS	239.30
$Na_2CO_3 \cdot 10H_2O$	286.14	$PbSO_4$	303.30
$Na_2C_2O_4$	134.00		
$NaCl$	58.443	SO_2	64.06
$NaClO$	74.442	SO_3	80.06
$NaHCO_3$	84.007	$SbCl_3$	228.11
$NaHPO_4 \cdot 12H_2O$	358.14	$SbCl_5$	299.02
$Na_2H_2Y \cdot 2H_2O$	372.24	Sb_2O_3	291.50
$NaNO_2$	68.995	Sb_2S_3	339.68
$NaNO_3$	84.995	SiF_4	104.08
Na_2O	61.979	SiO_2	60.084
Na_2O_2	77.978	$SnCl_2$	189.60
$NaOH$	39.997	$SnCl_2 \cdot 2H_2O$	225.63
Na_3PO_4	163.94	$SnCl_4$	260.50
Na_2S	78.04	$SnCl_4 \cdot 5H_2O$	350.58
$Na_2S \cdot 9H_2O$	240.18	SnO_2	150.71
Na_2SO_3	126.04	SnS	150.75
Na_2SO_4	142.04	$SnCO_3$	178.72
$Na_2S_2O_3$	158.10	$SrCO_3$	147.63
$Na_2S_2O_3 \cdot 5H_2O$	248.17	SrC_2O_4	175.64
$NiCl_2 \cdot 6H_2O$	237.69	$SrCrO_4$	203.61
NiO	74.69	$Sr(NO_3)_2$	211.63
$Ni(NO_3)_2 \cdot 6H_2O$	290.79	$Sr(NO_3)_2 \cdot 4H_2O$	283.69
NiS	90.75		
$NiSO_4 \cdot 7H_2O$	280.85	TiO_2	79.87
$NiC_8H_{14}O_4N_4$	288.91		
(丁二酮肟镍)		$UO_2(CH_3COO)_2 \cdot 2H_2O$	424.15
P_2O_5	141.94	WO_3	231.84
$PbCO_3$	267.20	$ZnCO_3$	125.39
PbC_2O_4	295.22	ZnC_2O_4	153.40
$PbCrO_4$	323.20	$ZnCl_2$	136.29
$Pb(CH_3COO)_2$	325.30	$Zn(CH_3COO)_2$	183.47
$Pb(CH_3COO)_2 \cdot 3H_2O$	379.30	$Zn(CH_3COO)_2 \cdot 2H_2O$	219.50
PbI_2	461.00	$Zn(NO_3)_2$	189.39
$PbCl_2$	278.10	$Zn(NO_3)_2 \cdot 6H_2O$	297.48
$Pb(NO_3)_2$	331.20	ZnO	81.38
PbO	223.20	ZnS	97.44
PbO_2	239.20	$ZnSO_4$	161.44
Pb_3O_4	685.596	$ZnSO_4 \cdot 7H_2O$	287.54
$Pb_3(PO_4)_2$	811.54	$Zn_2P_2O_7$	304.72

附录三　几种单位的换算

1. 1J=0.2390cal，1cal=4.184J
2. 1J=9.869cm^3·atm，1cm^3·atm=0.1013J
3. 1J=6.242×10^{18}eV，1eV=1.602×10^{-19}J
4. 1D（德拜）=3.334×10^{-30}C·m（库仑·米），1C·m=2.999×10^{29}D
5. 1Å=10^{-10}m=0.1nm=100pm
6. 1cm^{-1}（波数）=1.986×10^{-23}J=11.96J·mol^{-1}

附录四　一些物质的标准热力学数据（$p^{\ominus}$=100kPa，298.15K）

物质	$\Delta_f H_m^{\ominus}$/ kJ·mol^{-1}	$\Delta_f G_m^{\ominus}$/ kJ·mol^{-1}	$S_m^{\ominus}$/ J·mol^{-1}·K^{-1}
Ag(g)	0	0	42.55
AgCl(s)	−127.068	−109.8	96.2
Ag_2O(s)	−31.05	−11.20	−121.3
Al(s)	0	0	28.33
$AlCl_3$(s)	−704.2	−628.8	110.67
Al_2O_3(α,刚玉)	−1675.7	−1582.3	50.92
Br_2(l)	0	0	152.231
Br_2(g)	30.907	3.110	245.463
HBr(g)	−36.40	−53.45	198.695
Ca(s)	0	0	41.42
CaC_2(s)	−59.8	−64.9	69.96
$CaCO_3$(方解石)	−1206.92	−1128.79	92.9
CaO(s)	−635.09	−604.03	39.75
$Ca(OH)_2$(s)	−986.09	−898.49	83.39
C(石墨)	0	0	5.71
C(金刚石)	1.895	2.900	2.45
CO(g)	−110.525	−137.168	197.674
CO_2(g)	−393.5	−394.359	213.74
CS_2(l)	89.70	65.27	151.34
CS_2(g)	117.36	67.12	237.84
CCl_4(l)	−135.44	−65.21	216.40
CCl_4(g)	−102.9	−60.59	309.85

续表

物质	$\Delta_f H_m^\ominus$/ kJ·mol^{-1}	$\Delta_f G_m^\ominus$/ kJ·mol^{-1}	$S_m^\ominus$/ J·mol^{-1}·K^{-1}
HCN(l)	108.87	124.97	112.84
HCN(g)	135.1	124.7	201.78
Cl_2(g)	0	0	223.066
Cl(g)	121.679	105.680	165.198
HCl(g)	−92.307	−95.299	186.908
Cu(s)	0	0	33.150
CuO(s)	−157.3	−129.7	42.63
Cu_2O(s)	−168.6	−146.0	93.14
F_2(g)	0	0	202.78
HF(g)	−271.1	−273.2	173.779
Fe(s)	0	0	27.28
$FeCl_2$(s)	−341.79	−302.30	117.95
$FeCl_3$(s)	−399.49	−334.00	142.3
Fe_2O_3(赤铁矿)	−824.2	−742.2	87.40
Fe_3O_4(磁铁矿)	−1118.4	−1015.4	146.4
$FeSO_4$(s)	−928.4	−820.8	107.5
H_2(g)	0	0	130.684
H(g)	217.965	203.247	114.713
H_2O(l)	−285.8	−237.129	69.91
H_2O(g)	−241.82	−228.572	188.825
I_2(s)	0	0	116.135
I_2(g)	62.438	19.327	260.69
I(g)	106.838	70.250	180.791
HI(g)	26.48	1.70	206.594
Mg(s)	0	0	32.68
$MgCO_3$(s)	−1095.8	−1012.1	65.7
$MgCl_2$(s)	−641.32	−591.79	89.62
MgO(s)	−601.70	−569.43	26.94
$Mg(OH)_2$(s)	−924.54	−833.51	63.18
Na(s)	0	0	51.21
Na_2CO_3(s)	−1130.68	−1044.44	134.98
$NaHCO_3$(s)	−950.81	−851.0	101.7
NaCl(s)	−411.153	−384.138	72.13
Na_2O(s)	−414.22	−375.46	75.06
$NaNO_3$(s)	−467.85	−367.00	116.52

续表

物质	$\Delta_f H_m^\ominus$/ kJ·mol^{-1}	$\Delta_f G_m^\ominus$/ kJ·mol^{-1}	$S_m^\ominus$/ J·mol^{-1}·K^{-1}
NaOH(s)	−425.609	−379.494	64.455
Na_2SO_4(s)	−1387.08	−1270.16	149.58
N_2(g)	0	0	191.61
NH_3(g)	−46.11	−16.45	192.70
NO(g)	90.25	86.55	210.761
NO_2(g)	33.18	51.31	240.06
N_2O(g)	82.05	104.20	219.85
N_2O_3(g)	83.72	139.46	312.28
N_2O_4(g)	9.16	97.89	304.29
N_2O_5(g)	11.3	115.1	355.7
HNO_3(l)	−174.10	−80.71	155.60
HNO_3(g)	−135.06	−74.72	266.38
NH_4NO_3(s)	−365.56	−183.87	151.08
NH_4Cl(s)	−314.43	−202.87	94.6
NH_4ClO_4(s)	−295.31	−88.75	186.2
HgO(s)红色,斜方晶	−90.83	−58.539	70.29
HgO(s)黄色	−90.46	−58.409	71.1
O_2(g)	0	0	205.138
O(g)	249.170	231.731	161.055
O_3(g)	142.7	163.2	238.93
P(α-白磷)	0	0	41.09
P(红磷,三斜晶系)	−17.6	−12.1	22.80
P_4(g)	58.91	24.44	279.98
PCl_3(g)	−287.0	−267.8	311.78
PCl_5(g)	−374.9	−305.0	364.58
H_3PO_4(s)	−1279.0	−1119.1	110.50
S(正交晶系)	0	0	31.80
S(g)	278.805	238.250	167.821
S_8(g)	102.30	49.63	430.98
H_2S(g)	−20.63	−33.56	205.79
SO_2(g)	−296.830	−300.194	248.22
SO_3(g)	−395.72	−371.06	256.76
H_2SO_4(l)	−813.989	−690.003	156.904
Si(s)	0	0	18.83
$SiCl_4$(l)	−687.0	−619.84	239.7

续表

物质	$\Delta_f H_m^\ominus$/ kJ·mol^{-1}	$\Delta_f G_m^\ominus$/ kJ·mol^{-1}	$S_m^\ominus$/ J·mol^{-1}·K^{-1}
$SiCl_4$(g)	−657.01	−616.98	330.73
SiF_4(g)	−1614.94	−1572.65	282.49
SiH_4(g)	34.3	56.9	204.62
SiO_2(α,石英)	−910.94	−856.64	41.84
SiO_2(s,无定形)	−903.49	−850.70	46.9
Zn(s)	0	0	41.63
$ZnCO_3$(s)	−812.78	−731.52	82.4
$ZnCl_2$(s)	−415.05	−369.398	111.46
ZnO(s)	−348.28	−318.30	43.64
CH_4(g) 甲烷	−74.81	−50.72	186.264
C_2H_6(g) 乙烷	−84.68	−32.82	229.60
C_2H_4(g) 乙烯	52.26	68.15	219.56
C_2H_2(g) 乙炔	226.73	209.20	200.94
CH_3OH(l) 甲醇	−238.66	−166.27	126.8
CH_3OH(g) 甲醇	−200.66	−161.96	239.81
C_2H_5OH(l) 乙醇	−277.69	−174.78	160.7
C_2H_5OH(g) 乙醇	−235.10	−168.49	282.70
$(CH_2OH)_2$(l) 乙二醇	−454.80	−323.08	166.9
$(CH_3)_2O$(g) 二甲醚	−184.05	−112.59	266.38
HCHO(g) 甲醛	−108.57	−102.53	218.77
CH_3CHO(g) 乙醛	−166.19	−128.86	250.3
HCOOH(l)甲酸	−424.72	−361.35	128.95
CH_3COOH(l) 乙酸	−484.5	−389.9	159.8
CH_3COOH(g) 乙酸	−432.25	−374.0	282.5
$(CH_2)_2O$(l) 环氧乙烷	−77.82	−11.76	153.85
$(CH_2)_2O$(g)环氧乙烷	−52.63	−13.01	242.53
$CHCl_3$(l)氯仿	−134.47	−73.66	201.7
$CHCl_3$(g) 氯仿	−103.14	−70.34	295.71
C_2H_5Cl(l) 氯乙烷	−136.52	−59.31	190.79
C_2H_5Cl(g) 氯乙烷	−112.17	−60.39	276.00
C_2H_5Br(l) 溴乙烷	−92.01	−27.70	198.7
C_2H_5Br(g) 溴乙烷	−64.52	−26.48	286.71
CH_2CHCl(l) 氯乙烯	35.6	51.9	263.99
CH_3COCl(g) 氯乙酰	−273.80	−207.99	200.8
CH_3COCl(g) 氯乙酰	−243.51	−205.80	295.1

续表

物质	$\Delta_f H_m^\ominus$/ kJ·mol^{-1}	$\Delta_f G_m^\ominus$/ kJ·mol^{-1}	$S_m^\ominus$/ J·mol^{-1}·K^{-1}
CH_3NH_2(g) 甲胺	−22.97	32.16	243.41
N_2H_4(l)联氨	50.63	149.34	121.21
$(NH_3)_2CO$(s) 尿素	−333.51	−197.33	104.60
物质（水溶液，非电离物质，标准状态）b=1mol·kg^{-1}	$\Delta_f H_m^\ominus$ (kJ·mol^{-1})	$\Delta_f G_m^\ominus$ (kJ·mol^{-1})	$S_m^\ominus$ (J·mol^{-1}·K^{-1})
Ag^+	105.579	77.107	72.68
Al^{3+}	−531	−485.	−321.7
AsO_4^{3-}	−888.14	−648.41	−162.8
$HAsO_4^{2-}$	−906.34	−714.6	−1.7
$H_2AsO_3^-$	−714.79	−587.13	110.5
$H_2AsO_4^-$	−909.56	−753.17	117.0
H_3AsO_3	−742.2	−639.80	195.0
H_2AsO_4	−902.5	−766.0	184.
H_3BO_3	−1072.32	−968.75	162.3
Ba^{2+}	−537.64	−560.77	9.6
Be^{2+}	−382.8	−379.73	−129.7
BeO_2^{2-}	−790.8	−640.1	−159.0
Bi^{3+}	—	82.8	—
BiO^+	—	−146.4	—
$BiCl_4^-$	—	−481.5	—
Br^-	−121.55	−103.96	82.4
BrO^-	−94.1	−33.4	42.0
BrO_3^-	−67.07	18.60	161.71
BrO_4^-	13.0	118.1	199.6
CO_2	−413.80	−385.98	117.6
CO_3^{2-}	−677.14	−527.81	−56.9
HCO_2^- 甲酸根离子	−425.55	−351.0	92.0
HCO_3^-	−691.99	−586.77	91.2
HCO_2H 甲酸	−425.43	−372.3	163.
CN^-	150.6	172.4	94.1
HCN	107.1	119.7	124.7
SCN^-	76.44	92.71	144.3
HSCN	—	97.56	—
$C_2O_4^{2-}$ 草酸根离子	−825.1	−673.9	45.6
$HC_2O_4^-$	−818.4	−698.34	149.4

续表

物质（水溶液，非电离物质，标准状态）$b=1mol \cdot kg^{-1}$	$\Delta_f H_m^{\ominus}$/ $kJ \cdot mol^{-1}$	$\Delta_f G_m^{\ominus}$/ $kJ \cdot mol^{-1}$	$S_m^{\ominus}$/ $J \cdot mol^{-1} \cdot K^{-1}$
CH_3COO^-	−486.01	−369.31	86.8
CH_3COOH	−485.76	−396.46	178.7
C_2H_5OH	−288.3	−181.64	148.5
Ca^{2+}	−542.83	−553.58	−53.1
Cd^{2+}	−75.90	−77.612	−73.2
$Cd(NH_3)_4^{2+}$	−450.2	−226.1	336.4
Ce^{3+}	−696.2	−672.0	−205
Ce^{4+}	−537.2	−503.8	−301
Cl^-	−167.159	−131.228	56.5
ClO^-	−107.1	−36.8	42
$ClO_2{}^-$	−66.5	17.2	101.3
$ClO_3{}^-$	−103.97	−7.95	162.3
$ClO_4{}^-$	−129.33	−8.52	182.0
$HClO$	−120.9	−79.9	142.0
$HClO_2$	−51.9	5.9	188.3
Co^{2+}	−58.2	−54.4	−113
Co^{3+}	92	134.	−305
$HCoO_2{}^-$	—	−407.5	—
$Co(NH_3)_6^{2+}$	−584.9	−157.0	146
Cr^{2+}	−143.5	—	—
CrO_4^{2-}	−881.15	−727.75	50.21
$Cr_2O_7^{2-}$	−1490.3	−1301.1	261.9
$HCrO_4^-$	−878.2	−764.7	184.1
Cs^+	−258.28	−292.02	133.05
Cu^+	71.67	49.98	40.6
Cu^{2+}	64.77	65.49	−99.6
$Cu(NH_3)_4^{2+}$	−348.5	−111.07	273.6
$CuP_2O_7^{2-}$	—	−1891.4	—
$Cu(P_2O_7)_2^{6-}$	—	−3823.4	—
F^-	−332.63	−278.79	−13.8
HF	−320.08	−296.82	88.7
HF^{2-}	−649.94	−578.08	92.5
Fe^{2+}	−89.1	−78.90	−137.7
Fe^{3+}	−48.5	−4.7	−315.9
$Fe(CN)_6^{3-}$	561.9	729.4	270.3

续表

物质 （水溶液，非电离物质，标准状态） b=1mol·kg^{-1}	$\Delta_f H_m^\ominus$/ kJ·mol^{-1}	$\Delta_f G_m^\ominus$/ kJ·mol^{-1}	$S_m^\ominus$/ J·mol^{-1}·K^{-1}
$Fe(CN)_6^{4-}$	455.6	695.08	95.0
H^+	0	0	0
OH^-	−229.994	−157.244	−10.75
H_2O_2	−191.17	−134.03	143.9
Hg^{2+}	171.1	164.40	−32.2
Hg_2^{2+}	172.4	153.52	84.5
$HgCl_2$	−216.3	−173.2	155
$HgCl_3^-$	−388.7	−309.1	209
$HgCl_4^{2-}$	−554.0	−446.8	293
$HgBr_4^{2-}$	−431.0	−371.1	310.
HgI_4^{2-}	−235.1	−211.7	360
HgS_2^{2-}	—	41.9	—
$Hg(NH_3)_4^{2+}$	−282.8	−51.7	335.0
I^-	−55.19	−51.57	111.3
I_2	22.6	16.40	137.2
I_3^-	−51.5	−51.4	239.3
IO^-	−107.5	−38.5	−5.4
IO_3^-	−221.3	−128.0	118.4
IO_4^-	−151.5	−58.5	222
HIO	−138.1	−99.1	95.4
HIO_3	−211.3	−132.6	166.9
H_5IO_6	−759.4	—	—
In^+	—	−12.1	—
In^{2+}	—	−50.7	—
In^{3+}	105	−98.0	−151.0
K^+	−252.38	−283.27	102.5
La^{3+}	−707.1	−683.7	−217.6
Li^+	−278.49	−293.31	13.4
Mg^{2+}	−466.85	−454.8	−138.1
Mn^{2+}	−220.75	−228.1	−73.6
MnO_4^-	−541.4	−447.2	191.2
MnO_4^{2-}	−653	−500.7	59
MoO_4^{2-}	−997.9	−836.3	27.2
N_3^-（叠氮根离子）	275.14	348.2	107.9
NO_2^-	−104.6	−32.2	123.0

续表

物质（水溶液，非电离物质，标准状态）$b=1mol \cdot kg^{-1}$	$\Delta_f H_m^\ominus$/ $kJ \cdot mol^{-1}$	$\Delta_f G_m^\ominus$/ $kJ \cdot mol^{-1}$	$S_m^\ominus$/ $J \cdot mol^{-1} \cdot K^{-1}$
NO_3^-	−205.0	108.74	146.4
NH_3	−80.29	−26.50	111.3
NH_4^+	−132.51	−79.31	113.4
N_2H_4	34.31	128.1	138.0
HN_3	260.08	321.8	146.0
HNO_2	−119.2	−50.6	135.6
Na^+	−240.12	−261.905	59.0
Ni^{2+}	−54.0	−45.6	−128.9
$Ni(NH_3)_6^{2+}$	−630.1	−255.7	394.6
$Ni(CN)_4^{2-}$	367.8	472.1	218
PO_4^{3-}	−1277.4	−1018.7	−222.0
$P_2O_7^{4-}$	−2271.1	−1919.0	−117.0
HPO_4^{2-}	−1292.14	−1089.15	−33.5
$H_2PO_4^-$	−1296.29	−1130.28	90.4
H_3PO_4	−1288.34	−1142.54	158.2
$HP_2O_7^{3-}$	−2274.8	−1972.2	46
$H_2P_2O_7^{2-}$	−2278.6	−2010.2	163
$H_3P_2O_7^-$	−2276.5	−2023.2	213
$H_4P_2O_7$	−2268.6	−2032.0	268
Pb^{2+}	−1.7	−24.43	10.5
$PbCl_2$	—	−297.16	—
$PbCl_3^-$	—	−426.3	—
$PbBr_2$	—	−240.6	—
PbI_4^{2-}	—	−254.8	—
Rb^+	−251.17	−283.98	121.50
SO_2	−322.980	−300.676	161.9
SO_3^{2-}	−635.5	−486.5	−29
SO_4^{2-}（H_2SO_4，水溶液）	−909.27	−744.53	20.1
$S_2O_3^{2-}$	−648.5	−522.5	67
$S_4O_6^{2-}$	−1224.2	−1040.4	257.3
H_2S	−39.7	−27.83	121.0
HSO_3^-	−626.22	−527.73	139.7
HSO_4^-	−887.34	−755.91	131.8
Sc^{3+}	−614.2	−586.6	−255.0
Se^{2-}	—	129.3	—

续表

物质（水溶液，非电离物质，标准状态）$b=1mol \cdot kg^{-1}$	$\Delta_f H_m^\ominus$/ $kJ \cdot mol^{-1}$	$\Delta_f G_m^\ominus$/ $kJ \cdot mol^{-1}$	$S_m^\ominus$/ $J \cdot mol^{-1} \cdot K^{-1}$
HSe^-	15.9	44.0	79.0
H_2Se	19.2	22.2	163.6
$HSeO_3^-$	−514.55	−411.46	135.1
H_2SeO_3	−507.48	−426.14	207.9
H_2SiO_3	−1182.8	−1079.4	109
Sr^{2+}	−545.80	−559.84	−32.6
Th^{4+}	−769.0	−705.1	422.6
TiO^{2+}	−689.9	—	—
Tl^+	5.36	−32.40	125.5
Tl^{3+}	196.6	214.6	−192
$TlCl_3$	−315.1	−274.4	134
UO_2^{2+}	−1019.6	−953.5	−97.5
VO^{2+}	−486.6	−446.4	−133.9
VO_2^+	−649.8	−587.0	−42.3
VO_4^{3-}	—	−899.0	—
WO_4^{2-}	−1075.7	—	—
Zn^{2+}	−153.89	−147.06	−112.1
$Zn(OH)_4^{2-}$	—	−858.52	—
$Zn(NH_3)_4^{2+}$	−533.5	−301.9	301

附录五　弱酸、弱碱的解离常数（298.15K）

弱酸	分子式	$K_a^\ominus$	$pK_a^\ominus$
砷酸	H_3AsO_4	$6.3\times10^{-3}(K_{a_1}^\ominus)$ $1.0\times10^{-7}(K_{a_2}^\ominus)$ $3.2\times10^{-12}(K_{a_3}^\ominus)$	2.20 7.00 11.50
亚砷酸	$HAsO_2$	6.0×10^{-10}	9.22
硼酸	H_3BO_3	5.8×10^{-10}	9.24
焦硼酸	$H_2B_4O_7$	$1\times10^{-4}(K_{a_1}^\ominus)$ $1\times10^{-9}(K_{a_2}^\ominus)$	4 9
碳酸	H_2CO_3	$4.2\times10^{-7}(K_{a_1}^\ominus)$ $4.7\times10^{-11}(K_{a_2}^\ominus)$	6.38 10.25
氢氰酸	HCN	6.2×10^{-10}	9.21
铬酸	H_2CrO_4	$1.8\times10^{-1}(K_{a_1}^\ominus)$ $3.2\times10^{-7}(K_{a_2}^\ominus)$	0.74 6.50
氢氟酸	HF	6.6×10^{-4}	3.18

续表

弱酸	分子式	$K_a^\ominus$	$pK_a^\ominus$
亚硝酸	HNO_2	5.1×10^{-4}	3.29
过氧化氢	H_2O_2	1.8×10^{-12}	11.75
磷酸	H_3PO_4	$6.7\times10^{-3}(K_{a_1}^\ominus)$ $6.2\times10^{-8}(K_{a_2}^\ominus)$ $4.5\times10^{-13}(K_{a_3}^\ominus)$	2.17 7.21 12.35
焦磷酸	$H_4P_2O_7$	$3.0\times10^{-2}(K_{a_1}^\ominus)$ $4.4\times10^{-3}(K_{a_2}^\ominus)$ $2.5\times10^{-7}(K_{a_3}^\ominus)$ $5.6\times10^{-10}(K_{a_4}^\ominus)$	1.52 2.36 6.60 9.25
亚磷酸	H_3PO_3	$5.0\times10^{-2}(K_{a_1}^\ominus)$ $2.5\times10^{-7}(K_{a_2}^\ominus)$	1.30 6.60
氢硫酸	H_2S	$1.1\times10^{-7}(K_{a_1}^\ominus)$ $1.3\times10^{-13}(K_{a_2}^\ominus)$	6.96 12.89
硫酸	HSO_4^-	$1.0\times10^{-2}(K_{a_2}^\ominus)$	1.99
亚硫酸	H_2SO_3	$1.3\times10^{-2}(K_{a_1}^\ominus)$ $6.3\times10^{-3}(K_{a_2}^\ominus)$	1.90 7.20
偏硅酸	H_2SiO_3	$1.7\times10^{-10}(K_{a_1}^\ominus)$ $1.6\times10^{-12}(K_{a_2}^\ominus)$	9.77 11.8
甲酸	HCOOH	1.8×10^{-4}	3.74
乙酸	CH_3COOH	1.8×10^{-5}	4.74
一氯乙酸	$CH_2ClCOOH$	1.4×10^{-3}	2.86
二氯乙酸	$CHCl_2COOH$	5.0×10^{-2}	1.30
三氯乙酸	CCl_3COOH	0.23	0.64
氨基乙酸盐	$^+NH_3CH_2COOH$ $^+NH_3CH_2COO^-$	$4.5\times10^{-3}(K_{a_1}^\ominus)$ $2.5\times10^{-10}(K_{a_2}^\ominus)$	2.35 9.60
抗坏血酸	$C_6H_8O_2$	$5.0\times10^{-5}(K_{a_1}^\ominus)$ $1.5\times10^{-10}(K_{a_2}^\ominus)$	4.30 9.82
乳酸	$CH_3CHOHCOOH$	1.4×10^{-4}	3.86
苯甲酸	C_6H_5COOH	6.2×10^{-5}	4.21
草酸	$H_2C_2O_4$	$5.9\times10^{-2}(K_{a_1}^\ominus)$ $6.4\times10^{-5}(K_{a_2}^\ominus)$	1.22 4.19
d-酒石酸	CH(OH)COOH | CH(OH)COOH	$9.1\times10^{-4}(K_{a_1}^\ominus)$ $4.3\times10^{-5}(K_{a_2}^\ominus)$	3.04 4.37
邻苯二甲酸	$C_6H_4(COOH)_2$ (邻位; 结构式: 苯环上 COOH, COOH)	$1.1\times10^{-3}(K_{a_1}^\ominus)$ $3.9\times10^{-6}(K_{a_2}^\ominus)$	2.95 5.41

续表

弱酸	分子式	$K_a^\ominus$	$pK_a^\ominus$
柠檬酸	$HOOCCH_2—C(OH)(COOH)—CH_2COOH$	$7.4\times10^{-4}(K_{a_1}^\ominus)$ $1.7\times10^{-5}(K_{a_2}^\ominus)$ $4.0\times10^{-7}(K_{a_3}^\ominus)$	3.13 4.76 6.40
苯酚	C_6H_5OH	1.1×10^{-10}	9.95
乙二胺四乙酸	H_6Y^{2+}	$0.13(K_{a_1}^\ominus)$ $3\times10^{-2}(K_{a_2}^\ominus)$ $1\times10^{-2}(K_{a_3}^\ominus)$ $2.1\times10^{-3}(K_{a_4}^\ominus)$ $6.9\times10^{-7}(K_{a_5}^\ominus)$ $5.5\times10^{-11}(K_{a_6}^\ominus)$	0.9 1.6 2.0 2.67 6.16 10.26

弱碱	分子式	$K_b^\ominus$	$pK_b^\ominus$
氨水	NH_3	1.8×10^{-5}	4.74
联氨	H_2NNH_2	$3.0\times10^{-6}(K_{b_1}^\ominus)$ $7.6\times10^{-15}(K_{b_2}^\ominus)$	5.52 14.12
羟氨	NH_2OH	9.1×10^{-9}	8.04
甲胺	CH_3NH_2	4.2×10^{-4}	3.38
乙胺	$C_2H_5NH_2$	5.6×10^{-4}	3.25
二甲胺	$(CH_3)_2NH$	1.2×10^{-4}	3.93
二乙胺	$(C_2H_5)_2NH$	1.3×10^{-3}	2.89
乙醇胺	$HOCH_2CH_2NH_2$	3.2×10^{-5}	4.50
三乙醇胺	$(HOCH_2CH_2)_3N$	5.8×10^{-7}	6.24
六亚甲基四胺	$(CH_2)_6N_4$	1.4×10^{-9}	8.85
乙二胺	$H_2NCH_2CH_2NH_2$	$8.5\times10^{-5}(K_{b_1}^\ominus)$ $7.1\times10^{-8}(K_{b_2}^\ominus)$	4.07 7.15
吡啶	C_5H_5N	1.7×10^{-9}	8.77

附录六　难溶化合物的溶度积常数

难溶化合物	化学式	溶度积 $K_{sp}^\ominus$	温度
氢氧化铝	$Al(OH)_3$	2×10^{-32}	
溴酸银	$AgBrO_3$	5.77×10^{-5}	25℃
溴化银	$AgBr$	5.3×10^{-13}	25℃
碳酸银	Ag_2CO_3	6.15×10^{-12}	25℃
氯化银	$AgCl$	1.8×10^{-10}	25℃
铬酸银	Ag_2CrO_4	9×10^{-12}	25℃

续表

难溶化合物	化学式	溶度积 $K_{sp}^{\ominus}$	温度
氢氧化银	$AgOH$	1.52×10^{-8}	20℃
碘化银	AgI	8.3×10^{-17}	25℃
硫化银	Ag_2S	1.6×10^{-49}	
硫氰酸银	$AgSCN$	4.9×10^{-13}	
碳酸钡	$BaCO_3$	8.1×10^{-9}	
铬酸钡	$BaCrO_4$	1.6×10^{-10}	
草酸钡	$BaC_2O_4\cdot3\frac{1}{2}H_2O$	1.62×10^{-7}	
硫酸钡	$BaSO_4$	8.7×10^{-11}	
氢氧化铋	$Bi(OH)_3$	4.0×10^{-31}	
氢氧化铬	$Cr(OH)_3$	5.4×10^{-31}	
硫化镉	CdS	3.6×10^{-29}	
碳酸钙	$CaCO_3$	3.4×10^{-9}	25℃
氟化钙	CaF_2	1.4×10^{-9}	
草酸钙	CaC_2O_4	4.0×10^{-9}	
硫酸钙	$CaSO_4$	4.9×10^{-5}	25℃
硫化钴	$CoS(\alpha)$	4×10^{-21}	
	$CoS(\beta)$	2×10^{-25}	
碘酸铜	$CuIO_3$	1.4×10^{-7}	25℃
草酸铜	CuC_2O_4	2.87×10^{-8}	25℃
硫化铜	CuS	8.5×10^{-45}	
溴化亚铜	$CuBr$	4.15×10^{-8}	(18～20℃)
氯化亚铜	$CuCl$	1.02×10^{-6}	(18～20℃)
碘化亚铜	CuI	1.1×10^{-12}	(18～20℃)
硫化亚铜	Cu_2S	2×10^{-47}	(16～18℃)
硫氰酸亚铜	$CuSCN$	4.8×10^{-15}	
氢氧化铁	$Fe(OH)_3$	2.79×10^{-39}	
氢氧化亚铁	$Fe(OH)_2$	4.86×10^{-17}	
草酸亚铁	FeC_2O_4	2.1×10^{-7}	25℃
硫化亚铁	FeS	3.7×10^{-19}	
硫化汞	HgS	$4\times10^{-53}\sim2\times10^{-49}$	
溴化亚汞	Hg_2Br_2	5.8×10^{-23}	25℃
氯化亚汞	Hg_2Cl_2	1.3×10^{-18}	25℃
碘化亚汞	Hg_2I_2	4.5×10^{-29}	
磷酸铵镁	$MgNH_4PO_4$	2.5×10^{-13}	25℃
碳酸镁	$MgCO_3$	2.6×10^{-5}	25℃
氟化镁	MgF_2	7.1×10^{-9}	

续表

难溶化合物	化学式	溶度积 $K_{sp}^{\ominus}$	温度
氢氧化镁	$Mg(OH)_2$	5.1×10^{-12}	
草酸镁	MgC_2O_4	8.57×10^{-5}	
氢氧化锰	$Mn(OH)_2$	4.5×10^{-13}	
硫化锰	MnS	1.4×10^{-15}	
氢氧化镍	$Ni(OH)_2$	6.5×10^{-18}	
氯化铅	$PbCl_2$	1.7×10^{-5}	
碳酸铅	$PbCO_3$	3.3×10^{-14}	
铬酸铅	$PbCrO_4$	1.77×10^{-14}	
氟化铅	PbF_2	3.2×10^{-8}	
草酸铅	PbC_2O_4	2.74×10^{-11}	
氢氧化铅	$Pb(OH)_2$	1.2×10^{-15}	
硫酸铅	$PbSO_4$	2.5×10^{-8}	
硫化铅	PbS	3.4×10^{-28}	
碳酸锶	$SrCO_3$	1.6×10^{-9}	25℃
氟化锶	SrF_2	2.8×10^{-9}	
草酸锶	SrC_2O_4	5.61×10^{-8}	
硫酸锶	$SrSO_4$	3.81×10^{-7}	17.4℃
氢氧化锡	$Sn(OH)_4$	1×10^{-57}	
氢氧化亚锡	$Sn(OH)_2$	3×10^{-27}	
氢氧化钛	$TiO(OH)_2$	1×10^{-29}	
氢氧化锌	$Zn(OH)_2$	1.2×10^{-17}	(16～18℃)
草酸锌	ZnC_2O_4	1.35×10^{-9}	
硫化锌	ZnS	1.2×10^{-23}	

附录七　配离子的标准稳定常数（298.15K）

配离子	$K_f^{\ominus}$	配离子	$K_f^{\ominus}$
$[AgCl_2]^-$	1.84×10^5	$[Ag(EDTA)]^{3-}$	(2.1×10^7)
$[AgBr_2]^-$	1.93×10^7	$[Al(OH)_4]^-$	3.31×10^{33}
$[AgI_2]^-$	4.80×10^{10}	$[AlF_6]^{3-}$	(6.9×10^{19})
$[Ag(NH_3)]^+$	2.07×10^3	$[Al(EDTA)]^-$	(1.3×10^{16})
$[Ag(NH_3)_2]^+$	1.67×10^7	$[Ba(EDTA)]^{2-}$	(6.0×10^7)
$[Ag(CN)_2]^-$	2.48×10^{20}	$[Be(EDTA)]^{2-}$	(2×10^9)
$[Ag(SCN)_2]^-$	2.04×10^8	$[BiCl_4]^-$	7.96×10^6
$[Ag(S_2O_3)_2]^{3-}$	(2.9×10^{13})	$[BiCl_6]^{3-}$	2.45×10^7
$[Ag(en)_2]^+$	(5.0×10^7)	$[BiBr_4]^-$	5.92×10^7

续表

配离子	$K_f^\ominus$	配离子	$K_f^\ominus$
$[BiI_4]^-$	8.88×10^{14}	$[FeCl]^{2+}$	24.9
$[Bi(EDTA)]^-$	(6.3×10^{22})	$[Fe(C_2O_4)_3]^{3-}$	(1.6×10^{20})
$[Ca(EDTA)]^{2-}$	(1×10^{11})	$[Fe(C_2O_4)_3]^{4-}$	1.7×10^{5}
$[Cd(NH_3)_4]^{2+}$	2.78×10^{7}	$[Fe(EDTA)]^{2-}$	(2.1×10^{14})
$[Cd(CN)_4]^{2-}$	1.95×10^{18}	$[Fe(EDTA)]^-$	(1.7×10^{24})
$[Cd(OH)_4]^{2-}$	1.20×10^{9}	$[HgCl]^+$	5.73×10^{6}
$[CdBr_4]^{2-}$	(5.0×10^{3})	$[HgCl_2]$	1.46×10^{13}
$[CdCl_4]^{2-}$	(6.3×10^{2})	$[HgCl_3]^-$	9.6×10^{13}
$[CdI_4]^{2-}$	4.05×10^{5}	$[HgCl_4]^{2-}$	1.31×10^{15}
$[Cd(en)_3]^{2+}$	(1.2×10^{12})	$[HgBr_4]^{2-}$	9.22×10^{20}
$[Cd(EDTA)]^{2-}$	(2.5×10^{16})	$[HgI_4]^{2-}$	5.66×10^{29}
$[Co(NH_3)_4]^{2+}$	1.16×10^{5}	$[HgS_2]^{2-}$	3.36×10^{51}
$[Co(NH_3)_6]^{2+}$	1.3×10^{5}	$[Hg(NH_3)_4]^{2+}$	1.95×10^{19}
$[Co(NH_3)_6]^{3+}$	(1.6×10^{35})	$[Hg(CN)_4]^{2-}$	1.82×10^{41}
$[Co(NCS)_4]^{2-}$	(1.0×10^{3})	$[Hg(SCN)_4]^{2-}$	4.98×10^{21}
$[Co(EDTA)]^{2-}$	(2.0×10^{16})	$[Hg(EDTA)]^{2-}$	(6.3×10^{21})
$[Co(EDTA)]^-$	(1×10^{36})	$[Ni(NH_3)_6]^{2+}$	8.97×10^{8}
$[Cr(OH)_4]^-$	(7.8×10^{29})	$[Ni(CN)_4]^{2-}$	1.31×10^{30}
$[Cr(EDTA)]^-$	(1.0×10^{23})	$[Ni(N_2H_4)_6]^{2+}$	1.04×10^{12}
$[CuCl_2]^-$	6.91×10^{4}	$[Ni(en)_3]^{2+}$	2.1×10^{18}
$[CuCl_3]^{2-}$	4.55×10^{5}	$[Ni(EDTA)]^{2-}$	(3.6×10^{18})
$[CuI_2]^-$	(7.1×10^{8})	$[Pb(OH)_3]^-$	8.27×10^{13}
$[Cu(SO_3)_2]^{3-}$	4.13×10^{8}	$[PbCl_3]^-$	27.2
$[Cu(NH_3)_4]^{2+}$	2.09×10^{13}	$[PbBr_3]^-$	15.5
$[Cu(P_2O_7)_2]^{6-}$	8.24×10^{8}	$[PbI_3]^-$	2.67×10^{3}
$[Cu(C_2O_4)_2]^{2-}$	2.35×10^{9}	$[PbI_4]^{2-}$	1.66×10^{4}
$[Cu(CN)_2]^-$	9.98×10^{23}	$[Pb(CH_3CO_2)]^+$	152.4
$[Cu(CN)_3]^{2-}$	4.21×10^{28}	$Pb(CH_3CO_2)_2$	826.3
$[Cu(CN)_4]^{3-}$	2.03×10^{30}	$[Pb(EDTA)]^{2-}$	(2×10^{18})
$[Cu(SCN)_4]^{3-}$	8.66×10^{9}	$[PdCl_3]^-$	2.10×10^{10}
$[Cu(EDTA)]^{2-}$	(5.0×10^{18})	$[PdBr_4]^{2-}$	6.05×10^{13}
$[FeF]^{2+}$	7.1×10^{6}	$[PdI_4]^{2-}$	4.36×10^{22}
$[FeF_2]^+$	3.8×10^{11}	$[Pd(NH_3)_4]^{2+}$	3.10×10^{25}
$[Fe(CN)_6]^{3-}$	4.1×10^{52}	$[Pd(CN)_4]^{2-}$	5.20×10^{41}
$[Fe(CN)_6]^{4-}$	4.2×10^{45}	$[Pd(SCN)_4]^{2-}$	9.43×10^{23}
$[Fe(NCS)]^{2+}$	9.1×10^{2}	$[Pd(EDTA)]^{2-}$	(3.2×10^{18})
$[FeBr]^{2+}$	4.17	$[PtCl_4]^{2-}$	9.86×10^{15}

续表

配离子	$K_f^{\ominus}$	配离子	$K_f^{\ominus}$
$[PtBr_4]^{2-}$	6.47×10^{17}	$[Zn(NH_3)_4]^{2+}$	3.60×10^{8}
$[Pt(NH_3)_4]^{2+}$	2.18×10^{35}	$[Zn(CN)_4]^{2-}$	5.71×10^{16}
$[Sc(EDTA)]^{-}$	1.3×10^{23}	$[Zn(CNS)_4]^{2-}$	19.6
$[Zn(OH)_3]^{-}$	1.64×10^{13}	$[Zn(C_2O_2)_2]^{2-}$	2.96×10^{7}
$[Zn(OH)_4]^{2-}$	2.83×10^{14}	$[Zn(EDTA)]^{2-}$	(2.5×10^{16})

附录八 标准电极电势（298.15K）

电极反应 氧化型$+ne^- \rightleftharpoons$还原型	$E^{\ominus}$/V
$Li^+(aq)+e^- \rightleftharpoons Li(s)$	-3.040
$Cs^+(aq)+e^- \rightleftharpoons Cs(s)$	-3.027
$Rb^+(aq)+e^- \rightleftharpoons Rb(s)$	-2.943
$K^+(aq)+e^- \rightleftharpoons K(s)$	-2.936
$Ra^{2+}(aq)+2e^- \rightleftharpoons Ra(s)$	-2.910
$Ba^{2+}(aq)+2e^- \rightleftharpoons Ba(s)$	-2.906
$Sr^{2+}(aq)+2e^- \rightleftharpoons Sr(s)$	-2.899
$Ca^{2+}(aq)+2e^- \rightleftharpoons Ca(s)$	-2.869
$Na^+(aq)+e^- \rightleftharpoons Na(s)$	-2.714
$La^{3+}(aq)+3e^- \rightleftharpoons La(s)$	-2.362
$Mg^{2+}(aq)+2e^- \rightleftharpoons Mg(s)$	-2.357
$Sc^{3+}(aq)+3e^- \rightleftharpoons Sc(s)$	-2.027
$Be^{2+}(aq)+2e^- \rightleftharpoons Be(s)$	-1.968
$Al^{3+}(aq)+3e^- \rightleftharpoons Al(s)$	-1.68
$[SiF_6]^{2-}(aq)+4e^- \rightleftharpoons Si(s)+6F^-(aq)$	-1.365
$Mn^{2+}(aq)+2e^- \rightleftharpoons Mn(s)$	-1.182
$SiO_2(am)+4H^++4e^- \rightleftharpoons Si(s)+2H_2O$	-0.9754
* $SO_4^{2-}(aq)+H_2O(l)+2e^- \rightleftharpoons SO_3^{2-}(aq)+2OH^-(aq)$	-0.9362
* $Fe(OH)_2(s)+2e^- \rightleftharpoons Fe(s)+2OH^-(aq)$	-0.8914
$H_3BO_3(s)+3H^++3e^- \rightleftharpoons B(s)+3H_2O(l)$	-0.8894
$Zn^{2+}(aq)+2e^- \rightleftharpoons Zn(s)$	-0.7621
$Cr^{3+}(aq)+3e^- \rightleftharpoons Cr(s)$	(-0.74)
* $FeCO_3(s)+2e^- \rightleftharpoons Fe(s)+CO_3^{2-}(aq)$	-0.7196
$2CO_2(g)+2H^+(aq)+2e^- \rightleftharpoons H_2C_2O_3^{2-}(aq)$	-0.5950
* $2SO_3^{2-}(aq)+3H_2O(l)+4e^- \rightleftharpoons S_2O_3^{2-}(aq)+6OH^-(aq)$	-0.5659

续表

电极反应 氧化型$+ne^- \rightleftharpoons$还原型	$E^{\ominus}$/V
$Ga^{3+}(aq)+3e^- \rightleftharpoons Ga(s)$	−0.5493
$Fe(OH)_3(s)+e^- \rightleftharpoons Fe(OH)_2(s)+OH^-(aq)$	−0.5468
$Sb(s)+3H^+(aq)+3e^- \rightleftharpoons SbH_3(g)$	−0.5104
* $S(s)+2e^- \rightleftharpoons S^{2-}(aq)$	−0.445
$Cr^{3+}(aq)+e^- \rightleftharpoons Cr^{2+}(aq)$	(−0.41)
$Fe^{2+}(aq)+2e^- \rightleftharpoons Fe(s)$	−0.4089
* $Ag(CN)_2^-(aq)+e^- \rightleftharpoons Ag(s)+2CN^-(aq)$	−0.4073
$Cd^{2+}(aq)+2e^- \rightleftharpoons Cd(s)$	−0.4022
$PbI_2(s)+2e^- \rightleftharpoons Pb(s)+2I^-(aq)$	−0.3653
* $Cu_2O(aq)+H_2O(l)+2e^- \rightleftharpoons 2Cu(s)+2OH^-(aq)$	−0.3557
$PbSO_4(s)+2e^- \rightleftharpoons Pb(s)+SO_4^{2-}(aq)$	−0.3555
$In^{3+}(aq)+3e^- \rightleftharpoons In(s)$	−0.338
$Tl^+(aq)+e^- \rightleftharpoons Tl(s)$	−0.3358
$Co^{2+}(aq)+2e^- \rightleftharpoons Co(s)$	−0.282
$PbBr_2(s)+2e^- \rightleftharpoons Pb(s)+2Br^-(aq)$	−0.2798
$PbCl_2(s)+2e^- \rightleftharpoons Pb(s)+2Cl^-(aq)$	−0.2676
$As(s)+3H^+(aq)+3e^- \rightleftharpoons AsH_3(g)$	−0.2381
$Ni^{2+}(aq)+2e^- \rightleftharpoons Ni(s)$	−0.2363
$VO_2^+(aq)+4H^++5e^- \rightleftharpoons V(s)+2H_2O(l)$	−0.2337
$CuI(s)+e^- \rightleftharpoons Cu(s)+I^-(aq)$	−0.1858
$AgCN(s)+e^- \rightleftharpoons Ag(s)+CN^-(aq)$	−0.1606
$AgI(s)+e^- \rightleftharpoons Ag(s)+I^-(aq)$	−0.1515
$Sn^{2+}(aq)+2e^- \rightleftharpoons Sn(s)$	−0.1410
$Pb^{2+}(aq)+2e^- \rightleftharpoons Pb(s)$	−0.1266
* $CrO_4^{2-}(aq)+2H_2O(l)+3e^- \rightleftharpoons CrO_2^-(aq)+4OH^-(aq)$	(−0.120)
$Se(s)+2H^+(aq)+2e^- \rightleftharpoons H_2Se(aq)$	−0.1150
$WO_3(s)+6H^+(aq)+6e^- \rightleftharpoons W(s)+3H_2O(l)$	−0.0909
* $2Cu(OH)_2(s)+2e^- \rightleftharpoons Cu_2O(s)+2OH^-(aq)+H_2O(l)$	(−0.08)
$MnO_2(s)+2H_2O(l)+2e^- \rightleftharpoons Mn(OH)_2(s)+2OH^-(aq)$	−0.0514
$[HgI_4]^{2-}(aq)+2e^- \rightleftharpoons Hg(l)+4I^-(aq)$	−0.0281
$2H^+(aq)+2e^- \rightleftharpoons H_2(g)$	0
$NO_3^-(aq)+H_2O(aq)+e^- \rightleftharpoons NO_2(aq)+2OH^-(aq)$	0.00849
$S_4O_6^{2-}(aq)+2e^- \rightleftharpoons 2S_2O_3^{2-}(aq)$	0.02384
$AgBr(s)+e^- \rightleftharpoons Ag(s)+Br^-(aq)$	0.07317
$S(s)+2H^+(aq)+2e^- \rightleftharpoons H_2S(aq)$	0.1442
$Sn^{4+}(aq)+2e^- \rightleftharpoons Sn^{2+}(aq)$	0.1539

续表

电极反应 氧化型$+ne^{-}\rightleftharpoons$还原型	$E^{\ominus}/\mathrm{V}$
$SO_4^{2-}(aq)+4H^{+}(aq)+2e^{-}\rightleftharpoons H_2SO_3(aq)+H_2O(l)$	0.1576
$Cu^{2+}(aq)+e^{-}\rightleftharpoons Cu^{+}(aq)$	0.1607
$AgCl(s)+e^{-}\rightleftharpoons Ag(s)+Cl^{-}$	0.2224
$[HgBr_4]^{2-}(aq)+2e^{-}\rightleftharpoons Hg(l)+4Br^{-}(aq)$	0.2318
$HAsO_2(aq)+3H^{+}(aq)+3e^{-}\rightleftharpoons As(s)+2H_2O(l)$	0.2473
$PbO_2(s)+H_2O(l)+2e^{-}\rightleftharpoons PbO(s,$黄色$)+2OH^{-}(aq)$	0.2483
$Hg_2Cl_2(s)+2e^{-}\rightleftharpoons 2Hg(l)+2Cl^{-}(aq)$	0.2680
$BiO^{+}(aq)+2H^{+}+3e^{-}\rightleftharpoons Bi(s)+H_2O(l)$	0.3134
$Cu^{2+}(aq)+2e^{-}\rightleftharpoons Cu(s)$	0.3394
* $Ag_2O(s)+H_2O(l)+2e^{-}\rightleftharpoons 2Ag(s)+2OH^{-}(aq)$	0.3428
$[Fe(CN)_6]^{3-}(aq)+e^{-}\rightleftharpoons [Fe(CN)_6]^{4-}(aq)$	0.3557
$[Ag(NH_3)_2]^{+}(aq)+e^{-}\rightleftharpoons Ag(s)+2NH_3(aq)$	0.3719
* $ClO_4^{-}(aq)+H_2O(l)+2e^{-}\rightleftharpoons ClO_3^{-}(aq)+2OH^{-}(aq)$	0.3979
$O_2(g)+2H_2O(l)+4e^{-}\rightleftharpoons 4OH^{-}(aq)$	0.4009
$2H_2SO_3(aq)+2H^{+}(aq)+4e^{-}\rightleftharpoons S_2O_3^{2-}(aq)+3H_2O(l)$	0.4101
$Ag_2CrO_4(s)+2e^{-}\rightleftharpoons 2Ag(s)+CrO_4^{2-}(aq)$	0.4497
$2H_2SO_3(aq)+4H^{+}(aq)+4e^{-}\rightleftharpoons S(s)+3H_2O(l)$	0.5180
$Cu^{+}(aq)+e^{-}\rightleftharpoons Cu(s)$	0.5345
$I_2(s)+2e^{-}\rightleftharpoons 2I^{-}(aq)$	0.5545
$MnO_4^{-}(aq)+e^{-}\rightleftharpoons MnO_4^{2-}(aq)$	0.5748
$H_3AsO_4(aq)+2H^{+}(aq)+2e^{-}\rightleftharpoons H_3AsO_3(aq)+H_2O(l)$	0.5748
* $MnO_4^{-}(aq)+2H_2O(l)+3e^{-}\rightleftharpoons MnO_2(s)+4OH^{-}(aq)$	0.5965
$H_3AsO_4(aq)+2H^{+}(aq)+2e^{-}\rightleftharpoons H_3AsO_3(aq)+H_2O(l)$	0.5748
* $MnO_4^{-}(aq)+2H_2O(l)+3e^{-}\rightleftharpoons MnO_2(s)+4OH^{-}(aq)$	0.5965
* $BrO_3^{-}(aq)+3H_2O(l)+6e^{-}\rightleftharpoons Br^{-}(aq)+6OH^{-}(aq)$	0.6126
* $MnO_4^{2-}(aq)+2H_2O(l)+2e^{-}\rightleftharpoons MnO_2(s)+4OH^{-}(aq)$	0.6175
$2HgCl_2(s)+2e^{-}\rightleftharpoons Hg_2Cl_2(s)+2Cl^{-}(aq)$	0.6571
* $ClO_2^{-}(aq)+H_2O(l)+2e^{-}\rightleftharpoons ClO^{-}(aq)+2OH^{-}(aq)$	0.6807
$O_2(g)+2H^{+}(aq)+2e^{-}\rightleftharpoons H_2O_2(aq)$	0.6945
$Fe^{3+}(aq)+e^{-}\rightleftharpoons Fe^{2+}(aq)$	0.769
$Hg_2^{2+}(aq)+2e^{-}\rightleftharpoons 2Hg(s)$	0.7956
$NO_3^{-}(aq)+2H^{+}(aq)+e^{-}\rightleftharpoons NO_2(g)+H_2O(l)$	0.7989
$Ag^{+}(aq)+e^{-}\rightleftharpoons Ag(s)$	0.7991
$[PtCl_4]^{2-}(aq)+2e^{-}\rightleftharpoons Pt(s)+4Cl^{-}(aq)$	0.8473
$Hg^{2+}(aq)+2e^{-}\rightleftharpoons Hg(l)$	0.8519
* $HO_2^{-}(aq)+H_2O(l)+2e^{-}\rightleftharpoons 3OH^{-}(aq)$	0.8670

续表

电极反应 氧化型$+ne^- \rightleftharpoons$还原型	$E^{\ominus}/V$
$ClO^-(aq)+H_2O(l)+2e^- \rightleftharpoons Cl^-(aq)+2OH^-(aq)$	0.8902
$2Hg^{2+}(aq)+2e^- \rightleftharpoons Hg_2^{2+}(aq)$	0.9083
$NO_3^-(aq)+3H^+(aq)+2e^- \rightleftharpoons HNO_2(g)+H_2O(l)$	0.9275
$NO_3^-(aq)+4H^+(aq)+3e^- \rightleftharpoons NO(g)+2H_2O(l)$	0.9637
$HNO_2(aq)+H^+(aq)+e^- \rightleftharpoons NO(g)+H_2O(l)$	1.04
$NO_2(aq)+H^+(aq)+e^- \rightleftharpoons HNO_2(aq)$	1.056
$Br_2(l)+2e^- \rightleftharpoons 2Br^-(aq)$	1.0774
$ClO_3^-(aq)+3H^+(aq)+2e^- \rightleftharpoons HClO_2(aq)+H_2O(l)$	1.157
$ClO_2^-(aq)+3H^+(aq)+2e^- \rightleftharpoons HClO(aq)+H_2O(l)$	1.184
$2IO_3^-(aq)+12H^+(aq)+10e^- \rightleftharpoons I_2(s)+6H_2O(l)$	1.209
$ClO_4^-(aq)+2H^+(aq)+2e^- \rightleftharpoons ClO_3^-(aq)+H_2O(l)$	1.226
$O_2(g)+4H^+(aq)+4e^- \rightleftharpoons 2H_2O(l)$	1.229
$MnO_2(s)+4H^+(aq)+2e^- \rightleftharpoons Mn^{2+}(aq)+2H_2O(l)$	1.2293
$^*O_3(g)+H_2O(l)+2e^- \rightleftharpoons O_2(g)+2OH^-(aq)$	1.247
$Tl^{3+}(aq)+2e^- \rightleftharpoons Ti^+(aq)$	1.280
$2HNO_2(aq)+4H^+(aq)+4e^- \rightleftharpoons N_2O(g)+3H_2O(l)$	1.311
$Cr_2O_7^{2-}(aq)+14H^+(aq)+6e^- \rightleftharpoons 2Cr^{3+}(aq)+7H_2O(l)$	(1.33)
$Cl_2(g)+2e^- \rightleftharpoons 2Cl^-(aq)$	1.360
$2HIO(aq)+2H^+(aq)+2e^- \rightleftharpoons I_2(g)+2H_2O(l)$	1.431
$PbO_2(s)+4H^+(aq)+2e^- \rightleftharpoons Pb^{2+}(aq)+2H_2O(l)$	1.458
$Au^{3+}(aq)+3e^- \rightleftharpoons Au(s)$	(1.50)
$Mn^{3+}(aq)+e^- \rightleftharpoons Mn^{2+}(aq)$	(1.51)
$MnO_4^-(aq)+8H^+(aq)+5e^- \rightleftharpoons Mn^{2+}+4H_2O(l)$	1.512
$2HBrO_3^-(aq)+12H^+(aq)+10e^- \rightleftharpoons Br_2(l)+6H_2O(l)$	1.513
$Cu^{2+}(aq)+2CN^-(aq)+e^- \rightleftharpoons Cu(CN)O_2^-(l)$	1.580
$2H_5IO_6(aq)+H^+(aq)+2e^- \rightleftharpoons IO_3^-(aq)+3H_2O(l)$	(1.60)
$2HBrO(aq)+2H^+(aq)+2e^- \rightleftharpoons Br_2(l)+2H_2O(l)$	1.604
$2HClO(aq)+2H^+(aq)+2e^- \rightleftharpoons Cl_2(l)+2H_2O(l)$	1.630
$HClO_2(aq)+2H^+(aq)+2e^- \rightleftharpoons HClO(aq)+H_2O(l)$	1.673
$Au^+(aq)+e^- \rightleftharpoons Au(s)$	(1.68)
$MnO_4^-(aq)+4H^+(aq)+3e^- \rightleftharpoons MnO_2+2H_2O(l)$	1.700
$H_2O_2(aq)+2H^+(aq)+2e^- \rightleftharpoons 2H_2O(l)$	1.763
$S_2O_8^{2-}(aq)+2e^- \rightleftharpoons 2SO_4^{2-}(aq)$	1.939
$Co^{3+}(aq)+e^- \rightleftharpoons Co^{2+}(aq)$	1.95
$Ag^{2+}(aq)+e^- \rightleftharpoons Ag^+(aq)$	1.989
$O_3(g)+2H^+(aq)+2e^- \rightleftharpoons O_2(g)+H_2O(l)$	2.075

续表

电极反应 氧化型$+ne^- \rightleftharpoons$还原型	$E^{\ominus}$/V
$F_2(g)+2e^- \rightleftharpoons 2F^-(aq)$	2.889
$F_2(g)+2H^+(aq)+2e^- \rightleftharpoons 2HF(aq)$	3.076

附录九 常用洗液的配制

名称	配制方法	备注
合成洗涤剂①	将合成洗涤剂粉用热水搅拌配成浓溶液	用于一般的洗涤
皂角水	将皂夹捣碎，用水熬成溶液	用于一般的洗涤
铬酸洗液	取$K_2Cr_2O_7$(LR) 20g于500mL烧杯中，加水40mL，加热溶解，冷却后缓缓加入320mL浓H_2SO_4即成(要边加边搅拌)。贮于磨口细口瓶中	用于洗涤油污及有机物，使用时防止被水稀释。用后倒回原瓶，可反复使用，直至溶液变为绿色②
$KMnO_4$碱性溶液	取$KMnO_4$(LR) 4g，溶于少量水中，缓缓加入100mL 10%NaOH溶液	用于洗涤油污及有机物。洗后玻璃壁上附着的MnO_2沉淀，可用Fe^{2+}溶液或Na_2SO_3溶液洗去
碱性酒精溶液	30%～40%NaOH酒精溶液	用于洗涤油污
酒精-浓硝酸洗液		用于洗涤沾有有机物或油污的结构较复杂的仪器。洗涤时先加少量酒精于脏仪器中，再加入少量浓硝酸，即产生大量棕色NO_2气体，将有机物氧化而破坏

①也可以用肥皂水。

②已还原为绿色的铬酸洗液，可加入固体$KMnO_4$使其再生，这样实际消耗的是$KMnO_4$，可减少铬对环境的污染。

附录十 常用基准物质的干燥条件和应用

基准物质		干燥后的组成	干燥条件	标定对象
名称	分子式			
碳酸钠	$Na_2CO_3 \cdot H_2O$	Na_2CO_3	270～300℃	酸
硼砂	$Na_2B_4O_7 \cdot 10H_2O$	$Na_2B_4O_7 \cdot 10H_2O$	放在含NaCl和蔗糖饱和溶液的干燥器中	酸
草酸	$H_2C_2O_4 \cdot 2H_2O$	$H_2C_2O_4 \cdot 2H_2O$	室温空气干燥	碱或$KMnO_4$
邻苯二甲酸氢钾	$KHC_8H_4O_4$	$KHC_8H_4O_4$	110～120℃	碱
重铬酸钾	$K_2Cr_2O_7$	$K_2Cr_2O_7$	140～150℃	还原剂
溴酸钾	$KBrO_3$	$KBrO_3$	130℃	还原剂
碘酸钾	KIO_3	KIO_3	130℃	还原剂
铜	Cu	Cu	室温干燥器中保存	还原剂

续表

基准物质		干燥后的组成	干燥条件	标定对象
名称	分子式			
三氧化二砷	As_2O_3	As_2O_3	室温干燥器中保存	氧化剂
草酸钠	$Na_2C_2O_4$	$Na_2C_2O_4$	130℃	氧化剂
碳酸钙	$CaCO_3$	$CaCO_3$	110℃	EDTA
硝酸铅	$Pb(NO_3)_2$	$Pb(NO_3)_2$	室温干燥器中保存	EDTA
氧化锌	ZnO	ZnO	900～1000℃	EDTA
锌	Zn	Zn	室温干燥器中保存	EDTA
氯化钠	NaCl	NaCl	500～600℃	$AgNO_3$
氯化钾	KCl	KCl	500～600℃	$AgNO_3$
硝酸银	$AgNO_3$	$AgNO_3$	220～250℃	氯化物

附录十一　常用缓冲溶液的配制

缓冲溶液组成	pK_a	缓冲溶液 pH	缓冲溶液配制方法
氨基乙酸-HCl	2.35(pK_{a_1})	2.3	取 150g 氨基乙酸溶于 500mL 水中后，加 80mL 浓 HCl，用水稀释至 1L
柠檬酸-$NaHPO_4$		2.5	取 113g $NaHPO_4 \cdot 12H_2O$ 溶于 200mL 水后，加 387g 柠檬酸，溶解，过滤，用水稀释至 1L
一氯乙酸-NaOH	2.86	2.8	取 200g 一氯乙酸溶于 200mL 水中，加 40g NaOH 溶解后，用水稀释至 1L
邻苯二甲酸氢钾-HCl	2.95(pK_{a_1})	2.9	取 500g 邻苯二甲酸氢钾溶于 500mL 水中，加 80mL 浓 HCl，用水稀释至 1L
甲酸-NaOH	3.76	3.7	取 95g 甲酸和 40g NaOH 溶于 500mL 水中，用水稀释至 1L
HAc-NaAc	4.74	4.2	取 32g 无水 NaAc 溶于水中，加 50mL 冰 HAc，用水稀释至 1L
HAc-NH_4Ac		4.5	取 77g NH_4Ac 溶于 200mL 水中，加 59mL 冰 HAc，用水稀释至 1L
HAc-NaAc	4.74	4.7	取 83g 无水 NaAc 溶于水中，加 60mL 冰 HAc，用水稀释至 1L
HAc-NaAc	4.74	5.0	取 160g 无水 NaAc 溶于水中，加 60mL 冰 HAc，用水稀释至 1L
HAc-NH_4Ac		5.0	取 250gNH_4Ac 溶于水中，加 25mL 冰 HAc，用水稀释至 1L
六亚甲基四胺-HCl	5.15	5.4	取 40g 六亚甲基四胺溶于 200mL 水中，加 10mL 浓 HCl，用水稀释至 1L
HAc-NH_4Ac		6.0	取 600g NH_4Ac 溶于水中，加 20mL 冰 HAc，用水稀释至 1L
NaAc-Na_2HPO_4		8.0	取 50g 无水 NaAc 和 50g $NaHPO_4 \cdot 12H_2O$ 溶于水中，用水稀释至 1L
Tris①-HCl	8.21	8.2	取 25g Tris 试剂溶于水中，加 18mL 浓 HCl，用水稀释至 1L

续表

缓冲溶液组成	pK_a	缓冲溶液 pH	缓冲溶液配制方法
NH_3-NH_4Cl	9.26	9.2	取 54g NH_4Cl 溶于水中，加 63mL 浓氨水，用水稀释至 1L
NH_3-NH_4Cl	9.26	9.5	取 54g NH_4Cl 溶于水中，加 126mL 浓氨水，用水稀释至 1L
NH_3-NH_4Cl	9.26	10.0	(1)取 54g NH_4Cl 溶于水中，加 350mL 浓氨水，用水稀释至1L (2)取 67.5g NH_4Cl 溶于 200mL 水中，加 570mL 浓氨水，用水稀释至 1L

① Tris 是三羟甲基氨甲烷。

附录十二　常用酸、碱的浓度

试剂名称	密度/g · mL^{-1}	质量分数/%	物质的量浓度/mol · L^{-1}
浓硫酸	1.84	98	18
稀硫酸	1.1	9	2
浓盐酸	1.19	38	12
稀盐酸	1.0	7	2
浓硝酸	1.4	68	16
稀硝酸	1.2	32	6
稀硝酸	1.1	12	2
浓磷酸	1.7	85	14.7
稀磷酸	1.05	9	1
浓高氯酸	1.67	70	11.6
稀高氯酸	1.12	19	2
浓氢氟酸	1.13	40	23
氢溴酸	1.38	40	7
氢碘酸	1.70	57	7.5
冰醋酸	1.05	99	17.5
稀醋酸	1.04	30	5
稀醋酸	1.0	12	2
浓氢氧化钠	1.44	41	14.4
稀氢氧化钠	1.1	8	2
浓氨水	0.91	28	14.8
稀氨水	1.0	3.5	2
饱和氢氧化钡溶液	—	0.1	2
饱和氢氧化钙溶液	—	—	0.15

附录十三　常用试剂溶液的配制

试剂	浓度/mol·L^{-1}	配制方法
$BiCl_3$	0.1	溶解 31.6g $BiCl_3$ 于 330mL 6mol·L^{-1}HCl 中,加水稀释至 1L
$SbCl_3$	0.1	溶解 22.8g $SbCl_3$ 于 330mL 6mol·L^{-1}HCl 中,加水稀释至 1L
$SnCl_2$	0.1	溶解 22.6g $SnCl_2 \cdot 2H_2O$ 于 330mL 6mol·L^{-1}HCl 中,加水稀释至 1L,加入数粒纯锡,以防氧化
$Hg(NO_3)_2$	0.1	溶解 33.4g $Hg(NO_3)_2 \cdot 1/2\ H_2O$ 于 0.6mol·$L^{-1}$$HNO_3$ 中,加水稀释至 1L
$(NH_4)_2CO_3$	1.0	96g 研细的$(NH_4)_2CO_3$ 溶于 1L 2.0mol·L^{-1} 氨水中
$(NH_4)_2SO_4$	饱和	50g 研细的$(NH_4)_2SO_4$ 溶于 100mL 热水中,冷却后过滤
$FeSO_4$	0.5	溶解 69.5g $FeSO_4 \cdot 7H_2O$ 于适量水中,加入 5mL 18mol·$L^{-1}$$H_2SO_4$,加水稀释至 1L,加入数枚小铁钉
$Na[Sb(OH)_6]$	0.1	溶解 12.2g 锑粉于 50mL 浓硝酸中,微热使锑粉全部作用成白色粉末,用倾析法洗涤数次,然后加入 50mL 6mol·L^{-1}NaOH 使之溶解,加水稀释至 1L
$Na_3[Co(NO_2)_6]$		溶解 230g $NaNO_2$ 于 500mL 水中,加入 165mL 6mol·L^{-1}HAc 和 30g $Co(NO_3)_2 \cdot 7H_2O$,放置 24h,取其清液稀释至 1L,并保存在棕色瓶中,此溶液应呈现橙色,若变成红色,表示已分解,应重新配制
Na_2S	2.0	溶解 240g $Na_2S \cdot 9H_2O$ 和 40gNaOH 于 500mL 水中,加水稀释至 1L
$(NH_4)_2S$	3.0	取一定量氨水,将其均分为两份,往其中一份通硫化氢至饱和,然后与另一份氨水混合
$K_3[Fe(CN)_6]$		将 0.7～1g $K_3[Fe(CN)_6]$溶解于适量水中,稀释至 100mL(用前临时配制)
铬黑 T		将铬黑 T 和烘干的 NaCl 按 1∶100 的比例研细,均匀混合,贮于棕色瓶中
镍试剂		溶解 10g 镍试剂(二乙酰二肟)于 1L 95%乙醇中
镁试剂		溶解 0.01g 镁试剂于 1L 1mol·L^{-1}NaOH 溶液中
铝试剂		1g 铝试剂溶于 1L 水中
奈斯勒试剂		溶解 115g HgI_2 和 80g KI 于水中,稀释至 500mL,再加入 500mL 6mol·L^{-1} NaOH 溶液,静置后取其清液,保存在棕色瓶中
$Na_2[Fe(CN)_5NO]$		1g 亚硝酰铁氰酸钠溶解于 100mL 水中,保存在棕色瓶中,如果溶液变绿,则停止使用
甲基橙		每升水中溶解 1g
酚酞		每升 95%乙醇中溶解 1g
石蕊		2g 石蕊溶解于 50mL 水中,静置一昼夜后过滤,在溴液中加 30mL 95%乙醇,再加水稀释至 100mL
氯水		在水中通入氯气直至饱和,该溶液使用时临时配制
溴水		在水中同入液溴直至饱和
碘液	0.01	溶解 1.3g 碘和 5g KI 于尽可能少量的水中,加水稀释至 1L
品红溶液		0.1%水溶液
淀粉溶液	0.2%	将 0.2g 淀粉和少量冷水调成糊状,倒入 100mL 沸水中,煮沸后冷却即可
NH_3-NH_4Cl		20g NH_4Cl 溶于适量水中,加入 100mL 密度为 0.9g·mL^{-1} 氨水,混合后稀释至 1L,即为 pH=10 的缓冲溶液

附录十四　试铁灵分光光度法测定 Al^{3+} 含量（HG/T 3525—2011）

一、实验原理

水样中各种状态的铝，经酸化处理后，可转变成可溶性铝。可溶性铝与试铁灵（7-碘-8-羟基喹琳-5-磺酸）反应，生成稳定的黄色配合物。测定该配合物在 370nm 波长处的吸光度，对水中铝离子含量进行定量。

水样中的铁对测定有干扰。$1mg \cdot L^{-1}$ 铁将使铝测量值约增加 $0.01mg \cdot L^{-1}$，所以当铁含量大于 $100\mu g \cdot L^{-1}$ 时应相应扣除铁在 370nm 处的吸光度。高铁用盐酸羟胺还原成亚铁后，与邻菲啰琳反应生成稳定配合物。从水样在 370nm 波长处的吸光度中扣除水样中铁在 370nm 波长处的吸光度，即得到水样中的铝在该波长下的吸光度。此吸光度可用来对样品的铝含量进行定量。

水样中的氟离子对测定也有干扰。硫酸铍可将氟离子的干扰基本消除。

水样中正磷酸盐及游离氯的含量在 $5mg \cdot L^{-1}$ 以下对测量无干扰。

水样中其他元素对测定结果的影响参见附注 A。

二、实验试剂

1. 试剂规格

本方法所用试剂，在没有注明其他要求时，均指分析纯试剂；水为 GB/T 6682，一级；实验中所需杂质标准溶液、制剂及制品，在没有注明其他要求时，均按 GB/T 602，GB/T 603 之规定制备。

2. 盐酸溶液（5%）。

3. 盐酸溶液：1∶99。

4. 盐酸羟胺-硫酸铍溶液

称取 100g 盐酸羟胺溶于水中，加入 40mL 盐酸，再加入 1g 硫酸铍，待溶解后稀释至 1 000mL，摇匀，贮于棕色瓶中。

5. 乙酸钠溶液：$275g \cdot L^{-1}$。

称取 275g 乙酸钠，溶于水，稀释至 1000mL。

6. 铝标准贮备溶液：1mL 含 0.1mg Al 。

7. 铝标准溶液Ⅰ：1mL 含 10 μg Al。

移取铝标准贮备溶液 10.00mL，置于 100mL 容量瓶中，用水稀释至刻度。

8. 铝标准溶液Ⅱ：1mL 含 1μg Al。

移取铝标准溶液Ⅰ10.00mL，置于 100mL 容量瓶中，用水稀释至刻度。

9. 铁标准贮备溶液：1mL 含 0.1mg Fe。

10. 铁标准溶液：1mL 含 10 μg Fe。

移取 10.00mL 铁标准贮备溶液，置于 100mL 容量瓶中，用水稀释至刻度。

11. 试铁灵-邻菲啰啉溶液。

称取 0.5g 试铁灵及 1.0g 邻菲啰啉于 1000mL 水中，搅拌，使其尽量溶解。静置至少 2h，取其上层清液贮于棕色瓶中，避光保存。

三、实验仪器

可见-紫外分光光度计，具 100 mm 吸收池。

四、实验分析步骤

1. 铝校准曲线的绘制

(1) 按表 1 移取一定量的铝标准溶液Ⅱ，置于 100mL 容量瓶中，用水稀释至刻度。

表 1　铝标准溶液的配制 ($0\sim50\mu g\cdot L^{-1}$)

编号	1	2	3	4	5	6	7
铝标准溶液Ⅱ加入量 1mL 含铝量/$\mu g\cdot L^{-1}$	0.00	0.50	1.00	2.00	3.00	4.00	5.00
相当于水样中含铝量/$\mu g\cdot L^{-1}$	0	5	10	20	30	40	50

(2) 按表 2 移取一定量的铝标准溶液 I，置于 100mL 容量瓶中，用水稀释至刻度。

表 2　铝标准溶液的配制 ($100\sim500\mu g\cdot L^{-1}$)

编号	1	2	3	4	5	6	7
铝标准溶液 I 加入量 1mL 含铝量/$\mu g\cdot L^{-1}$	0.00	0.50	1.00	2.00	3.00	4.00	5.00
相当于水样中含铝量/$\mu g\cdot L^{-1}$	0	50	100	200	300	400	500

(3) 按不同测定范围，从表 1、表 2 的铝标准溶液系列中各移取 50.00mL 置于烧杯中，按步骤 3“水样的测定”中 (4) ～ (7) 所述步骤，在 370nm 处测定吸光度。

(4) 以相应的铝的质量浓度为横坐标，测得的吸光度为纵坐标，绘制出 370nm 波长下的铝校准曲线。

2. 铁校准曲线的绘制

(1) 按表 3 移取一定量的铁标准溶液，置于 100mL 容量瓶中，用水稀释至刻度。

表 3　铁标准溶液的配制 ($0\sim300\mu g\cdot L^{-1}$)

编号	1	2	3	4	5	6	7
铁标准溶液加入量 1mL 含 10μg Fe	0.00	0.50	1.00	1.50	2.00	2.50	300
相当于水样中含铁量/$\mu g\cdot L^{-1}$	0	50	100	150	200	250	300

(2) 按不同测定范围，从表 3 的铁标准溶液系列中各移取 50.00mL 置于烧杯中，按步骤 3“水样的测定”中 (4) ～ (7) 所述步骤，分别在 370nm 及 520nm 处测定吸光度。

(3) 以相应的铁的质量浓度为横坐标，测得的吸光度为纵坐标，分别绘制出 370nm 及 520nm 波长下的铁校准曲线。

3. 水样的测定

(1) 取样瓶先用盐酸溶液 (5%) 清洗，再用水洗净后，往取样瓶中加入盐酸（每 500mL 水样中加盐酸 2mL)，直接取样。取样完毕，应立即将水样摇匀。

(2) 移取 100.00mL 水样于烧杯中，加 5mL 盐酸，在水浴上蒸发至约 5～10mL，然后加 5mL 硝酸，继续在水浴上蒸发至干，但不可高温烘烤残渣。

(3) 将烧杯移出水浴，用 2mL 盐酸溶液 (1∶99) 湿润残渣，加入少量水使残渣全部溶解，转移入 100mL 容量瓶中，用水稀释至刻度。

（4）移取 50.00mL 上述水样（3）于 100mL 锥形瓶中，加 4mL 盐酸羟胺-硫酸铍溶液，摇匀，静置 30min，使三价铁离子完全还原。

（5）加入 10mL 试铁灵-邻菲啰啉溶液，摇匀。

（6）加入 4mL 乙酸钠溶液，摇匀，静置 10min。

（7）将上述溶液在分光光度计上于 370nm 及 520nm 处，用 100 mm 的吸收池，以Ⅰ号标准溶液为参比，测定吸光度。

五、结果计算

水样中铝的含量以质量浓度 ρ 计，数值以微克每升 $\mu g \cdot L^{-1}$ 表示，按式（1）计算：

$$\rho = \rho_1 - \rho_2 \tag{1}$$

式中，ρ_1 是铝的校准曲线上与 370nm 处的吸光度相对应的铝的质量浓度，单位为微克每升（$\mu g \cdot L^{-1}$）；ρ_2 是与 520nm 处的吸光度相对应的铁的质量浓度换算成铝的质量浓度，单位为微克每升（$\mu g \cdot L^{-1}$）。

附注 A

各种元素对试铁灵分光光度法测定铝的影响

A1 各种元素对于铝测定的影响见表 4。

表 4　各种元素对铝的测定的影响

干扰元素	水中干扰元素的含量/$mg \cdot L^{-1}$	水中 $1mg \cdot L^{-1}$ 铝的实际测量值/$mg \cdot L^{-1}$
Mg	40 80	1.04 1.09
Zn	5	1.05
Mn	5 10	1.17 1.28
F	1 2 3	0.94 0.90 0.80

附录十五　重量法测定 SO_4^{2-} 含量（GB/T 13025.8—2012）

一、实验原理

试样溶液调至酸性，加入氯化钡溶液生成硫酸钡沉淀，沉淀经过滤、洗涤、干燥、称量，计算硫酸根含量。

二、实验试剂

1. 试剂规格

除非另有说明，在分析中仅使用确认为分析纯的试剂和 GB/T 6682—2008 中规定的三级水。

2. 盐酸溶液（$2mol \cdot L^{-1}$）：量取 24mL 浓盐酸，用水稀释至 100mL。

3.氯化钡溶液（0.02mol·L^{-1}）：称取2.40g氯化钡，溶于50mL水中，室温放置24h，过滤后使用。

4.甲基红指示剂：称取0.20g甲基红，溶解于100mL无水乙醇中。

三、实验仪器

1.恒温干燥箱：能调节温度（120±2)℃。

2.4号玻璃坩埚。

四、实验分析步骤

1.配样

称取25g粉碎至2mm以下的试样（氯化镁样品不必粉碎)，称准至0.001g置于400mL烧杯中，加200mL水，加热近沸至试样全部溶解，冷却后移入500mL容量瓶，加水稀释至刻度，摇匀，过滤。当试样中待测物质含量过高时可适当稀释后再测定。

2.测定

吸取一定体积（含硫酸根100mg以下）的试样溶液，置于400mL烧杯中，加水至150mL，加2滴甲基红指示剂，滴加盐酸溶液至溶液恰呈红色，加热至近沸，迅速加入40mL氯化钡热溶液（所吸取硫酸根的量大于60mg时加入60mL氯化钡热溶液)，剧烈搅拌2min，冷却至室温，再加少许氯化钡溶液检查沉淀是否完全，用预先在120℃干燥并称量过的4号玻璃坩埚抽滤，先将上层清液倾入坩埚内，用水将烧杯内沉淀洗涤数次，然后将烧杯内沉淀全部转移至坩埚内，继续用水洗涤沉淀数次，直至滤液中不含氯离子（用硝酸银溶液检验)。用少量水冲洗坩埚外壁后，置于恒温干燥箱内于（120±2)℃干燥1h后取出，称量。以后每次干燥30min称量一次，直至两次称量之差不超过0.0002g。

五、结果计算

试样中硫酸根含量以质量分数w计，数值以百分数（%）表示，按式（1）计算：

$$w=\frac{(m_1-m_2)\times 0.4116}{m}\times 100\% \quad (1)$$

式中，m_1为玻璃坩埚加硫酸钡的质量，单位为克（g）；m_2为玻璃坩埚的质量，单位为克（g）；0.4116为硫酸钡换算为硫酸根的系数；m为所取试样的质量，单位为克（g）。

六、精密度

在同一实验室，由同一操作者使用相同设备，按相同的测试方法，并在短时间内对同一被测对象相互独立进行测试获得的两次独立测试结果的绝对差值不大于下表的规定。

硫酸根含量/%	结果的绝对差值/%
＜0.50	0.03
0.50～＜1.50	0.04
1.50＜3.10	0.05

附录十六　水杨酸分光光度法测定NH_4^+含量（HJ 536—2009）

一、实验原理

在碱性介质（pH＝11.7）和亚硝基铁氰化钠存在下，水中的氨、铵离子与水杨酸盐和次氯酸离子反应生成蓝色化合物，在697nm处用分光光度计测量吸光度。

本方法用于水样分析时可能遇到的干扰物质及限量，详见本附录的附注B。

苯胺和乙醇胺产生的严重干扰不多见，干扰通常由伯胺产生。氯胺、过高的酸度、碱度以及含有使次氯酸根离子还原的物质时也会产生干扰。

如果水样的颜色过深、含盐量过多，酒石酸钾盐对水样中的金属离子掩蔽能力不够，或水样中存在高浓度的钙、镁和氯化物时，需要预蒸馏。

二、实验试剂

除非另有说明，分析时所用试剂均使用符合国家标准的分析纯化学试剂，实验用水为按1制备的水，使用经过检定的容量器皿和量器。

1. 无氨水，在无氨环境中用下述方法之一制备。

（1）离子交换法　蒸馏水通过强酸性阳离子交换树脂（氢型）柱，将流出液收集在带有磨口玻璃塞的玻璃瓶内。每升流出液加10g同样的树脂，以利于保存。

（2）蒸馏法　在1000mL蒸馏水中，加0.10mL硫酸，在全玻璃蒸馏器中重蒸馏，弃去前50mL馏出液，然后将约800mL馏出液收集在带有磨口玻璃塞的玻璃瓶内。每升馏出液加10g强酸性阳离子交换树脂（氢型）。

（3）纯水器法　用市售纯水器直接制备。

2. 乙醇，$m=0.79\mathrm{g\cdot mL^{-1}}$。

3. 硫酸，$\rho_{H_2SO_4}=1.84\mathrm{g\cdot mL^{-1}}$。

4. 轻质氧化镁（MgO）不含碳酸盐，在500℃下加热氧化镁，以除去碳酸盐。

5. 硫酸吸收液，$c=0.01\mathrm{mol\cdot L^{-1}}$。

量取0.54mL硫酸加入水中，稀释至1L。

6. 氢氧化钠溶液，$c_{NaOH}=2\mathrm{mol\cdot L^{-1}}$。

称取8g氢氧化钠溶于水中，稀释至100mL。

7. 显色剂（水杨酸-酒石酸钾钠溶液）

称取50g水杨酸［$C_6H_4(OH)COOH$］，加入约100mL水，再加入160mL氢氧化钠溶液，搅拌使之完全溶解；再称取50g酒石酸钾钠（$KNaC_4H_6O_6\cdot 4H_2O$），溶于水中，与上述溶液合并移入1000mL容量瓶中，加水稀释至标线。贮存于加橡胶塞的棕色玻璃瓶中，此溶液可稳定1个月。

8. 次氯酸钠

可购买商品试剂，亦可自己制备，详细的制备方法见本附录的附注A.1。

存放于塑料瓶中的次氯酸钠，使用前应标定其有效氯浓度和游离碱浓度（以NaOH计），标定方法见本附录的附注A.2和附注A.3。

9. 次氯酸钠使用液，$\rho_{有效氯}=3.5\mathrm{g\cdot L^{-1}}$，$c_{游离碱}=0.75\mathrm{mol\cdot L^{-1}}$。

取经标定的次氯酸钠，用水和氢氧化钠溶液稀释成含有效氯浓度$3.5\mathrm{g\cdot L^{-1}}$，游离碱浓度

0.75mol・L^{-1}（以 NaOH 计）的次氯酸钠使用液，存放于棕色滴瓶内，本试剂可稳定一个月。

10. 亚硝基铁氰化钠溶液，ρ=10g・L^{-1}。

称取 0.1g 亚硝基铁氰化钠｛$Na_2[Fe(CN)_5NO]\cdot 2H_2O$｝置于 10mL 具塞比色管中，加水至标线。本试剂可稳定一个月。

11. 清洗溶液

将 100g 氢氧化钾溶于 100mL 水中，溶液冷却后加 900mL 乙醇，贮存于聚乙烯瓶内。

12. 溴百里酚蓝指示剂（bromothymol blue），ρ=0.5g・L^{-1}。

称取 0.05g 溴百里酚蓝溶于 50mL 水中，加入 10mL 乙醇，用水稀释至 100mL。

13. 氨氮标准贮备液，ρ=1000μg・mL^{-1}。

称取 3.8190g 氯化铵（NH_4Cl，优级纯，在 100～105℃干燥 2h），溶于水中，移入 1000mL 容量瓶中，稀释至标线。此溶液可稳定 1 个月。

14. 氨氮标准中间液，ρ=100μg・mL^{-1}。

吸取 10.00mL 氨氮标准贮备液于 100mL 容量瓶中，稀释至标线。此溶液可稳定 1 周。

15. 氨氮标准使用液，ρ=1μg・mL^{-1}。

吸取 10.00mL 氨氮标准中间液于 1000mL 容量瓶中，稀释至标线。临用现配。

三、实验仪器

1. 可见分光光度计：10～30mm 比色皿。

2. 滴瓶：其滴管滴出液体积，1mL 相当于 20 滴。

3. 氨氮蒸馏装置：由 500mL 凯式烧瓶、氮球、直形冷凝管和导管组成，冷凝管末端可连接一段适当长度的滴管，使出口尖端浸入吸收液液面下。亦可使用蒸馏烧瓶。

4. 实验室常用玻璃器皿：所有玻璃器皿均应用清洗溶液仔细清洗，然后用水冲洗干净。

四、实验样品

1. 样品采集与保存

水样采集在聚乙烯瓶或玻璃瓶内，要尽快分析。如需保存，应加硫酸使水样酸化至 pH<2，2～5℃下可保存 7 天。

2. 水样的预蒸馏

将 50mL 硫酸吸收液移入接收瓶内，确保冷凝管出口在硫酸溶液液面之下。分取 250mL 水样（如氨氮含量高，可适当少取，加水至 250mL）移入烧瓶中，加几滴溴百里酚蓝指示剂，必要时，用氢氧化钠溶液或硫酸溶液调整 pH 至 6.0（指示剂呈黄色）～7.4（指示剂呈蓝色）之间，加入 0.25g 轻质氧化镁及数粒玻璃珠，立即连接氮球和冷凝管。加热蒸馏，使馏出液速率约为 10mL・min^{-1}，待馏出液达 200mL 时，停止蒸馏，加水定容至 250mL。

五、实验分析步骤

1. 校准曲线

用 10mm 比色皿测定时，按表 1 制备标准系列。

表 1　标准系列（10mm 比色皿）

管号	0	1	2	3	4	5
氨氮标准中间液/mL	0.00	1.00	2.00	4.00	6.00	8.00
氨氮含量/μg	0.00	1.00	2.00	4.00	6.00	8.00

用 30mm 比色皿测定时，按表 2 制备标准系列。

表 2　标准系列（30mm 比色皿）

管号	0	1	2	3	4	5
氨氮标准中间液/mL	0.00	0.40	0.80	1.20	1.60	2.00
氨氮含量/μg	0.00	0.40	0.80	1.20	1.60	2.00

根据表 1 或表 2，取 6 支 10mL 比色皿，分别加入上述氨氮标准使用液，用水稀释至 8.00mL，按下述步骤 2 测量吸光度。以扣除空白的吸光度为纵坐标，以其对应的氨氮含量（μg）为横坐标绘制校准曲线。

2. 样品测定

取水样或经过预蒸馏的试料 8.00mL（当水样中氨氮浓度高于 $1.0mg \cdot L^{-1}$ 时，可适当稀释后取样）于 10mL 比色管中。加入 1.00mL 显色剂和 2 滴亚硝基铁氰化钠，混匀。再滴入 2 滴次氯酸钠使用液并混匀，加水稀释至标线，充分混匀。

显色 60min 后，在 697nm 波长处，用 10mm 或 30mm 比色皿，以水为参比测量吸光度。

3. 空白试验

以水代替水样，按与样品分析相同的步骤进行预处理和测定。

六、结果计算

水样中氨氮的浓度按式（1）计算：

$$\rho_N = \frac{A_s - A_b - a}{bV} \times D \tag{1}$$

式中，ρ_N 为水样中氨氮的浓度，以氮计，$mg \cdot L^{-1}$；A_s 为样品的吸光度；A_b 为空白实验 3 的吸光度；a 为校准曲线的截距；b 为校准曲线的斜率；V 为所取水样的体积，mL；D 为水样的稀释倍数。

七、准确度和精密度

标准样品和实际样品的准确度和精密度见表 3。

表 3　标准样品和实际样品的准确度和精密度

样品	氨氮浓度 $\rho_N/mg \cdot L^{-1}$	重复次数	标准偏差 $/mg \cdot L^{-1}$	相对标准偏差/%	相对误差/%
标准样品 1	0.477	10	0.014	2.94	2.4
标准样品 2	0.839	10	0.013	1.55	1.6
地表水	0.277	10	0.010	3.61	—
污水	4.69	10	0.053	1.13	—

注：来自一个实验室的数据。

八、质量保证和质量控制

1. 试剂空白的吸光度应不超过 0.030（光程 10mm 比色皿）。

2. 水样的预蒸馏

蒸馏过程中，某些有机物很可能与氨同时馏出，对测定有干扰，其中有些物质（如甲醛）可以在酸性条件（pH<1）下煮沸除去。在蒸馏刚开始时，氨气蒸出速度较快，加热不能过快，否则造成水样暴沸，馏出液温度升高，氨吸收不完全。馏出液速率应保持在 $10mL \cdot min^{-1}$ 左右。

3. 蒸馏器的清洗

向蒸馏烧瓶中加入 350mL 水，加数粒玻璃珠，装好仪器，蒸馏到至少收集了 100mL 水，将馏出液及瓶内残留液弃去。

4. 显色剂的配制

若水杨酸未能全部溶解，可再加入数毫升氢氧化钠溶液，直至完全溶解为止，并用 $1mol \cdot L^{-1}$ 的硫酸调节溶液的 pH 在 6.0～6.5 之间。

附注 A
次氯酸钠溶液的制备方法及其有效氯浓度和游离碱浓度的标定

A.1 次氯酸钠溶液的制备方法

将盐酸（$\rho=1.19g \cdot mL^{-1}$）逐滴作用于高锰酸钾固体，将逸出的氯气导入 $2mol \cdot L^{-1}$ 氢氧化钠吸收液中吸收，生成淡草绿色的次氯酸钠溶液，存放于塑料瓶中。因该溶液不稳定，使用前应标定其有效氯浓度。

A.2 次氯酸钠溶液中有效氯含量的测定

吸取 10.0mL 次氯酸钠于 100mL 容量瓶中，加水稀释至标线，混匀。移取 10.0mL 稀释后的次氯酸钠溶液于 250mL 碘量瓶中，加入蒸馏水 40mL，碘化钾 2.0g，混匀。再加入 $6mol \cdot L^{-1}$ 硫酸溶液 5mL，密塞，混匀。置暗处 5min 后，用 $0.10mol \cdot L^{-1}$ 硫代硫酸钠溶液滴至淡黄色，加入约 1mL 淀粉指示剂，继续滴至蓝色消失为止。其有效氯浓度按式（1）计算：

$$\text{有效氯}（g \cdot L^{-1}，以 Cl_2 计）=\frac{c \times V \times 35.46}{10.0} \times \frac{100}{10} \tag{1}$$

式中，c 为硫代硫酸钠溶液的浓度，$mol \cdot L^{-1}$；V 为滴定时消耗硫代硫酸钠溶液的体积，mL；35.46 为有效氯的摩尔质量（$Cl_2/2$），$g \cdot mol^{-1}$。

A.3 次氯酸钠溶液中游离碱（以 NaOH 计）的测定

A.3.1 盐酸溶液的标定

碳酸钠标准溶液：$c_{1/2Na_2CO_3}=0.1000mol \cdot L^{-1}$。称取经 180℃干燥 2h 的无水碳酸钠 2.6500g，溶于新煮沸放冷的水中，移入 500mL 容量瓶中，稀释至标线。

甲基红指示剂：$\rho=0.5g \cdot L^{-1}$。称取 50mg 甲基红溶于 100mL 乙醇中。

盐酸标准滴定溶液：$c_{HCl}=0.10mol \cdot L^{-1}$。取 8.5mL 盐酸（$\rho=1.19g \cdot L^{-1}$）于 1000mL 容量瓶中，用水稀释至标线。标定方法：移取 25.00mL 碳酸钠标准溶液于 150mL 锥形瓶中，加 25mL 水和 1 滴甲基红指示剂，用盐酸标准滴定溶液滴定至淡红色为止。用式（2）计算盐酸的浓度：

$$c_{HCl}=\frac{c_1 \times V_1}{V_2} \tag{2}$$

式中，c_{HCl} 为盐酸标准滴定溶液的浓度，$mol \cdot L^{-1}$；c_1 为碳酸钠标准溶液的浓度，$mol \cdot L^{-1}$；V_1 为碳酸钠标准溶液的体积，mL；V_2 为盐酸标准滴定溶液的体积，mL。

A.3.2 次氯酸钠溶液中游离碱（以 NaOH 计）的测定

吸取次氯酸钠 1.0mL 于 150mL 锥形瓶中，加 20mL 水，以酚酞作指示剂，用 $0.10mol \cdot L^{-1}$ 盐酸标准滴定溶液滴定至红色消失为止。如果终点的颜色变化不明显，可在滴定后的溶液中加 1 滴酚酞指示剂，若颜色仍显红色，则继续用盐酸标准滴定溶液滴至无色。用公式（3）计算游离碱的浓度：

$$\text{游离碱的浓度}（mol \cdot L^{-1}，\text{以 NaOH 计}）=\frac{c_{HCl} \times V_{HCl}}{V} \tag{3}$$

式中，c_{HCl} 为盐酸标准溶液的浓度，$mol \cdot L^{-1}$；V_{HCl} 为滴定时消耗的盐酸溶液的体积，mL；V 为滴定时吸取的次氯酸钠溶液的体积，mL。

附注 B

共存离子的影响及消除

经实验，酒石酸盐和柠檬酸盐均可作为掩蔽剂使用。本标准采用酒石酸盐作掩蔽剂。按实验方法测定 4μg 氨氮时，下表中列出的离子量对实验无干扰。

共存离子	允许量/μg	共存离子	允许量/μg
钙(Ⅱ)	500	镧(Ⅲ)	500
镁(Ⅱ)	500	铈(Ⅳ)	50
铝(Ⅲ)	50	钆(Ⅲ)	500
锰(Ⅱ)	20	银(Ⅰ)	50
铜(Ⅱ)	250	锑(Ⅲ)	100
铅(Ⅱ)	50	锡(Ⅳ)	50
锌(Ⅱ)	100	砷(Ⅲ)	100
镉(Ⅱ)	50	硼(Ⅲ)	250
铁(Ⅲ)	250	硫酸根	2×10^4
汞(Ⅱ)	10	磷酸根	500
铬(Ⅵ)	200	硝酸根	500
钨(Ⅵ)	1000	亚硝酸根	200
铀(Ⅵ)	100	氟离子	500
钼(Ⅵ)	100	氯离子	1×10^5
钴(Ⅱ)	50	二苯胺	50
镍(Ⅱ)	1000	三乙醇胺	50
铍(Ⅱ)	100	苯胺	1
钛(Ⅳ)	20	乙醇胺	1
钒(Ⅴ)	500		

附录十七　混合阳离子分组——硫化氢系统法示意图

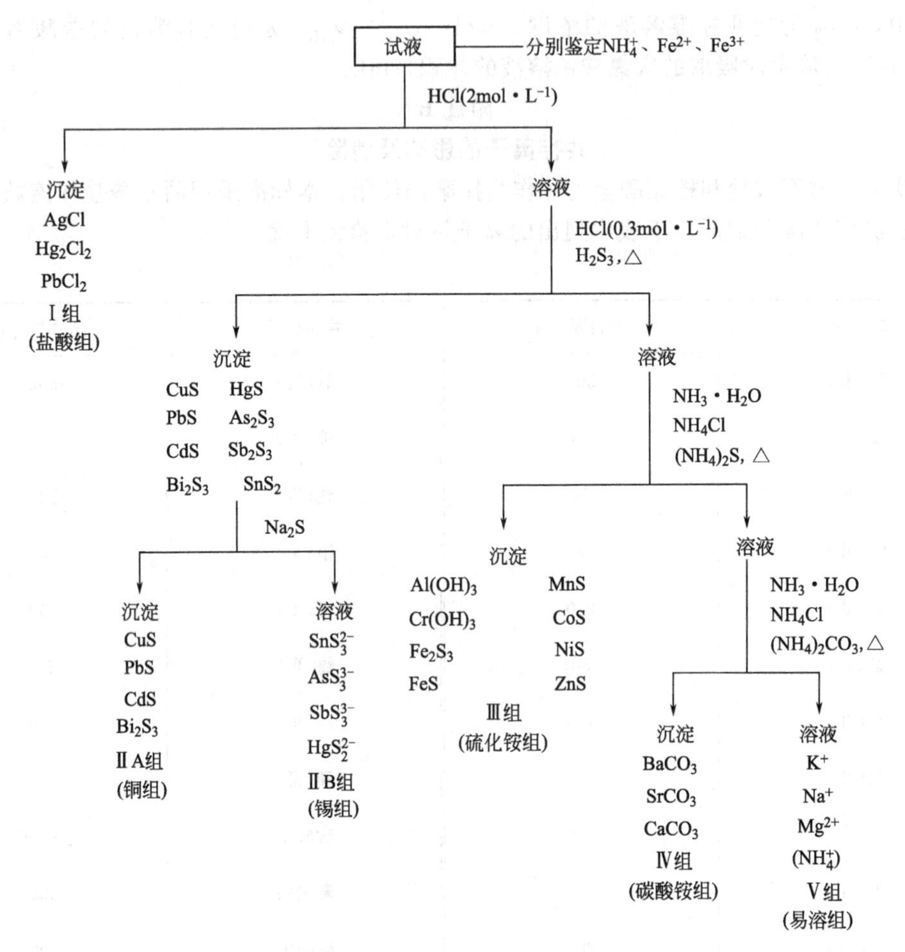

图1　硫化氢系统法混合阳离子分组示意图

附录十八 混合阳离子分组——两酸两碱系统法示意图

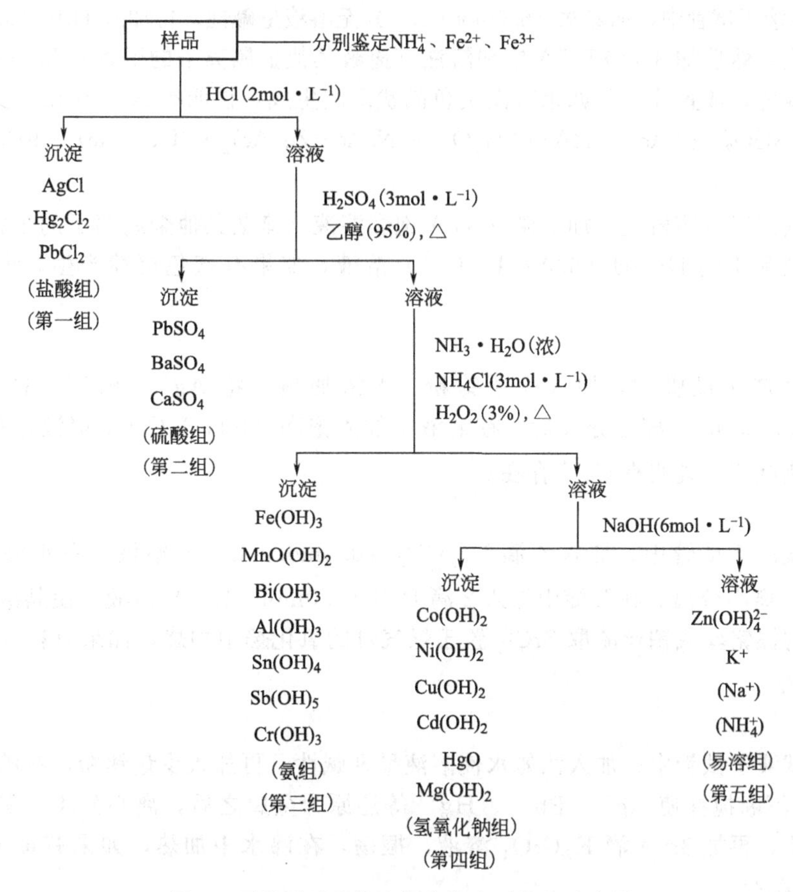

图1 两酸两碱系统法混合阳离子分组示意图

附录十九 常见阳离子的鉴定方法

1. NH_4^+

方法一：取10滴试液于试管中，加入NaOH（2.0mol·L⁻¹）溶液使之呈现碱性，微热，并用滴加有奈斯勒试剂的滤纸检验逸出的气体。如果有红棕色斑点出现，说明有NH_4^+存在，反应式如下：

$$NH_3(g)+2[HgI_4]^{2-}+3OH^- = HgO\cdot HgNH_2I(s)+7I^-+2H_2O$$

方法二：取10滴试液于试管中，加入NaOH（2.0mol·L⁻¹）溶液使之呈现碱性，微热，并用润湿的红色石蕊试纸检验逸出的气体，如果试纸显蓝色，说明有NH_4^+存在。

2. K^+

取3～4滴试液于试管中，加入4～5滴Na_2CO_3（0.5mol·L⁻¹）溶液，加热，使有色离子转变为碳酸盐沉淀。离心分离，在所得清液中加入HAc（6.0mol·L⁻¹）溶液，再加入2滴$Na_3[Co(NO_2)_6]$溶液，最后将试管放入沸水浴中加热2min，如果试管中有黄色沉淀产生，说明有 K^+ 存在，反应式如下：

$$2K^+ + Na^+ + [Co(NO_2)_6]^{3-} = K_2Na[Co(NO_2)_6](s)$$

3. Na^+

取 3 滴试液于试管中，加氨水（$6.0mol \cdot L^{-1}$）至溶液呈碱性，再加入 HAc（$6.0mol \cdot L^{-1}$）溶液进行酸化，然后加 3 滴 EDTA 饱和溶液（掩蔽其他金属离子的干扰）和 6～8 滴醋酸铀酰锌，充分振荡，放置片刻，如果有淡黄色晶状沉淀生成，说明有 Na^+ 存在，反应式如下：

$$Na^+ + Zn^{2+} + 3UO_2^{2+} + 8Ac^- + HAc + 9H_2O = NaAc \cdot Zn(Ac)_2 \cdot 3UO_2(Ac)_2 \cdot 9H_2O(s) + H^+$$

4. Mg^{2+}

取 1 滴试液于点滴板上，加 2 滴 EDTA 饱和溶液（掩蔽其他金属离子的干扰），搅拌后加 1 滴镁试剂和 1 滴 NaOH（$6.0mol \cdot L^{-1}$）溶液，如果有蓝色沉淀产生，说明有 Mg^{2+} 存在。

5. Ca^{2+}

取 5 滴试液于试管中，加入少量锌粉，水浴加热（将 Ag^+、Pb^{2+}、Cu^{2+}、Hg^{2+}、Hg_2^{2+} 等还原为金属），离心分离后，在清液中加入饱和 $(NH_4)_2C_2O_4$ 溶液，水浴加入后，慢慢生成白色沉淀，说明有 Ca^{2+} 存在。

6. Sr^{2+}

取 4 滴试液于试管中，加入 4 滴 Na_2CO_3（$0.5mol \cdot L^{-1}$）溶液，在水浴上加热产生 $SrCO_3$ 沉淀，离心分离。在沉淀中加入 2 滴 HCl（$6.0mol \cdot L^{-1}$）溶液，使其溶解为 $SrCl_2$，然后用清洁的镍铬丝或铂丝蘸取 $SrCl_2$ 置于煤气灯的氧化焰中灼烧，如果有猩红色火焰，说明有 Sr^{2+} 存在。

7. Ba^{2+}

取 4 滴试液于试管中，加入浓氨水使溶液呈现碱性，再加入少量锌粉，在沸水浴中加热 1～2min，并不断搅拌使 Ag^+、Pb^{2+}、Hg^{2+} 等还原为金属之后，离心分离。在溶液中加入醋酸进行酸化，再加 3～4 滴 K_2CrO_4 溶液，振荡，在沸水中加热，如果有黄色沉淀出现，说明有 Ba^{2+} 存在。

8. Al^{3+}

取 4 滴试液于试管中，加入 NaOH（$6.0mol \cdot L^{-1}$）溶液进行碱化，并过量 2 滴，加入 2 滴 3%H_2O_2，加热 2min，离心分离以消除 Fe^{3+}、Bi^{3+} 的干扰。用 HAc（$6.0mol \cdot L^{-1}$）将溶液进行酸化，调节溶液 pH 为 6～7，加 3 滴铝试剂，振荡后放置片刻，再加 $NH_3 \cdot H_2O$（$6.0mol \cdot L^{-1}$）进行碱化，置于水浴上加热以消除 Cr^{3+}、Cu^{2+} 的干扰，若有橙红色物质出现，表明有 CrO_4^{2-} 存在，可离心分离。用蒸馏水洗涤沉淀，如果沉淀为红色，说明有 Al^{3+} 存在。

9. Sn^{2+}

取 2 滴试液于试管中，加入 2 滴 HCl（$6.0mol \cdot L^{-1}$）溶液，加少许铁粉，在水浴上加热至作用完全，气泡不再发生为止。吸取清液于另一支干净试管中，加入 2 滴 $HgCl_2$，如果有白色沉淀生成，说明有 Sn^{2+} 存在，相关反应如下：

$$SnCl_4^{2-} + 2HgCl_2 = SnCl_6^{2-} + Hg_2Cl_2(s)$$

$$SnCl_4^{2-} + Hg_2Cl_2(s) = SnCl_6^{2-} + 2Hg(s)$$

10. Pb^{2+}

取 4 滴试液于试管中，加入 2 滴 H_2SO_4（$3.0mol \cdot L^{-1}$）溶液，加入几分钟，振荡使

Pb^{2+}沉淀完全，离心分离。在沉淀中加入NH_4Ac（3.0mol·L^{-1}）溶液，并加热1min，使$PbSO_4$转化为$[PbAc]^+$，离心分离。在清液中加入HAc（6.0mol·L^{-1}）溶液，再加入2滴K_2CrO_4（0.10mol·L^{-1}）溶液，如果有黄色沉淀产生，说明有Pb^{2+}存在。

$$Pb^{2+}+CrO_4^{2-} = PbCrO_4\ (s)$$

11. Bi^{3+}

取3滴试液于试管中，加入浓氨水使Bi^{3+}变为$Bi(OH)_3$沉淀，离心分离。洗涤沉淀以除去可能共沉淀的Cu^{2+}和Cd^{2+}。在沉淀中加入少量新配制的$Na_2[Sn(OH)_4]$溶液，如果沉淀变黑，说明有Bi^{3+}存在。

$$2Bi(OH)_3+3\ [Sn(OH)_4]^{2-} = 2Bi(s)\ +3\ [Sn(OH)_6]^{2-}$$

12. Sb^{3+}

取6滴试液于试管中，加入$NH_3\cdot H_2O$（6.0mol·L^{-1}）溶液进行碱化，加5滴$(NH_4)_2S$（0.50mol·L^{-1}）溶液，充分振荡，于水浴上加入5min左右，离心分离以除去Hg_2^{2+}、Bi^{3+}等的干扰。在溶液中加入HCl（6.0mol·L^{-1}）溶液进行酸化，使溶液呈现微酸性，并加热5min，离心分离以消除Hg_2^{2+}、Bi^{3+}等的干扰。沉淀中加入3滴浓HCl，再加热使Sb_2S_3溶解。取此溶液滴在锡箔上，片刻锡箔上出现黑斑。用水洗去酸，再用1滴新配制的NaBrO溶液处理以除去砷离子的干扰，如果黑斑不消失，说明有Sb^{3+}存在。

$$2SbCl_6^{3-}+3Sn = 2Sb\ (s)\ +3SnCl_4^{2-}$$

13. As（Ⅲ），As（Ⅴ）

取3滴试液于试管中，加入NaOH（6.0mol·L^{-1}）溶液进行碱化，再加几粒锌粒，立刻用一小团脱脂棉塞在试管上部，再用5%$AgNO_3$溶液浸过的滤纸盖在试管口上，置于水浴中加热，如果滤纸上$AgNO_3$斑点渐渐变黑，说明有AsO_3^{3-}存在。

$$AsO_3^{3-}+3OH^-+3Zn+6H_2O = 3Zn(OH)_4^{2-}+AsH_3\ (g)$$

$$6AgNO_3+AsH_3 = Ag_3As\cdot 3AgNO_3\ (\text{黄})\ +3HNO_3$$

$$Ag_3As\cdot 3AgNO_3+3H_2O = H_3AsO_3+3HNO_3+6Ag\ (s，\text{黑色})$$

14. Ti^{4+}

取4滴试液于试管中，加入7滴浓$NH_3\cdot H_2O$和5滴NH_4Cl（1.0mol·L^{-1}）溶液，振荡后，离心分离。在沉淀中加3滴浓HCl和4滴浓H_3PO_4，使沉淀溶解，再加4滴3%H_2O_2溶液，振荡试管，如果溶液呈现橙色，说明有Ti^{4+}存在。

15. Cr^{3+}

取2滴试液于试管中，加入NaOH（2.0mol·L^{-1}）溶液至生成沉淀又溶解，再多加2滴，然后加3%H_2O_2溶液进行微热，溶液呈现黄色。待溶液冷却后，再加入5滴3%H_2O_2溶液和1mL戊醇（或乙醚），最后慢慢滴加HNO_3（6.0mol·L^{-1}）溶液，需注意每滴加1滴HNO_3都必须充分振荡。如果戊醇层呈现蓝色，说明有Cr^{3+}存在。

$$2\ [Cr(OH)_4]^-+3H_2O_2+2OH^- = 2CrO_4^{2-}+8H_2O$$

$$2CrO_4^{2-}+2H^+ = Cr_2O_7^{2-}+2H_2O$$

$$Cr_2O_7^{2-}+4H_2O_2+2H^+ = 2CrO(O_2)_2+5H_2O$$

16. Mn^{2+}

取2滴试液于试管中，加入HNO_3（6.0mol·L^{-1}）溶液进行酸化，加入少量$NaBiO_3$（s），振荡后，静置片刻，如果溶液呈现紫红色，说明有Mn^{2+}存在。

$$2Mn^{2+} + 5NaBiO_3\ (s) + 14H^+ = 2MnO_4^- + 5Bi^{3+} + 5Na^+ + 7H_2O$$

17. Fe^{2+}

取1滴试液于点滴板上，加入1滴 HCl（2.0mol·L^{-1}）溶液进行酸化，然后再加入1滴 $K_3[Fe(CN)_6]$（0.10mol·L^{-1}）溶液，如果出现蓝色沉淀，说明有 Fe^{2+} 存在。

$$xFe^{2+} + xK^+ + x\ [Fe(CN)_6]^{3-} = [KFe(Ⅲ)(CN)_6Fe(Ⅱ)]_x(s)$$

18. Fe^{3+}

方法一：与 KSCN 或 NH_4SCN 反应

取1滴试液于点滴板上，加入1滴 HCl（2.0mol·L^{-1}）溶液进行酸化，然后再加入1滴 KSCN（0.10mol·L^{-1}）溶液，如果溶液呈现血红色，说明有 Fe^{3+} 存在。

$$Fe^{3+} + nSCN^- = [Fe(SCN)_n]^{3-n}\quad (n=1\sim6)$$

方法二：与 $K_4[Fe(CN)_6]$ 反应

取1滴试液于点滴板上，加入1滴 HCl（2.0mol·L^{-1}）溶液进行酸化，然后再加入1滴 $K_4[Fe(CN)_6]$（0.10mol·L^{-1}）溶液，如果出现蓝色沉淀，说明有 Fe^{3+} 存在。

$$xFe^{3+} + xK^+ + x\ [Fe(CN)_6]^{4-} = [KFe(Ⅲ)(CN)_6Fe(Ⅱ)]_x(s)$$

19. Co^{2+}

取5滴试液于试管中，加入数滴丙酮，再加入少量 KSCN 或 NH_4SCN 固体（如果有 Fe^{3+} 存在，可加入 NaF 进行掩蔽以消除干扰），充分振荡，如果溶液呈现鲜艳的蓝色，说明有 Co^{2+} 存在。

$$Co^{2+} + 4SCN^- = [Co(SCN)_4]^{2-}$$

20. Ni^{2+}

取5滴试液于试管中，加入5滴 $NH_3 \cdot H_2O$（2.0mol·L^{-1}）溶液进行碱化，再加入1%丁二酮肟溶液，如果出现鲜红色沉淀，说明有 Ni^{2+} 存在。

$$Ni^{2+} + 2NH_3 + 2DMG = Ni(DMG)_2(s) + 2NH_4^+$$

21. Cu^{2+}

取1滴试液于点滴板上，加入2滴 $K_4[Fe(CN)_6]$（0.10mol·L^{-1}）溶液，如果有红棕色沉淀生成，说明有 Cu^{2+} 存在。

$$2Cu^{2+} + [Fe(CN)_6]^{4-} = Cu_2[Fe(CN)_6]\ (s)$$

22. Zn^{2+}

取2滴试液于试管中，加入5滴 NaOH（6.0mol·L^{-1}）溶液、10滴 CCl_4 和2滴二苯硫腙溶液，振荡试管，如果水层显示粉红色，CCl_4 层由绿色变棕色，说明有 Zn^{2+} 存在。

23. Ag^+

取5滴试液于试管中，加入5滴 HCl（2.0mol·L^{-1}）溶液，置于水浴上微热，使沉淀聚集，离心分离。沉淀用热的蒸馏水洗1次，然后加入过量 $NH_3 \cdot H_2O$（6.0mol·L^{-1}）溶液，振荡，如有不溶沉淀物存在时，可再次进行离心分离。取一部分溶液于试管中，加入 HNO_3（2.0mol·L^{-1}）溶液，如果有白色沉淀生成，说明有 Ag^+ 存在。或取一部分溶液于试管中，加入 KI（0.10mol·L^{-1}）溶液，如果有黄色沉淀生成，说明有 Ag^+ 存在。

$$AgCl\ (s) + 2NH_3 = [Ag(NH_3)_2]^+ + Cl^-$$

$$[Ag(NH_3)_2]^+ + Cl^- + 2H^+ = AgCl(s) + 2NH_4^+$$

24. Cd^{2+}

取3滴试液于试管中，加10滴HCl（2.0mol·L^{-1}）溶液，加3滴Na_2S（0.10mol·L^{-1}）溶液，可使溶液中存在的Cu^{2+}沉淀，Co^{2+}、Ni^{2+}、Cd^{2+}均无反应，离心分离。在清液中加入30%NH_4Ac溶液，使溶液酸度降低，如果有黄色沉淀析出，说明有Cd^{2+}存在。在该酸度条件下Co^{2+}、Ni^{2+}不会生成硫化物沉淀。

25. Hg^{2+}

取2滴试液于试管中，加3滴$SnCl_2$（0.10mol·L^{-1}）溶液，如果有白色沉淀生成，并逐渐转变为灰色或黑色，说明有Hg^{2+}存在。

$$2HgCl_2 + SnCl_4^{2-} = Hg_2Cl_2\ (s) + SnCl_6^{2-}$$

$$Hg_2Cl_2 + SnCl_4^{2-} = 2Hg\ (s) + SnCl_6^{2-}$$

附录二十　常见阴离子的鉴定方法

1. CO_3^{2-}

将试液酸化后产生的CO_2气体导入$Ba(OH)_2$溶液中，能使$Ba(OH)_2$溶液变浑浊，此现象可说明CO_3^{2-}的存在。溶液中若有SO_3^{2-}和S^{2-}存在，会对CO_3^{2-}的检出产生干扰，此时可在酸化前加入H_2O_2溶液，使SO_3^{2-}、S^{2-}氧化为SO_4^{2-}：

$$SO_3^{2-} + H_2O_2 = SO_4^{2-} + H_2O$$

$$S^{2-} + 4H_2O_2 = SO_4^{2-} + 4H_2O$$

取10滴试液于试管中，加入10滴3%H_2O_2溶液，置于水浴上加热3min，如果检验溶液中没有SO_3^{2-}和S^{2-}存在时，可向溶液中一次加入半滴管HCl（6.0mol·L^{-1}）溶液，并立即插入吸有$Ba(OH)_2$饱和溶液的带塞滴管，使滴管口悬挂1滴溶液，观察溶液是否变浑浊。或者向试管中插入蘸有$Ba(OH)_2$溶液的带塞的镍铬丝小圈，如果镍铬丝小圈上的液膜变浑浊，说明有CO_3^{2-}存在。

2. NO_3^-

NO_3^-与$FeSO_4$溶液在浓H_2SO_4介质中反应生成棕色的$[FeNO]SO_4$。

$$6FeSO_4 + 2NaNO_3 + 4H_2SO_4 = 3Fe_2(SO_4)_3 + 2NO(g) + Na_2SO_4 + 4H_2O$$

$$FeSO_4 + NO = [FeNO]SO_4$$

$[FeNO]^{2+}$将在浓H_2SO_4与试液层界面处生成，呈现棕色环状。

Br^-、I^-、NO_2^-等会干扰NO_3^-的鉴定，通常在被测液中加入稀H_2SO_4和Ag_2SO_4溶液，使Br^-、I^-生成沉淀而分离出去。在被测液中加入尿素并微热，可除去NO_2^-。

$$2NO_2^- + CO(NH_2)_2 + 2H^+ = 2N_2(g) + CO_2\ (g) + 3H_2O$$

取10滴试液于试管中，加入5滴H_2SO_4（2.0mol·L^{-1}）溶液，加入1mL Ag_2SO_4溶液（0.020mol·L^{-1}），离心分离。在清液中加入少量尿素固体，并微热。在溶液中再加入少量$FeSO_4$固体，振荡溶解后，将试管斜持，慢慢沿试管壁滴入1mL浓H_2SO_4。如果H_2SO_4层与水溶液层的界面处有“棕色环”出现，说明有NO_3^-存在。

3. NO_2^-

方法一：NO_2^-与$FeSO_4$在HAc介质中反应，生成棕色的$[FeNO]SO_4$。

$$Fe^{2+} + NO_2^- + 2HAc = Fe^{3+} + NO(g) + H_2O + 2Ac^-$$

$$Fe^{2+} + NO = [FeNO]^{2+}$$

取 5 滴试液于试管中，加入 10 滴 Ag_2SO_4（0.020mol·L^{-1}）溶液，如果有沉淀生成进行离心分离。在清液中加入少量 $FeSO_4$ 固体，振荡溶解后，再加入 10 滴 HAc（2.0mol·L^{-1}）溶液，如果溶液呈现棕色，说明有 NO_2^- 存在。

方法二：NO_2^- 与硫脲在稀 HAc 溶液中反应生成 N_2 和 SCN^-，而生成的 SCN^- 在稀 HCl 溶液中会与 $FeCl_3$ 反应，生成血红色的 $[Fe(SCN)_n]^{3-n}$。

$$CS(NH_2)_2 + HNO_2 = N_2(g) + H^+ + SCN^- + 2H_2O$$

$$Fe^{3+} + nSCN^- = [Fe(SCN)_n]^{3-n} \quad (n=1\sim6)$$

I^- 的存在会干扰 NO_2^- 的鉴定，通常可预先加入 Ag_2SO_4 溶液，使 I^- 生成 AgI 沉淀而分离出去。

取 5 滴试液于试管中，加入 10 滴 Ag_2SO_4（0.020mol·L^{-1}）溶液，如果有沉淀生成进行离心分离。在清液中加入 5 滴 HAc（6.0mol·L^{-1}）溶液和 10 滴 8%硫脲溶液，振荡后再加入 6 滴 HCl（2.0mol·L^{-1}）溶液和 1 滴 $FeCl_3$（0.10mol·L^{-1}）溶液。如果溶液呈现红色，说明有 NO_2^- 存在。

4. PO_4^{3-}

取 5 滴试液于试管中，加入 10 滴浓 NHO_3，并置于沸水浴中加热 2min。稍冷后，加入 20 滴 $(NH_4)_2MoO_4$ 溶液，并在水浴上加热至 40～45℃。如果有黄色沉淀生成，说明有 PO_4^{3-} 存在。

$$PO_4^{3-} + 3NH_4^+ + 12MoO_4^{2-} + 24H^+ = (NH_4)_3PO_4 \cdot 12MoO_3 \cdot 6H_2O\ (s) + 6H_2O$$

5. S^{2-}

取 1 滴试液于点滴板上，加入 1 滴 1%$Na_2[Fe(CN)_5NO]$ 溶液。如果溶液呈现紫色，说明有 S^{2-} 存在。

$$S^{2-} + [Fe(CN)_5NO]^{2-} = [Fe(CN)_5NOS]^{4-}$$

6. SO_3^{2-}

取 10 滴试液于试管中，加入少量 $PbCO_3$（s），振荡，如果沉淀由白色变为黑色，则需要再加入少量 $PbCO_3$（s），直到沉淀呈现灰色为止。离心分离以消除 S^{2-} 对 SO_3^{2-} 的鉴定产生的干扰，保留清液。

$$PbCO_3\ (s) + S^{2-} = PbS\ (s) + CO_3^{2-}$$

在点滴板上，加 1 滴 $ZnSO_4$ 饱和溶液、1 滴 $K_4[Fe(CN)_6]$（0.10mol·L^{-1}）溶液、1 滴 1%Na_2 $[Fe(CN)_5NO]$ 溶液，再加入 1 滴 $NH_3 \cdot H_2O$（2.0mol·L^{-1}），将溶液调至中性，最后加入 1 滴除去 S^{2-} 的试液。如果出现红色沉淀，说明有 SO_3^{2-} 存在。若在酸性溶液中，红色沉淀将消失，因此，如果溶液为酸性，必须用氨水中和。

7. $S_2O_3^{2-}$

取 1 滴除去 S^{2-} 的试液于点滴板上，加入 2 滴 $AgNO_3$（0.10mol·L^{-1}）溶液。如果看到有白色沉淀生成，并且沉淀很快变为黄色、棕色、最后变为黑色，说明有 $S_2O_3^{2-}$ 存在。

$$2Ag^+ + S_2O_3^{2-} = Ag_2S_2O_3\ (s)$$

$$Ag_2S_2O_3\ (s) + H_2O = H_2SO_4 + Ag_2S\ (s，黑色)$$

8. SO_4^{2-}

取 5 滴试液于试管中，加入 HCl（6.0mol·L^{-1}）溶液至无气泡产生时，再多加 2 滴。然后加入 2 滴 $BaCl_2$（1.0mol·L^{-1}）溶液，如果有白色沉淀生成，说明有 SO_4^{2-} 存在。

9. Cl^-

取 10 滴试液于试管中，加入 5 滴 HNO_3（6.0mol·L^{-1}）和 15 滴 $AgNO_3$（0.10mol·L^{-1}）溶液，在水浴上加热 2min，离心分离。将沉淀用 2mL 蒸馏水洗涤 2 次，使溶液的 pH 接近中性。加入 10 滴 12%（$NH_4)_2CO_3$ 溶液，并在水浴上加热 1min，离心分离。然后在清液中加入 2 滴 HNO_3（2.0mol·L^{-1}）溶液，如果有白色沉淀生成，说明有 Cl^- 存在。

10. Br^-，I^-

Br^- 与适量 Cl_2 水反应游离出 Br_2，使溶液呈现橙红色。加入 CCl_4 后，CCl_4 层呈现红棕色，而水层无色。再加入过量 Cl_2 水，由于生成 BrCl 变为淡黄色。

$$2Br^- + Cl_2 = Br_2 + 2Cl^-$$

$$Br_2 + Cl_2 = 2BrCl$$

I^- 在酸性介质中能被 Cl_2 水氧化为 I_2，I_2 在 CCl_4 中呈现紫红色。若加入过量 Cl_2 水，则由于 I_2 可被继续氧化为 IO_3^-，而使颜色消失。

$$2I^- + Cl_2 = I_2 + 2Cl^-$$

$$I_2 + 5Cl_2 + 6H_2O = 2HIO_3 + 10HCl$$

若向含有 Br^-、I^- 的溶液中逐渐加入 Cl_2 水，由于 I^- 的还原性比 Br^- 强，所以 I^- 首先被氧化，I_2 在 CCl_4 中呈现紫红色。如果继续加 Cl_2 水，Br^- 被氧化为 Br_2，I_2 可进一步被氧化为 IO_3^-，这时 CCl_4 层紫红色消失，而呈现红棕色。再继续加入 Cl_2 水，则 Br_2 可进一步被氧化为淡黄色的 BrCl。

取 5 滴试液于试管中，加入 1 滴 H_2SO_4（2.0mol·L^{-1}）溶液进行酸化，然后加入 1mL CCl_4 和 1 滴 Cl_2 水，充分振荡。如果 CCl_4 层呈现紫红色，说明有 I^- 存在。继续加入 Cl_2 水，并充分摇荡，如果 CCl_4 层紫红色褪去，有呈现出棕黄色或黄色，则说明有 Br^- 存在。

参考文献

[1] 大连理工大学无机化学教研室.无机化学.第5版.北京：高等教育出版社，2006.
[2] 大连理工大学无机化学教研室.无机化学实验.第3版.北京：高等教育出版社，2014.
[3] 姚思童，张进，王鹏主编.基础化学实验.北京：化学工业出版社，2009.
[4] 中山大学等校.无机化学实验.第3版.北京：高等教育出版社，2015.
[5] 尹学琼，朱莉主编.无机化学实验.北京：化学工业出版社，2015.
[6] 铁步容，杨怀霞主编.无机化学实验.第4版.北京：中国中医药出版社，2016.
[7] 李艳辉主编.无机及分析化学实验.南京：南京大学出版社.2006.
[8] 任丽萍，毛富春主编.无机及分析化学实验.北京：高等教育出版社，2006.
[9] 倪哲明主编.新编基础化学实验（Ⅰ）—无机及分析化学实验.北京：化学工业出版社，2006.
[10] 文建国，常慧，徐勇均等编著.基础化学实验教程.北京：国防工业出版社，2006.
[11] 刁国旺总主编.大学化学实验.南京：南京大学出版社，2006.
[12] 辛剑，孟长功主编.基础化学实验.北京：高等教育出版社，2004.
[13] 胡满成，张昕编.化学基础实验.北京：科学出版社，2002.
[14] 陈烨璞主编.无机及分析化学实验.北京：化学工业出版社，1998.
[15] HG/T 3525—2011，工业循环冷却水中铝离子的测定.
[16] GB/T 13025.8—2012，制盐工业通用试验方法硫酸根的测定.
[17] HJ 536—2009，水质氨氮的测定 水杨酸分光光度法.

元素周期表

IUPAC 2013

氧化态(单质的氧化态为0，未列入；常见的为红色)

以 $^{12}C=12$ 为基准的原子量(注✦的是半衰期最长同位素的原子量)

示例：+2 +3 +4 +5 +6 | 95 — 原子序数 | Am — 元素符号(红色的为放射性元素) | 镅▲ — 元素名称(注▲的为人造元素) | $5f^77s^2$ — 价层电子构型 | 243.06138(2)✦

s区元素 | p区元素 | d区元素 | ds区元素 | f区元素 | 稀有气体

周期＼族	1 ⅠA	2 ⅡA	3 ⅢB	4 ⅣB	5 ⅤB	6 ⅥB	7 ⅦB	8	9 ⅧB(Ⅷ)	10	11 ⅠB	12 ⅡB	13 ⅢA	14 ⅣA	15 ⅤA	16 ⅥA	17 ⅦA	18 ⅧA(0)	电子层
1	−1 +1 1 H 氢 $1s^1$ 1.008																	2 He 氦 $1s^2$ 4.002602(2)	K
2	+1 3 Li 锂 $2s^1$ 6.94	+2 4 Be 铍 $2s^2$ 9.0121831(5)											+3 5 B 硼 $2s^22p^1$ 10.81	−4 +2 +4 6 C 碳 $2s^22p^2$ 12.011	−3 −2 −1 +1 +2 +3 +4 +5 7 N 氮 $2s^22p^3$ 14.007	−2 −1 8 O 氧 $2s^22p^4$ 15.999	−1 9 F 氟 $2s^22p^5$ 18.998403163(6)	10 Ne 氖 $2s^22p^6$ 20.1797(6)	L K
3	−1 +1 11 Na 钠 $3s^1$ 22.98976928(2)	+2 12 Mg 镁 $3s^2$ 24.305											+3 13 Al 铝 $3s^23p^1$ 26.9815385(7)	−4 +2 +4 14 Si 硅 $3s^23p^2$ 28.085	−3 −2 +1 +3 +5 15 P 磷 $3s^23p^3$ 30.973761998(5)	−2 +2 +4 +6 16 S 硫 $3s^23p^4$ 32.06	−1 +1 +3 +5 +7 17 Cl 氯 $3s^23p^5$ 35.45	18 Ar 氩 $3s^23p^6$ 39.948(1)	M L K
4	−1 +1 19 K 钾 $4s^1$ 39.0983(1)	+2 20 Ca 钙 $4s^2$ 40.078(4)	+3 21 Sc 钪 $3d^14s^2$ 44.955908(5)	−1 0 +2 +3 +4 22 Ti 钛 $3d^24s^2$ 47.867(1)	0 ±1 +2 +3 +4 +5 23 V 钒 $3d^34s^2$ 50.9415(1)	−3 0 ±1 ±2 +3 +4 +5 +6 24 Cr 铬 $3d^54s^1$ 51.9961(6)	−2 0 ±1 +2 +3 +4 +5 +6 +7 25 Mn 锰 $3d^54s^2$ 54.938044(3)	−2 0 ±1 +2 +3 +4 +5 +6 26 Fe 铁 $3d^64s^2$ 55.845(2)	0 ±1 +2 +3 +4 +5 27 Co 钴 $3d^74s^2$ 58.933194(4)	0 ±1 +2 +3 +4 28 Ni 镍 $3d^84s^2$ 58.6934(4)	+1 +2 +3 +4 29 Cu 铜 $3d^{10}4s^1$ 63.546(3)	+1 +2 30 Zn 锌 $3d^{10}4s^2$ 65.38(2)	+1 +3 31 Ga 镓 $4s^24p^1$ 69.723(1)	+2 +4 32 Ge 锗 $4s^24p^2$ 72.630(8)	−3 +3 +5 33 As 砷 $4s^24p^3$ 74.921595(6)	−2 +2 +4 +6 34 Se 硒 $4s^24p^4$ 78.971(8)	−1 +1 +3 +5 +7 35 Br 溴 $4s^24p^5$ 79.904	+2 +4 36 Kr 氪 $4s^24p^6$ 83.798(2)	N M L K
5	−1 +1 37 Rb 铷 $5s^1$ 85.4678(3)	+2 38 Sr 锶 $5s^2$ 87.62(1)	+3 39 Y 钇 $4d^15s^2$ 88.90584(2)	+1 +2 +3 +4 40 Zr 锆 $4d^25s^2$ 91.224(2)	0 ±1 +2 +3 +4 +5 41 Nb 铌 $4d^45s^1$ 92.90637(2)	0 ±1 ±2 +3 +4 +5 +6 42 Mo 钼 $4d^55s^1$ 95.95(1)	0 ±1 +2 +3 +4 +5 +6 +7 43 Tc 锝▲ $4d^55s^2$ 97.90721(3)✦	0 +1 ±2 +3 +4 +5 +6 +7 +8 44 Ru 钌 $4d^75s^1$ 101.07(2)	0 ±1 +2 +3 +4 +5 +6 45 Rh 铑 $4d^85s^1$ 102.90550(2)	0 +1 +2 +3 +4 46 Pd 钯 $4d^{10}$ 106.42(1)	+1 +2 +3 47 Ag 银 $4d^{10}5s^1$ 107.8682(2)	+1 +2 48 Cd 镉 $4d^{10}5s^2$ 112.414(4)	+1 +3 49 In 铟 $5s^25p^1$ 114.818(1)	+2 +4 50 Sn 锡 $5s^25p^2$ 118.710(7)	−3 +3 +5 51 Sb 锑 $5s^25p^3$ 121.760(1)	−2 +2 +4 +6 52 Te 碲 $5s^25p^4$ 127.60(3)	−1 +1 +3 +5 +7 53 I 碘 $5s^25p^5$ 126.90447(3)	+2 +4 +6 +8 54 Xe 氙 $5s^25p^6$ 131.293(6)	O N M L K
6	−1 +1 55 Cs 铯 $6s^1$ 132.90545196(6)	+2 56 Ba 钡 $6s^2$ 137.327(7)	57~71 La~Lu 镧系	+1 +2 +3 +4 72 Hf 铪 $5d^26s^2$ 178.49(2)	0 ±1 +2 +3 +4 +5 73 Ta 钽 $5d^36s^2$ 180.94788(2)	0 ±1 ±2 +3 +4 +5 +6 74 W 钨 $5d^46s^2$ 183.84(1)	0 ±1 +2 +3 +4 +5 +6 +7 75 Re 铼 $5d^56s^2$ 186.207(1)	0 +1 +2 +3 +4 +5 +6 +7 +8 76 Os 锇 $5d^66s^2$ 190.23(3)	0 ±1 +2 +3 +4 +5 +6 77 Ir 铱 $5d^76s^2$ 192.217(3)	0 +2 +3 +4 +5 +6 78 Pt 铂 $5d^96s^1$ 195.084(9)	+1 +2 +3 +5 79 Au 金 $5d^{10}6s^1$ 196.966569(5)	+1 +2 +3 80 Hg 汞 $5d^{10}6s^2$ 200.592(3)	+1 +3 81 Tl 铊 $6s^26p^1$ 204.38	+2 +4 82 Pb 铅 $6s^26p^2$ 207.2(1)	−3 +3 +5 83 Bi 铋 $6s^26p^3$ 208.98040(1)	−2 +2 +4 +6 84 Po 钋 $6s^26p^4$ 208.98243(2)✦	±1 +3 +5 +7 85 At 砹 $6s^26p^5$ 209.98715(5)✦	+2 86 Rn 氡 $6s^26p^6$ 222.01758(2)✦	P O N M L K
7	+1 87 Fr 钫▲ $7s^1$ 223.01974(2)✦	+2 88 Ra 镭 $7s^2$ 226.02541(2)✦	89~103 Ac~Lr 锕系	104 Rf 𬬻▲ $6d^27s^2$ 267.122(4)✦	105 Db 𬭊▲ $6d^37s^2$ 270.131(4)✦	106 Sg 𬭳▲ $6d^47s^2$ 269.129(3)✦	107 Bh 𬭛▲ $6d^57s^2$ 270.133(2)✦	108 Hs 𬭶▲ $6d^67s^2$ 270.134(2)✦	109 Mt 鿏▲ $6d^77s^2$ 278.156(5)✦	110 Ds 𫟼▲ 281.165(4)✦	111 Rg 𬬭▲ 281.166(6)✦	112 Cn 鿔▲ 285.177(4)✦	113 Nh 鿭▲ 286.182(5)✦	114 Fl 𫓧▲ 289.190(4)✦	115 Mc 镆▲ 289.194(6)✦	116 Lv 𫟷▲ 293.204(4)✦	117 Ts 鿬▲ 293.208(6)✦	118 Og 鿫▲ 294.214(5)✦	Q P O N M L K

★镧系	+3 57 La★ 镧 $5d^16s^2$ 138.90547(7)	+2 +3 +4 58 Ce 铈 $4f^15d^16s^2$ 140.116(1)	+3 +4 59 Pr 镨 $4f^36s^2$ 140.90766(2)	+2 +3 +4 60 Nd 钕 $4f^46s^2$ 144.242(3)	+3 61 Pm 钷▲ $4f^56s^2$ 144.91276(2)✦	+2 +3 62 Sm 钐 $4f^66s^2$ 150.36(2)	+2 +3 63 Eu 铕 $4f^76s^2$ 151.964(1)	+3 64 Gd 钆 $4f^75d^16s^2$ 157.25(3)	+3 +4 65 Tb 铽 $4f^96s^2$ 158.92535(2)	+3 +4 66 Dy 镝 $4f^{10}6s^2$ 162.500(1)	+3 67 Ho 钬 $4f^{11}6s^2$ 164.93033(2)	+3 68 Er 铒 $4f^{12}6s^2$ 167.259(3)	+2 +3 69 Tm 铥 $4f^{13}6s^2$ 168.93422(2)	+2 +3 70 Yb 镱 $4f^{14}6s^2$ 173.045(10)	+3 71 Lu 镥 $4f^{14}5d^16s^2$ 174.9668(1)
★锕系	+3 89 Ac★ 锕 $6d^17s^2$ 227.02775(2)✦	+3 +4 90 Th 钍 $6d^27s^2$ 232.0377(4)	+3 +4 +5 91 Pa 镤 $5f^26d^17s^2$ 231.03588(2)	+2 +3 +4 +5 +6 92 U 铀 $5f^36d^17s^2$ 238.02891(3)	+3 +4 +5 +6 +7 93 Np 镎 $5f^46d^17s^2$ 237.04817(2)✦	+3 +4 +5 +6 +7 94 Pu 钚 $5f^67s^2$ 244.06421(4)✦	+2 +3 +4 +5 +6 95 Am 镅▲ $5f^77s^2$ 243.06138(2)✦	+3 +4 96 Cm 锔▲ $5f^76d^17s^2$ 247.07035(3)✦	+3 +4 97 Bk 锫▲ $5f^97s^2$ 247.07031(4)✦	+2 +3 +4 98 Cf 锎▲ $5f^{10}7s^2$ 251.07959(3)✦	+2 +3 99 Es 锿▲ $5f^{11}7s^2$ 252.0830(3)✦	+2 +3 100 Fm 镄▲ $5f^{12}7s^2$ 257.09511(5)✦	+2 +3 101 Md 钔▲ $5f^{13}7s^2$ 258.09843(3)✦	+2 +3 102 No 锘▲ $5f^{14}7s^2$ 259.1010(7)✦	+3 103 Lr 铹▲ $5f^{14}6d^17s^2$ 262.110(2)✦